Scientific Governance on Innovation Ecosystem

创新生态与科学治理

——爱科创2022文集

陈 强 邵鲁宁 主编

同济大学出版社
TONGJI UNIVERSITY PRESS
·上海·

图书在版编目(CIP)数据

创新生态与科学治理. 爱科创 2022 文集 / 陈强，邵鲁宁主编. —上海：同济大学出版社，2023.6

ISBN 978-7-5765-0589-4

Ⅰ.①创… Ⅱ.①陈… ②邵… Ⅲ.①生态环境—环境综合整治—中国—文集 Ⅳ.①X321.2-53

中国国家版本馆 CIP 数据核字(2023)第 106701 号

创新生态与科学治理——爱科创 2022 文集

陈 强 邵鲁宁 主编

责任编辑 熊磊丽 **助理编辑** 孙铭蔚 **责任校对** 徐春莲 **封面设计** 陈杰妮

出版发行 同济大学出版社 www.tongjipress.com.cn

(地址:上海市四平路 1239 号 邮编:200092 电话:021-65985622)

经 销 全国各地新华书店

排 版 南京文脉图文设计制作有限公司

印 刷 常熟市华顺印刷有限公司

开 本 710 mm×960 mm 1/16

印 张 25.75

字 数 515 000

版 次 2023 年 6 月第 1 版

印 次 2023 年 6 月第 1 次印刷

书 号 ISBN 978-7-5765-0589-4

定 价 98.00 元

作者简介

陈　强，同济大学经济与管理学院长聘特聘教授，上海市产业创新生态系统研究中心执行主任，上海市习近平新时代中国特色社会主义思想研究中心研究员。

尤建新，同济大学经济与管理学院教授，上海市产业创新生态系统研究中心总顾问。

蔡三发，同济大学发展规划部部长，联合国环境署—同济大学环境与可持续发展学院跨学科双聘责任教授，上海市产业创新生态系统研究中心副主任。

周文泳，同济大学经济与管理学院教授、科研管理研究室副主任，上海市产业创新生态系统研究中心副主任，中国工程院战略咨询中心特聘专家。

任声策，同济大学上海国际知识产权学院教授、博士生导师，创新与竞争研究中心主任，上海市产业创新生态系统研究中心研究员。

常旭华，同济大学上海国际知识产权学院副教授，上海市产业创新生态系统研究中心研究员，*Asia Pacific Journal of Innovation & Entrepreneurship* 期刊主编。

邵鲁宁，同济大学经济与管理学院副教授，上海市产业创新生态系统研究中心副主任。

鲍悦华，上海杉达学院副教授，上海市产业创新生态系统研究中心研究员。

马军杰，同济大学法学院副研究员，上海市产业创新生态系统研究中心研究员。

钟之阳，同济大学高等教育研究所教师，上海市产业创新生态系统研究中心研究员。

赵程程，上海工程技术大学工业工程与物流系副主任，上海产业创新生态系统研究中心研究员。

刘　笑，上海工程技术大学管理学院讲师，上海市产业创新生态系统研究中心研究员。

胡　雯，上海社会科学院信息研究所助理研究员，上海市产业创新生态系统研究中心研究员。

敦　帅，中共上海市委党校领导科学教研部讲师，上海张江科技创新国际人才研究院特聘研究员。

宋燕飞，上海工程技术大学管理学院讲师。

尤筱玥，同济大学中德工程学院助理教授、硕士生导师。

郭梦珂，复旦大学电子商务研究中心科研助理。

王　晔，厦门大学经济学院助理教授。

薛奕曦，上海大学管理学院副教授。

戴大勇，同济大学国家大学科技园总经理。

冯晓晓，同济大学国家大学科技园发展规划主管。

毛人杰，德国科思创集团全球数字化项目高级经理。

刘海睿，同济大学上海国际知识产权学院博士研究生。

朱梦珊，同济大学经济与管理学院博士研究生。

操友根，同济大学上海国际知识产权学院博士研究生。

汪　万，同济大学经济与管理学院博士研究生。

陈思超，同济大学高等教育研究所硕士研究生。

王倩倩，同济大学经济与管理学院博士研究生。

易子琛，同济大学法学院硕士研究生。

夏学涛，同济大学法学院硕士研究生。

董永新，同济大学经济与管理学院博士后。

李唐振昊，同济大学经济与管理学院博士生。

任　佳，同济大学经济与管理学院博士生。

薛钰潔，比利时布鲁塞尔自由大学博士研究生。

沈天添，同济大学经济与管理学院博士研究生。

龙彦颖，同济大学高等教育研究所硕士研究生。

周新晔，同济大学经济与管理学院博士生。

黄文睿，同济大学经济与管理学院硕士生。

丁佳豪,上海大学管理学院硕士研究生。

刘春路,同济大学高等教育研究所硕士研究生。

赵小凡,同济大学高等教育研究所硕士研究生。

夏多银,上海蚁城网络科技有限公司联合创始人,同济大学2020级工商管理硕士研究生。

梁佳慧,同济大学经济与管理学院硕士研究生。

杨　琪,同济大学法学院硕士研究生。

朱亚婕,上海工程技术大学管理学院硕士研究生。

邢窈窈,同济大学经济与管理学院博士研究生。

徐　涛,同济大学经济与管理学院博士研究生。

王瑞豪,美辰城市建设科技(上海)有限公司执行董事。

刘逸雲,上海大学管理学院硕士研究生。

李　薇,同济大学2019级工商管理硕士研究生。

杨林星,同济大学经济与管理学院硕士研究生。

揭永琴,上海工程技术大学管理学院硕士研究生。

陈旭琪,同济大学经济与管理学院博士研究生。

刘永冬,同济大学上海国际知识产权学院博士研究生。

程敏倩,同济大学经济与管理学院硕士研究生。

荀　伟,同济大学经济与管理学院硕士研究生。

李　昕,同济大学经济与管理学院博士后。

杨溢涵,同济大学经济与管理学院硕士研究生。

胡尚文,同济大学经济与管理学院博士研究生。

序

“爱科创”微信公众号于2019年初问世，斗转星移，不知不觉中已是第五个年头。在人类历史的漫漫长路中，这五年或许只是微不足道的瞬间。但对于中国和世界而言，却有一些历史转折的意味。在这个时段里，中国如期打赢脱贫攻坚战，完成全面建成小康社会的历史任务，实现第一个百年奋斗目标，迈上全面建设社会主义现代化国家新征程，向第二个百年奋斗目标进军。与此同时，国际形势波诡云谲，世界格局发生一系列深刻变化，全球治理的不确定性和不稳定性持续增高。在这样的背景下，对于“爱科创”的小伙伴们而言，既要密切观察科技创新前沿发展的新动向，也要及时汲取全球科技创新治理的新经验；既要关注国际形势发展给全球科技和产业竞争与合作带来的影响，也要认真领会和准确把握国家在高水平科技自立自强方面的重大战略需求。

在过去一年中，上海市产业创新生态系统研究中心的各位同仁坚持聚焦中心主题研究方向，并结合各自专长，按照“学理＋治理”的互动逻辑开展各种探索性研究。一方面，努力寻求学理层面规律性认识的突破；另一方面，不断深化对相关实践背景和政策背景的理解，为提升科技创新治理的质量和效率积极建言献策。研究中心的核心成员目前承担国家级和省部级课题20多项，在“学中干，干中学”的过程中，队伍的整体研究能力得以持续提升。

受上海市科技创业中心委托，上海市产业创新生态系统研究中心2022年正式接手《亚太创新创业学刊》(*Asia Pacific Journal of Innovation and Entrepreneurship*, APJIE)的学术运营工作，由常旭华副教授领衔的主编团队快速进入工作状态，组建编委会和审稿专家团队，并启动收稿、审稿、录稿、校稿全流程。研究中心争取通过三年左右时间，使APJIE正式入选SSCI或SCI期刊检索目录。

2022年5月，上海市产业创新生态系统研究中心通过设立内部研究课题，探索合理使用上海市科委基地建设经费的新途径。经专家评审和中心主任联席会议讨论，决定对任声策教授申请的“数字化背景下创新生态转型理论和实证研究”、鲍悦华副教授申请的“新时期环同济知识经济圈创新生态系统优化策略研究”、蔡三发研究员申请的“开放式创新生态系统知识共创模式与治理机制研究”、马军杰副研究员申请的“城市数字化转型背景下基于空间需求演化分析的创新栖息地营造策略研究”、常旭华副教授申请的“创新创业视角下双一流高校科研画像数据库构建”、赵程程博士申请的“中国创新联合体参与全球人工智能技术创新网络的位势测度与提升路径研究”共六项课题予以立项，实施 2022—2024 年建设周期的资助。

2022 年 12 月，任声策教授团队研究并发布 2022 年城市高成长科创企业培育生态指数（“育科创”）和 2022 年科创办上市公司科创力排行榜（“锐科创”），系统回答了“什么样的环境有利于高成长科创企业产生和发展”“科创板企业的科创力到底如何”两个现实问题。常旭华副教授团队研究并发布《中国环高校知识经济圈调查报告(2022)》。报告从七大区域、三大城市对、十所沪上高校三个维度，分析了样本高校方圆一公里内科技研究和技术服务业的企业规模、注册资本、存续时长以及企业类型四个维度的发展现状及规律。

2022 年，“爱科创”团队在做好研究工作的同时，坚持通过主流媒体和“爱科创”微信公众号平台发布研究成果。先后在《光明日报》《解放日报》《文汇报》《社会科学报》等报刊发表文章 20 余篇。通过“爱科创”微信公众号发布原创文章 100 多篇。进一步提升了上海市产业创新生态系统研究中心的社会影响力。

每一次“爱科创”文集的出版，都是一个新的开始，这背后离不开上海市科学技术委员会、同济大学、上海市发展和改革委员会、上海市经济和信息化委员会、上海市人民政府发展研究中心、上海市哲学社会科学规划办公室、浦东新区人民政府政策研究室、杨浦区科学技术委员会等单位的大力支持，还有一众“铁粉”的热情关注。上海市产业创新生态系统研究中心全体成员将加倍努力，以更高质量的研究成果回报大家。

陈　强　邵鲁宁

2023 年 3 月

目　录

·上海科创中心建设·

·科学研究、人才培养与科技成果转化·

· 国际标杆 ·

·新经济、新产业、新模式、新技术与创新治理·

·年度研究报告·

创新生态理论与框架

创新研究概览与展望

| 任声策

创新研究已成为一个横跨多个学科的庞大研究领域，尤其在进入 21 世纪以后发展迅速、表现活跃，越来越多的创新新概念、新分支被提出并被加以研究，研究内容日益丰富，但尚无一个框架能够帮助人们对这个庞大领域形成整体认识，导致实践界难以从浩瀚的“创新研究”知识海洋中充分汲取养分。如果有个总体逻辑框架存在，会更有利于创新研究的发展及其对实践的作用，因此，本文尝试构建一个框架概览创新研究并作简要展望。

通过文献检索发现，2011—2021 年间，在 Web of Science 的高被引热点论文中，题目含有“创新”的有 527 篇，主要属于企业经济领域，还有属于工程、环境、科学技术等其他学科的。在企业经济领域排名前 20 位的重要期刊中进行关键词搜索，可以发现相关文献涉及“创新”的各个方面，包括创造力、负责任的创新、开放创新、服务创新、数字化创新、生态系统创新等。其中中文文献与英文文献有一定差异，根据中国知网 2015—2021 年的数据可知，题目里面含“创新”的文章，每年大概有一万篇，一定程度上显示该领域的“卷”。2015—2021 年发表的论文中被引用最多的，是“商业模式创新”，有 4 篇与创新教育有关，还有的涉及区域创新、企业创新等，许多是关于创新驱动因素的研究。如果看发表于 2021 年的下载量最高的题目中含“创新”的论文（这意味着最新热点），可以发现“绿色技术创新”非常多，排在前 15 位的论文中，多篇关于绿色经济、绿色信贷、绿色创新，这与国际趋势有比较明显的差异，可见国内创新研究对热点的跟踪。

为了对已有创新研究文献进行归集，本文构建了一个四维度的逻辑框架（图 1）。第一个维度是创新的过程，因为创新都是有过程的，从创新的决策、研发、投入到最后创新成果的商业化和价值获取，包括知识产权，可作为横轴维度。第二个维度是创新的类型，在约瑟夫·熊彼特（Joseph Schumpeter）的创新分类基础之上，越来越多的创新类型被提出。第三个维度可以称为创新的地点，是指创新发生在什么地方，实际上就是研究对象的层次，从个人、团队到企业，再到区

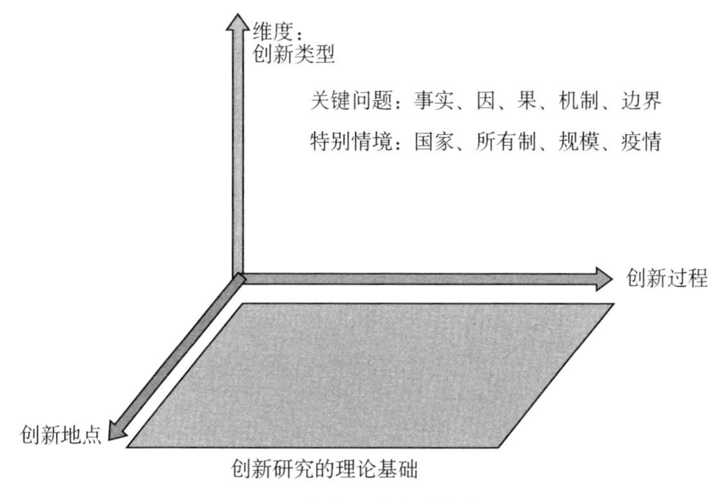

图 1　创新研究概览框架

域、产业，然后到国家的创新系统。这三个维度是创新研究的三个主要区分维度，第四个维度是创新研究所采用的理论基础，聚焦流行的理论基础。上述四个维度形成的逻辑框架有利于对现有的创新研究文献进行梳理。

如果从研究的关键问题类型来看，现有创新研究主要关注五个问题：第一是“关键的创新事实是什么”，第二是“创新事实的起因是什么”，第三是“创新事实的结果是什么”，第四是“创新事实的发生机制是什么”，第五是“上述问题结论的边界在哪里”。研究问题的情境则涉及国家、所有制、规模、疫情等。这些问题和情境在上述四个维度架构中均有体现。

以下分别从上述四个维度概览创新研究（图 2）。

第一个维度：创新类型。如科学创新、技术创新、服务创新、管理创新、商业模式创新，这属于经典的分类，其中技术创新又有很多细分类型，此外，还有可持续创新、负责任创新、绿色创新、开源创新、社会创新等分类。可以发现，这些分类与经典分类之间有很多的交叉，相互有密切的关系，它们也能形成分类矩阵。尤其是对技术创新这个领域讨论得非常多，如产品创新和工艺创新的基本分类，围绕产品部件、架构、模块的创新分类，针对产品创新有复杂型、累积型，针对创新类型有突破型、渐进型、破坏型，等等。新的类型不断出现，各个类型交叉重叠，如果缺乏统一的基础，那么将不利于整个创新研究的进展。目前来看，新的类型和基本类型之间的联系并不充分，很难形成围绕关键问题的深厚知识累积。我国学者更容易被新概念吸引，而对基本的创新问题重视程度偏低。事实上，应

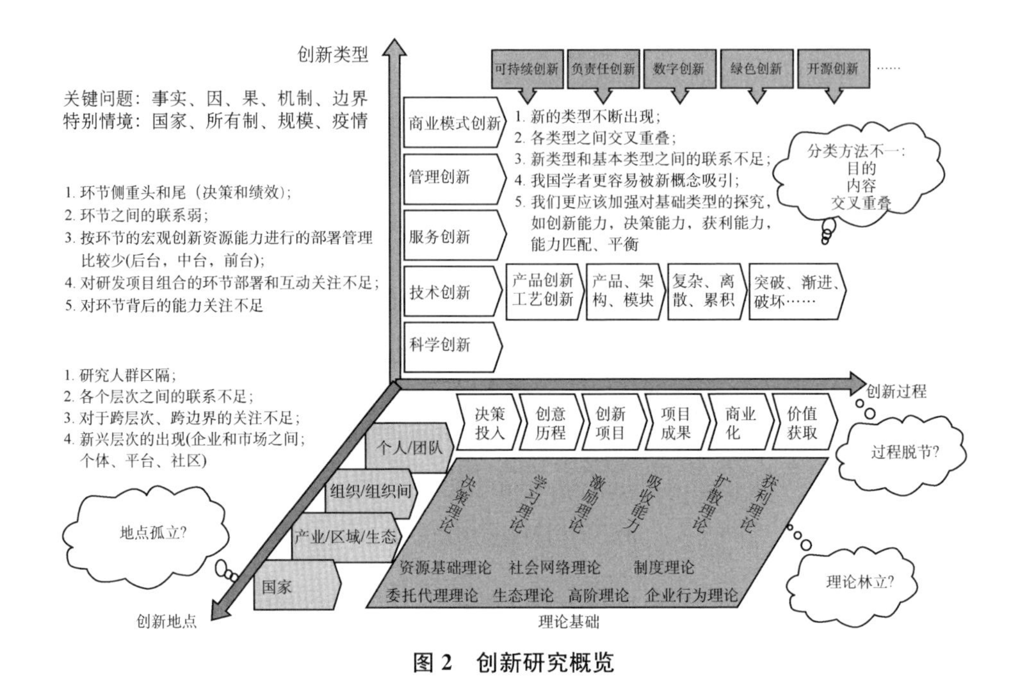

图 2　创新研究概览

该更多强调对基础创新类型的探究，以及基础类型背后的一些与创新能力有关的研究，包括创新能力、决策能力、获利能力的匹配和平衡关系。

第二个维度：创新过程。包括创新的决策、投入和创意，创新项目的组合管理，创新项目成果成败，成果商业化和价值获取等。在这个创新过程链条之中，对其头尾研究相对比较多，头部是创新的决策，如是做突破式创新还是探索式创新、研发投入的多寡等；末尾是商业化业绩的高低、创新绩效的优劣、拥有专利的多少等。而关于创新过程的中间环节的研究比较少，或许由于研究方法的欠缺，很难见到完整的创新链条研究。这一维度的研究有几个问题：首先，各环节目前侧重头和尾，环节之间联系比较弱，按整个环节的创新资源能力进行的部署管理比较少，例如公司里的后台、中台、前台创新的资源部署。其次，对研发项目组合的环节部署和互动关注不足。尤其是多项目的情况下，各项目之间的互动、各项目之间的进程不一样，它是并行的项目管理，如研发项目、创新项目之间的互动，而每个环节背后的能力，需加强研究。

第三个维度：创新地点。主要指创新问题发生在哪里，包括从个人、团队到企业，再到区域、产业、生态，然后到国家的创新系统。这些创新地点通常由不同群体的学者在研究，例如研究个人和团队创新的通常是从事人力资源工作的人，研究企业创新的则以另外一个群体为主，研究区域和国家创新的又是另外一个群体。总体上可以看到不同的创新发生地点，在研究过程中也是相对独立的。因此，从这个维度看到的创新研究，首先研究人群是有区隔的，不同人群在研究不同层次的问题。其次，各个层次之间的联系是不足的，尤其对跨层次、跨边界的关注不足，以后会有新兴层次、新的地点出现，比如说完全不在组织里的个体，或是一些平台、虚拟社区等。

第四个维度：创新研究的理论基础。现有研究中采用的理论很多，对应创新的过程链条，常常运用的理论包括决策理论、学习理论、吸收能力、扩散理论、获利理论，等等，而这些理论背后，有更多其他理论来支撑，如资源基础理论、高阶管理理论、代理理论、生态理论、制度理论，等等。

如果将上述四个维度汇总，不难发现，创新研究这个领域相当分散，缺少朝同一个方向努力的力度，因而难以形成非常有力量、有重大指导作用的成果。

根据上述四个维度，可见创新研究存在一些明显问题，值得进一步研究(图 3)。

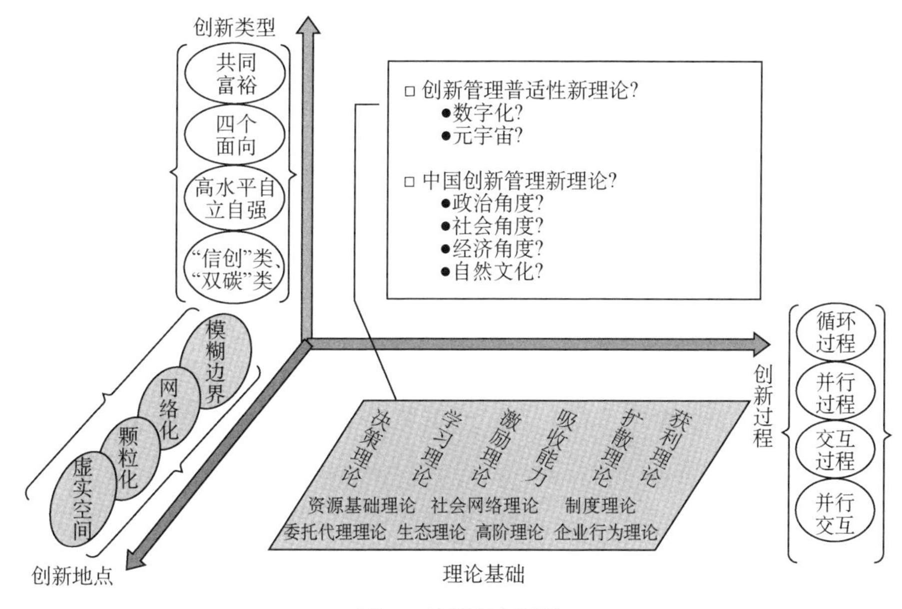

图 3　创新研究展望

第一是创新类型维度。不难推测新的创新类型还会不断出现，不过与我国相关的一些重要问题的分析需要创新研究，如共同富裕：共同富裕需要什么样的创新，是值得关注的。另外，面向世界科技前沿、面向经济主战场、面向国家重大需求、面向人民生命健康的科技创新，涉及高水平科技自立自强、“双碳”，以及与国家安全有关的新的创新类型相关问题，如因为创新过程中存在限制条件，无法用开放式创新在全球部署配置创新要素，该怎样进一步推进是个问题。

第二是创新地点维度。有两个比较明显的趋势：一是未来会有更多流动性、跨边界，所以未来的创新研究中，比较大的一个趋势就是边界模糊，组织和组织的边界非常模糊，呈网络化、颗粒化，而作为颗粒化的独立个体能够发挥比较大作用，如社会化创新、开源创新。二是空间里的虚实问题，例如现在的元宇宙，虚拟空间里也有很多虚拟社区设置了大量的创新组织，这些问题值得关注。

第三是创新过程维度。一是整个创新过程如何形成一个循环促进链条，才能够促进企业自发地把链条一直循环下去，促进企业形成可持续的创新循环过程。二是并行的创新过程问题，很多大企业会开展很多创新项目，这个过程中间就有并行的，各个项目组之间、各个环节之间的交互，存在各过程之间小循环和大循环的问题。

第四是创新研究理论基础维度。目前主要的问题是分散的理论运用如何在未来逐渐集成。新的基础理论会从哪里产生？数字化、元宇宙或许会对普适性的理论有些新的冲击。从我国独特的政治、社会、经济、文化的角度出发研究我国的创新理论基础，或许会得到一些新的启发。

以上通过构架一个综合逻辑框架来认识创新研究领域的现状，并尝试发现一些问题与新的趋势。这个努力只是一个开始，且很不成熟。希望能有更多学者尝试将创新研究领域的成果凝成一个强大的体系，从而为实践带来更多有价值的参考。

（本文根据任声策教授在 2021 发展与管理论坛上的报告整理而成）

科技自立自强的两大支柱

| 任声策

科技自立自强是新时代我国发展的战略支撑。党的十九届五中全会通过的《中共中央关于制定国民经济和社会发展第十四个五年规划和二〇三五年远景目标的建议》提出,“坚持创新在我国现代化建设全局中的核心地位,把科技自立自强作为国家发展的战略支撑”。2021 年 5 月,习近平总书记在两院院士大会上进一步强调,“加快建设科技强国,实现高水平科技自立自强”。党的十九届六中全会通过的《中共中央关于党的百年奋斗重大成就和历史经验的决议》提出,新时代的中国共产党必须“立足新发展阶段、贯彻新发展理念、构建新发展格局、推动高质量发展,全面深化改革开放,促进共同富裕,推进科技自立自强”。显然,新时代的科技自立自强目标是高水平科技自立自强。如何推进科技自立自强?根据科技自立自强的提出背景,需要围绕两大支柱推进:一是推进科技自立,构筑经济和安全领域的中流砥柱;二是推进科技自强,能够在科技、经济和安全领域伏虎降龙。进而“科技自立”与“科技自强”可融为一体,相互作用、不断强化,我国科技终将为实现我国第二个百年奋斗目标提供强大战略支撑。

一、推进“科技自立”,构建“中流砥柱”

推进科技自立,需要回答的问题是“何谓自立”和“何以自立”。

何谓自立?“科技自立”是建立在底线思维上的科技发展目标,要求在科技的关键领域和必要环节能够自主可控,不被他人遏制。“科技自立”是构建新发展格局的基本要求,不实现“科技自立”,国内大循环将难以形成。离开“科技自立”,不仅国家发展会失去支撑,国家生存也将受到威胁。具体而言,“科技自立”至少包含三个方面的“自主可控”:一是产业链关键技术自主可控,二是创新链基础技术和信息自主可控,三是国家安全网技术自主可控。具体表现为产业链中需要突破的关键技术的多少及其影响大小,创新链中科学研究和技术开发基础软件、关键仪器和科技信息的可控程度,国家安全网中陆海空与网络、生命科技领域的技术保障水平。

何以自立？需要坚持“自醒”“自觉”“自助”三“自”方针。“自醒”是推进“科技自立”应坚持的主导观念，需要产业界、科技界、国防领域在科技创新中经常“自省”，保持“自知”“自危”，清醒认识到“科技自立”面向的是亟须实现自主可控的科技领域，一日未实现自立，随时面临威胁。“自觉”是推进“科技自立”应坚持的基本态度，是在始终保持对我国产业、科技和安全领域面临的自主可控关键问题有清晰认知的基础上，主动承担责任，积极作为，为探究解决关键问题而坚持不懈努力。“自助”是推进“科技自立”应坚持的行动准则，亟待突破的关键技术问题的解决必须靠自己，不能依靠他人，毕竟这些领域正是他人希望保持优势的地方，“自助者天助之”，只有联合一切可以联合的力量、自主探寻解决之道才是正道。

“科技自立”的主战场主要在产业、市场、实践中，是动态发展的。推进“科技自立”的排头兵是领军型创新企业和专精特新企业，各类大学科研机构等创新主体是推进“科技自立”的加强连。如果能够坚持“自醒”“自觉”“自助”三“自”方针，“咬定青山不放松”，相信实现“科技自立”将少走很多弯路，“千磨万击还坚劲，任尔东西南北风”，届时我国产业链、创新链、安全网将拥有强大的中流砥柱。

二、推进“科技自强”，实现伏虎降龙

推进科技自强，需要回答的问题是“何谓自强”和“何以自强”。

何谓自强？“科技自强”是建立在领先思维上的科技发展目标，要求在科学技术及其产业化的前沿领域能够做到创新策源，引领全球科技，从以“跟跑”“并跑”为主转变为以“并跑”“领跑”为主。“科技自强”是科技强国的基本条件和必然表现。没有“科技自强”，既不会有科技强国，也不会有高质量发展，更不会有共同富裕和社会主义现代化强国。具体而言，“科技自强”至少包含三个方面的“领先”：一是基础科学的全球领先，二是技术发明的全球领先，三是高技术产业的全球领先。具体表现为基础科学领域原始创新理论的提出、问题的解决和科学新思想的酝酿、传播，工程技术领域中关键技术问题的凝练、发明和应用，高技术产业领域的新产业孵化、主导产业全球竞争力和影响力。

何以自强？需要坚持“自信”“自决”“自主”三“自”方针。“自信”是推进“科技自强”应坚持的主导观念，缺乏自信难以做到持久“领跑”，只能成为“跟跑”者，最多也只是“并跑”者。习近平总书记在庆祝中国共产党成立 95 周年大会上提

出“四个自信”，即中国特色社会主义道路自信、理论自信、制度自信、文化自信。构成我国科技自强的自信基础，需要在此基础上逐渐培育出科技创新的持续自信。“自决”是推进“科技自强”应坚持的基本态度，是指“自己作决定”，即在基础科学研究、基础技术研发应用、新兴产业孵化中，自行凝练方向、提出问题、开展研究，不过多受他人牵引，做“方向”的领路者和“问题”的提出者，我国较好的经济发展水平为此提供了条件；同时，“自决”理论认为，内在动机是人们推进领先事业的动力，“科技自强”也需要调动科技工作者的内在动力。“自主”是推进“科技自强”应坚持的行动准则，是指在前沿问题研究中以我为主、不受他人支配，当然，新时代的“自主”也是高水平开放环境下的“自主”，在全球开放创新生态中需要扮演更加主动的角色，占据更加主导的地位。

“科技自强”的主战场主要在科学技术界，同样具有动态性。推进“科技自强”的先行队是一流大学和科研院所，各类创新型企业等创新主体是推进“科技自强”的生力军。如果能够坚持“自信”“自决”“自主”三“自”方针，“上下而求索”，相信“科技自强”必然实现，“大鹏一日同风起，扶摇直上九万里”，届时我国基础研究、工程技术创新和产业化领先程度必然能够伏虎降龙。

三、“科技自立”和“科技自强”珠联璧合

科技自立自强就是“科技自立”和“科技自强”的珠联璧合、相得益彰。一方面，科技自立的中流砥柱能保障科技自强，通过科技自立，实现产业、创新和安全网的自主可控，可为科技自强提供强大的信心基础和资源保障。另一方面，科技自强可以伏虎降龙，为科技自立保驾护航，科技领跑领域越多，部分跟随领域被威胁的可能性越小，因为科技领先并非要求全盘领先、全局领跑，而是在科技“领跑”“并跑”“跟跑”领域组合中形成明显的相对优势。

综上所述，科技自立自强包括“科技自立”和“科技自强”两大任务，需要运用不同的逻辑推进。如表1所示，推进科技自立，构建中流砥柱，需要坚持“自醒”“自觉”“自助”三“自”方针；推进“科技自强”，能够实现伏虎降龙，需要坚持“自信”“自决”“自主”三“自”方针。终有一日，科技强国会形成。当然，推进科技自立和科技自强均需要坚定毅力和坚决投入，“天将降大任于是人也，必先苦其心志，劳其筋骨，饿其体肤”，全国上下需要持续努力，根据相应逻辑完善实施体系。

表 1　科技自立自强的两大支柱及内涵

两大支柱	主导观念	基本态度	行动准则
科技自立	自醒	自觉	自助
科技自强	自信	自决	自主

浅议我国新型研发机构的内涵与可持续发展

| 常旭华

21 世纪以来，科技创新被摆在了前所未有的高度。从创新主体看，如何建构和完善国家创新体系也得到了极为广泛的重视。然而，中国科学院、高等院校等传统建制性创新力量受制于学科束缚、绩效考评指标导向、学术官僚体制机制僵化等原因，短期内难以实时响应国家战略和市场需求；企业研发中心等社会创新力量则欠缺体系支持和体制信任，短期内难堪大任。在此背景下，一类既不完全属于前两者，又与前两者有着紧密关联的新型研发机构得到了广泛关注。

2015 年 9 月，中共中央办公厅、国务院办公厅印发《深化科技体制改革实施方案》，将国家实验室、重点实验室、工程实验室和工程(技术)研究中心列入新型研发机构范围之中。2016 年 9 月，交通运输部出台《关于深化科技体制改革落实创新驱动发展战略的意见》，将新型研发机构与科研平台和中试基地并列。2019 年 9 月，财政部、科技部关于印发《中央引导地方科技发展资金管理办法》的通知，将省部共建的国家重点实验室列入科技创新基地之中，并将新型研发机构与科技创新基地、具有独立法人资格的产业技术研究院和技术创新中心并列。2020 年 3 月，科技部印发《关于推进国家技术创新中心建设的总体方案(暂行)》的通知，将地方新型研发机构与地方技术创新中心和地方工程技术研究中心并列，并将国家技术创新中心作为地方新型研发机构的培育方向之一。2020 年 3 月，中共中央、国务院印发《关于构建更加完善的要素市场化配置体制机制的意见》，从加快发展技术要素市场的角度，首次在国家层面的政策中提出将科技企业与高校、科研机构合作建立的技术研发中心、产业研究院、中试基地列入新型研发机构范围。2020 年 7 月，国务院出台《关于促进国家高新技术产业开发区高质量发展的若干意见》，将符合国家重点实验室和国家技术创新中心条件的新型研发机构，列为国家高新区高端创新资源之一。

在以上诸多文件的指引下，各地都在积极推进新型研发机构建设，大有星火燎原、遍地开花的趋势。笔者认为，新型研发机构要获得长久发展，避免路径依赖,必须对其内涵、创新活动边界、发展思路进行深入的系统性讨论和分析。

一、为什么需要新型研发机构

当下,科研范式正在发生新的根本性变革,具体表现为以下三点:

(1) 网络技术导致科研活动扁平化、24 小时化。随着互联网和信息技术深入发展,以智能化、信息化为核心,以大数据、云计算、人工智能、量子通信等前沿技术为代表的新一轮产业革命方兴未艾。新技术革命不仅对横向的专业化部门分工造成挑战,还对纵向的科层制形成一定挑战。美国学者约翰·奈斯比特(John Naisbitt)在《大趋势:改变我们生活的十个新方向》(*Megatrends: Ten New Directions Transforming Our Lives*)一书中指出,“信息本身是使人们平等相待的巨大力量”。在当前的新技术革命下,大数据、人工智能将进一步提高创新资源获取的便利程度,拓展科研活动开展的区域范围,不再强调上下的等级制,而强调“去中心”或者形成“多中心”,从而带来科技创新资源配置的网络化、协同化、分散化,进而导致科研活动扁平化。

(2) 基础研究、技术创新、应用研究边界模糊化。当代科学技术表现为越来越庞大复杂的体系,各领域科技已然高度关联、互相交叉、跨界融合、系统集成,客观性质具有综合性、整体性和融合性。简单化地将基础研究、技术创新和应用研究划分隔绝,违背了新时代科技创新活动的客观规律。事实上,科学、技术与产品是平行发展的,并无绝对先后。因此,跨越“基础”与“应用”传统边界的科研正成为当代新科技革命的增长点。在生命科学、制药等新兴领域,基础研究与应用研究的线性序列关系被打破,学术成果同时具备论文发表与专利申请价值,体现出非常明显的“双面知识”(Dual Knowledge)效应。

(3) 新型科研组织填补国家创新体系的结构洞。新型研发机构是随着我国经济体制改革、科技体制和高教体制改革产生的,是一种在属性、机制和功能上不同于传统科研机构的创新平台组织,是集科研、孵化、资本等多功能于一体的创新生态模式。从本质上看,新型研发机构是一种具有中国特色的制度创新的产物,既可以从事基础性的科学研究,同时致力于把基础研究与产业化活动有机结合;既克服了我国科技体制的弊端,有效缓解了产业科技创新需求和供给之间的矛盾,又成为新时代我国国家创新体系的重要组成部分。

面对新变化,传统的建制性创新力量和社会创新力量都存在难以克服的制度弊端或天然的组织属性隔阂。尽管他们自身也在进行组织变革和优化,但出于组织制度成本控制和团队稳定的要求，短期内“改造旧的不如创造新的”。难以克服的制度弊端或天然的组织属性隔阂包括以下三方面：

一是线性创新范式降低效率。在传统的线性创新模式下，知识的生产（基础研究）、开发（应用基础研究）、商业化（技术开发）均由不同部门负责，其中知识生产过程主要由科研机构负责。这种“接力式”科研模式存在部门利益隔阂、信息沟通成本高、需求对接困难等难以克服的问题，并最终导致社会资源浪费，降低社会系统运作效率。

二是在“松散式”和“紧凑式”之间摇摆。“松散式”科研范式强调自由探索，导致特定研究领域科研人员数量少，科研资金相对缺乏，且由于各自为战，信息沟通不频繁，难以形成强有力的大型平台；“紧凑式”科研范式强调效率至上原则，科研活动职业化特征明显，但刚性过强，科研自主权受到削弱。传统科研机构始终在“松散式”和“紧凑式”之间摇摆，无法做到平衡。

三是制度成本高企。在我国，传统科研机构不是完全意义上的独立法人，其受到主管部门的纵向行政体系的约束，尤其是在财政拨款、考核评估、国资监管等条线管理方面缺乏自主权。这就导致科研活动中制度成本相对较高，难以快速应对瞬息万变的科研机会。

二、新型研发机构的内涵是什么

新型研发机构的核心在于“新型”，其不是传统建制性创新主体的替代者，而是它们的力量倍增器。

（1）强调技术公益性和盈利性。新型科研组织化解了传统的政府管理机构、科研院所与公司企业的分割体制冲突，构建了政府、高校科研院所、企业之间的制度性通道，为创新要素的整合提供了一个混合制度空间和实体组织载体，显著提高了应用创新资源的集聚效率。例如，微电子研究中心（Interuniversity Microelectronics Centre，IMEC）的最高决策管理机构是产学研结合的理事会。为了保证 IMEC 的中立性和独立性，并协调政府、大学和产业界公司之间的合作关系，IMEC 的理事会采用类似的“产官学”体制，成员由来自产业界、政府和学术界的代表组成，其中 1/3 是产业界代表，1/3 是高校教授，还有 1/3 是政府官员。

（2）强调多身份属性。实行现代企业管理模式，确立理事会领导下的院长负责制，明晰机构运营自主权，实施公司化管理，使整个组织能够针对创新活动实际作出及时决策和快速反应;坚持发挥市场的决定作用,灵活运用市场机制实现科研、投资、孵化等不同能力的协调和整合,并给予所有创新主体充分有效的激励。例如,日本产业综合技术研究院强调,采用企业化方式运作的组织更具柔性,具体体现在以下三方面:①组织内无固定编制的员额限制,可集中人力资源投入重点领域的战略性研究开发;②组织内下辖的研究所无政府机构管理限制,资源整合便利,研究领域交流融合,研究组织极具弹性;③组织内的研发经费不受《会计法》及《企业国有资产法》限制,可以跨年度使用。

(3) 强调对科研人员的授权管理。在技术人员管理方面实行固定岗与流动岗相结合的用人机制,以项目需求为依据,跟新员工签订与其所承担项目周期一致的定期合同,合同到期后可选择离职或申请进入其他项目组。工作 10 年以上的专业技术人员才能获得终身工作职位。通过这种方式保留核心科研人员,吸收外界优质科研人力资源。

(4) 强调对传统科研范式的突破。新型科研组织的突破体现在以下四方面:①人事突破,从管理科研人员转变为服务科研人员,从简单的人事管理转向授权管理;②科研组织形式突破,增强流动性,鼓励创造性学习和学科交叉研究,以打通信息交流渠道,建立层级清晰的共享机制;③科研理念突破,强调问题导向、需求导向,以解决实际问题为考评评估标准;④组织制度突破,组织机构扁平化,避免过度拆分院系与学科,提倡构建柔性合作组织,提高资源配置效率。

三、新型研发机构怎么建

相对于建制性创新力量和社会创新力量,新型研发机构要始终与“传统”保持距离,通过“新体制、新机制、新模式”,始终作为国家创新体系的一支侧翼进攻力量。

(1) 优化顶层设计,甩掉“传统”束缚。新型研发机构应该是一个具有独立法人地位和法定权限的社会组织,要甩掉按行政级别划分的官僚体系包袱、按学科配置创新资源的包袱、按固定指标考核的绩效包袱,用商业手段解决市场失灵问题,做一个能够盈利的非盈利社会组织。

(2) 明确功能定位,专注解决“达尔文死海”。新型研发机构应当将自身定位为创新生态系统中的关键支撑环节,而不是科技创新主体和产业创新主体的替代者和“掘墓人”,应当专注解决技术熟化、场景模拟、技术转移、创新孵化等工作。新型研发机构的作用是链接高校院所与企业,而不是成为高校院所或企业;是组合科学家、创业者、企业家,而不是把科学家变成创业者或企业家。

科技自立视角下国家实验室的建设路径分析

常旭华　刘海睿

随着新一轮科技革命的不断深化，科技创新实力对国家经济社会健康发展的作用日益凸显。其中，以国家实验室为核心骨干的国家战略科技力量对于实现高水平科技自立自强、建设科技强国的推动作用最为关键。

国家实验室作为国家战略科技力量的引领者，以承担国家重大战略任务、摆脱技术依赖实现科技自立、推动经济高质量发展为使命。国家实验室建设的路径有哪些？遵循不同路径建设国家实验室时应当注意哪些问题？这些都是实施科技自立战略过程中亟须研究和解决的问题。为充分借鉴发达国家经验、吸取建设教训，本文通过比较研究、案例研究方法分析主要发达国家建设国家实验室的三种路径，针对我国现阶段国家实验室的建设概况提出对策建议。

目前，全球主要发达国家均已建立了高水平的国家实验室。从其依托的主体来看，主要有三种建设路径：其一是依托行业领军企业建设国家实验室，如以费米联合研究公司为主体的美国能源部下属的费米国家加速器实验室；其二是依托世界顶尖研究型大学建设国家实验室，如以麻省理工学院为主体的美国国防部下属的林肯实验室、以卡文迪许实验室为主体的英国国家研究实验室；其三是依托体系化科研机构建设的国家实验室，如德国亥姆霍兹联合会。

综合考虑国家实验室创建运营的时间及其产出科技成果的国际影响力，本文选取美国贝尔实验室、英国卡文迪许实验室、德国亥姆霍兹联合会分别作为三种路径建设国家实验室的典型代表，分析三者的管理模式和发展经验（表 1）。

就形成机制而言，国家实验室的形成并非从零开始，其建设依托的主体都具有卓越的研发基础和明确的研究领域。贝尔实验室由美国电话电报公司和西电公司工程部以“中心实验室”的名义创办，研究与通信相关的一切。卡文迪许实验室隶属英国剑桥大学物理系，专注于物理研究。亥姆霍兹联合会是两德统一后由德国大科学中心协会更名而成的。

就总体架构而言，贝尔实验室拥有独立法人资格，公司董事会是其最高权力机关。卡文迪许实验室由卡文迪许实验室教授(主任)领导和管理。亥姆霍兹联合会属于注册社团组织,结构较为松散,下设 18 个独立研究中心。

在组织管理方面,贝尔实验室和亥姆霍兹联合会都设有明确的组织层级和管理规章制度,而卡文迪许实验室的组织管理则主要取决于管理者的个人风格。在项目管理方面,贝尔实验室在项目立项上具有较高的自主决策性且项目来源广泛,第二次世界大战时期曾放弃自主研究服从国家战略,非战争时期也会采取合作研发方式;卡文迪许实验室以实验室教授(主任)的研究方向为核心,在选拔教授时会考虑其研究方向的前瞻性;亥姆霍兹联合会则通过战略评估的方式保持项目方向与国家战略的一致性。三者都采取竞争性立项的方式,集中优势资源寻求突破式创新。在经费管理方面,贝尔实验室得益于投资公司的垄断优势,拥有充足的经费和很高的薪资水平,亥姆霍兹联合会的资金源于联邦政府、州政府、第三方和专项融资。在人才管理方面,三者都尤为重视"领帅"的遴选,并由科学家、研究生、技术助理和行政人员组成阶梯式人才队伍:贝尔实验室多从内部选拔总裁;卡文迪许实验室注重教授的学术能力和管理能力,在世界范围内公开选拔教授(主任);亥姆霍兹联合会则看重主席的管理能力,由各中心提名后选举产生。在成果管理方面,贝尔实验室要求员工入职时签署含有知识产权条款和保密规定的合同,采用以专利许可为主的技术转移策略,而亥姆霍兹联合会的技术转移策略更加多元化,包括专利许可和转让、创办衍生企业等。

就考核监管而言,三者都设立了严格的考核制度,也受到不同程度的监管。贝尔实验室内部的管理人员负责评估项目,内部的研究人员负责把控论文质量,外部的国家司法部负责评估其投资公司的合法性,其投资公司的垄断行为曾导致贝尔实验室被迫拆分。卡文迪许实验室设有独立的评估委员会对项目建设进行事前评估和过程评估。亥姆霍兹联合会通过科学评估和战略评估两个阶段考核项目进展,使用论文发表数据辅助考核,同时内设成员大会、外设评议会对联合会进行监管。

表 1 "产学研"三种路径建设国家实验室的比较分析

	"产"——美国贝尔实验室	"学"——英国卡文迪许实验室	"研"——德国亥姆霍兹联合会
形成机制	由美国电话电报公司和西电公司工程部以"中心实验室"的名义创办,专注于通信领域	隶属剑桥大学物理系,专注于理论和实验结合的物理研究	由德国大科学中心协会更名而成,专注于能源、地球与环境、医学健康、航空航天与交通、物质以及关键技术六个领域

（续表）

		“产”——美国贝尔实验室	“学”——英国卡文迪许实验室	“研”——德国亥姆霍兹联合会
总体架构		独立法人，投资公司总工程师担任其董事会成员，员工上万名	主要由卡文迪许物理学教授领导和管理，实验室主任与物理系主任分别由两人担任	注册社团组织，下设 18 个独立研究中心，员工超 4 万人，科研人员 1.6 万人
组织运行体系	组织管理	公司董事会，总裁、副总裁、研究部、设备开发部等 8 个部门	结合各时期的实验室情况以及管理者的风格而定，分为民主管理模式或集中管理模式	评议会、政府出资机构监事会、主席、执行委员会、成员大会以及秘书长
	项目管理	来源：系统内部＋国家部门；竞争性立项，但时间、资金不受限	结合实验室主任的研究方向，立项项目具有前瞻性、创新性、原创性和时代意义	竞争性、跨中心立项
	经费管理	资金全部来自投资公司，经费充足、薪资丰厚	—	政府出资约 2/3，第三方出资 29%，专项融资 5%，联邦政府与地方政府的资助比例为 9∶1
	人才管理	总裁遴选：内部选拔、逐步晋升；规模庞大、阶梯式人才队伍、基础研究与应用研究并举、学科交叉	主任遴选：剑桥大学公开选拔，重学术能力（诺贝尔奖获得者）和管理能力；阶梯式人才队伍、科研与教学并举	主席遴选：中心提名选举，重管理能力；阶梯式人才队伍
	成果管理	员工入职时签署含有知识产权条款和保密规定的合同，开放性专利许可	—	许可和转让、期权合同、衍生企业
考核监管体系		第二次世界大战期间全面服务国家战略；管理人员评估项目、研究人员把控论文、司法部评估合法性	独立的评估委员会：事前评估、过程评估	考核：科学评估＋战略评估、论文考核； 监管：内有成员大会，外有评议会，政府监管的仅限于其研究政策和方向

就我国的国家实验室建设情况而言，存在国家重点实验室、国家（级）实验室、综合性国家科学中心、省级实验室等诸多名称。国家重点实验室有近 700 家、已建成的国家（级）实验室 5 家、综合性国家科学中心 3 家、拟筹备建设成为国家实验室预备队的省级实验室近百家。这些实验室在建设主体、规模体量、经费来源等方面均存在差异。国家重点实验室由其所在单位建设，国家评选并资

助，聚焦单一学科，体量相对小；国家（级）实验室则由国家直接投资建设，学科覆盖广，设施设备多。当前我国所提倡的以“四个面向”为使命建设的国家实验室，既不等同于“国家重点实验室”，也与 2000 年前后开始发展的 5 所传统的“国家（级）实验室”有本质区别，更接近综合性国家科学中心的概念。

因此，根据“产学研”不同路径建设国家实验室时，需要更加明确国家实验室的战略定位、组织运行体系和考核监管体系。

在战略定位方面，基于依托主体的研发优势，制定明确的使命任务，在以“产”为主体建设的国家实验室中强调研究的公益属性，在以“学”为主体和以“研”为主体建设的国家实验室中强调任务导向，不鼓励科研人员开展自由探索式科研活动。全国重点实验室在合并重组过程中，要集中主干优势，摒弃旁枝末节，补齐综合性国家科学中心的研发短板，形成合力。

在组织运行方面，给予国家实验室主任和科学家群体充分的治理权利，使其在研究内容制定和方案设计上具有决策权，而政府把握研究方向与国家战略及经济发展的契合度。以“产”为主体建设的国家实验室需要明确政府的出资比例大于企业及其产出成果的权益归属其自身而非资助企业。以“学”为主体和以“研”为主体建设的国家实验室需要明确中央的出资比例大于地方，妥善处理建设主体与科技部、教育部等主管部委，地方政府以及重组的国家实验室体系等多方主体之间的关系。

在考核监管方面，可以采取自评估、同行评议、飞行检查等模式加强对项目全生命周期各个环节的评估和考核。对于参与国家实验室建设的企业，加强对其市场竞争行为合法性的监管，对于参与国家实验室建设的大学和科研机构，加强对其公开发表的科研成果的保密性审查。

从钱学森的谈话看战略科技人才培养

| 任声策

中国共产党带领中国人民在过去一百年取得了辉煌成就。新时代需要“坚持创新在我国现代化建设全局中的核心地位，把科技自立自强作为国家发展的战略支撑”。科技自立自强迫切需要战略科技人才，习近平总书记指出，战略人才站在国际科技前沿、引领科技自主创新、承担国家战略科技任务，是支撑我国高水平科技自立自强的重要力量，他在《深入实施新时代人才强国战略 加快建设世界重要人才中心和创新高地》中强调我国建设人才强国的目标：到2030年要“在主要科技领域有一批领跑者，在新兴前沿交叉领域有一批开拓者”；到2035年“国家战略科技力量和高水平人才队伍位居世界前列”。因此，培养、引进、用好战略科技人才成为重中之重，“钱学森之问”需要新时代给出回答。

2022年春节前，笔者在上海交通大学读博时的导师宣国良教授转发给我一篇题为“钱学森的最后遗言”的文章，当时习近平总书记关于加快建设世界重要人才中心的论述正引起广泛思考。宣老师长年担任上海市政府参事室参事，习惯于关心和思考时事政策，他知道我一直在研究科技创新和知识产权问题。读了那篇文章后我发现钱老主要关心的是战略科技人才，这正是我国科技自立自强所亟须的。钱老的“遗言”谈话提及了自己熟悉的加州理工学院、麻省理工学院以及国内高校的人才培养模式，认为加州理工学院、麻省理工学院的人才培养模式对中国的战略科技人才培养有重要参考价值。

一、“钱学森之问”关注的是战略科技人才培养

“钱学森之问”的核心是我们的大学为什么培养不出杰出人才。据路风教授的整理，钱学森之问源于2005年温家宝总理看望钱学森时钱老所说的一段话：“现在中国没有完全发展起来，一个重要原因是没有一所大学能够按照培养科学技术发明创造人才的模式去办学，没有自己独特的创新的东西，老是‘冒’不出杰出人才。这是很大的问题。”2009年钱老去世后，安徽高校的11位教授联合《新

安晚报》发出一封公开信，信中说："我们深切缅怀钱老，缅怀他的科学精神和崇高人格，还有他的那句振聋发聩的疑问——'为什么我们的学校总是培养不出杰出人才？'"

习近平总书记特别强调的战略科技人才，正是钱老所关心的"杰出人才"，也是我国科技自立自强所需的关键人才。战略科技人才的培养，需要根据他们所表现出的特征，把握住创新人才培养的关键，钱老的谈话根据自己在加州理工学院的体会，提供了大量的重要信息，可以帮助我们反思和推进人才发展、教育科技体制机制和社会文化，做到敢破敢立、善破善立。

二、战略科技人才的主要特征

要在科技自立自强中发挥核心作用的战略科技人才，通常表现出一些明显特征。毋庸置疑，钱学森是一位战略科技人才，根据他个人所表现出来的，以及他在书信、谈话中谈及的，自信、抱负和能力是战略科技人才的三大典型特征。

战略科技人才是有足够自信的人才。作为科技创新人才，作出重要创新必须先提出具有突破性的前沿科学问题、开展具有突破性的前沿科学研究，这需要有足够的自信，缺少自信通常只能做跟随式研究，对重大前沿科学问题没有把握，往往只能在既定的科技轨道上做小幅创新。正如钱学森在 1995 年的一封信里所述："但是今天呢？我国科学技术人员有重要创新吗？诸位比我知道得更多。我认为我们太迷信洋人了，胆子太小了！我们这个小集体，如果不创新，我们将成为无能之辈！我们要敢干！"胆子小、不敢干，主要原因正是缺乏自信。自信主要来自实力，是对科技前沿的把握能力、突破能力。

战略科技人才是有远大抱负的人才。有抱负的科技创新人才不仅在科学技术突破上有远大目标，而且有为国家、为人类贡献智慧的远大理想。有抱负的科技人才必然会追求科技自立自强，有抱负的自强者显然不是内卷赛场里的"学霸"，也不会独守一隅，"占山头"搞"小圈子"。"天行健，君子以自强不息"，有抱负的科技人才以挑战科技前沿为乐，而不以"帽子"、权力、影响力为目标。抱负来自自信，源于能力，更离不开情怀。

战略科技人才是有强大能力的人才。成功来自实力，重大科技成果源于科技创新人才的能力和努力，投机取巧只能昙花一现，无法支撑科技自立自强。战略科技人才不仅具有提出和解决前沿科技问题的能力，也有一定的组织协调和领导力。能力是自信的基础，也与抱负有相互强化作用。

三、战略科技人才培养的关键

“钱学森之问”受到广泛关注，多所高校教育者积极探索答案。2009 年，教育部联合中组部、财政部启动实施“基础学科拔尖学生培养试验计划”，例如清华大学钱学森力学班的改革探索。“钱学森之问”需要青年、家庭、学校、社会共同努力，如改善社会风气。目前来看，“钱学森之问”仍没有明确答案。根据钱学森的谈话和书信，回应“钱学森之问”，要用三个标准去培养战略科技人才：战略科技人才要坚持站在科技前沿、大胆质疑（挑战）科技前沿、大力推进科技前沿。

战略科技人才要坚持站在科技前沿。站在科技前沿的人才对重要科技进步和科技挑战能够了如指掌，对本领域科技发展，甚至对其他相关领域的科技进步和科技前沿也有相当程度的掌握。战略科技人才坚持站在科技前沿，正如将军坚守战场，才能够审时度势，作出正确决策和行动安排。站在科技前沿，通常需要从本领域基础走到前沿，遍历本领域科技进步过程。钱学森在谈到加州理工学院时说道：“我回国这么多年，感到中国还没有一所这样的学校，都是些一般的，别人说过的才说，没说过的就不敢说，这样是培养不出顶尖帅才的。”因此，培养战略科技人才，需要提倡对科技进程的熟悉和对科技前沿格局的掌握，要坚持长期站在科技前沿，不划定边界，善于跨过学科边界，吸纳各类有益启发。当前学科林立，容易令人故步自封，不利于人才站到更广泛的学科前沿。坚持站在科技前沿，也是战略科技人才自信的基础。

战略科技人才要大胆质疑（挑战）科技前沿。质疑和挑战科技前沿是科技进步的前提，在质疑的基础上，提出新设想，才能为实现新的科技突破提供可能性。质疑不是没有根据的挑衅，也不是自负的炫耀，而是建立在对科技前沿的熟练把握、对前沿突破方向的深度思考之上，是科学理想追求的自然涌现。科学家需要尽早培养质疑的品质，更需要欢迎质疑的文化氛围，特别需要避免“不敢质疑、不愿被质疑”的情形，“不会质疑”，无疑会给科技前沿的突破带来巨大阻碍。钱学森这样评价加州理工学院：“那里的学术气氛非常浓厚，学术讨论会十分活跃，互相启发，互相促进。”“我老师鼓励我学习各种有用的知识。”“学院给这些学者、教授们，也给年轻的学生、研究生们提供了充分的学术权利和民主氛围。不同的学派、不同的学术观点都可以充分发表。学生们也可以充分发表自己的不同学术见解，可以向权威们挑战。”他进而评价国内的学术氛围“大家见面都是客客气气，学术讨论活跃不起来”。可见，这种缺少质疑、回避质疑的情形特别需要改变，只有如此，才会有活跃的学术思想。

战略科技人才要大力推进科技前沿。培养科技人才站在科技前沿、质疑科技前沿能力，目的是推动科技前沿不断被突破。战略科技人才不仅要有远大的科技创新抱负，更要有实现远大抱负的能力、信心和行动。钱学森在谈到加州理工学院时说道："在这里，你必须想别人没有想到的东西，说别人没有说过的话。"这里的创新还不能是一般的，迈小步可不行，你很快就会被别人超过。""今天我们办学，一定要有加州理工学院的那种科技创新精神，培养会动脑筋、具有非凡创造能力的人才。"因此，战略科技人才的创新精神、创造力培养是根本，要有大幅推进科技突破的能力。加州理工学院校长托马斯·罗森鲍姆（Thomas Rosenbaum）说："在加州理工学院，探寻新方向的尝试无处不在。"加州理工学院的戴聿昌教授说："教学要教最先进的东西，教学要跟研究结合在一起。"人才总是善于学习的，战略科技人才更需要高效的富有启发力的教育，形成差异化的知识结构，正如钱学森所说"集大成得智慧"，这样的战略科技人才队伍拥有最坚实的创新知识基础。

如何培育基础研究原创成果*

| 朱梦珊　周文泳

基础研究是整个科学体系的源头，是所有技术问题的总机关，是实现科技自立自强的基本依托。面对日益激烈的国际科技竞争态势以及日益严峻的外部遏制打压困境，原有的全球科技资源流动机制遭受阻隔，加快推进我国科技自立自强已迫在眉睫。在新形势下，为了突破“无人区”前沿和“卡脖子”领域的桎梏，我国亟须加快培育更多重大基础研究原创成果，科学认识其特征与规律，改变科研管理与基础研究原始创新脱节的困境。

一、内涵界定

科技成果可以分为“原创成果”与“衍生创新成果”两类。原创成果是指科学共同体贡献出的以前从未出现过的科技成果，可以描述为“从 0 到 1”的科技成果。衍生创新成果是对现有理论或技术的补充性或改进性科技成果，可以描述成“从 1 到 N”的科技成果。其中基础研究原创成果可定义为基于（已发生）现象和可观察事实获得的“从 0 到 1”的实验性或理论性成果，主要以新原理、新规律、新概念、新模型、新方法和新物质（新粒子、新元素、新材料等）等为表现形式，以高水平论文、科学著作、研究报告等为成果载体，可划分为自由探索型基础研究原创成果和目标导向型基础研究原创成果两类。

二、主要特征

与基础研究衍生创新成果相比，基础研究原创成果具有如下五个主要特征：

第一，突破性。基础研究原创成果不是对现有基础研究成果的验证、补充、修正、完善或拓展，而是实现“从 0 到 1”突破的新理论、新学说、新思想和新原理

---

* 本文为上海市 2022 年度“科技创新行动计划”软科学重点项目“战略导向型基础研究组织模式与评价机制研究”（项目编号：22692100600）的阶段性研究成果。

等,是科技进步与发展的先导与源泉。

第二,引领性。一项基础研究原创成果的产生,往往会在特定领域引领科学共同体致力于扩展性、跟踪性或验证性研究,以不可预知的方式推动科学研究范式的变革,或开辟新的研究方向、研究领域和学科门类,是实现从模仿、跟踪到自主创新的关键。

第三,不可溯源性。基础研究原创成果是在科学推理过程中通过创新跃升产生的新成果,是在现有科学体系中找不到的、可以作为源头借鉴的思路、方法或成果,但遵循科学研究的规律并经过理论或实验验证,具有“无中生有”的典型特征。

第四,非共识性。基础研究原创成果的产出者往往具有超前思维,由于受到诸多理性或非理性因素的影响,与同时代的科学家在兴趣点和专业领域研究深度、广度方面存在认知差异,在基础研究原创成果的科学价值评判上存在很大差异,不易达成共识。

第五,价值认知滞后性。基础研究原创成果颠覆了科学共同体原有的共性认知,常会超出同时代同行权威的认知能力,所以其科学价值往往需要经过较长或很长时间之后才能得到广泛认可。

三、培育对策

第一,加强顶层设计,深化基础研究相关方对基础研究原创成果特征的认识。一是重塑“以人为本”的科研资助理念,要针对自由探索和目标导向型基础科学问题提供差异化研究条件,鼓励基础研究科研人员潜心问道,坚持问题导向;二是在进一步落实分类评审的基础上,完善基于复议机制的非共识性基础研究项目评价机制,引导评审方重点关注项目及其成果是否在其研究领域或更广范围内具有独特性和启发性;三是充分调动多元化资助方的内生动力,探索资助主体间的联合资助机制以及预研、分期资助和后资助等多样化资助方式。

第二,强化原创激励,促进灵感偶然性与逻辑必然性的有机统一。一是注重原创型、交叉型基础研究人才的“引、育、留”,重视优秀青年科研人员的发展,构建分阶段、全谱系、资助强度与规模合理的人才资助体系;二是加大保障性投入力度,明确各类基础研究支持机构和计划的定位与分工,同时规避“中材大用”“以次充好”等现象对基础研究原始创新的阻碍。

第三,驱动知识跃迁,优化创新资源的配置结构。一是探索建立卓越科研特区，并放宽其在基础研究选题立项、经费投入、项目管理、人才评价等方面的自主权，促进自由探索型基础研究和目标导向型基础研究有机结合；二是培养一流人才队伍和建设一流团队，完善实施“揭榜挂帅”“赛马”等创新制度，让真正有能力的学术带头人能够崭露头角；三是打造综合性、交叉性、集成性和国际化的基础研究创新平台，促进科技创新的开放融通，提高我国在基础研究方面的学术影响力；四是扭转制度抑制惯性，培育学术碰撞与勇于创新的优质土壤，使基础研究原创成果及相关衍生研究不断创新更迭。

第四，完善创新支撑，营造适宜产生原创成果的基础研究生态。一方面，基础研究原始创新是一个不断观察、思考、假设、实验、求证、归纳的复杂过程，需要科学家长期凝心聚力，坚持科学思辨，需要淡化各类短期基础研究评价，彻底清理“简单量化”的基层考核方式，营造宽松容错的基础研究原创环境。另一方面，需要大力弘扬科学家精神，建立健全科研诚信社会监督制度，深化社会对基础研究的认识，加强基础研究知识产权保护，疏通原创成果转化链条，进一步激发基础研究的创新活力。

举国体制:系统解构与中国航天案例

| 任声策　操友根

举国体制,作为一种任务体制,从推动中国取得“两弹一艇一星”重大科技突破,到助力中国实现“新冠抗疫战”基本胜利,不断被证明是应对特殊时期和完成特殊任务的最佳体制。当前,中国崛起趋势与外部遏制压力之间的矛盾加剧,同时,中国进入实现中华民族伟大复兴的战略阶段,立足挑战最大、任务最艰巨的阶段,中国更应发挥举国体制的制度优势,以举国协同之力取得重大发展。因此,应深入剖析举国体制的关键构成系统,回顾并比较关键领域举国体制的经验差异,从而从系统视角与实践层面促进中国战略性领域中新型举国体制机制的构建和运用。

一、举国体制的系统解构

举国体制是一套解决复杂系统问题的管理系统,根据复杂系统管理理论,一套管理体系主要由顶层设计和贯彻执行两个子系统构成。如图 1 所示,决策子系统由长期目标和最高决策体系构成,执行子系统主要由任务特征、主体构成、资源需求、动员机制和协调机制组成。

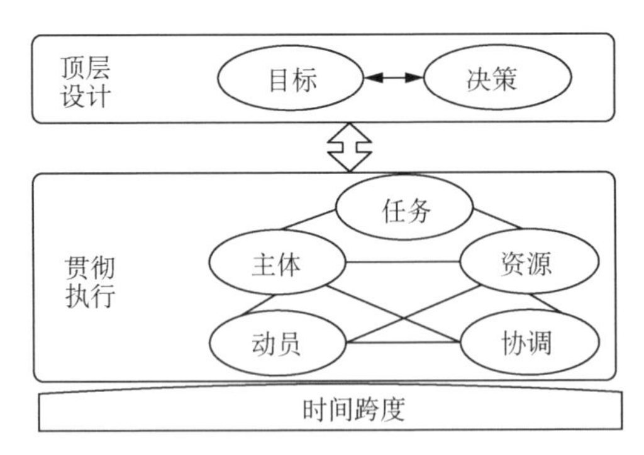

图 1　举国体制系统结构

顶层设计子系统的核心功能是根据对形势的总体判断明确未来一段时间内应致力于完成的关键使命,其核心是目标和决策。目标居于顶层设计子系统的核心,并可区分为远景目标与阶段性目标。目标具有两大特征:第一,蕴含国家意志。国家意志强度体现出国家层面对目标的重视程度从而决定其被实现的可能性,通常体现为国家主要领导人的明确希望和国家文件的愿景陈述。第二,突显明确性,强调动态差距。目标清晰程度反映出国家对追求的结果及其实现路径的思考程度,能够影响目标实现的效率;同时,目标实现是一个动态变化过程,要求关注目标与现实的差距并通过反馈调整机制缩小差距。决策是顶层设计子系统的另一重要元素,通过决策子系统可将目标落实到执行层面,但其落实力度主要取决于决策机构的等级,如国家级、部委级等,决策机构层级越高,决策的权威性越强、覆盖面越广。目标和决策对贯彻执行有决定性影响。

贯彻执行子系统的主要功能是将决策机构所明确的目标转化为任务,在动员机制与协调机制支撑下,通过主体组织、参与及资源投入促进任务付诸实践以取得预期成果。在元素构成上,贯彻执行子系统包括任务、主体、资源、动员及协同。在具体贯彻执行过程中,第一是任务体系。举国体制的任务体系与其他体制有明显不同,主要表现为工程技术复杂系统问题与社会复杂系统问题。系统问题的性质不同从根本上决定了其可分解程度、并行工程数量多少及难度大小等。第二是参与主体。如政府部门、科研机构、高校、企业、协会组织、社会大众等都是可能的参与主体,其中牵头主体发挥主要作用,主体侧重偏市场化和偏行政化。参与主体广泛程度、认知一致性,对促进各任务的有序完成有重要影响。此外,应保障参与主体的权责利匹配。第三是资源体系,强调稳定性与持续性。重大任务的完成必定离不开人、财的长期支持,科技创新尤其需要战略科学家,其他类任务也需要各行各领域领军人才等。而在新科技革命时代,科技力量、信息资源对把控任务进度、提升任务质量等同样具有不可替代的作用。第四是动员体系,举国体制参与主体广泛,需要用好动员机制。可以从三个方面加以把握:一是动员对象,既要激励各类组织承担任务,也要鼓励个体参与,提高参与主体的数量与多样性;二是动员逻辑,正面可从物质收益或精神财富出发进行动员,负面则可从现实困境或潜在损失规避进行驱动;三是动员方式,主要依靠政治动员、公共宣传方式,必要时可采取战时状态、平战结合方式,降低动员难度。第五是协调机制。举国体制运用领域任务多且复杂、主体广且类型各异,需要良好的协调机制,做好行政协调、市场协调,还要解决好跨部门、跨区域、跨层次协同的问题。协调主体越多、协调范围越广、协调难度越大。

最后需要注意时间要素。顶层设计子系统与贯彻执行子系统的持续良好运转能促进重大任务的完成，时间跨度可能是长期 10 年以上，中期 5～10 年，极少情况是短期的，但时间考验目标、决策，发生重大改变可能导致半途而废甚至前功尽弃，需要警惕。

二、中国航天事业的举国体制解析

中国航天事业源于“两弹一星”事业的举国体制，自 1956 年起至今已 67 年，我国从零起步独立自主发展成为航天强国，成为自立自强的典范。钱学森在 1956 年初向党中央、国务院提交《建立我国国防航空工业的意见书》，提出我国导弹与火箭事业发展计划，获得支持，其后以聂荣臻元帅为主任的中国航空工业委员会成立。1958 年酒泉卫星发射中心正式组建，1964 年我国导弹、原子弹先后研制成功，1965 年我国正式启动人造卫星研制任务，1968 年我国组建中国空间技术研究院，钱学森兼任院长。1970 年长征一号运载火箭将我国首颗自主研制的人造卫星东方红一号成功送上太空；2003 年神舟五号将我国第一位航天员杨利伟送入太空；2013 年嫦娥三号成功升空并安全着陆月球表面，使我国成为世界上第 3 个实现在地外天体软着陆的国家；2022 年中国空间站进入全面建造阶段。可见，中国航天事业突飞猛进，在运载系统、载人航天、深空探测、北斗导航等诸多工程领域取得了一系列重大成就。

纵观中国航天事业 67 年发展历程，根据举国体制的系统解构，其主要有以下八方面的特征。

1. 目标特征

中国航天事业以“独立自主、自力更生”发展国防科技为初心，以发展尖端国防技术的国家意志为基础，以“两弹一星”为初期明确目标，并不断在载人航天、深空探测等领域分阶段部署明确目标，逐渐迈向航天强国目标。

2. 决策机构

中国航天事业决策是党和国家最高领导人决心的体现。我国于 1956 年成立中国航空工业委员会，于 1962 年成立中共中央直接领导的中央专门委员会，主任为周恩来，成员有贺龙等七位副总理和张爱萍等七位部长级干部，这一最高决策机构是行政权力机构，可以组织协调、调动全国一切资源。1964 年我国第一颗原子弹试验成功后，中央专委会的体制延续下来，直至周恩来逝世后的

1979年。虽然“两弹一星”时代后中央专委会不复存在,但是中国航天事业一直得到国家领导人的支持,顶层决策机构发挥着重要作用。

3. 任务特征

中国航天事业的任务目标非常明确,重大问题明确,是以任务带动科技发展的复杂系统工程,需要分解复杂任务结构和关键工程技术问题。运载火箭、卫星发射、载人航天、深空探测等各个阶段总体任务明确,任务攻关的核心在于工程技术协调攻关。

4. 主体角色

首先成立了专门的科技攻关机构,我国于1965年正式启动人造卫星研制任务后,于1968年组建中国空间技术研究院,钱学森兼任院长。当时,国家实行计划经济体制,政府和企业根据国家计划分工协作。进入20世纪90年代后,市场化机构更多地融入航天事业之中,航天事业也逐渐走向市场。

5. 资源特征

完成航天事业的首要基础是科技人才,早期,战略科学家钱学森在其中发挥的作用十分显著,一方面坚定了国家意志,另一方面贡献了科技智慧,为解决复杂系统工程作了有益探索。后期,大批人才不断得以培养,专业人才不断涌现,保障了人才资源供应。随着航天技术的民用化,其与市场资本的纽带日益紧密。

6. 动员机制

在早期,动员机制主要是充分发挥国家建设初期大众爱国热情、奉献精神,争取广泛的支持,并发挥行政力量。20世纪90年代,市场化转型后,虽然动员机制需要调整,但是中国航天事业的势头已经形成,基础已经筑牢,事业进入良性发展轨道。随着航天市场化发展,将有越来越多的市场资本参与进来。

7. 协调机制

“两弹一星”时期的中央专委会在总体协调中发挥了关键作用,早期主要通过行政计划方式协同各类资源,使航天事业基础得以巩固。后期,中国航天核心机构已形成雄厚基础,并融入市场,与市场化协调机制有效融合。

8. 时间跨度

总体上看,运载火箭、卫星发射、载人航天、深空探测等各个阶段任务完成均耗时十余年。

总之,中国航天事业就是在六十余年的不懈坚持中实现“从0到1”、从弱到强的。国家意志、高层权力机构、动员协调、战略人才、长期坚持是中国航天举国体制顺应时代不断成功的保障。在坚定决策和持续投入下，阶段目标不断实现，人才队伍不断成长、壮大，并与市场逐渐融合，形成了良性循环，成为中国建设航天强国的坚实动力。

开放式创新下的知识共创：一个 APO 整合框架

| 汪　万　蔡三发

在全球知识经济迅猛发展背景下，知识已成为助力企业获取竞争优势，影响企业生存与发展的最具战略意义的资源之一，知识创造活动也在企业内如火如荼地开展。然而，受全球竞争加剧、新技术复杂性增强、开发和创新成本上升等因素的影响，加之知识创造的难度和风险明显提高，先前封闭式创新范式的有效性减弱，企业无法再独当一面进行知识创造，从传统的封闭模式转向开放模式，跨组织边界的知识共创也自然成为企业整合全球知识来源、创造新知识的最佳实践。

开放式创新是企业利用有目的的知识流入和流出，来分别加速促成内部创新、扩大外部创新使用市场的实践，也是一种颠覆传统商业模式导向的开放共享，更是知识创造、应用与传播方式的创新。在开放式创新下，知识创造需要整合遍布全球各处的组织或个体的有用知识，而不同组织或个体的知识的"局部性""碎片化""过程性"形成了知识的"异质性"；知识不断在组织内部和外部流入和流出，促使知识创造模式由单独创造演化为跨界共创，知识创造结果也取决于整个网络合作伙伴的有效共创行为。

一、知识共创的内涵

"共创(co-creation)"被广泛用于描述一种思维方式的转变，即从组织作为价值定义者，转变为公众和组织共同产生和发展意义和价值的更具参与性的过程。共创最初应用于商业和经济领域，表示通过与客户、经理、员工和其他公司利益相关者合作开发系统、产品或服务的实践，随着全球化、合作共享及开放式创新等概念的兴起，"共创"一词也逐渐出现在科技创新和知识管理等领域。从知识管理角度来看，共创挑战了围绕专业知识和参与概念的传统思维，即在项目中谁能了解情况并作出决策这样的问题；作为科技创新方法，共创侧重于公众参与、共同决策、交叉协作及流程和关系，且利益相关者之间的深度协同是产生新知识和提升研究成果的重要手段。

知识共创(knowledge co-creation)是产业、研究和其他方面可能的利益相关者,特别是公民社会中各团体之间联合起来进行生产创新的过程,这些共创举措可以采取不同的形式,例如项目、机制或多样化的制度安排,从联合实验室到产业主导的创新生态系统。知识共创需要一定程度的协作过程来构建新知识,是多个利益相关者互动学习、协同创造的过程,也是焦点企业与政府、大学和研究机构、客户及供应商等多元主体共同创造知识以提升竞争力的过程。开放式创新下知识共创的本质,是通过集聚不同价值观的参与主体,整合他们的异质性知识,经一系列的学习、探索、试错和积累的交互耦合过程,来共同整合创造新知识。因此,当组织或个人不仅共享知识,而且被要求利用现有知识来协作产生新知识时,他们会共同创造知识,即知识共创具有协作性,既涉及知识共享,又涉及知识创造。

在构建整合框架时需遵循独立性、逻辑性和综合性三个标准,学者们已提出的一些研究框架大都遵循组织与管理科学领域中的 APO 分析范式(前因 Antecedents —过程 Processes —结果 Outcomes),因此可借助 APO 分析范式构建开放式创新下知识共创的整合框架(图 1)。

图 1 开放式创新下知识共创的整合框架

二、知识共创的前因

为什么组织或个人参与知识共创? 关于共创的文献从多个角度阐释了一系列动机,综合现有文献可以提出三类知识共创前因:社会因素、技术因素和个人因素。社会因素来自当前共创的社会环境领域,包括文化传统、社会规范、伦理、价值观、关系等,它们会影响共创活动。技术因素体现社会技术的动态演化作用,支持知识共创的技术因素也会受到社会和市场检验。个人因素是鼓励参与共同创造的自决机制,突出个人的内在和外在需求,并伴随着经验和满足感的提升,进一步激发个体未来参与知识共创的兴趣。

三、知识共创的过程

共同创造通过互动、协作和资源整合得以扩展。知识共创过程涉及知识识别、知识获取、知识共享及知识整合。焦点企业需要建立知识共创平台或社区,提高对知识来源的识别能力,选择合适的利益相关者,获取他们的知识信息,同时企业自身的知识也被其他利益相关者获取,形成了紧密的知识流动关系。随着多个参与主体在知识共创平台或社区不断交互,开放共享自身的经验、价值观、感受等知识,实现了有意识的知识流动和共享;不同的参与主体既是知识提供者,又是知识寻求者,需要通过持续学习和系统思考来寻求自身发展所需的相关知识,即各个主体将基于自身需要剔除冗余信息,推进知识整合。而知识整合过程相对比较复杂,涉及知识社会化、知识外部化、知识内隐化和知识组合四种机制,这将有效整合异质性知识。

在整个知识共创过程中,需要认识到社会化和意义建构的作用,某种程度上,共创已超越社会化和协作,延伸到组织或个人实现其目标的意义建构。意义建构产生于社会化情境下组织或个体对共识的理解的过程中,实践者和研究者需要了解组织或个体的互动和意义建构过程,对这一过程所产生的共创成果的满意度将进一步塑造知识共创行为。

四、知识共创的结果

知识共创结果主要是新知识的转化与应用,涉及不同的形式,如新想法、观点、批判性思维、专业知识等。在数字化转型背景下,平台或开放社区知识共创的结果可分为内在和外在两类,内在结果包括追求创造力、新颖性、活力、学习和探索、自我发展等方面,而外在结果主要是经济回报和社会影响。此外,有必要追踪各类参与者对于知识共创结果所带来的价值或利益的看法,以及哪些价值或利益会激励他们未来参与知识共创。

参考文献

[1] CHESBROUGH H, VANHAVERBEKE W, WEST J. Open innovation: researching a new paradigm[M]. Oxford: Oxford University Press, 2006.

[2] 柳洲，陈士俊. 产学合作的知识耦合机制[J]. 科学经济社会，2008，(2)：21-25.

[3] IND N, COATES N. The meanings of co-creation[J]. European Business Review, 2013, 25(1): 86-95.

[4] RAMASWAMY V, GOUILLART F. Building the co-creative enterprise[J]. Harvard Business Review, 2010, 88(10): 100-109.

[5] WENGEL Y, MCINTOSH A, COCKBURN-WOOTTEN C. Co-creating knowledge in tourism research using the Ketso method[J]. Tourism Recreation Research, 2019, 44(3): 311-322.

[6] LILLEHAGEN I. Participatory research as knowledge translation strategy: an ethnographic study of knowledge co-creation[D]. Oslo: University of Oslo, 2017.

[7] KREILING L, PAUNOV C. Knowledge co-creation in the 21st century: a cross-country experience-based policy report[R]. Paris: OECD Publishing, 2021.

[8] MARTÍNEZ-CAÑAS R, RUIZ-PALOMINO P, LINUESA-LANGREO J, et al. Consumer participation in co-creation: an enlightening model of causes and effects based on ethical values and transcendent motives[J]. Frontiers in Psychology, 2016, 7: 793.

[9] FÜLLER J, HUTTER K, FAULLANT R. Why co-creation experience matters? Creative experience and its impact on the quantity and quality of creative contributions[J]. R&D Management, 2011, 41(3): 259-273.

[10] KOHLER T, FUELLER J, MATZLER K, et al. Co-creation in virtual worlds: the design of the user experience[J]. MIS Quarterly, 2011: 773-788.

[11] HUGHES T. Co-creation: moving towards a framework for creating innovation in the Triple Helix[J]. Prometheus, 2014, 32(4): 337-350.

[12] LIU S. Knowledge sharing: interactive processes between organizational knowledge-sharing initiative and individuals' sharing practice[M]//BOLISANI E. Building the knowledge society on the Internet: sharing and exchanging knowledge in networked environments. Hershey: IGI Global, 2008: 1-23.

[13] ELSHARNOUBY T H. Student co-creation behavior in higher education: the role of satisfaction with the university experience[J]. Journal of Marketing for Higher Education, 2015, 25(2): 238-262.

[14] YEH YU-CHU. A co-creation blended KM model for cultivating critical-thinking skills[J]. Computers & Education, 2012, 59(4): 1317-1327.

[15] CHOI H, BURNES B. The internet and value co-creation: the case of the popular music industry[J]. Prometheus, 2013, 31(1): 35-53.

“下一代”国家大学科技园的关键瓶颈和突破思路

| 任声策　冯晓晓　戴大勇

我国大学科技园从 1989 年起步，经过 10 年探索，1999 年我国开始国家大学科技园的建设，至今已有 11 批 141 家国家大学科技园获得科技部教育部联合认定。2019 年，科技部会同教育部研究制定了《关于促进国家大学科技园创新发展的指导意见》，明确提出国家大学科技园在推动科技体制改革创新、科技人员创新创业、校企资源融合共享等方面取得了显著成绩，对国家大学科技园的历史贡献给予了肯定。进入新时代，我国经济已由高速增长阶段转向高质量发展阶段，深入推动国家大学科技园新一轮有序发展，具有重要意义。2021 年，教育部、科技部《关于发布国家大学科技园绩效评价结果的通知》提出：希望评价结果助力优秀的国家大学科技园进一步依托高校特色优势，集成科教资源，探索建立世界一流国家大学科技园。在新发展阶段，国家大学科技园须突破当前发展瓶颈，突破体制机制束缚，实现思维跃升，向“下一代”国家大学科技园迈进。

国家大学科技园是国家创新体系的重要组成部分，《国家大学科技园管理办法》指出：“国家大学科技园是指以具有科研优势特色的大学为依托，将高校科教智力资源与市场优势创新资源紧密结合，推动创新资源集成、科技成果转化、科技创业孵化、创新人才培养和开放协同发展，促进科技、教育、经济融通和军民融合的重要平台和科技服务机构。”当前，我国国家大学科技园在发展思路、功能发挥中仍然存在不足，下一代国家大学科技园必须摆脱当前发展窠臼，探索新理念、新模式、新机制。

一、当前国家大学科技园的五大发展瓶颈

国家大学科技园一头连着学界，一头连着业界，在链接大学教学科研与市场资源方面具有天然优势。从国家大学科技园的功能定位来看，其兼具“大学”“科技”“区域”三大重要属性：需要与大学的教学研究活动紧密联系，不能脱离大学；需要有科技含量，承载大学知识与成果的外溢；需要有园区特征，和地方政府的

产业导向匹配契合。然而从国家大学科技园的运营实践来看，容易走向两个极端：一是囿于大学体制机制，缺少市场精神，可持续发展能力受限；二是过于市场化，缺少大学气质，与社会上的一般科技园无异，未充分发挥大学的优势，也未能有效支持大学科教事业。对照国家大学科技园功能定位，我们发现当前国家大学科技园存在五大发展瓶颈：创新资源“集”而难“成”、科技成果“转”而不“化”、创业孵化“企”难成“业”、人才培养“创”大于“新”、开放协同但“协”而未“同”。

一是创新资源“集”而难“成”。主要表现为：在集聚人才、技术、资本、信息等多元创新要素过程中，国家大学科技园的确发挥了集聚功能；但是，仅仅集聚并不必然见成效，还应推动科技、教育、经济的融通创新和军民融合发展，即需要“成”——通过创新资源集聚的“化学反应”寻求在科技创新突破、高端人才引育、产品模式创新、产业转型升级等方面取得成效。

二是科技成果“转”而不“化”。主要表现为：在推动科技成果信息供需对接、工程化和成熟化、转移转化过程中，国家大学科技园主要发挥了成果“转移”功能；但是，仅仅转移并未充分释放成果潜能，故需要“化”——不仅要促进成果工程化和成熟化，更要促进成果的大范围转化。

三是创业孵化“企”难成“业”。主要表现为：在完善多元创业孵化服务、培育科技型创业群体过程中，国家大学科技园的确在不断孵化企业；但是，孵化企业并不应成为终点，更重要的是孵化企业的结果，即需要成“业”——不仅要促进企业活下来、活得好，还要促进企业形成集聚，孵出产“业”。

四是人才培养“创”大于“新”。主要表现为：在开展创新创业教育、增强大学生创新精神、创业意识和创新创业能力过程中，国家大学科技园的确推动了双“创”活动；但是，当前的双创更多是创业，创新不足，故需要在“新”上下功夫——双创人才培养不仅要“创业”，更需要“创新”，特别是硬科技创新。

五是开放协同但“协”而未“同”。主要表现为：在与地方政府、企业、科技服务机构等的交流合作中，国家大学科技园的确起到了协调各方的作用；但是，“协”不是目的只是手段，“同”才是目标，即要做好“同”——各方在整合创新资源中形成共同目标，促进高校科教发展、提供区域经济新动能、发挥企业新优势等。

二、“下一代”国家大学科技园建设思路

当前国家大学科技园发展中凸显出的瓶颈，意味着国家大学科技园发展仍然存在认识误区和体制机制约束，需要大力突破，着力建设“下一代”国家大学科

技园。“下一代”国家大学科技园要想摆脱当前发展窠臼，需要探索新理念、新模式、新机制。

第一，“下一代”国家大学科技园需要调整运营理念。从侧重“空间运营”转向聚焦“知识运营”。国家大学科技园与其他园区的最大不同是依托大学，依托大学优势学科集成科技创新资源应是国家大学科技园的核心任务。国家大学科技园侧重“空间运营”是因为受到传统产业园区运营思维的影响，但国家大学科技园应该采用“知识运营”理念指导下的“空间运营”理念，何况当前产业园区运营也在从“空间运营”向“生态运营”升级。

第二，“下一代”国家大学科技园需要创新资源“集”且能“成”机制。需要完善“集”的模式、导向，即怎么集、集什么资源，更要强化“成”的机会和条件。在整合高水平创新网络与平台、促进高校创新资源开放共享、搭建线上资源整合平台中，要将过去基于个体的偶然性创新资源集成模式转向基于团队的稳定型创新资源集成模式，在科技园与优势学科团队及业界之间建立常态化知识交互“大通道”。建立面向优势学科产业的知识集聚交流平台，增加知识存量和更新频率。建立促进知识进一步创新发展的验证平台，促进新成果不断涌现。

第三，“下一代”国家大学科技园需要科技成果能“转”也能“化”机制。需要提升成果转化的认识高度，坚持从技术“转移”到技术“扩散”、从科技成果“传送带”向“发动机”转变，不仅做科研成果的“搬运工”，更要对科研成果“深加工”。在完善技术转移服务体系、促进科技成果工程化和成熟化、加强科技成果供需信息共享中，强化重要成果转移后的持续创新和扩散，让创新知识广而“化”之，向主导标准发展。

第四，“下一代”国家大学科技园需要孵化科技创业有“企”也有“业”机制。需要坚持从产业集聚到产业创聚，开展产业集聚的创业孵化，对于未来产业，要能够在孵化企业中孵化产业。因此，在建立完善的创业投资服务体系、打造全链条孵化载体、建设专业化众创空间的过程中，国家大学科技园应重点围绕产业定位，集聚对应产业资源，促进“企业”到“产业”的孵化。

第五，“下一代”国家大学科技园需要培养创新人才能“创”且有“新”机制。需要在培育高水平创新创业群体、建设创业教育与实践平台、营造创新创业氛围的过程中，更注重基于创新的创业，特别是基于硬科技创新、促进硬科技创新的创业，在创业教育中要更加突出创新。无论是创新创业大赛评审，还是各类赛事，要将创新作为主要导向。

第六，“下一代”国家大学科技园需要开放协同发展有“协”也有“同”机制。在服务区域科技与经济发展的过程中，与地方政府、其他园区、企业、产业联盟、服务机构等加强交流合作，链接全球创新创业资源，促进国家大学科技园所依托的优势知识的产业流通渠道进一步扩张，围绕产业在地方、企业和高校之间凝聚共识，使得国家大学科技园开放协同发展成为共同的目标。

综上，我国国家大学科技园建设虽已取得一定的成效，但进一步发展正面临系列瓶颈，需要突破思维和体制机制约束，实现高质量发展的目标。因此，亟须国家大学科技园发展跨入“下一代”，通过探索新理念、新模式、新机制，突破当前国家大学科技园的五大发展瓶颈，为推动经济发展质量变革、效率变革、动力变革作出新贡献，有力支撑现代化经济体系建设。

科技创新共同体建设的六大维度

| 鲍悦华

上海全球科创中心和长三角科创共同体建设已进入关键时期，各项改革也逐步进入深水区、无人区。如何进一步在全国实现与合作基础最好的长三角地区共同打造国际一流的科技创新生态系统，增强上海科创中心龙头辐射共振，强化苏浙皖创新优势，在原始创新研究、关键核心技术攻关、新兴产业培育、高技术产业壮大等方面形成突破，将长三角地区建设成为中国最具影响力和带动力的强劲活跃增长极，事关国家长期发展。廓清科技创新共同体的概念内涵与主要维度构成，能够给政府部门和学界一个理论框架，为科技创新共同体的发展与监测以及后续研究打下良好基础。

一、从共同体到科技创新共同体

共同体是一个社会学的学术范畴，是人们在共同条件下结成的集体，是一个多方参与谋求共同发展的载体，是国家、组织或个体在特定条件下互动形成的相对稳定的社会组织形式。学界已经提出了许多与“共同体”相关的概念，如“命运共同体”“民族共同体”“治理共同体”等。创新共同体是从范围和内涵上对共同体概念进行的扩充。也有学者认为，科技创新共同体源于科学共同体，是创新文化价值体系变化背景下科学共同体演化的客观要求。

二、科技创新共同体的研究层次

从区域创新政策及实践视角，科技创新共同体涉及国家或区域间宏观层面、产业协同创新的中观层面以及以企业创新社区为形式的微观层面 3 个不同层次。相对于国外研究更偏重微观创新社区层面，国内学者更多在宏观层面对科技创新共同体进行探讨，这是本文关注的重点。

三、科技创新共同体的概念

多数学者认同创新共同体是一种新型创新组织模式，通过整合信息链、人才链、资金链，加强研发团队、开发团队、成果转化团队等各组织间协同合作，实现产业群、行业群、学科群全面提升。王峥和龚轶认为创新共同体是以共同的创新愿景和目标为导向，以快速流动和充分共享的创新资源及高效顺畅的运行机制为基础，多个行为主体通过相互学习和开放共享积极开展创新交互与协同合作，彼此间形成紧密的创新联系和网络化结构，推动个体成员创新能力增强以及区域创新绩效与竞争力和影响力整体提升的特定的创新组织模式。赵新峰等认为创新共同体是以提高自身以及共同体创新发展水平为共同目标，通过具备一定执行效力的跨域机构、合作协议、协同机制，依托不同层级、部门及多元主体之间的集体行动与伙伴关系，对分散的创新要素资源加以集聚整合、统一配置，形成具有凝聚力和向心力的协同性、开放性、创新性共同体。谢科范认为科技创新共同体是多个空间邻近的国家或区域基于相通的价值观、共同的愿景和共同的利益，遵循共商的治理机制，自愿结成的创新基础设施共建共用、创新要素充分流动循环、创新活动自主协同参与、创新成果共创共享、创新风险共担联治的和谐共生的科技创新网络。

从上述对于科技创新共同体概念的定义可以看出，愿景目标、创新要素资源、治理机制（合作协议、运行机制）、创新网络等内容获得了绝大多数学者的认可。除了上述维度外，较为良好的合作基础，如已经开展过前期合作、地域文化相近等，对于科技创新共同体的建设与发展同样至关重要。鉴于此，本文认为，科技创新共同体是拥有共同愿景与目标、良好合作基础的多个区域，通过建立起完善的跨区域科创合作治理机制，促进科技创新资源在共同体内部灵活流动和充分共享，通过科学合理的跨区域科技计划与科创活动组织模式，提升共同体内部各创新主体创新绩效和科技创新共同体整体效能的新型创新组织模式。

科技创新共同体的建设有助于形成区域科学创新高地，诞生更多重大科学发现与创新思想，形成更多尖端科技成果与新兴产业，提高产业链关键核心技术自主可控程度，吸引汇聚更多高端创新要素，产生巨大影响和高能辐射，推动产业范式、生产与生活方式的变革。本文构建了科技创新共同体的内涵与结构图，如图 1 所示。

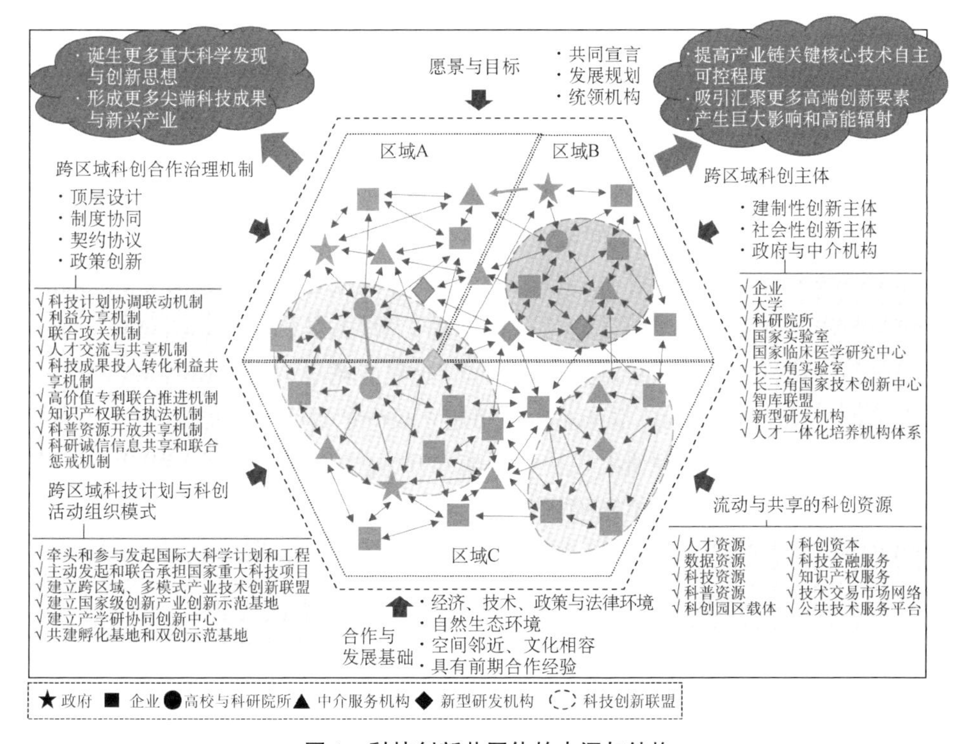

图1　科技创新共同体的内涵与结构

四、科技创新共同体建设的六大维度

根据定义，在科创共同体建设与发展过程中，必须持续关注愿景与目标、科创合作治理机制、科技计划与科创活动组织模式、科创主体、科创资源、合作与发展基础六大维度，确保科创共同体健康发展演进。

1. 统一的目标与愿景

科技创新共同体的各创新主体具有相通的价值观、共同的愿景，拥有相容的目标体系，一般通过共同的宣言明确未来发展的共同愿景、目标、价值取向，通过制定科技创新共同体发展规划体系、设立统领机构等举措，强化各创新主体的行动范围与承担责任，增强各创新主体间的彼此认同，将各主体追求自我利益最大化的行为转向追求科技创新共同体整体利益最大化的努力。

2. 完善的跨区域科创合作治理机制

科技创新共同体内部通过顶层设计、制度协同、契约协议等形式规范各创新主体的合作与发展，通过民主共商的议事制度与争端解决规则等协调机制调整各创新主体的行为，还通过政策创新等举措推进共同体全面改革，创造出更大的发展与作为空间，形成科创共同体的体系能力。

3. 科学的跨区域科技计划与科创活动组织模式

根据科创共同体的顶层设计与总体部署，针对不同类型科创活动，组织各方力量推进实施，在各科创主体间建立或强化相互学习、协作交互的正式与非正式合作网络联系，保障科创共同体发展目标实现。具体包括组织顶尖科研力量牵头或参与发起国际重大科技计划与科技工程、为重大基础研究和关键核心技术突破组建联合科技攻关项目团队、为提升产业整体竞争力设立创新联盟与产业创新基地、为促进颠覆性技术产业化应用建立政产学研用战略联盟、为促进科技成果产业化落地建设新型研发机构等。随着开源创新、研发众包、网络协同开发等新的科技创新组织形式不断涌现，科技创新共同体要充分发挥这些新组织形式的特点，通过科学合理的制度安排提升科创共同体的整体效能。

4. 多元的跨区域科创主体

在科技创新共同体内部，高校、科研院所、国有企业具有创新资源富集、科研力量雄厚的优势，是国家基础研究和关键核心技术攻关的主力军。但随着科学研究范式、科技创新模式以及科研组织形式的改变，这些建制性创新主体容易产生创新活力与效率不足的问题。随着“双创”热潮不断纵深推进，公众科学素养不断提升，新型科研组织、科技型中小企业、社会公众已快速崛起并形成社会创新主体。其人才背景多样，组织方式灵活，能够有效弥补建制性创新主体在科技创新活力、效率上的不足，对交叉和新兴学科领域迅速作出响应，更可能抓住稍纵即逝的市场机会快速发展壮大，建立起引领产业创新的新高地。除了建制性与社会性创新主体外，政府、科技园区、智库、行业协会、技术转移中介服务机构等组织同样发挥着至关重要的作用。科技创新共同体需要充分发挥各区域多元创新主体的优势与能量，激发和形成创新合力。

5. 灵活流动与充分共享的科技创新资源

科技创新共同体内部不仅须具备充沛的科研仪器设备、科技文献、生物种质与实验材料等科技资源，还必须拥有充足科研与生产性园区载体空间、完善的科技金融、知识产权、技术交易市场等公共服务资源，掌握人才、数据等战略性资源，并形成区域一体化专业人才培养能力。科创共同体还必须通过市场运作、行政安排等方式打破区域行政壁垒，形成各类创新资源在不同区域间无障碍流动机制，科研基础设施和基础研究成果共享、技术标准资质互认等良性机制，为高质量科技创新活动提供创新资源全链条保障。

6. *以良好的合作基础为支撑*

科技创新共同体通常具备良好的合作基础，如科技创新共同体内部具有良好的经济、技术、政策与法律、自然生态环境，不同区域空间邻近、文化相融、具有前期合作经验，已经开展科研、通信、交通等基础设施共建共享等，这些良好的合作基础为科技创新共同体内部创新主体集聚、成长发展创造了不可或缺的条件。

科技创新共同体在建设与发展的过程中，应始终保持对上述六大维度的关注，还必须对有可能出现的“黑天鹅”“灰犀牛”“大白象”等风险保持警惕，做到未雨绸缪，建立起体系化应急响应能力。

参考文献

[1] 张仁开. 长三角区域创新共同体运行机制创新研究[J]. 创新科技，2020，20(9)：60-67.

[2] 陈套. 长三角区域创新共同体建设动力机制[J]. 科技中国，2020(1)：57-59.

[3] 李春成. 科学共同体到创新共同体：建构新的创新文化价值观[J]. 安徽科技，2020(11)：5-8.

[4] 谢科范. 加快建设科技创新共同体——基于复杂科学管理视角[J]. 信息与管理研究，2021，6(6)：30-39.

[5] 武玉青，李海波，陈娜，等. 我国多螺旋创新生态载体的内涵特征、理论框架与实践模式研究——基于山东省创新创业共同体实证研究[J]. 科学学与科学技术管理，2022，43(3)：75-95.

[6] 王峥，龚轶. 创新共同体：概念、框架与模式[J]. 科学学研究，2018，36(1)：140-148，175.

[7] 赵新峰，李水金，王鑫. 协同视阈下雄安新区创新共同体治理体系的建构方略[J]. 中国行政管理，2020(6)：44-50.

交叉学科研究评价：概念辨析、体系创新与方法构建

| 陈思超　蔡三发

学科交叉融合是当前科学技术发展的重大特征，是知识创新与新学科产生的重要源泉。2020 年 12 月，国家自然科学基金委员会交叉科学部宣告正式成立，标志着国家自然科学基金委员会在促进学科交叉融合方面迈出了新的一步。2022 年 9 月，国务院学位委员会、教育部印发《研究生教育学科专业目录（2022 年）》，正式设置“交叉学科”门类，将其作为我国第 14 个学科门类。由于交叉学科研究的学科背景、形成机制、研究目的和影响因素都具有很大的差异性，如何判断和评价一个新型交叉学科研究领域亟待深入研究。

一、交叉学科研究概念辨析

对概念和范围进行明确界定是进行学科评价的前提。交叉学科（Interdisciplinary）一词作为正式学术话语是由哥伦比亚大学心理学家罗伯特·伍德沃斯（Robert Woodworth）于 1926 年在美国社会科学研究理事会（Social Science Research Council，SSRC）的会议上首次提出的，他认为交叉学科超越一个已知学科的边界，是涉及两个或两个以上学科的实践活动。

在交叉学科定义上，不能不提到几个与交叉学科有密切关系的术语，即多学科（multidisciplinary）、跨学科（interdisciplinary）、超学科（transdisciplinary）等。其中，多学科研究指不同学科从各自角度对一个问题分别进行研究，以实现对问题的多角度分析，学科的交叉重叠程度最低。跨学科研究在中文语境下与交叉学科含义相同或相近，指研究跨越了学科界限，但研究范围限于科学领域内部，不同学科之间进行交叉融合从而达到知识整合。超学科研究通常是跨领域的，其本质是社会和科学的结合，代表着一种更高等级的学科交叉形式，要求专业研究者和利益相关者的共同参与。学者 Daneshpour 和 Kwegyir 通过对以往研究的分析和整合，从四个维度比较了多学科、跨学科及超学科（表 1）。

表1　多学科、跨学科、超学科的四个维度比较

	多学科	跨学科	超学科
不同学科的重叠程度	最低	适中	最高
学科边界	半开放	适度的集成	哲学上(及方法论和理论上)的开放和合并
学习目标和结果	单个学科范围内(解决实际问题的最小潜力)	综合目标和不同学科之间协作	现实生活中的问题
相关利益者参与	不需要	最低或不需要	需要

2004年,美国国家科学院(成员包括国家科学院、国家工程院与医学研究所等机构)发布的《促进交叉学科研究》(*Facilitating Interdisciplinary Research*)政策报告,正式给出"交叉学科"概念。交叉学科研究是由团队或个人进行研究的一种模式,吸纳统合两个或多个学科或专业知识体系的概念、方法、信息、理论,深化认识,从根本上解决单一学科难以解决的重大现实难题,并可能在相互作用中创生新的学科或领域。2021年11月,中国国务院学位委员会《交叉学科设置与管理办法(试行)》首次对交叉学科的内涵进行了界定,指出交叉学科是在学科交叉的基础上,通过深入交融,创造一系列新的概念、理论、方法,展示出一种新的认识论,构架出新的知识结构,形成一个新的更丰富的知识范畴,已经具备成熟学科的各种特征。综合以上观点,我们可以总结出交叉学科研究的一些普遍性特征,即研究对象的交叉性、研究方法的互补性、研究内容的整合性以及研究能力的组合性。

二、交叉学科研究评价体系创新

交叉学科研究具有问题导向、知识整合、科技创新、协同合作等复杂特性,无法像传统的单一学科评价一样对其制定较为单一严格的评价标准和评价指标体系,评价的复杂和困难程度远远高于单一学科。因此,在进行交叉学科评价时,需要实事求是地遵循其发展的科学规律,根据研究问题与具体情境选择不同的评价方法,注重科学性与灵活性并行。但从交叉学科研究过程和主要环节来看,又可以建立统一的框架来规范和指导交叉学科研究的评价工作。

目前有很多学者都从不同角度提出了评价框架,其中美国韦恩州立大学学者朱莉·克莱恩(Julie T. Klein)所提出的交叉学科与超学科研究评价的七项通用原则得到了较为广泛的认可，即①目标的多样性，②标准和指标的多样性，③整合的杠杆效应作用，④合作中社会因素和认知因素的互动，⑤管理、领导与指导，⑥在全面透明的系统中迭代，⑦有效性和影响力。这七项通用原则构成一个理想状态下交叉学科和超学科研究的综合评估框架，较为全面地概括了交叉学科和超学科研究评价的主要因素。本文基于克莱恩的七项通用原则，并从第一部分所归纳的交叉学科研究普遍性特征中提炼出研究对象、研究方法、研究内容及研究能力四个方面作为评价维度，试图构建符合时代需求和交叉学科发展特性的评价体系框架（表 2），以期对交叉学科研究有一定的借鉴意义。

表 2　交叉学科研究评价体系框架

<table>
<tr><th>评价维度</th><th>评价指标</th><th>评价原则（克莱恩七项通用原则）</th></tr>
<tr><td rowspan="2">研究对象</td><td>来源学科</td><td rowspan="2">① 目标的多样性
③ 整合的杠杆效应作用</td></tr>
<tr><td>明确的研究对象</td></tr>
<tr><td rowspan="3">研究方法</td><td>学科交叉融合方式</td><td rowspan="3">③ 整合的杠杆效应作用
⑥ 在全面透明的系统中迭代</td></tr>
<tr><td>方法论</td></tr>
<tr><td>研究范式</td></tr>
<tr><td rowspan="3">研究内容</td><td>研究的问题或现象</td><td>① 目标的多样性
② 标准和指标的多样性
③ 整合的杠杆效应作用</td></tr>
<tr><td>社会需求</td><td rowspan="2">④ 合作中社会因素和认知因素的互动</td></tr>
<tr><td>发展潜力</td></tr>
<tr><td rowspan="3">研究能力</td><td>交叉学科组织建制</td><td>⑤ 管理、领导与指导</td></tr>
<tr><td>科研学术影响力</td><td rowspan="2">⑦ 有效性和影响力</td></tr>
<tr><td>非学术影响力</td></tr>
</table>

在研究对象的评价上，需关注不同交叉学科的来源学科和创生点，明确交叉学科的研究对象，判断其研究对象是否在两个或多个学科间，或者超越已有的学科基础。在研究方法的评价上，需关注学科具体的交叉融合方式，判断其研究方法是否应用或整合其他学科研究方法，是否已形成成熟交叉学科的本质属性，如形成一系列新的方法论或研究范式等。在研究内容的评价上，需关注交叉学科研究的具体问题或现象是否具有整合性，并根据目标和相关标准设置具有针对性的多元评价维度，进行分类评价；同时强调交叉学科的社会属性，需判断其是

否具有一定发展潜力,是否有助于重大社会需求问题的解决。在研究能力的评价上,需关注交叉学科组织建制的构建,考察管理中组织和制度的指导和规范作用,以及是否在一定程度上推动合作者实现研究目标和产出具有影响力的代表性成果。

三、交叉学科研究评价方法构建

交叉学科研究的复杂性使得其评价方法也呈现多样性,不能简单套用传统学科的评价方法。从目前的研究和实践来看,主要有三种评价方法:一是以计量评价为主体的定量评价方法;二是以同行评议为主体的定性评价方法,常用方法包括(国际)同行评议、问卷调查、案例研究、参与式评估和实地考察等;三是定性和定量结合的融合评价方法。相较于传统学科评价,定性和定量评价方法用于交叉学科评价,存在不同程度的特殊问题和挑战。基于此,对于新型交叉研究领域(或准交叉学科)的评价,应科学把握定量与定性评价,将同行评议的专业性、综合性优点和计量分析的客观性、易控性优点相结合,灵活应用融合评价方法。交叉学科评价方法的构建可归纳为以下四个方面。

一是构建多维评价数据库,科学设计主观与客观数据比例。评价数据获取是交叉学科研究评价的关键,应当建立多维度的评价数据库,以确保评价过程和评价结果的有效性。对于以计量评价为主体的定量评价而言,应充分应用数据、证据等客观计量指标,保证数据的可靠性;对于以同行评议为主体的定性评价而言,应充分利用同行评议的学术性、专业性、综合性等优质元素,重构计量评价过程以克服计量评价的局限性。由于交叉学科数据尚难以系统呈现,在评价过程中应区分交叉学科研究的评价对象,科学调整主观数据、客观数据在评价中的比例。如学科公共数据受限,可以加大典型案例分析在学科评价中的权重,尤其是针对社会影响力的衡量,提高计量评价的可靠性。而在跨越学科范围较大的远缘交叉学科评价中,可以科学提高客观数据的权重,侧重计量分析。

二是纳入多元评价主体,合理配置评审专家组的学科结构。同行评议作为最重要的评审方式之一,在交叉学科评价中,如何配置其评审专家组也是亟须解决的问题。目前,新型交叉研究领域存在尚未建立起规范的学术共同体,同行专家的遴选标准缺乏和公信力不足等问题,未来或可从以下三个方面进行突破:第一,在评审专家组成上,要求合理规范配置成员学科结构,增加学科的多样性,同时需要增加具有开放思维、交叉学科研究和评审经验的专家;第二,在评价方式上，主张对话式评估，加强评审专家与评价对象的交流互动和集体讨论，包括评审专家小组中的讨论，以及评审专家和评价对象共同组成的小组中的交流讨论，构建多元主体间的评价场域；第三，在评价主体的培训上，要求评审者进行一定的强制性学习，同时需要考察评审专家的跨学科评审能力，包括对交叉学科研究特点和规律以及对交叉学科研究中需要解决的目标问题和社会需求的理解程度。

三是优化多维评价指标体系，注重更为广泛的影响力评价。交叉学科评价的难点在于指标体系的构建以及多维标准的划定，需要在全面解析交叉学科研究评价内涵的基础上分维度构建评价指标体系，其评估标准也需要在更大范围达成共识，从而更好地评审交叉学科研究的意义和价值。此外，近年来，知识生产从模式 1（基于牛顿模式的科学研究，以单学科研究为主）向模式 2（在应用环境中，利用交叉学科研究的方法，更加强调研究结果的绩效和社会作用的知识生产模式）逐渐变革，并发展出基于社会公共利益目的的知识生产模式 3。在现有知识生产模式的主导之下，对交叉学科研究成果的评价不能止步于发表期刊文章的学术影响力，理应评估科研成果的非学术影响。因此在评价方法上，应当开发更多适用的非学术影响力评价方法，落实到基于学术成果转化的对社会重大问题的实际解决，包括在生态环境、经济发展、文化进步、公共卫生等方面产生的积极影响和贡献。

四是重视评价过程维度，坚持历时与共时相统一原则。传统的学术评价中，最常见的是总结性评价，因为通常在单一学科研究中，好的过程是达到目的的手段，但在交叉学科研究中，好的过程本身就是目的之一，科学与社会的对话和交流过程决定了其产生的效果。因此交叉学科评价更加关注研究过程，除了需要总结性评价和预判性评价之外，还需要形成性评价，即对研究过程的评价。克莱恩七项通用原则中也体现了交叉学科的评价理念，交叉学科评价不是一次性的，需要在进行过程中多次反复。首先，交叉学科的评价应当遵从历时与共时相统一原则，并根据交叉学科的不同发展阶段形成评价。其次，开发多元化的追踪评价工具，从专业评估、同行评估、自我评估等方面，全面反映研究的阶段性的效果。在推进评价的过程中，保证评估过程和结果的公开透明，使得相关利益主体能及时有效地了解和获取评估信息，以此促进内外部主体的监督与问责。

参考文献

[1] FRANK R. Interdisciplinary: the first half century[M]//STANLEY E G, HOAD T F. Words: for Robert Burchfield's sixty-fifth birthday. Cambridge: D. S. Brewer, 1988: 91-101.

[2] DANESHPOUR H, KWEGYIR-AFFUL E. Analysing transdisciplinary education: a scoping review[J]. Science & Education, 2021(1), 2022, 31(4): 1047-1074.

[3] National Academy of Sciences, National Academy of Engineering, Institute of Medicine. Facilitating interdisciplinary research[R]. Washington, D. C.: The National Academies Press, 2005: 2, 18.

[4] 中华人民共和国教育部.《交叉学科设置与管理办法(试行)》有哪些改革举措和政策突破?[EB/OL]. (2021-11-17)[2022-10-28]. http://www.moe.gov.cn/srcsite/A22/s7065/202112/t20211203_584501.html.

[5] JULIE T KLEIN. Evaluation of interdisciplinary and transdisciplinary research: a literature review[J]. American Journal of Preventive Medicine, 2008, 35(2): S116-S123.

[6] 林梦泉,任超,韩菲,等."融合评价"理论与方法体系建构研究[J]. 大学与学科,2021,2(3):46-56.

[7] 张琳,孙梦婷,顾秀丽,等. 交叉学科设置与评价探讨[J]. 大学与学科,2020,1(2):86-101.

[8] 蒋颖. 超学科研究评价:理论与方法[J]. 国外社会科学,2021(4):128-139,161.

[9] 魏丽娜,张炜,林成华. 激励学术创新:亚利桑那州立大学交叉学科教师绩效评估体系及其经验启示[J]. 高教探索,2020(7):54-60.

新时期国际科技开放合作的主要动力*

| 鲍悦华

一、背景

加强国际开放合作，深度参与全球治理，是新时代的主题，是大势所趋，也是国家复兴之必然。党的十九届五中全会提出，要坚持实施更大范围、更宽领域、更深层次对外开放，依托我国大市场优势，促进国际合作，实现互利共赢。《中共中央关于制定国民经济和社会发展第十四个五年规划和二〇三五年远景目标的建议》也提出“加快构建以国内大循环为主体、国内国际双循环相互促进的新发展格局”的发展战略。

在科技创新领域，习近平总书记多次强调，科学无国界，创新无止境，要坚持开放创新，加强国际科技交流合作。在中国科学院第十九次院士大会、中国工程院第十四次院士大会上，习近平总书记首次提出关于中国参与全球科技治理的重要论述，“要深度参与全球科技治理，贡献中国智慧，着力推动构建人类命运共同体”，对我国科技创新发展与治理具有深刻的理论价值和重大的指导意义。

一直以来，科技活动自身的发展需求被认为是国际科技开放合作的主要动力来源。随着人类社会步入以第四次工业革命为标志的新发展时期，科技与政治、经济、社会等其他体系的渗透程度与融合深度超越了以往任何时期，科学技术在国际外交政治、经济高质量增长、社会可持续发展等舞台的重要性日益凸显，国际科技开放合作也逐渐被视为解决许多治理难题的有效手段。在上述背景下，除了科技活动自身需求外，国际科技开放合作的其他动力来源也开始不断涌现与增强。对国际科技开放合作的主要动力进行溯源与分析，不仅有利于更

* 本文为国家社会科学基金重大项目“新形势下进一步完善国家科技治理体系研究”（项目编号：21ZDA018）的阶段研究成果。

好地预测国际科技开放合作的未来趋势方向，对我国在更高起点上推进自主创新、提高开放合作水平、探索建立有效的合作机制和模式也具有重大价值。

二、国际科技开放合作的动力来源

从目前国际科技开放合作理论研究和实践活动出发，可以将国际科技开放合作的主要动力来源分解为科技、政治、经济、社会四个方向，具体如图 1 所示。在国际科技开放合作活动开展过程中，这些动力源从自身价值本位和利益诉求出发，对国际科技开放合作活动施加大小不同、方向各异的作用力，这些作用力彼此之间碰撞激荡、叠加消弭，共同决定了国际科技开放合作的方向。

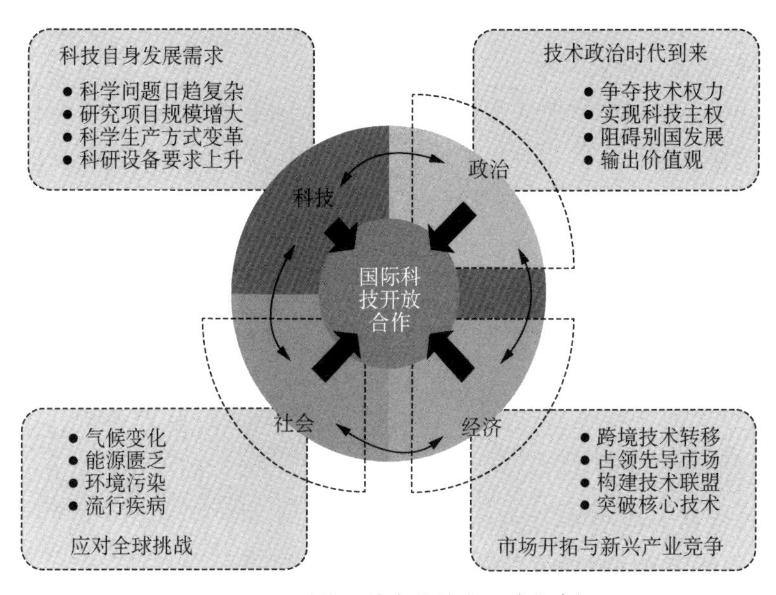

图 1 国际科技开放合作的主要动力来源

三、国际科技开放合作的动力分析

1. 科学技术自身发展需求

科技活动自身的发展需求为国际科技开放合作提供了最基本的动力来源。随着科技活动的不断发展与突破，科学共同体不断自组织发展与演化，当今前沿科学研究早已告别了根据科学家个人兴趣和好奇心，在某一学科范围内进行自由知识生产的模式，科学家们已经越来越习惯在全球范围内构建起分布式网络推进研究，在生物医学、物理学、气候科学等研究领域，署名作者数量达几百人甚至上千人的论文已不鲜见。各大知名研究机构都在全球范围内搜罗最为优秀的头脑开展尖端科学探索。德国马普学会(Max-Planck-Gesellschaft，MPG)作为德国乃至全球最为优秀的基础研究机构，外籍科研人员的比重超过了 50%，它通过任命程序(Berufungsverfahren)遴选出最顶尖的专家，以之为核心构建研究团队，对前沿科研项目展开研究，同时给予最大的自由与资源保障。为促进国际科技开放合作，欧盟于 2022 年正式推出“Weave”框架协议，简化来自多个国家科研人员联合申请课题的资助程序，科研人员还能在“Weave”框架内与迄今为止尚未达成合作协议国家的科研人员进行合作。国际科技开放合作在地理、语言、政治、文化、距离等方面与跨部门、跨机构等一般科技合作显示出不同的要求与特点，同时在东西方国家、南北国家科技合作上也体现出与日俱增的复杂性，已然成为一个独立研究领域。

当今时代，知识生产模式正在由“小科学”正向“大科学”转变。相对于之前分散、个体、随机组合、小规模的研究，大科学以统一的方式把相关的科学事业组织起来加以科学管理。科学研究问题与目标已变得明确、宏大且复杂，往往涉及诸多学科交叉，多领域知识协同，研究规模也日趋扩大，对科研经费投入、科研仪器设备性能、科学家科研能力和参与研究工作科研人员数量等方面的要求也大幅提高，仅依靠单个国家甚至个别科学家往往力有不逮、技有不及，这也进一步增加了科学技术自身发展对国际科技开放合作的动力。人类基因组计划(Human Genome Project，HGP)耗资近 30 亿美元，在 1990—2003 年的 13 年间由来自美国、英国、法国、德国、日本和中国 20 所不同大学和研究中心的跨学科团队，包括工程、生物学和计算机科学等领域的专家，共同生成了基本完整的人类基因组序列。事件视界望远镜计划(Event Horizon Telescope，EHT)由来自非洲、亚洲、欧洲、北美和南美洲等超过 200 名科学家通过 20 多年的协力工作，于 2019 年 4 月发布人类拍到的第一张黑洞的照片。

大科学活动往往能产生最前沿的知识，带来巨大的科学突破，也会创造巨大的社会与经济价值，大科学装置本身也能够对国家制造业、工程建设等领域产生巨大推动。人类基因组计划虽然靡费甚巨，但它极大加深了人类对于自身的理解，而且在接下来几十年里，它带来的积极经济效益已大大抵消了其成本，这些经济收益反映在由此产生的直接产品与制药医药行业的技术进步等诸多方面。鉴于此，世界主要科技强国都在大力布局大科学装置，通过国际科技开放合作，吸引全球最顶尖科学家施展才能，实现前沿科学领域的新突破。

2. 市场开拓与新兴产业竞争

跨国技术转移是国际科技开放合作的重要形式，在许多情况下，它都与开拓目的地国家市场的努力紧密联系在一起。2021年，中德商品贸易总额达到2 454亿欧元，中国已连续第六年成为德国最重要贸易伙伴，对中国市场的依赖带动了德国向中国的跨国技术转移。中德两国在电动汽车、智能制造、生命科学、智能城市、清洁水、创新政策等领域建立了多个跨国合作平台，开发出"2+2"产学研模式和"产业集聚模式"，为全球国际科技开放合作提供了经验借鉴。德国与印度尼西亚在水资源领域的国际科技合作同样非常典型。印度尼西亚日惹省是该国最为贫困的地区，缺水是当地最大问题，每年几个月的旱季极大影响了当地人口的生存与发展。该地区缺水由当地的喀斯特地貌引起，通过柴油发电机抽取地下水仍难以满足居民需要。德国联邦教研部(Bundesministerium für Bildung und Forschung, BMBF)与印度尼西亚开展"对外开放和利用地下喀斯特水"联合项目，进行可行性研究后，建设了一座地下河大坝为抽取水提供能源，不仅能满足当地用水需求，还改善了当地农业灌溉条件。该项目的成功实施不仅达到了可持续利用水资源的目的，还极大促进了德国水资源领域企业进入印度尼西亚市场。通过该项目的实施，德国还具备了为世界上其他喀斯特地貌地区提供类似解决方案的能力。

随着以人工智能、大数据、5G、物联网等新兴技术推动的第四次工业革命不断深入，重塑全球产业与经济竞争格局，主要科技强国在积极提升本国科技创新能力、加速科学技术向现实生产力转化的同时，在国际科技开放合作领域也投入了前所未有的热情，积极建构先导产业技术联盟，谋求率先实现关键核心技术突破，以占据全球新兴产业竞争新制高点。德国在推进其《高技术战略2025》的同时，将国家层面创新资助与国际科技开放合作紧密衔接，在氢能、微电子、电池生产、超算、数据技术、AI、量子技术等战略领域，通过G7牵头的全球人工智能伙伴关系(Global Partnership on AI, GPAI)以及ERANET、EUREKA等国际与欧盟平台加强国际科技开放合作。由联邦经济事务和能源部(Bundesministerium für Wirtschaft und Enrgie, BMWi)运营的"Gocluster"计划支持其85个成员集群和欧洲国家集群之间的国际合作。德国与美国在创新集群和网络方面已开展广泛深入的合作，在工业4.0领域，美国工业互联网联盟(Industrial Internet Consortium, IIC)与德国工业4.0联合工作组围绕标准、IT安全等主题展开合作。德美两国在创新集群方面的合作还涉及健康研究、软件开发、光子学等领域。

3. 应对全球挑战

在人类长期生存与发展过程中产生的各种问题与矛盾日益尖锐，已经上升到全球层面，开始对全人类的前途命运构成严重威胁。除了以新冠病毒感染为代表的传染病在全球肆虐，威胁人类健康外，全球气候变化、能源危机、环境污染、粮食短缺、贫困与战争造成的难民流动等，都被视为人类需应对的全球挑战，任何国家都不可能独善其身。针对这些全球问题与挑战，可持续发展和人类命运共同体等新发展理念已经被广为接受，2015 年 9 月，在第 70 届联合国大会上通过的《变革我们的世界——2030 年可持续发展议程》确立了 17 个可持续发展目标，旨在让全球走向可持续发展的道路；2015 年 12 月，在第 21 届联合国气候变化大会上通过的《巴黎协定》确立了将全球平均气温较前工业化时期上升幅度控制在 2 摄氏度内，并努力将温度上升幅度限制在 1.5 摄氏度内的长期目标。这些雄心勃勃目标的实现，一方面需要提高全球治理能力，更好地协调全球各国行动；另一方面也需要依靠国际科技开放合作，集成全人类的智慧共同应对。合力抗击新冠疫情取得的成效也极大增强了全球科学家们的合作信心与动力。

欧盟认为，研究与创新是应对气候变化、实施绿色产业政策和实现可持续发展的关键动力。如果不能将研究创新与投资、改革和法规联系起来，以动员气候方面的集体行动，那么到 2050 年欧洲不可能成为世界上第一个气候中立的地区。欧盟委员会研究与创新总局在其《加快欧洲转型的研究与创新政策目标体系(2020—2024)》中，将落实欧洲绿色协议作为第一个总体目标，并设置了“高质量的科学、知识和创新解决方案支持气候政策并帮助保护生物多样性、生态系统和自然资源”“将公共和私人研究与创新投资纳入气候行动的主流，加强欧洲绿色协议影响”“共创地平线欧洲及其使命和伙伴关系，提高人们对研发与创新在实现气候中和方面的关键作用的认识”3 个具体目标，以及更为具体的监测指标，确保上述目标实现。在行动层面，欧盟通过地平线欧洲计划(Horizon Europe)设立了加强国际合作和支持清洁和可再生能源、海洋研究、地球观测或传染病等领域的多边倡议的专门行动，鼓励全球科研人员的参与，还通过全大西洋研究联盟、国际生物经济论坛、创新使命联盟、政府间气候变化专门委员会、政府间生物多样性和生态系统服务科学政策平台等国际平台，与合作伙伴积极应对全球挑战。

4. 技术政治时代的到来

过去较长一段时期里，以科技援助、合作探索未知为代表的国际科技开放合作一直是一种有效的国家外交政治工具，在破冰外交困局、改善外交关系中具有先导作用。1979 年中美两国签署的《中美科技合作协定》是中美建交后两国签署的首批政府间协定之一。随着科技创新日益事关国运民生，国际科技开放合作已经逐步从工具上升为国家外交政策的核心内容，推进国际政治从“地缘政治时代”步入“技术政治时代”。基于技术的权力已成为支撑其他国际权力的支柱，围绕技术权力的争夺、布局和秩序构建是 21 世纪国际战略竞争的核心。

在技术政治时代，科学技术在政治领域和生产领域的话语权和影响力急剧增强，发达国家依靠政治外交手段和基础技术掌控新兴产业竞争的主导意图强烈。争夺技术权力成为国际竞争的新焦点，促使科技战略与外交战略综合化发展，演化形成了“技术政治战略”。国际科技合作已成为部分发达国家意识形态对抗、压制各国地方性话语的政治规训工具。2020 年美国国防部发布的新版《国际科技合作战略》指出，为了应对地缘政治环境发生剧烈变化、美国技术创新领先地位下降和国防科研管理体制的大幅调整，必须深化与现有盟友的合作，同时发展和培育与非传统伙伴的新关系，以便利用国外科技能力获取非对称竞争优势。2021 年美国拜登政府上台后在国际科技开放合作中开始推行“技术民主”计划，旨在制定和塑造管理技术使用的规则和规范，与欧洲和亚洲盟友建立技术同盟，抵制中国、俄罗斯等所谓“技术独裁国家”。同时，重新加入巴黎气候协定和世界卫生组织，以重塑美国在国际事务和多边协定中的领导地位。作为技术政治战略的重要表征，以美国、欧盟、英国为代表的西方国家和地区泛化国家安全概念，制造合作壁垒。2020 年 2 月，新任欧盟委员会主席乌尔苏拉·冯德莱恩(Vrsula von der Leyen)抛出“技术主权”概念，强调欧盟在发展数字技术等方面要实现“自主可控”。2021 年 6 月，欧盟和美国宣布成立美国—欧盟贸易和技术委员会(Trade and Technology Council，TTC)，基于“民主价值观”加强跨大西洋合作伙伴关系，进一步加强技术出口管制与投资审查，主导人工智能、数字技术等领域国际标准，并确保半导体、稀土等供应链安全。这种将西方所谓的价值观、民主、人权等因素加入国际科技交流合作中的做法，实质上为国际科技开放合作施加了层层阻力。2022 年 5 月 30 日，《自然》杂志报道称，在过去三年多时间里，中美科研机构共同署名的论文作者数量下降超过 20%，中美科研机构共同署名的论文数量在 2021 年也出现下降，这一趋势短期内很难发生改变。

四、结语

从中国视角出发，通过对国际科技开放合作的主要动力进行分析可以看出，在不同动力的作用下，我国国际科技开放合作的国际环境日趋复杂，不稳定性与不确定性明显增强。总体而言，和平与发展仍是时代主题，科学技术的自身发展需求仍将为国际科技开放合作注入强劲动力，全球经济一体化下各国在经贸领域的联系短期内也较难被斩断。即使视中国为系统竞争对手，美国、欧盟等国家与地区也不得不承认，在共同应对全球挑战方面，没有中国的参与是不可想象的。

对于中国而言，最重要的仍然是积极提升科技创新实力，利用科学技术自身发展需求，在科学共同体内部更高的学术话语平台上与科技发达国家积极交流对话，凭借富有吸引力的科研环境和科技基础设施吸引更多全球科创资源为我国所用；在跨国技术转移方面，中国可以利用好自身技术优势，践行“一带一路”倡议，与沿线国家开展针对性国际科技开放合作，助力“中国智造”打开国外市场。除了继续利用国内巨大的市场优势吸引和促进跨境技术转移外，中国可利用国际通行规则，提高跨国企业和研发机构在国内科技创新活动中的积极性，提升外资研发创新活动的辐射效果，使其释放出更多技术溢出；在共同应对全球挑战方面，中国应该加强氢能、环保技术、农林牧渔领域相关技术的发展，主动“走出去”，在现实应用场景和需求下提升自身技术能力，积极贡献中国方案与智慧，体现大国责任与担当；中国必须高度重视西方国家祭出的技术政治战略，对重点地区与国家进行深入研究与跟踪，加强与关键小国的合作，不断创新国际科技开放合作的思路、模式和举措，积极提升国际科技开放合作活动的质量。

参考文献

[1] Max-Planck-Gesellschaft. Evaluation: Die Verfahren der Max-Planck-Gesellschaft[R/OL]. [2022-10-10]. https://www.mpg.de/13937966/evaluation-2019.pdf.

[2] Weave. Funding excellent research projects across borders[EB/OL]. [2022-10-10]. https://weave-research.net/.

[3] FU X, LI J. Collaboration with foreign universities for innovation: evidence from Chinese manufacturing firms[J]. International Journal of Technology Management, 2016,70(2/3): 193-217.

[4] CHEN K, ZHANG L, FU X. International research collaboration: an emerging domain of innovation studies? [J]. Research Policy, 2019,48(1): 149-168.

[5] DEREK J. DE SOLLA PRICE. Little science, big science[M]. New York: Columbia University Press, 1986: 14-17.

[6] NIH National Human Genome Research Institute. Human Genome Project Fact Sheet [EB/OL]. [2022-10-07]. https://www.genome.gov/about-genomics/educational-resources/fact-sheets/human-genome-project.

[7] Event Horizon Telescope. About EHT [EB/OL]. [2022-10-07]. https://eventhorizontelescope.org/about.

[8] 中华人民共和国中央人民政府. 中国连续第六年成为德国最重要贸易伙伴[EB/OL]. (2022-02-19)[2022-10-10]. http://www.gov.cn/xinwen/2022-02/19/content_5674591.htm.

[9] 中华人民共和国中央人民政府. 科技部发布《科技创新共塑未来·德国战略》[EB/OL]. (2016-11-24). [2022-10-10]. http://www.gov.cn/xinwen/2016-11/24/5136691/files/f3ab9bb3f50945c4bc2bae79489d5510.pdf.

[10] 陈强,鲍悦华,李建昌. 德国国际科技合作及其对中国的启示[J]. 科技管理研究,2013,33(23):21-26.

[11] Die Bundes Regierung. Strategie der Bundesregierung zur internationalen Berufsbildungszusammenarbeit[R/OL]. (2019-05-22) [2022-10-10]. https://www.govet.international/dokumente/pdf/Strategie_der_Bundesregierung_iBBZ_2019.pdf.

[12] DG Research and Innovation. Strategic plan 2020-2024[R/OL]. [2022-05-17]. https://ec.europa.eu/info/sites/default/files/rtd_sp_2020_2024_en.pdf.

[13] 王慧中, 文皓, 樊永刚. 国际科技外交发展趋势及政策启示[J]. 世界科技研究与发展, 2019,41(6): 610-620.

[14] 唐新华. 技术政治时代的权力与战略[J]. 国际政治科学, 2021,6(2): 59-89.

[15] Department of Defense. International science and technology engagement strategy[R/OL]. [2022-10-10]. https://dsiac.org/articles/dod-international-science-and-technology-engagement-strategy/.

[16] 范英杰, 樊春良. 寻求共同基础 推进交流合作——对美国智库和科学界主要科技政策报告的解读与启示建议[J]. 中国科学院院刊, 2022,37(2): 1-9.

[17] EU-US Trade and Technology Council. U.S.-EU Joint Statement of the Trade and Technology Council, Paris-Saclay, France [R/OL]. (2022-05-16) [2022-10-10]. https://ec.europa.eu/commission/presscorner/detail/en/ip_22_3034.

[18] RICHARD VAN NOORDEN. The number of researchers with dual US - China affiliations is falling[J/OL]. Nature，2022，606：235-236 [2022-10-10]. https://www.nature.com/articles/d41586-022-01492-7.

理性看待全球创新指数，构建紧扣我国国情的高质量创新评价体系

| 任声策

2022 年 9 月 29 日，世界知识产权组织发布了《2022 年全球创新指数报告》[*Global Innovation Index*（*GII*）*2022*]，中国比 2021 年上升一位，排在全球第 11 位，已连续 10 年稳步提升，位居 36 个中高收入经济体之首。自 2007 年开始发布以来，每年发布的全球创新指数，都会得到社会上下大量关注，引起广泛讨论，成为政策当局完善国家或区域创新生态系统的参考。毋庸置疑，这类指数的确有一定参考价值。然而，此类指数报告也会引起偏读误用。因此，需要理性看待、正确认识，更重要的是加快构建紧扣我国国情的高质量创新评价体系。

一、理性看待全球创新指数

一是多看“门道”，少看“热闹”，即多看本质，少看表象。每个指数都有其“门道”，指数的本质代表了什么，依据是什么，指标是什么，方法是什么，最后的指数与希望反映的实质匹配程度有多高？例如《全球创新指数报告》是从创新投入（含制度环境、人力资本与研究、基础设施、市场成熟度、商业成熟度 5 个一级指标）和创新产出（含知识与技术产出、创意产出 2 个一级指标）两个方面设置 7 个一级指标和 81 个二级指标，对全球经济体的创新体系表现进行综合评价排名，分别指明它们的创新优势和劣势。通过指标和指数表征一个体系，体系越复杂，通常困难越多，“测不准”在自然科学中存在，在社会科学中更普遍。因此，需要在看“门道”基础上看指数，特别要避免在未了解指数本质的情况下选择性“欣赏”，这时若只看到局部，容易产生误判。

二是多看“趋势”，少看“一时”。所谓看趋势是将多年的指数结果放在一起看，观察变化趋势，从中作出实践上的研判。趋势里有大趋势和小趋势，包括自己的趋势和他人的趋势、总的趋势，也包括各个指标的分解趋势。少看“一时”是

指不过于看重一时(如当年)的排名,创新体系建设应秉持久久为功的心态。指数的指标体系和指数算法决定了当期实际值,我们既要理解其意义也要了解其潜在的局限。

看指数趋势,需要指数具有连续可比性,已经历较长时间的发展。例如,《全球创新指数报告》起始于 2007 年,至 2022 年已经发布了 15 版,因此,其具备了供人看趋势的条件。但是,《全球创新指数报告》里也强调,不同年份的指数不可以直接比较,原因包括指标体系的调整和数据缺失之类不影响结果的技术问题。即使不可直接比较,在总体较为稳定的指标体系下,不同年份的指数也可作为解读趋势的重要参考。

三是多看"相对",少看"绝对"。所谓多看"相对"是指多与其他经济体的创新指数做比较,联系着看而非孤立地看。《全球创新指数报告》包括全球 130 多个经济体,类似的全球性指数或排行榜通常也会涉及多个被评价主体,因此有较好的机会多看"相对"。少看"绝对"是指不必过于看重当期指数值以及具体指标值,而且绝对数值还受到数据缺失、标准化处理等影响。多看"相对"有利于在各个指标领域发现差距,包括跟自身目标的差距、跟同类的差距、跟领先者的差距,有助于研判全球格局。《全球创新指数报告》中也特别标出了相对优势和劣势指标。在《2022 年全球创新指数报告》中,可以发现排名全球第一的瑞士,在产出指标中全部排名第一,新加坡则在制度环境指标上排名第一,美国则在市场和商业成熟度、知识和技术产出方面有优势。

二、构建紧扣我国国情的高质量创新评价体系

总之,合理解读全球创新指数,的确能够提供一些参考。但是,全球创新指数作为通用指数,并未考虑各国发展的实际目标和创新需求,我国高质量创新的要求不能完全反映在全球创新指数中,全球创新指数也无法满足高质量创新的需求。

因此,我们需要构建紧扣我国国情的高质量创新评价体系。这首先需要把握高质量创新的如下主要特征:①面向世界科技前沿的科技创新活动,能够引领世界科技发展新方向,掌握新一轮全球科技竞争的战略主动;②面向经济主战场,能够支撑社会经济高质量发展,将科技创新成果转化为推动经济社会发展的现实动力;③面向国家重大需求,着力攻破关键核心技术,抢占事关长远和全局的科技战略制高点。高质量创新需要从多层次、多维度界定:在层次上,既要考

虑高质量创新的上位概念，如高质量创新生态系统，又要考虑高质量创新的下位概念，如高质量基础研究创新、高质量应用研究创新、高质量产业创新等，再下一位概念如高质量专利等；还要将科技安全“底线”和科技领先“上线”思维引入其中。

高质量发展亟须拓展创新研究

——基于质量管理研究热点演进的思考

| 尤筱玥

创新的目的不仅在于获取科技进步成果，而且在于通过提升社会生产力水平以改善人们的生活，包括精神层面和物质层面的整体改变，即社会的高质量发展。随着社会发展变化，人们对一切事物的认识以及对质量的认识水平也在持续变化和发展。因此，质量管理的研究也应与时俱进。在高速发展转向高质量发展的探索和实践中，必须思考质量管理研究的热点演进，进而更好地支持创新生态研究。

一、质量管理研究的热点演进

中国质量管理研究可以归纳为理论成熟期(1998—2003 年)、理论应用酝酿期(2003—2016 年)和爆发转型期(2017 年至今)三个阶段。第一阶段始于与日本企业合作引入全面质量管理，并伴随着各级质量管理协会成立、办法制定、理论模型引进、质量标准体系认证贯彻执行，国内质量管理理论从孕育期走向成熟期；第二阶段开始将理论运用于实践，如公共事业、零售、教育、电商服务、医疗卫生和科技金融平台研究等领域，后将质量理论与方法运用到数据管理中，建立数据质量评估框架以提升数据质量；第三阶段高质量发展理念已经融入经济发展方式升级以及区域经济协调发展之中，在互联网、数字经济和人工智能等的驱动下，质量管理理论与方法同新发展理念相融合，相关研究呈现井喷式增长。

国外质量管理研究的演进可概括为两个阶段，即理论成熟期(1998—2000 年)和稳步上升期(2001—2021 年)。在第一阶段，研究集中于理论与方法的探索，以及在生产领域的初步应用，其中围绕“质量管理”“绩效”“企业”“实施”和“顾客满意”等关键词的研究层出不穷；第二阶段经过理论的积累、技术的进步以及多类型产业的发展，质量管理的实践逐渐走向成熟，涉及的研究领域也趋于多元化，如科研、金融、教育和服务运营等。

显然，国内外质量管理的研究基本上都遵循“理论探索与深化—融入国际国内发展需求开拓应用实践—紧跟时代实现转型”的路径不断创新发展。

二、高质量发展成为主旋律

2015 年以来，“高质量发展”“数字经济”和“经济高质量发展”的突现率显著，其中“经济高质量发展”的突现率达 188.894 7，是未来研究的主流方向。

基于高质量发展视角，质量管理研究呈现如下趋势：

(1) 广义质量理念已被逐步接受，研究领域突破了传统边界，质量管理理论与方法存在更广泛的研究和发展空间。

(2) 数字经济发展迅猛，数据要素越来越得到重视，数据质量及其管理逐步成为新的研究热点。

(3) 可持续发展概念丰富了质量内涵，无论宏观层面还是微观层面都将促进质量管理理论和方法研究的创新。

三、高质量发展拓展创新研究需求

高质量发展不仅仅是一个口号，其必须建立在人们的发展理念之上，并成为指导人们行为的基本准则。为此，必须与时俱进地拓展创新研究空间，而以下四个方面亟待关注：

(1) 以人为本。高质量发展以民生质量改善为初衷，故一切创新活动必须坚持以人为本。

(2) 领导者是关键。领导者不仅决定了组织的发展方向和战略，更决定了组织结构和资源配置，后者为前者的实现构建了组织生态。因此，能否引领和实现高质量发展，领导者是关键因素，其水平决定了组织发展的“天花板”。

(3) 社会责任。创新活动不是一个人的活动，应该人人有责。因此，营造创新生态、普及创新知识极为重要。只有解放思想、进行全人创新教育，让每一个人逐步树立创新理念、具备创新能力，高质量发展才有根本保障。

(4) 健康可持续。低碳经济促发了可持续发展理念的诞生，进入 21 世纪以后更是突飞猛进、得以升华。无数事实已经证明，“可持续”是高质量发展的核心，其内涵超越了原来的“低碳”概念，是对一切组织“健康可持续”的基本要求，并逐步成为市场规制的重要组成部分。

参考文献

[1] 任佳,尤建新. 质量管理研究热点演进(上)[J]. 上海质量,2021(11):46-51.

[2] 尤建新. 提高民生质量是经济增长的核心[J]. 当代经济,2009(12):4-5.

[3] 尤筱玥,雷星晖,毛人杰,等. 基于 ITL-VIKOR 扩展模型的供应商企业社会责任评价[J]. 管理学报,2019,16(12):1830-1840.

两大芯片法案与有全球竞争力的开放创新生态建设

| 任声策　操友根

面对美国发起的科技冷战，我国提出加快实现高水平科技自立自强、构建新发展格局等发展思想。习近平总书记在中国共产党第二十次全国代表大会上的报告中提出："扩大国际科技交流合作，加强国际化科研环境建设，形成具有全球竞争力的开放创新生态。"在全球化形势面临严峻挑战的背景下，建设具有全球竞争力的开放创新生态是一道难题。以芯片业为例，美国发布了《2022 年芯片与科学法案》(*Chips and Science Act of 2022*)，欧盟也发布了《欧洲芯片法案》(*A Chips Act for Europe*)，在这一形势下，如何建设有全球竞争力的开放创新生态，需要加强研判。

一、从两大芯片法案看全球芯片产业创新生态

习近平总书记在两院院士大会上对开放创新生态建设作出指示，"要最大限度用好全球创新资源，全面提升我国在全球创新格局中的位势"，加快突破集成电路等一批关键核心技术。半导体芯片是全球技术竞争的核心，发达国家希望实现对其技术制高点的持续控制。2022 年 2 月 8 日，欧盟委员会公布《欧洲芯片法案》，美国则于 2022 年 8 月 9 日颁布《2022 年芯片和科学法案》。

1. 欧盟芯片法案

《欧洲芯片法案》强调将以超 430 亿欧元加强半导体生态系统，提高供应弹性和安全，并减弱外部依赖的紧迫性，重申到 2030 年将其半导体生产量全球占比提高到 20%。为实现该目标，欧盟委员会推出一揽子措施：第一，提出欧洲芯片战略；第二，提出芯片法规建议；第三，重新定位芯片执行联合体；第四，设立用于解决半导体短缺问题的通用工具箱；第五，建立监控半导体生态系统的机制。

从创新生态系统视角来看，《欧洲芯片法案》重点从研究、开发与应用三个维度帮助欧盟建立领先技术能力，增强知识转移转化能力，并提高技术生产能力。

具体而言:在主体构成方面,要求所有成员国动员所有相关的公共和私营部门,密切协调并共同采取行动;在资源投入方面,提出需要将欧洲的世界级研究能力联合起来,通过两个"芯片基金"活动等(欧盟投资与地平线欧洲)激活并调动欧洲强大、多样化的公共与私营方面的资产,同时协调欧盟和各国在价值链上的投资。其中对高技能人才培养作出详细安排,包括支持教育、技能和技能再培训计划;支持一个遍布欧洲的能力中心网络;支持为博硕士研究生提供专门奖学金;考虑欧洲大学战略和数字教育行动计划;加强成员国在微电子领域的国家技能战略等。

从全球科技合作看,《欧洲芯片法案》首先强调基于半导体供应链安全考虑,在更加平衡的能力和共同利益基础上建立国际伙伴关系。一方面,与欧洲周边国家建立强有力的合作;另一方面,利用现有或新的论坛加强与志同道合的伙伴(如美国、日本、韩国、新加坡等)的合作。其次是强调创造合适的条件和有利的框架,吸引来自欧盟外对其领土内的投资,并吸引新的人才,解决严重的技能短缺问题。

2. 美国芯片和科学法案

美国《2022 年芯片和科学法案》旨在控制全球半导体产业链,将芯片制造转移至美国国内,以改变自身在半导体制造领域的不利局面,确保国家技术制造和国防供应链安全。《2022 年芯片和科学法案》总体涉及金额约 2 800 亿美元,包括向半导体行业提供的约 527 亿美元的资金支持、为企业提供的价值 240 亿美元的投资税抵免、在未来几年提供的约 2 000 亿美元的科研经费支持等。

从创新生态系统视角来看,《2022 年芯片和科学法案》的目标是加强美国在关键技术领域的研发与制造能力。具体而言,在参与主体方面,《2022 年芯片和科学法案》基于创新价值生态群落,将创新策源主体如国家半导体技术中心、制造美国半导体研究所等,创新开发与转化主体如大中小企业、社区等,创新管理机构如美国国家科学基金会、美国能源部等,创新金融机构如美国国际开发署、进出口银行和国际开发金融公司等各方主体纳入法案中,并明确各自的目标、任务。在要素投入方面,除上述国家机构的直接科研经费支持外,《2022 年芯片和科学法案》还设置了美国芯片基金、美国芯片国防基金、美国芯片国际科技安全和创新基金、美国芯片劳动力和教育基金四个基金为半导体产业发展、劳动力供给及人才培训提供资金支撑。同时,《2022 年芯片和科学法案》明确要发展科学、技术、工程和数学(STEM)劳动力。

从全球科技合作看,《2022 年芯片和科学法案》向国防科技安全和创新基金提供 5 亿美元,促进与外国政府在信息和通信技术安全,以及半导体供应链方面的合作。同时,该法案特别强调对与中国和其他相关国家合作的限制,包括:第一,阻止芯片资助接受方在中国和其他相关国家扩大某些芯片生产,从而确保半导体制造商在下一个投资周期将生产重心放在美国及其合作伙伴国家;第二,禁止实施外国人才招聘计划;第三,接受美国国家科学基金会资金的机构必须披露对外国(中国、俄罗斯、朝鲜、伊朗)的财政支持,并允许其在特定情况下减少、暂停或终止资助;第四,限制联邦财政拨款流向与中国孔子学院有关的机构等。

二、全球开放创新生态发展趋势与挑战

习近平总书记在 2021 年两院院士大会上指出:"当今世界百年未有之大变局加速演进,国际环境错综复杂,世界经济陷入低迷期,全球产业链供应链面临重塑,不稳定性不确定性明显增加。新冠疫情影响广泛深远,逆全球化、单边主义、保护主义思潮暗流涌动。科技创新成为国际战略博弈的主要战场,围绕科技制高点的竞争空前激烈。"全球开放创新生态发展呈现新的趋势,面临新的挑战。

1. 全球开放创新生态的发展趋势

(1) 脱钩重构趋势明显,但创新生态全球化仍是主流。2017—2021 年,受到地缘政治冲突、科技封锁主义、新冠疫情的多重影响,全球创新合作与交流减少,脱钩重构,但坚持开放的创新生态将依然是各国中长期科技事业发展的主导逻辑。

(2) 创新生态开放目标从寻求技术合作向保证技术安全转变。进入 21 世纪后,以欧美发达国家为核心的全球创新格局正在重塑,部分研发和创新活动逐渐向新兴经济体转移,发展中国家在新一轮科技革命中展现出强大的技术创新能力,而发达国家的技术领先优势相对减弱。而且,美国对我国发起的科技封锁行动使得全球创新链、产业链、价值链的断链脱链风险陡然提升,促使各国重新审视国际科技合作的本质,调整对外科技开放领域的战略,以确保自身技术安全。如欧盟和美国芯片法案都明确突出通过法案重塑在半导体领域的技术领导能力与制造能力,从而确保供应链安全可控。

(3) 创新生态开放路径遵循"求同去/抗异"的发展逻辑。当前形势下,共同价值观上升为各国开展国际科技合作,扩大国际交流的重要指导原则。美国在 2022 年《国家安全战略报告》中指出,相关的利益共同体包括"五眼"联盟、北约、

欧盟、印度—太平洋条约盟友等。而美国《2022 年芯片和科学法案》更明确地列出了限制与之进行相关科技合作的国家，如中国、俄罗斯、朝鲜、伊朗。欧盟《欧洲芯片法案》也反映出这一逻辑，即将志同道合作为建立国家间伙伴关系的前提和基础，以利于加强协调并最大限度地减少潜在的冲突目标。

(4) 创新生态开放结果朝着跨国政治经济科技共同体集团演化。发达国家以价值观和理念为链接，在现有区域经济共同体基础上叠加打造科技合作共同体，如《欧洲芯片法案》指出，成员国已经计划投资一个新的欧洲共同利益重要项目(Important Project of Common European Interest, IPCEI)，以支持微电子价值链上的跨境创新合作。这一趋势在美国的科技外交政策中体现得更加直观。根据 2022 年《美国国家安全战略报告》，美国将利用外交手段建立最有力的联盟，具体举措主要针对相关利益国，致力于构建多个跨区域的国际政治经济科技命运共同体，最终构成以美国为主导的泛大洲共同体集团，以平衡(或对抗)来自其他(新兴)经济体的技术赶超(封锁)之势。

2. 构建全球开放创新生态遇到的挑战

(1) 技术制造回流、脱钩扰乱全球创新生态发展。制造能力是对研发能力的补充，从创新链、供应链、产业链安全来看，领先的技术研发能力与先进的产品制造能力缺一不可。美国《2022 年芯片和科学法案》要求接受联邦财政援助的企业加入一项禁止在中国等国家扩大半导体制造的协议，旨在刺激美国芯片制造业的回归和发展，补齐其制造能力的短板。此类方案或政策举措的出台将加剧全球半导体等关键产业供应链的分裂与混乱，可能进一步诱发科技保护主义，是对深化国际科技交流合作的抑制。

(2) 技术对外开放领域面临等级限制。正如欧盟和美国出台芯片法案，试图将半导体这一关键核心技术的研发、制造等控制在本土范围内。相反，对于非战略领域的科技合作，则可考虑将其合作范围延伸至非共享共同价值观或不具有共同利益基础的国家中。因此，不同国家可能因隶属于不同的政治经济集团或因相对于对方的技术主导权顺差而面临不同层次的科学共享限制。

(3) 创新人才交流及流动面临国别限制。从两大芯片法案来看，各国都高度重视科学劳动力的招募、培养、培训及保留。美国《2022 年芯片和科学法案》明确，一方面，投资 130 亿美元建立 STEM 劳动力，并发展农村 STEM 教育；另一方面，禁止联邦研究机构人员参与外国人才招聘计划等。此外，美国阻止 STEM 学生和工作人才移民，并在保持开放的同时采取更加精准的科技风险控制措施,加强学术机构、实验室和产业的研究安全。

三、建设有全球竞争力的产业开放创新生态建议

上海正在按习近平总书记要求加快向具有全球影响力的科技创新中心进军,并承担构建新发展格局的“中心节点”和“战略链接”的重要使命,有条件也必须成为重点产业开放创新生态建设的“排头兵”。以上海为龙头的长三角芯片产业是我国芯片产业发展的关键,需率先为芯片产业关键技术突破作出主要贡献,探索建设有全球竞争力的芯片产业开放创新生态。根据当前全球芯片产业创新生态发展的趋势与面临的挑战,结合兄弟省市区和上海情况,提出以下五点建议。

第一,注重顶层设计和系统谋划,推动国际科技共同体发展。重新界定在国际科技合作中的角色与功能,切实提升全球科技创新治理能力,包括独立设置创新议题、发起国际大科学计划和大科学工程的能力。通过提升科技治理话语权来提升中国的科技外交形象,携手全球科技创新主体营造开放的创新生态。

第二,加快突破关键核心技术瓶颈,打造在前沿科技领域的竞争力。通过国家战略科技力量、创新联合体、科技体制机制等创新,通过自身能力击碎逆全球化、脱钩对抗者的信心,强化国际合作中的号召力。

第三,加强战略人才力量培养,打造全球创新人才集聚高地。从长远看,需加强国家重点人才队伍建设,按照“战略科学家—科技领军人才—青年科技人才—高素质技能人才—管理及服务人才”的人才结构体系进行培养、培训。从短期看,应发挥人才移民政策优势,如实施境外高端人才通行证计划、延长顶尖高校留学生签证期限、设立多层次优秀外籍毕业生落户政策等,在全球范围内招揽关键领域科技人才。

第四,上海可以临港新片区、长三角一体化合作示范区、G60科创走廊为载体,加大人才政策创新力度。优化科创环境,以全球一流的发展机遇吸引全球科技人才,可针对科技人才制定跨境或跨区域交流学习、工作实习、绿卡获取及移民等相关政策。

第五,围绕关键领域在国外布局研发和创新机构,灵活运用国际创新资源。可通过支持、鼓励或组建社会组织等形式在国外人才和技术领先地区设立研发中心或创新中心,建立与国际科技创新组织、人才和资源广泛且稳定的联系。

提升科技创新治理能力的着力点

| 陈　强

党的二十大报告提出“提升国家创新体系整体效能”。在全面建成社会主义现代化强国的新征程中，国家创新体系担负着保障国家总体安全、推动经济社会高质量发展，以及满足人民日益增长的美好生活需要等艰巨任务，提升其整体效能至关重要。科技创新治理在国家创新体系中发挥着“神经中枢”的作用，可以使得国家创新体系的主体更活跃、要素更充沛、结构更合理、协同更有效、效能更强大。科技创新治理应着力强化以下五项功能。

第一是战略决策。从科学新发现到技术新发明，再到产业新方向，充满了易变性、不确定性、复杂性和模糊性。波诡云谲的国际形势也给重大科技战略决策带来诸多挑战。应进一步完善国家科技决策咨询制度，运用新技术手段，集成国家科技决策咨询委员会、各领域战略科学家、科技型智库、专业研究机构的智慧，为党和国家提供有效的决策支撑，确保国家创新体系的“巨轮”能够行稳致远。

第二是要素配置。国家创新体系需要人才、技术、政策、资本、空间、设施、数据等各种要素的起承转合。吸引和开发利用这些要素的方式各不相同，既要发挥市场在资源配置方面的决定性作用，也要在基础前沿和战略必争领域主动布局，解决市场失灵问题。既要加强条件和能力建设，吸引和集聚高等级创新要素，也要持续推进体制机制改革，消除制约要素流动和能量释放的障碍。

第三是力量组合。科技创新治理涉及政、产、学、研、用、金、介等各类主体，为了应对不同的任务情境，要不断推动形成共识，构建最广泛的科技创新统一战线，采取更具柔性的动员和编成方式。既要部署潜心深耕基础研究前沿的主力军，也要组织突破“卡脖子”瓶颈的突击队；既要安排专注于颠覆性技术研发的特种兵，也要激发“星星之火，可以燎原”的社会创新力量。

第四是区域协同。区域创新体系是国家创新体系的重要组成部分，在实现区域科技创新特色发展的同时，各区域还要对焦国家战略需求，着力推进区域联动。在国家创新体系中，以京津冀、长三角、粤港澳大湾区为关键枢纽，以区域科技创新中心为重要节点，强化资源共享、设施统筹、制度联动和生态协同，加快区域科技创新共同体建设，形成面向特定领域的科技创新体系化能力，直面未来的全球科技和产业竞争。

第五是开放合作。国家创新体系需要深度嵌入全球创新网络，持续从外部获得知识和能量补给，并为解决人类社会发展面临的共同问题作出贡献。当前，科技发展中逆全球化和泛政治化倾向抬头，国际科技合作面临严峻挑战。在这种情况下，应增强信心，依托我国在大科学设施、科技人力资源、科技成果产业化以及市场体系等方面形成的累积优势，推进规则、规制、管理、标准层面的制度型开放，打造具有全球竞争力的开放创新生态。

科技创新治理要有必要的前瞻视野和战略高度，这样才能将治理的“势能”，转化为国家创新体系行稳致远的“动能”。

上海科创中心建设

长三角科技创新共同体发展背景下的上海五个新城发展策略研究

| 鲍悦华　王倩倩

一、背景

长三角地区是我国经济发展最活跃、开放程度最高、创新能力最强的区域之一，在国家现代化建设大局和全方位开放格局中具有举足轻重的战略地位。在科技创新领域，自 2018 年 11 月习近平总书记在首届中国国际进口博览会开幕式上的主旨演讲中指出"支持长江三角洲区域一体化发展并上升为国家战略"以来，长三角三省一市积极行动，在政府、社会、产业三个层面推进科技合作和关键技术协同创新，治理体系和合作机制更趋完善。

2019 年 12 月，中共中央、国务院印发了《长江三角洲区域一体化发展规划纲要》，明确提出要加强区域合作联动，打造科技和制度创新双轮驱动、产业和城市一体化发展的先行先试走廊，到 2035 年要将长三角地区建设成为中国最具影响力和带动力的强劲活跃增长极。科技部于 2020 年 12 月正式发布了《长三角科技创新共同体建设发展规划》，以加强长三角区域创新一体化为主线，以"科创＋产业"为引领，充分发挥上海科技创新中心龙头带动作用，强化苏浙皖创新优势，优化区域创新布局和协同创新生态，深化科技体制改革和创新开放合作，着力提升区域协同创新能力，打造全国原始创新高地和高精尖产业承载区，努力建成具有全球影响力的长三角科技创新共同体。

当前新一轮科技革命和产业变革加速演变，以及国际政治经济竞争格局的风起云涌凸显出加快提高我国科技创新能力、实现高水平科技自立自强的紧迫性和重要性。我国政府在全国现实基础与合作基础最好的长三角地区大力推进科技创新共同体建设，打造具有全球影响力的科技创新共同体，将起到"烈火烹油"的作用，实现产业在全球价值链中的地位的进一步提升、实现经济更高质量发展、实现科技创新资源更优化配置，显著提高经济集聚度、区域连接性和政策协同效率,可谓意义重大。

二、五个新城规划与发展

在国家出台《长三角科技创新共同体建设发展规划》的同时,上海作为长三角科技创新共同体的龙头,正全力建设嘉定、青浦、松江、奉贤、南汇“五个新城”。根据上海和五个新城各自的规划,这五个新城将发展成为“最现代”“最生态”“最便利”“最具活力”“最具特色”的“未来之城”。“独立”“综合”“节点”是五个新城发力的三个关键词,五个新城正结合自身特色,形成独立于主城区的核心竞争力,将上海的发展与对外辐射模式从单一中心城区向外发力转变为“一个中心+五个新城”的网络化、多中心向外发力。

作为五个新增长极,五个新城规划的方向与发展的高度将直接影响长三角创新发展的地缘格局和长三角科技创新共同体的能级与活力,还关乎党中央交给上海的三大任务,以及上海强化四大功能、形成国内大循环的中心节点、国内国际双循环的战略链接等多重战略目标的实现。目前无论是国家《长三角科技创新共同体建设发展规划》,还是上海市推进五个新城规划建设“1+6+5”政策框架等政策文件,都未能对五个新城在长三角科技创新共同体发展与建设过程中的作用给予正式关注。本文将在深入理解长三角科技创新共同体发展内涵的基础上,对该问题进行探讨。

三、科技创新共同体的概念与内涵

共同体是一个社会学的学术范畴,指具有共同的价值认同、共同的利益和需求,以及强烈的认同意识并依据一定的方式和规范结合而成的相互关联的群体或组织。创新共同体从范围和内涵上对共同体概念进行了扩充。Lynn 等早在 1996 年就提出创新共同体的概念,他们认为创新共同体由根植于密集社会经济关系网络的交互人群构成,关注参与成员之间的互动关系及新技术与创新共同体的相互推动作用,但他们仅将创新共同体作为一个研究框架,而不是一种实践倡导。2008 年,为应对国际金融危机,美国大学科技园区协会等组织发布了《空间力量:建设美国创新共同体体系的国家战略》,该战略高度关注科技创新以及产业发展的空间因素,提出“创新共同体”这一协同创新的新理念和组织形式,着力打造能够将全国各个创新主体系统化连接起来的“美国创新共同体”。自此,创新共同体概念引起了世界各国政府的广泛关注,创新共同体成为引领区域创新发展的关键组织形式和区域协同发展最适宜的载体。

王峥和龚轶认为,创新共同体是基于一定的政治、经济、社会、文化等,以共同的创新远景和目标为导向,以快速流动和充分共享的创新资源及高效顺畅的运行机制为基础,多个行为主体(企业、大学、研究机构、政府、中介机构等组织和个人)通过相互学习和开放共享积极开展创新交互与协同合作,彼此间形成紧密的创新联系和网络化结构,推动个体成员创新能力的提升以及区域创新绩效与竞争力和影响力整体提升的特定的创新组织模式,并给出了创新共同体的基本框架,如图 1 所示。他们认为,创新共同体应包含 6 个基本要素:共同目标、创新资源、参与成员、网络结构、运行机制和形成基础。

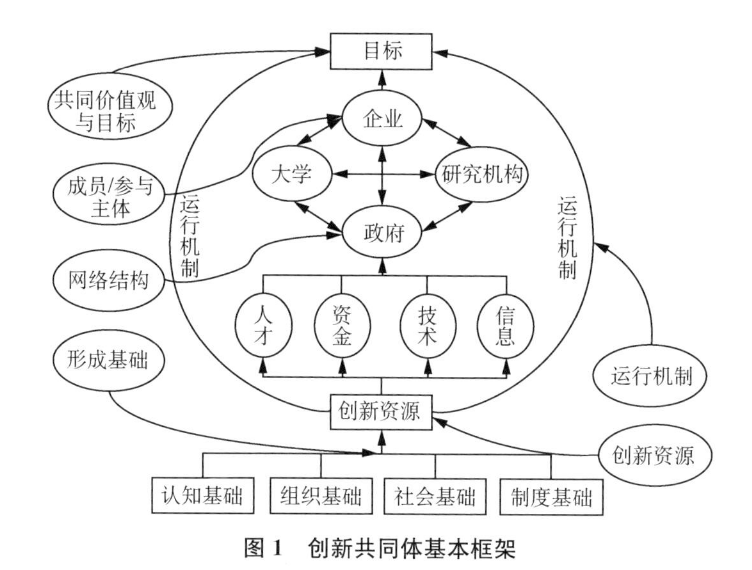

图 1　创新共同体基本框架

来源:王峥、龚轶《京津冀创新共同体:概念、框架与路径》,科学出版社,2018 年。

谢科范认为,科技创新共同体是多个空间邻近的国家或区域基于相通的价值观、共同的愿景和共同的利益,遵循共商的治理机制,自愿结成的创新基础设施共建共用、创新要素充分流动循环、创新活动自主协同参与、创新成果共创共享、创新风险共担联治的和谐共生的科技创新网络。科技创新共同体的概念与科技创新战略合作伙伴关系和科技创新战略联盟不同,应具备有战略规划、有建立在契约基础上的治理机制、有基础设施共建作为硬件支撑、有机构支撑、有创新要素自由有效流动机制、有创新合作行动共六方面的条件。他还认为,中国的科技创新共同体建设虽然以科创走廊为依托,但也需要多重支撑,充实内核,并构建了洋葱模型来表述，如图2所示。

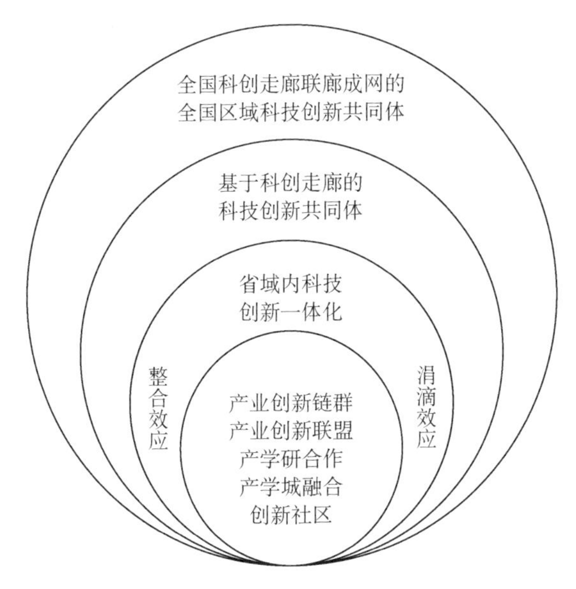

图2 国内区域科技创新共同体建设的洋葱模型

来源：谢科范《加快建设科技创新共同体——基于复杂科学管理视角》，《信息与管理研究》，2021年第6期。

从模型中可以看出，区域科技创新共同体在发展过程中除了要满足建立起发展规划、治理机制等条件外，还必须重视更为底层的产业创新链、产业创新联盟、产学研合作、产学城融合、创新社区的作用。

四、五个新城发展策略

通过对长三角科技创新共同体发展目标和内涵的分析，五个新城要与长三角科技创新共同体内的其他城市建立起相通的价值观、共同的愿景和共同的利益，遵循共商的治理机制，共建和谐共生的科技创新网络。对每个新城而言，要在城市功能、区域联动、科技创新等方面谋求更大突破，成为连接上海市中心和上海周边太仓、吴江、嘉善、平湖、宁波、舟山等城市重要的节点和创新增长极，在上海市中心外围形成一个独立的核心圈层，在主动融入和参与长三角科技创新共同体发展过程中占据一席之地，更好地实现自身发展要求与目标愿景。

一是在城市功能方面，五个新城要以成为独立的综合性节点城市为目标，高起点、高标准、高质量培育具有自身特色的科技创新支柱产业，成为长三角乃至全球创新产业新高地、上海市城市竞争力的新输出地，而非市中心次要功能的疏解地。要充分利用好新城内部与周边高校和科研机构等的科研资源，提升科技创新策源能力，形成独立于市区的内生性功能。

二是在区域联动方面，建立起五个新城与上海市中心之间、五个新城彼此之间、五个新城和长三角其他城市之间互联互通的高效交通基础设施体系、政产学研金介用“六位一体”的常态化创新协同合作机制，以及高强度、高频度、高速度的创新资源流动、集聚、共享通道，使长三角科技创新合作网络结构更为致密、跨区域科技创新治理体系更加完善、上海作为长三角龙头的创新策源和对外辐射功能显著增强。

三是在科技创新方面，五个新城要结合自身特点，在创新策源能力建设、创新生态营造、全球创新要素集聚、创新技术应用示范、创新文化营造等方面狠下功夫，使全球优秀人才都愿意将新城作为创业、就业、生活的首选地。

同时，五个新城的规划与建设要注意把握好以下关系。

第一，创造与共享。五个新城自身具备较好的区域创新禀赋，例如松江新城坐拥 G60 创新走廊；嘉定新城周边已形成“十一所三中心二基地”的科研机构布局；奉贤新城拥有华东理工大学和上海师范大学等 9 所高等院校（校区），不仅要利用自身“近水楼台先得月”的优势，将创新科技成果快速就地落地转化形成新生产力，还要通过建立高效的科技成果链式孵化体系、创新要素支撑体系和利益共享机制，发挥辐射与策源作用，在长三角范围内共同将“蛋糕”做大。

第二，铸极与协作。沿着沪宁、沪杭、沪甬等创新走廊可以发现，沿线主要城市在主导创新产业上的定位存在一定同质化现象，如表 1 所示。各城市在某些创新产业上的差距正逐渐缩小，如上海、杭州、合肥、苏州等长三角城市均已入选国家新一代人工智能创新发展试验区，青浦、松江、南汇三个新城也将人工智能作为核心创新产业进行发展与培育。

表 1　五个新城与长三角部分城市主导创新产业

上海五个新城	嘉定新城	新能源智能汽车、智能传感器与物联网、在线新经济（电子商务）等
	青浦新城	数字经济、现代物流、会展商贸、人工智能等
	松江新城	人工智能、集成电路、生物医药、高端装备、新能源、新材料、汽车等
	奉贤新城	美容化妆品、生物医药、智能网联汽车及核心零部件等
	南汇新城	集成电路、人工智能、生物医药、智能新能源汽车、高端装备制造等

（续表）

浙江	嘉兴	高端装备、集成电路、智能制造、新能源、汽车
	杭州	互联网、汽车、高端装备、智能制造、生物医药
	湖州	汽车、集成电路、互联网＋、集成电路、生物医药
	金华	先进装备、生物医药、汽车
江苏	苏州	生物医药、高端装备、智能制造、互联网＋、集成电路
安徽	合肥	新型显示、人工智能、新能源、家用电器、集成电路
	芜湖	汽车、机器人、电子电器、智能制造、高端装备
	宣城	汽车、集成电路、生物医药、智能制造

产业定位的趋同虽然有助于在长三角建立起极具竞争力的“大产业”，但也容易引起一定的恶性竞争。对此，五个新城在发展创新主导产业时，需要注意“大产业”下的“细分工”，围绕重点发展的汽车、人工智能、集成电路、生物医药、智能制造等产业，在创新链与产业链的某些具体环节，尤其是价值高端环节和确保产业链自主可控的核心环节形成自己的极化优势，在其他环节注重错位发展，充分利用不同城市间创新资源要素的联合与互补形成有效的产业链分工协作，甚至为其他城市的“极”做配套服务，提升长三角整体产业竞争力。

第三，创新与底蕴。除了南汇新城外，嘉定新城的州桥与西门、青浦新城的老城厢水乡风情、松江新城的仓城旧街区、奉贤新城的“南桥九景”等历史风貌区凸显了新城各自拥有的丰厚文化底蕴。在塑造全新的创新文化、建造现代人文景观的同时，要注重与新城悠久文脉、老城风貌的融合，在继承历史底蕴文脉的同时，发掘出新的内涵，激发出具有新城自身 DNA 的创新创业文化。

参考文献

[1] 陈套. 长三角区域创新共同体建设动力机制[J]. 科技中国，2020(1)：57-59.

[2] LYNN L H, REDDY N M, ARAM J D. Linking technology and institutions: the innovation community framework[J]. Research Policy, 1996, 25(1): 91-106.

[3] Association of university research parks. The power of place: a national strategy for building America's communities of innovation[EB/OL]. (2008-10-02) [2022-03-21]. http://www.aurp.net/assets/documents/pop_npc_pres.pdf.

[4] 李春成. 创新共同体——协同创新的理念与工具[EB/OL]. [2022-03-21]. http://

blog. sina. com. cn/s/blog _ d388-85690101hyqt. html.
[5] 王峥,龚轶. 创新共同体:概念、框架与模式[J]. 科学学研究,2018,36(1):140-148,175.
[6] 谢科范. 加快建设科技创新共同体——基于复杂科学管理视角[J]. 信息与管理研究,2021,6(6):30-39.

完善数据战略规划，构建上海市公共数据开放保障体系

——来自德国与日本的启示*

| 易子琛　马军杰

数据开放活动因其在赋能政府转型、社会治理和经济发展中的重要作用，已成为全球各国数字经济革命中的关键环节。德国、日本两国的数据开放活动及其在政策法规、技术创新、管理架构和合作交流方面所取得的成效，为上海市公共数据开放提供了重要的启示。

一、德日两国数据开放立法与实践

德日两国在数据开放方面的工作存在的共性，可以概括为以下四个方面：

一是逐步完善政策法规体系。德日两国先后颁布了一系列法律法规并辅以与个人权益保护相配套的法律规范，制订了一系列数字战略，将数据开放工作纳入战略部署，明确各阶段的工作目标。从立法层级来看，两国中央都与地方相配合，法律及政策先后连贯、相互支撑。且两国都从政府数据开放出发，逐步扩大数据开放主体，鼓励民间组织、私人企业开放数据。

二是构建数据开放管理机制。德日两国都在 IT 总部下专门设立执行会议或专家组，负责具体政策的实施以及数据标准的进一步开发。另外，德日两国都委派专人负责各部委的数据开放联络工作，负责协调和沟通。德国联邦政府还专门设立了数据开放能力中心，负责与各州的数据开放办公室联络。

三是创建统一开放门户和元数据标准，应用高新技术建设开放基础设施。德日两国都建立了统一数据开放网站以集中访问数据记录，制订了标准化的数据格式，并采用了多种技术措施来提高安全性和智能化，提高数据分析和利用

* 本文为上海市人民政府决策咨询研究项目“公共数据资源市场化配置法律制度研究”（项目编号：2021-Z-B06）的阶段性研究成果。

能力。

四是积极推进公众参与和合作。两国都注重数据需求调查和反馈，建立合作共享机制。德国致力于开展各种研讨、竞赛活动，培养数据开放文化，提升数据利用技能。日本设立专门咨询窗口，收集公众意见，产官学联合，促进数据开发利用。

综合德日两国的立法与实践，可以发现两国在数据开放战略上有不同侧重，德国各阶段任务明确、长短期规划相结合，将工匠精神贯穿于数据开放国家计划的全过程；日本则侧重于双向参与，以实用性为导向，利用数据开放集解决公共问题并促进数据开放价值创造的公私合作。

二、对上海公共数据开放的启示

1. 大数据战略与数据开放并行，长短期部署相结合

大数据战略与数据开放工作是相辅相成的，数据开放作为促进数据利用的重要途径，应当纳入数据战略加以强调，且科技战略、数字战略应当作为数据开放的重要后备支撑。政府进行数据开放要具有前瞻性思维，制定短期、中期和远期目标，明确各个阶段数据开放的任务，作好详尽可操作的战略规划，短期从开放政府部门和公共企事业单位的数据出发，逐步扩大数据开放主体，鼓励社会团体、民间组织以及研究机构加入。

2. 完善数据开放政策法规体系

多层次多领域法律制度互相呼应、相互贯通，为数据开放工作提供政策法规保障。应当加强《个人信息保护法》《数据安全法》在数据开放领域的应用，制定具体的数据保护标准及数据质量标准，完善数据开放清单。对数据开放涉及的个人隐私、国家机密及知识产权问题进行审查评估，并确定隐私与机密数据的具体保护措施。

3. 构建完备的内部管理体系，设置首席信息官

在政策实施上，借鉴德日两国的经验，建议设立开放政府数据委员会或者专门工作小组，引入多方主体参与，除数据开放领域的政府官员、专家学者、企事业单位、高校和科研机构外，将具有代表性的数据利用企业也纳入其中，致力于产官学联合，对各部委的数据开放工作进行指导和监督。同时设立政府首席信息官(Chief Information Officer，CIO)，负责数据采集、处理、发布、监管等多个层面的相关事宜，与各部委 CIO 进行交流和协调。

4. 完善数据开放共享统一平台和标准化数据格式

各国普遍采取了建设政府数据开放统一门户网站的做法，为数据开放提供有效载体。建议逐步完善数据开放平台，通过多样应用格式、多种录入检索方式、多类信息条目等手段提高管理效率，同时提供标准化的数据格式，方便各个平台之间的数据对接。建立数据开放成效评估标准，定期出台数据开放评估报告，对各部门数据开放工作进行评级定标。在统一共享平台以外，鼓励各部委在其管理范围内设立专门领域的数据开放平台，引导民间团体设立特色数据开放网站。

5. 加强高新技术的应用与基础设施的完善

技术创新是动力，科技发展战略的实施能为数据开放提供高新技术的应用基础。应当跟踪最新的数据技术的发展，将其应用于数据开放平台，尽量使每项工作都能做到采用高新技术，使得平台数据开放高效益、高质量。全程跟踪并严格把关，随查随改、不断创新（尤其是在数据标准的更新上），以提高数据开放的使用率，同时与其他专业格式、国家标准兼容。

此外，许多研究领域都需要特定的基础设施来收集、存储、处理和分析研究数据。在设置服务或者研究数据基础设施时，建议推广 FAIR 原则的应用，FAIR 原则要求研究数据和元数据满足可查找、可访问、可操作性和可重用的可持续方式，同时要求与政府关于公开数据发布的指导方针兼容。

6. 针对性建立共享与反馈机制，加强多元主体参与

德日两国都注重数据需求调查和反馈，建立合作共享机制，以促进数据的获取和融合。企业、非营利组织、公众都是开放政府数据的既得利益者，也是推动政府数据开放利用的重要主体。政府应当设立数据开放专门咨询窗口，同时为数据需求的调查和意见的收集提供线上途径，加强数据共享的宣传和反馈机制的建立。定期开展数据开放圆桌会议，邀请利益相关企业和民间团体代表参与，使政府与社会之间就数据开放的交流强化并持久化。设置数据开放意见调查问卷，引导公众参与数据采集、发布、存储等全过程的改进和完善。

7. 树立问题导向意识，采取多种方式促进数据利用

数据开放应当首先以社会需求、解决问题为导向，将与民生领域紧密相关、公众迫切需要、利用价值高、战略意义重大的如交通、环境、农业、经济等领域的政府数据优先向社会开放，并探索建立政府数据为民生服务的长效机制。同时也应当有的放矢地加强对大数据产业的扶持力度，鼓励社会公众对政府数据进

行商业开发，开展各种数据利用竞赛、研讨会等活动，促进数据开放的利用。同样要注重对数据开放的利用成果进行分析，对于数据利用的良好案例，可以收集、筛选，并在数据开放平台上予以公布，发挥典型案例的示范效应。

8. 建立数据开放文化，提高数据能力

数据开放是兼具政策法规、技术创新和文化培育功能的系统工程，建议制定数据开放的相关管理规范，建立数据管理及发布的具体作业流程，积极营造政府内部数据开放的组织文化，以开放接纳的态度面对社会公众的数据需求。同时要注重培养社会的数据开放意识，开展专项数据共享宣传活动，增强数据开放的民意基础。数据能力也是数据开放过程中重要的一环，从政府内部定期培训数据能力开始，与大数据企业合作，将范围逐步扩大到各种目标群体和应用场景，开展针对其的数据技能培训。

完善行业生态，加快上海技术转移中介服务业发展

| 鲍悦华

技术转移中介服务机构是技术转移活动的枢纽，它连接着企业、高校、科研机构与政府等主体，贯穿科技成果与技术需求产生、技术培育、知识产品保护、技术营销与交易、产业化等技术转移的各个环节，构成了技术转移中介服务业这一高度专业化的新型创新服务业态。随着上海建设具有全球影响力的科技创新中心进入内涵建设关键阶段，如何进一步加快上海技术转移中介服务业发展，发掘更多优质科技成果在上海落地转化，催生高质量发展新动能，成为一个至关重要的问题。

一、上海技术转移中介服务业发展现状与特点

1. 国家高度重视技术转移中介服务业发展

近年来，随着我国技术转移通道建设日趋通畅和完善，国家和上海市对于技术转移活动的政策支持重点已经由科技体制改革逐步转向技术转移服务能力建设。国家和上海市先后出台了一系列支持技术转移中介服务机构发展的重要政策文件（表 1），并为技术转移中介服务机构专业化、市场化发展创造了各种有利条件，不仅促进了行业的快速发展，还极大优化了行业生态。

表 1　国家和上海市支持技术转移中介服务机构发展的主要政策文件

层面	名称	时间	主要内容
国家	《中华人民共和国促进科技成果转化法》	2015 年	国家培育和发展技术市场，鼓励创办科技中介服务机构，为技术交易提供交易场所、信息平台以及信息检索、加工与分析、评估、经纪等服务
	《国家技术转移体系建设方案》	2017 年	从建设统一开放的技术市场、发展技术转移机构、壮大专业化技术转移人才队伍角度提出国家层面的技术转移服务体系部署

（续表）

层面	名称	时间	主要内容
国家	《中华人民共和国科学技术进步法（2021年修订）》	2022 年	国家培育和发展统一开放、互联互通、竞争有序的技术市场，鼓励创办从事技术评估、技术经纪和创新创业服务等活动的中介服务机构，引导建立社会化、专业化、网络化、信息化和智能化的技术交易服务体系和创新创业服务体系，推动科技成果的应用和推广
上海	《关于加快建设具有全球影响力的科技创新中心的意见》	2015 年	促进科技中介服务集群化发展。重点支持和大力发展研究开发、技术转移、检验检测认证、创业孵化、知识产权、科技咨询、科技金融等专业科技服务和综合科技服务，培育一批知名科技服务机构和骨干企业，形成若干个科技服务产业集群
	《关于进一步深化科技体制机制改革增强科技创新中心策源能力的意见》	2019 年	加强高校、科研院所技术转移专业服务机构建设；大力发展科技创新服务业。加快技术转移服务机构组织化、专业化、市场化发展，培养职业技术经理人。鼓励和支持高校、科研院所委托第三方服务机构开展技术转移服务。大力发展技术市场，发挥国家技术转移东部中心的平台功能，整合集聚技术资源，完善技术交易制度，将上海技术交易所打造成为枢纽型技术交易市场和国际技术转移网络的关键节点
	《上海市推进科技创新中心建设条例》	2020 年	市、区人民政府应当积极培育科技服务机构，通过科技创新券等方式引导科技服务机构为各类创新主体服务。鼓励各类科技服务机构创新服务模式，延伸服务链，为科技创新和产业发展提供研究开发、技术转移、检验检测、认证认可、知识产权、科技咨询等专业化服务
	《上海市促进科技成果转移转化行动方案（2021—2023）》	2021 年	大力发展专业化技术转移机构，扩大服务市场。深化技术转移服务体系建设，建立技术转移机构库，支持其开展技术搜索、科技评价、概念验证、技术投融资等专业服务，以及产业技术领域的技术转移服务和跨境技术转移服务，鼓励众创空间、投资机构、知识产权服务机构拓展技术转移功能。培育市级技术转移示范机构，健全绩效导向的评估机制，择优给予后补助；绩效评估结果符合相关规定的，纳入市级技术转移示范机构备案，优先推荐申报国家技术转移示范机构，并可享受有关的人才政策等支持

2. 技术转移中介服务业发展现状

经过多年支持与培育，上海技术转移中介服务业日趋成熟。根据《2020 上海科技成果转化白皮书》统计，2017—2019 年，上海市场化技术转移机构数量、从业人员数量、年收入等关键指标都实现了快速增长，行业正快速形成规模，如表 2 所示。

表 2　2017—2019 年上海市市场化技术转移服务机构规模统计

统计指标	2017 年	2018 年	2019 年	2019 年同比增长
机构数量	80	117	138	17.9%
总人数	1 593	2 918	5 404	85.2%
专门从事技术转移人员数量	817	1 135	1 594	40.4%
技术转移人才引进数量	120	189	264	39.7%
本科及以上学历人员数量	793	2 033	3 750	84.5%
其中博士研究生数量	124	197	235	19.3%
年收入(亿元)	6.18	14.82	32.30	117.9%
其中技术性收入(亿元)	1.61	6.97	8.78	26.0%
技术性收入占比	26.0%	47.0%	22.5%	−51.3%

数据来源：《2020 上海科技成果转化白皮书》。

在行业规模快速增长的同时，上海技术转移中介服务业的服务成效也在同步提升。据统计，2019 年共有 94 家市场化服务机构参与促成各类技术转移项目 2 790 项，同比增长 50.7%；促成技术转移项目的总金额 44.37 亿元，同比增长 83.8%。其中，促成国际技术转移项目金额大幅提高，同比增长 190.3%(图 1)。

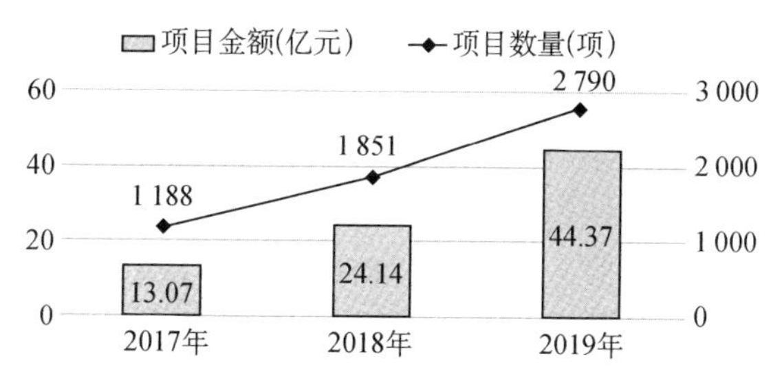

图 1　2017—2019 年上海市市场化技术转移机构促成技术转移项目统计

数据来源：《2020 上海科技成果转化白皮书》。

3. 技术转移中介服务业发展特点

第一，服务内容多样化。技术转移中介服务业属于科技服务业。2014 年《国务院关于加快科技服务业发展的若干意见》提出重点发展研究开发、技术转移、检验检测认证、创业孵化、知识产权、科技咨询、科技金融、科学技术普及八大专业科技服务和综合科技服务门类。从上海技术转移中介服务机构的运行现状来看，许多技术转移中介服务机构提供的服务范围已经与国家重点发展的科技服务业的其他八大门类深度融合，提供技术转移全过程所需，从知识产权、科技法律到科技教育、科技金融等各类专业服务。在从业人员方面，以居间、行纪和交易代理等为主要业务的技术经纪人也正在向更为全能的"技术经理人"角色转变。这一方面是因为技术转移活动周期长、市场小，单纯依靠中介服务佣金很难维持服务机构的基本生存，迫使服务机构开发出新的"谋生技能"，并以此增加服务黏性，提升服务价值；另一方面是因为许多原本从事知识产权等其他科技服务的服务机构乘着政策东风，拓展技术转移服务功能，进入了这一行业领域。

第二，机构类型多元化。根据技术转移中介服务机构的核心业务模式，可以大致将其划分为高校和科研机构内设服务机构、专业型中介服务机构和平台型中介服务机构三个大类。高校和科研机构内设服务机构通常对本单位科技成果、科研团队、政策等非常了解，有的服务人员就是本单位科研人员，专注于为本单位吸引外部合作资源，推进本单位科技成果对外转移转化。在国家政策引导和要求下，许多高校和科研机构都成立了专职技术转移服务机构，建设技术转移基地。专业型技术转移中介服务机构主要聚焦于某些细分行业，或者专注于特定业务环节，在这些细分行业或业务环节具有很强的专业服务能力，较典型的如宇墨（环保）、容智（知识产权）等。平台型技术转移中介服务机构主要通过搭建技术转移各创新主体和各类创新要素汇交融合的虚拟或实体枢纽，在平台上直接或间接提供各类中介服务，实现技术转移，其又可以分为官办（东部中心）和民办（迈科技）两个类型。

第三，服务分布多极化。无论是哪种类型的技术转移中介服务机构，都非常强调建立多极化网络服务体系，在全国乃至全球范围内拓展自身业务。高校和科研机构内设的技术转移服务机构通过在地方设立技术转移分中心、产业技术研究院等平台，参与地方创新生态系统建设；专业型和平台型中介服务机构同样注重线上线下联动，在各地拓展自身服务网络，提高服务的扩散性和渗透性。宇墨在丹麦、德国、加拿大、新加坡设有 4 个海外分部；沪亚生物国际在中国 8 个主要城市及日本东京、韩国首尔等地建立起了服务联络网络。国家技术转移东部中心布局长三角，积极带动长三角区域技术转移要素流动。

二、上海市技术转移服务行业发展：产业生态系统视角

产业生态系统概念源于自然科学中的生态学。Suan 等认为，用生态学的眼光看待企业，企业就会被赋予生命体的特征，涌现出共生、均衡、成长、竞争、自组织、自适应和进化等现象。Frosch 和 Gallopoulos 最早将生态系统这一概念运用于经济学领域，将经济视为一种类似于自然生态系统的循环体系，包含相互依赖的生产者、消费者和规制机构，它们相互之间、与环境之间进行物质、能量和信息的交换。Moore 用生态学的观点看待现代企业之间的竞争问题，提出了商业生态系统的概念，认为商业生态系统是由相互影响的组织和个人所组成的经济联合体，可以被认为是商业世界的生物体。Tian 等认为商业生态系统模型包含以下 7 个要素：资源、活动、决策、标准、角色、商业实体和商业模式。近年来，产业生态系统理论在互联网、移动通信、生物医药等领域被广泛采用，用于分析企业创新与新兴行业形成与演化的过程。运用产业生态系统相关理论，绘制技术转移中介服务机构所在的技术转移行业生态系统，如图 2 所示。

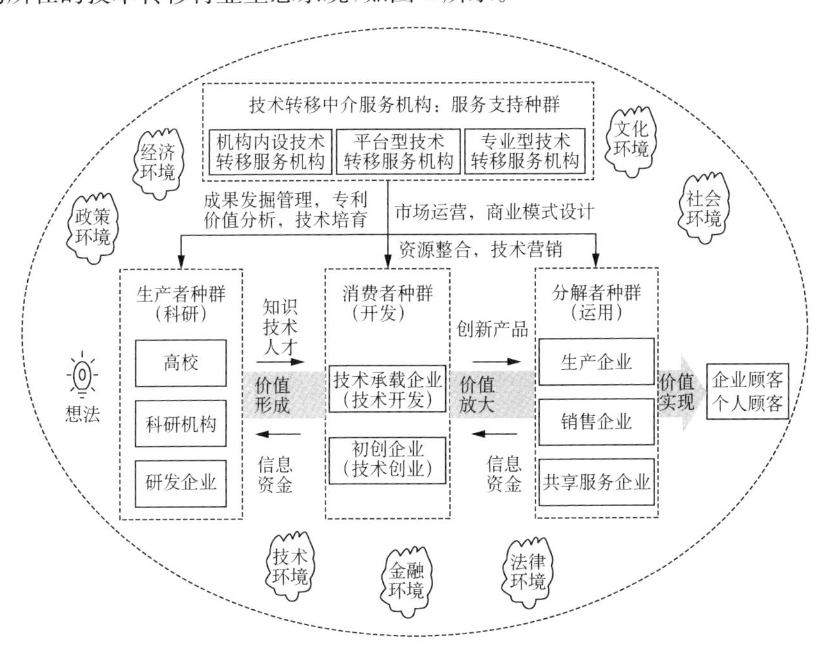

图 2　技术转移中介服务机构与行业生态系统

从图 2 中可以看到，在技术转移行业生态系统内部，存在着生产者、消费者、分解者、服务支持等不同的种群，政策、社会、经济、文化、金融、技术、法律等外部环境犹如阳光和雨露，会对整个技术转移行业生态带来巨大影响。技术转移中介服务机构属于重要的服务支持种群，它们为技术转移生态内的生产者、消费者和分解者种群提供不可或缺的专业服务。

在科技成果价值形成阶段，技术转移中介服务机构为高校、科研机构等生产者种群提供科技成果发掘、专利分析预警、专利质量管理与价值培育等专业服务，对科技成果进行发掘和价值识别，完成技术转移活动前期策划并设计出技术向产品转化的路线图；在科技成果价值放大阶段，技术转移中介服务机构面向企业开展技术营销和撮合，或支持科研人员直接创业，整合和提供各类资源，协调科技成果产业化全过程，直至企业掌握批量生产工艺，完成产品原型，促进科技成果成熟度不断提升，成功跨越“死亡谷”；在科技成果价值实现阶段，技术转移中介服务机构协助企业设计商业模式，结合技术特点和市场研判，对最终产品进行定型和设计优化，不断提高交付体验，助力初创产品或服务渡过“达尔文海”，成功实现商业化。技术转移中介服务机构在科技成果价值形成、放大和实现这三个过程中提供的服务都是目前技术转移全过程中的“痛点”所在，也是技术转移中介服务机构形成竞争优势和服务黏性，获得价值回报的关键点。

三、加快技术转移中介服务机构发展的建议

从产业生态系统视角来看，除了锻炼技术转移中介服务机构内功，不断提升专业化服务能力外，可以通过以下四方面举措加快技术转移中介服务机构发展，营造出更为良好的技术转移行业大生态。

第一，加强技术转移专业人才队伍建设。加快技术转移人才培养已经成为各界共识。2020 年 3 月，科技部火炬中心印发《国家技术转移专业人员能力等级培训大纲》（试行），建立起技术转移从业人员能力等级培养体系。2020 年 8 月，上海市人民政府印发《关于新时代上海实施人才引领发展战略的若干意见》，提出“建立技术转移人才开发目录，加快壮大技术转移队伍和专业机构”。国家技术转移东部中心也正在持续推动国家技术转移人才培养基地建设，如依托同济大学经济与管理学院招录技术转移方向专业硕士，试点特色化培训课程。除了加快人才培养、增加供给外，考虑到技术经理人对于专业技术、政策法律、商业营销、知识产权等多方面知识技能和实战经验等的高要求，以及这样的复合型

人才在成才后流入其他行业的可能性，目前可以通过以下途径夯实技术转移专业人才队伍：一是团队作战，构建由知识技能互补人才组成的专业服务团队；二是就地取材，遴选具有社会服务热情的科研人员加以培养，快速充实技术转移专业人才队伍；三是引进人才，充分利用上海技术转移人才引进政策，引进高端人才，快速发挥其专业优势。

第二，加快消费者种群发展。生产者和消费者种群分别对应技术转移活动的供需双方，它们是技术转移行业生态的核心物种，直接决定了技术转移行业的规模。整个行业只有产生了足够的流量，才能够有效带动技术转移中介服务机构及其从业人员发展。在生产者种群方面，目前我国已经在技术转移收益分配、递延纳税等方面建立起了全球最佳的政策激励体系，在“三权下放”权属改革完成后，又开始试点开展“赋权”改革，并将科技成果转化成效作为高校学科评估的重要指标，政策力度可谓空前。但在消费者种群方面，整体而言，我国企业仍未完全成为创新主体，企业研发投入，尤其是基础研发投入长期不足。根据经济合作与发展组织（Organization for Economic Co-operation and Development，OECD）统计，2019 年中国企业基础研究投入占企业研发投入的比重仅为 0.30%，远远低于德国（6.23%）、美国（6.59%）、日本（7.55%）、英国（8.82%）、韩国（10.64%）等科技发达国家。企业缺乏必要的基础研究积累，导致其对相关技术最新发展缺乏了解，难以提出具有针对性的技术需求，只能希望高校和科研机构通过“交钥匙”的方式提供成熟技术方案，并没有足够能力接住高校和科研机构抛出的“绣球”。对于上海而言，据《上海统计年鉴 2020》，上海市规上工业企业在 2019 年研发支出 590.65 亿元，以试验发展支出为主，基础研究支出和应用研究支出占比仅为 0.063%和 0.9%。国企和外企在上海经济发展中一直扮演着重要角色，据统计，2020 年上海地方国有企业经济增加值占 GDP 比重达到了 30.3%，地方国企和在沪央企经济增加值占 GDP 比重达到了 45.2%。因此，在培育创新新动能的同时，激发和引导上海的地方国企和在沪央企增加研发投入，尤其是基础研发投入，勇于接纳更多来自高校和科研机构的原创技术，成为优化整个技术转移行业生态的关键所在。

第三，加强服务，支持种群内部交融互通。技术转移中介服务机构虽然被分成内设型、专业型和平台型三种不同类型，但这种分类方式并非绝对的。随着中介服务机构不断发展和种群不断演化，这三种类型的中介服务机构都在向专业化、网络化和平台化的大方向发展。此外，不同类型中介服务机构在自身特质、核心资源和服务特色方面各有千秋，内设型服务机构贴近创新策源地、专业型服务机构擅长在特定专业领域和环节发挥优势、平台型机构拥有巨大的辐射能力和资源汇聚能力，它们彼此间不像其他行业的企业那样进行着你输我赢的竞争。面对漫长的技术转移服务周期、众多的专业服务环节，深化三类中介服务机构之间的交融互通，能够有效弥补它们各自的短板，放大各自的优势，提升服务能级，做大蛋糕、共担风险。

第四，营造良好的外部生态环境。在营造良好的外部生态环境方面，除了要持续营造良好的政策和知识产权保护环境外，还要重视技术转移服务资源信息开放共享，加快建立和完善具有公信力的技术转移中介服务标准体系。在技术转移服务资源信息开放共享方面，应尽快在技术转移公共信息服务平台上主动披露和及时更新由公共财政支持形成的科技成果、行业专家、中介服务机构等方面的信息，并做好数据分级分类管理工作；在技术转移中介服务标准体系建设方面，应在《国家技术转移服务规范》等现有标准体系的基础上，围绕技术转移各个环节，加快建立和完善具有公信力的中介服务标准体系，并逐步推广使用，形成技术转移中介服务机构和各主体间标准统一的“话语体系”和“行为体系”。

参考文献

[1] SUAN, TAN SEN. Enterprise ecology [J]. Singapore Management Review, 1996, 8(2): 51-63.

[2] FROSCH ROBERT, GALLOPOULOS, NICHOLAS E. Strategies for manufacturing [J]. Scientific American, 1989, (3): 144-152.

[3] MOORE J F. The death of competition: leadership and strategy in the age of business ecosystems [M]. New York: Harper Business, 1996.

[4] TIAN C, RAY B K, LEE J, et al. BEAM: a framework for business ecosystem analysis and modeling [J]. IBM Systems Journal, 2008, 47(1): 101-114.

上海高校科技人才发展现状、问题及对策

| 常旭华

2021年9月，习近平总书记在中央人才工作会议上强调，“深入实施新时代人才强国战略，全方位培养、引进、用好人才，加快建设世界重要人才中心和创新高地”。对上海而言，人才更是核心资源、战略资源，是支撑上海建设具有全球影响力科技创新中心的核心要素。本文基于“链科创”数据库数据支持，分析了上海高校科技人才现状，提出上海应以高校院所等为核心组织载体，加强师资队伍建设和学生培养，打造最优科技人才生态，助力科技人才逐梦、圆梦。

一、上海高等院校的人才现状

1. 上海高校已成为科技人才聚集地和海外人才枢纽

在我国，上海在高层次人才集聚方面仅次于北京。上海是全国高等教育重镇，拥有普通高校64所，其中，14所高校、57个学科入选国家“双一流”建设。截至2020年，上海高校科研人员总数为70 359人（其中高级职称人员23 400人），其中人事关系在沪的两院院士有179人，杰出青年基金获得者551人（1997—2020年）。

上海高校已成为上海吸纳海外科技人才回流的关键枢纽。以上海交通大学、复旦大学、同济大学、华东理工大学、东华大学五校（以下简称“上海五校”）为例，截至2020年，这五所高校在编在岗教师9 994人，其中拥有海外经历的科研人员为3 828人，占比38.30%。这批科研人员中，拥有留美经历的有1 429人（占比37.33%），其次是拥有留日经历（419人）、留英经历（383人）、留德经历（332人）、留澳经历（135人）、留法经历（105人）等的人员。

2. 上海高校的学科与人才布局符合产业发展需要

从学科点布局与师资配备看，上海五校共有79个一级学科招收博士/硕士研究生，研究生导师总数为30 723人，其中22个学科的导师人数突破500人（表1）。对照上海三大先导产业，基础医学、化学、生物医学工程、药学学科的硕

士/博士生导师人数突破 1 000 人,有力支撑了上海在生物医药产业的人才培养需求。但与此同时,上海在集成电路、人工智能领域的师资配备整体规模仍偏小,有待进一步扩张。上海在数学、物理学、生物学等基础研究领域的师资储备相对充足,可以为下一步建设基础研究特区、培养基础研究领域的人才提供有效支撑。

表 1 上海各学科硕士/博士生导师人数(截至 2020 年)

学科	硕士/博士生导师人数	学科	硕士/博士生导师人数
基础医学	1 643	管理科学与工程	828
化学	1 287	生物学	817
生物医学工程	1 263	物理学	799
药学	1 082	设计学	718
材料科学与工程	981	公共管理	691
机械工程	973	临床医学	688
应用经济学	956	外国语言文学	674
动力工程及工程热物理	911	土木工程	605
工商管理	868	信息与通信工程	600
公共卫生与预防医学	843	数学	564
化学工程与技术	831	计算机科学与技术	507

3. 上海高校创新创业生态初步建成

上海的高质量发展不仅取决于科研人员规模,更取决于科研人员真正的角色定位。上海五校中,纯粹的科研型人员占比约为 50%(科研业绩以论文为主,有少量或没有专利申请),纯粹的创业型科研人员占比约为 2.25%,其余科研人员具有科研和创业双元角色。得益于上海良好的创新创业生态,科研人员能够根据自身发展规划自由转换角色,从事"创新+创业"活动,并由此推动了以"环同济""零号湾"等为代表的上海环高校知识经济圈迅速发展。据统计,创业型科研人员普遍工作 7 年后开始在岗创业。

上海高校的创新与创业良性互动。除以基础研究为代表的自然科学基金数量降低外,高校创业型科研人员的创新产出没有明显降低,部分学科的论文产出速度甚至有所加快。

二、上海高等院校人才使用和培养中存在的问题

1. 战略科学家引进、储备、培养数量偏少

首先，上海高校在国际一流水平学术研究中心、一流学术期刊、一流学术会议主办等方面的优势不突出，对海外战略科学家回国发展的吸引力不如北京高校；其次，上海在战略科学家、顶尖科研人员的储备与培养方面存在双向不足，尤其在极地与海洋科学、人工智能、生物、地学等重点领域人才流失严重，学术梯队存在代际断档隐患；最后，近年来，上海在标志性领军人才引进、原创性理论成果发布等方面没有取得重大突破。

2. 基础研究实力不强，人才培养规模不足

上海高校基础研究相关学科"全而不强"。根据 2021 年 QS 世界大学学科排名显示，上海高校的数学、物理、化学、天文、地理、生物等基础学科均未进入全球前 20 名。从学生培养层次看，根据中国知网的硕博学位论文统计，以偏重基础研究的理学门类为例，根据截至 2022 年 8 月公开的数据，上海五校的博士毕业生数量学科排名为化学(1 706 人)、生物学(1 446 人)、物理学(549 人)、生态学(421 人)、数学(368 人)；更为基础的天文、地理类理学学科博士生毕业数量则与之存在量级差距，如天文学(201 人)、大气科学(39 人)、海洋科学(23 人)、地球物理学(7 人)等。硕士毕业生数量尽管体量上有所扩大，但其呈现的规律与博士毕业生数量基本接近。

3. 科研人员薪酬结构不合理，难以坐稳"冷板凳"

上海高校科研人员薪酬结构问题包括：一是硕士毕业生和博士毕业生薪酬总额严重倒挂，同专业的硕士毕业生的起薪是博士毕业生的 1.5 倍以上，且硕士毕业生薪酬有更大看涨空间，这导致上海高校难以吸引最优秀的人才攻读博士学位，从事理论研究工作；二是薪酬结构中基础性工资收入占比过低，以论文、项目为主的奖励性薪酬成为科研人员主要收入来源，这导致大多数科研人员倾向于从事"短平快"的应用研究，难坐稳长周期的基础研究的"冷板凳"。由于科研人员实际薪酬与自身期望薪酬、房价物价存在巨大落差，上海高校一是难以留住具有较强潜力的青年科研人员，二是难以通过"旋转门"吸引企业界科研人员进入高校系统，三是迫使科研人员不得不"跑项目"，甚至从事对科研工作无益的商业活动。

三、对策建议

1. 围绕“大科学”，加强战略科学家培养与储备

上海应发挥科学家在科技宏观决策中的作用，面向海内外顶尖科学家群体招聘“市长科技战略顾问”，从中遴选和培育优秀的战略科学家。根据国家和上海“十四五”规划中的国际大科学计划和大科学工程发展思路，提前 5～10 年面向关系国家根本和全局的领域实施“战略科学家引进计划”，每年引进 10 名战略科学家。同时，上海应建好新型研发机构，发挥现有重大科技基础设施、国家实验室优势，以先进设施、充足经费吸引华裔战略科学家回流和外籍科学家加盟。最后，上海应扩大对外国籍科技人才的“中国绿卡”的签发规模，提高签发速度。

2. 围绕基础研究特区，提升人才培养质量与规模

上海应围绕基础研究特区，加大对基础学科的投入力度，改革基础学科考核评价体系，提升在沪高校基础学科综合实力，争取到 2035 年数学、物理、化学、天文、地理、生物等基础学科全部进入全球前 20 名。扩大基础学科招生改革试点覆盖面，调整“强基计划”招生专业，优化基础学科的本科生培养体系。聚集大科学计划，以真正的科学问题为导向，开展个性化、高质量、议题驱动式的研究生教育。

3. 围绕重点产业发展，加强产业人才培养力度

上海的人才培养要坚持面向国家战略需求、面向重点产业发展。首先，应围绕集成电路、生物医药、人工智能三大先导产业和六大重点产业集群，持续扩大高校师资规模，向高峰高原学科发展、博士/硕士名额分配、科研资源配置等方面重点倾斜；其次，上海应面向未来产业前瞻性布局人才培养工程，通过“大科学”拉动科研仪器设备、航空航天装备、深海海工装备、高端医疗器械等产业发展，逐步发展形成良性循环的“大科学”经济；最后，上海应围绕长三角一体化产业布局，为整个长三角产业发展输送高质量科研人员。

4. 围绕创新生态优化，加强人才制度框架建设

上海应从优化人才生态视角出发，一是针对战略科学家充分授权，使其自主决策科研方向、选人用人、经费分配等；二是针对普通科研人员提高待遇，调整基础性工资待遇与项目科研收入结构比例，大幅提高基础性工资，解决博士毕业生与硕士毕业生收入严重倒挂现象，吸引最优秀的博士研究生从事研究工作；三是

推动学科评估与人才评价配套改革，消除当前"破而不立"对科研人员研究工作的干扰，实现"破得彻底，立得科学"；四是建立高校科研人员的"创新＋创业"完整制度框架，重点消除因早期制度不完善形成的创业风险。

上海市公共数据开放的分类实践*

| 夏学涛　马军杰

根据《上海市公共数据开放分级分类指南(试行)》,公共数据开放分级是指在公共数据开放过程中,根据公共数据安全要求、个人信息保护要求和应用要求等因素,将公共数据分为不同级别的管理方式。公共数据开放分类是指在公共数据开放过程中,将公共数据分为无条件开放、有条件开放、非开放三种类别。公共数据的开放级别按照公共数据描述的对象,从三个维度分别展开:个人、组织、客体。个人指自然人;组织指本市政府部门、企事业单位以及其他法人、非法人组织和团体;客体指本市非个人或组织的客观实体,如道路、建筑等。

一、上海市公共数据开放的主要部门与领域

上海市公共数据平台将公共数据的领域划分为13个大类,35个市政府部门是这些公共数据的数据提供者(图1)。根据统计可知,着力于经济建设的政府部门是市发展和改革委员会、市经济和信息化委员会、市商务委员会、市财政局、市审计局、市地方金融监督管理局、市国有资产监督管理委员会、市统计局、市税务局、市人民政府合作交流办公室和市人民政府办公厅;着力于城市建设的政府部门是市规划和自然资源局、市住房和城乡建设管理委员会及市绿化和市容管理局;着力于民生服务的政府部门是市民族和宗教事务局、市民政局、市司法局和市农业农村委员会;着力于资源环境的政府部门是市生态环境局和市水务局(市海洋局);着力于公共安全的政府部门是市公安局、市应急管理局和市民防办公室;着力于卫生健康的政府部门是市卫生健康委员会和市医疗保障局;着力于教育科技的政府部门是市教育委员会和市科学技术委员会;着力于文化休

* 本文为上海市人民政府决策咨询研究项目"公共数据资源市场化配置法律制度研究"(项目编号:2021-Z-B06)的阶段性研究成果。

闲的政府部门是市文化和旅游局、市体育局和市机关事务管理局；着力于道路交通的政府部门是市交通委员会；着力于社会发展的政府部门是市人力资源和社会保障局；机构团体一般为相关领域的注册单位与人员名单，很多政府部门均有所涉及。横向来看，市市场监督管理局作为监管市场经济最主要的部门，市人民政府信访办公室作为与群众联系最密切的部门，提供的公共数据的涵盖面较广，涉及的数据领域较多。

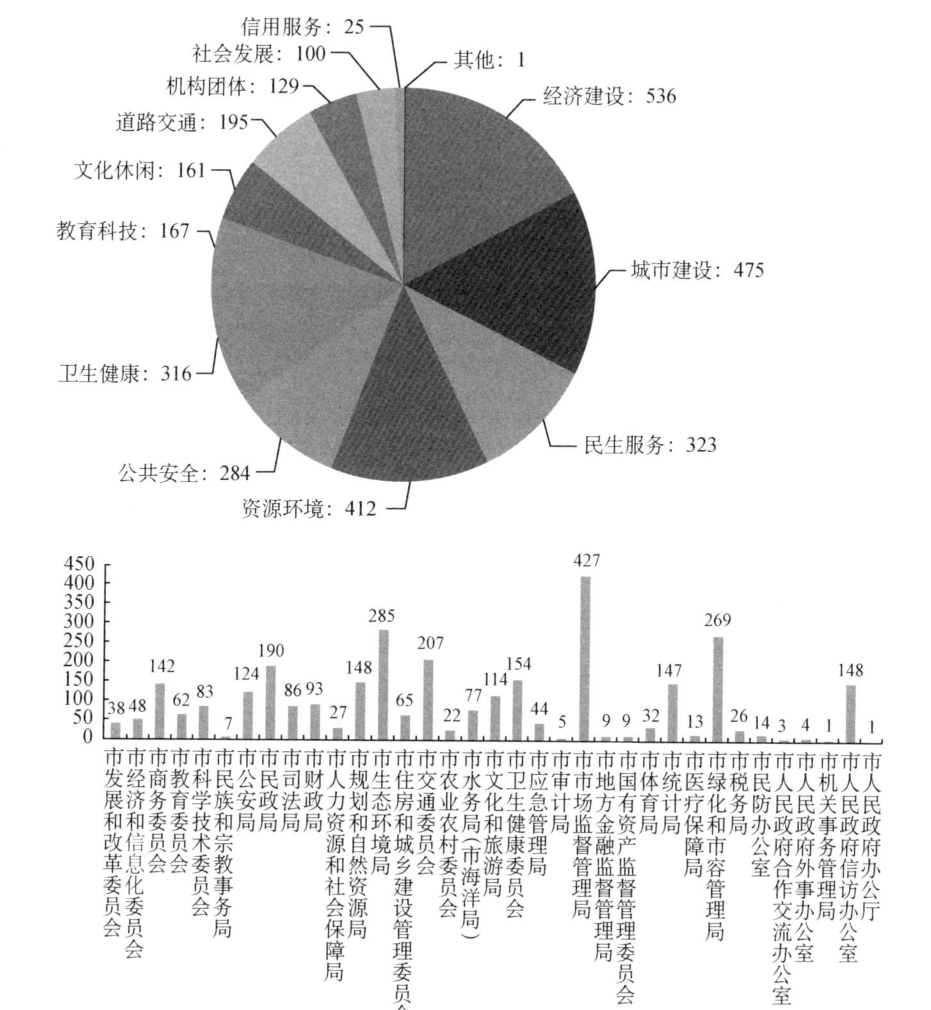

图1 上海市公共数据的部门与领域分布

二、公共数据的部门敏感性与各业务板块的数据开放分类

1. 数据的部门敏感性定义方式

数据的部门敏感性，可按如下方式定义：①低敏感性，即有条件开放数据占比在 0%～33%；②中敏感性，即敏感性数据在 33%～67%；③高敏感性，即敏感性数据在 67%～100%。上海市公共数据的部门敏感性如表 1 所示。

表 1　部门敏感性

敏感性	部门
低	市经济和信息化委员会、市审计局、市地方金融监督管理局、市国有资产监督管理委员会、市统计局、市人民政府外事办公室（无敏感性数据部门）、市发展和改革委员会、市商务委员会、市教育委员会、市民族和宗教事务局、市财政局、市人力资源和社会保障局、市生态环境局、市住房和城乡建设管理委员会、市水务局（市海洋局）、市文化和旅游局、市卫生健康委员会、市体育局、市民防办公室
中	市科学技术委员会、市公安局、市司法局、市规划和自然资源局、市交通委员会、市市场监督管理局、市医疗保障局、市绿化和市容管理局
高	市人民政府合作交流办公室、市机关事务管理局、市人民政府信访办公室、市人民政府办公厅（全敏感性数据部门）、市民政局、市农业农村委员会、市应急管理局、市税务局

其中数量小于 5 的数据量过小，具有一定的偶然性，故不对其进行分析，主要包括：①市民政局的民生服务数据；②市司法局的机构团体数据；③市生态环境局的公共安全数据；④市交通委员会的城市建设数据；⑤市交通委员会的公共安全数据；⑥市农业农村委员会的民生服务数据；⑦市应急管理局的公共安全数据；⑧市市场监督管理局的民生服务数据；⑨市市场监督管理局的公共安全数据；⑩市绿化和市容管理局的资源环境数据；⑪市税务局的经济建设数据；⑫市人民政府信访办公室的资源环境数据；⑬市人民政府信访办公室的公共安全数据；⑭市人民政府信访办公室的卫生健康数据；⑮市人民政府信访办公室的教育科技数据；⑯市人民政府信访办公室的文化休闲数据；⑰市人民政府信访办公室的社会发展数据。

2. 17 个重点业务板块的数据类型

通过对前述 17 个分属不同政府部门的不同领域数据的数据产品和接口进行整理归纳，得到表 2。

表 2 17 个重点业务板块的数据类型

	数据接口	数据产品	总计
① 市民政局的民生服务数据	151	4	155
② 市司法局的机构团体数据	10	0	10
③ 市生态环境局的公共安全数据	12	1	13
④ 市交通委员会的城市建设数据	32	0	32
⑤ 市交通委员会的公共安全数据	18	0	18
⑥ 市农业农村委员会的民生服务数据	18	0	18
⑦ 市应急管理局的公共安全数据	31	1	32
⑧ 市市场监督管理局的民生服务数据	8	0	8
⑨ 市市场监督管理局的公共安全数据	103	0	103
⑩ 市绿化和市容管理局的资源环境数据	5	0	5
⑪ 市税务局的经济建设数据	24	0	24
⑫ 市人民政府信访办公室的资源环境数据	52	0	52
⑬ 市人民政府信访办公室的公共安全数据	10	0	10
⑭ 市人民政府信访办公室的卫生健康数据	25	0	25
⑮ 市人民政府信访办公室的教育科技数据	21	0	21
⑯ 市人民政府信访办公室的文化休闲数据	16	0	16
⑰ 市人民政府信访办公室的社会发展数据	16	0	16

三、公共数据应用开放的主要构成

当前，上海市公共数据平台共有 54 个典型应用，其中经济建设领域 22 个（包括各大银行普惠金融应用 19 个）、民生服务领域 10 个、资源环境 2 个、公共安全 1 个、卫生健康 5 个、科技教育 4 个、道路交通 4 个、社会发展 3 个、信用服务 3 个。其中数据集的提供部门仅为 1 个部门的应用有 41 个，由多部门联合提供数据的应用为 13 个。数据集中包含有条件开放数据的应用有 42 个，数据集均为无条件开放数据的应用有 12 个。

（1）由单部门提供且数据均无条件开放的数据应用有 10 个。观察发现，这 10 个数据应用均为区级的应用，服务某个区域，并不能为上海市市级所共用。

而且,这 10 个应用提供的服务基本上为相关信息的查询,基本上就是将政府部门提供的无条件开放的数据进行汇总,提供更为便捷的查询渠道。

(2) 由多部门提供且数据均无条件开放的数据应用有 2 个。与前述 10 个应用相比,其本质工作也是将政府部门无条件开放的数据进行汇总,无非是数据来自多个部门,汇总过程较前述 10 个应用复杂些许。

(3) 当前公共数据应用最广泛的是单部门提供包含有条件开放数据的模式。这些应用主要集中于一个领域,所需的数据完全可以通过该领域的相关部门获取,这部分应用的切口是比较小的。这带来的一个问题就是这些应用的面向对象范围同时是比较狭窄的,如水质检测仅由市生态环境局提供相关数据,这个应用的使用对象就基本上以水污染数据需求者为主。这个市场几乎是被圈定的,不管是当前的政府给企业提供数据进行应用开发,还是将来企业将二次开发产生的数据提供给政府,从范围上较难突破现有市场化应用的限制。

(4) 由多部门提供且包含有条件开放数据的数据应用有 11 个。这些应用是将不同政府部门提供的多个领域的数据进行整合,应用服务也许是面向一个群体或是目标的,但是这个群体或目标所需要的数据是多方面的,通过使用这个应用产生的数据也是多方面的。在将来数据交易模式逐渐完善的预期下,所构建的市场化应用场景与范围也是较为多元和广阔的。

上海培育“专精特新”中小企业：政策演进、经验总结与未来路向

| 敦　帅

引导和培育“专精特新”中小企业发展，是推进科技创新的重要力量，是建设制造强国的有效方式，是构筑就业保障的高能途径，是激发企业活力的关键举措，有助于提升企业产品和服务质量，提高企业在资源约束下的效率，实现经济增长新旧引擎的更替，是推动经济发展实现质量变革、效率变革、动力变革的关键所在。

从国家层面看，2021 年以来，国家加大对“专精特新”中小企业的培育和支持力度，首次将发展“专精特新”中小企业上升至国家层面，并将其与补链强链、解决“卡脖子”难题等战略相结合。2021 年 12 月 8 日，习近平总书记在中央经济工作会议上强调，要提升制造业核心竞争力，启动一批产业基础再造工程项目，激发一大批“专精特新”企业。可见，培育发展“专精特新”中小企业已成为国家把握新发展阶段，贯彻新发展理念，构建新发展格局的重要工作内容。截至 2021 年 7 月，我国工业和信息化部于 2019 年、2020 年、2021 年认定并发布了三批专精特新“小巨人”企业，共计 4 762 家。其中，在 A 股上市的有 311 家，上市企业主要集中于高端装备制造、新材料、新一代信息技术、新能源等中高端制造领域。

作为改革开放的排头兵、创新发展的先行者，上海市是国内最早探索培育“专精特新”中小企业的城市之一。截至 2002 年 5 月，上海现有市级“专精特新”企业 3 005 家，入选国家级专精特新“小巨人”企业的有 262 家，在国内各个城市中名列前茅。上海扶持培育“专精特新”中小企业十多年的探索之路为中央在全国推动这项工作提供了“上海经验”。

一、上海培育“专精特新”中小企业的政策演进

1. 初步探索期：2010—2012 年

2000 年，原国家经济贸易委员会出台的《关于鼓励和促进中小企业发展的

若干政策意见》明确提出了“鼓励中小企业向‘专、精、特、新’方向发展”，这是最早关于“专精特新”的国家政策文件。在国家政策引领下，上海市中小企业主管部门根据国家要求并结合自身特点，在2006年提出实施“中小企业百千万成长工程”，并在研究海外中小企业发展规律基础上，将其具体化为“专精特新”中小企业培育工程，目标是培育一批具有国际竞争力、在国内细分市场领域排名前三的中小企业。2010年4月3日，上海市出台《贯彻国务院关于进一步促进中小企业发展若干意见的实施意见》，在国内率先明确提出了“专精特新”企业的培育目标。文件指出，到2012年，科技“小巨人”企业达到200家左右；细分行业领先，具有“专、精、特、新”特点的成长型中小企业达到1 000家左右。2011年4月7日，上海市经济和信息化委员会、上海市商务委员会、上海市科学技术委员会等12个部门联合出台的《关于加快促进“专精特新”中小企业创新驱动、转型发展的意见》提出，到2012年，形成一批在细分行业内领先，市场前景良好，能在产品、技术、业态和经营方式上代表产业发展方向的成长型中小企业；“专精特新”中小企业达到1 000家左右，其中完成改制的企业达到200家、上市企业力争达到100家，形成年销售额1亿元以上的企业300家、5亿元以上的企业50家、10亿元以上的企业30家。

2. 稳定培育期：2013—2017年

2013年起，上海市每年开展规范性的“专精特新”中小企业遴选和发布工作。每年年中发布遴选通知，接受企业申报，经过市区两级筛选和专家评分得出入选名录，并在次年年初向全社会发布，并对入选的“专精特新”企业实施政策优惠和服务聚焦。2015年6月29日，上海市经济信息化委员会、上海市商务委员会、上海市科学技术委员会等7部门联合印发的《上海市发展“专精特新”中小企业三年行动计划(2015—2017)》提出，到2017年年底，滚动培育“专精特新”中小企业达到1 500家，其中在国内细分市场占有率第一的国内“隐形冠军”达到150家，在国际细分市场占有率前三、亚洲细分市场占有率第一的国际“隐形冠军”达到15家。2016年，上海市经济和信息化委员会针对中国工程院启动的“工业强基战略研究”重大咨询项目成立课题组，专门对本市“专精特新”中小企业培育工作开展研究。

3. 质量提升期：2018年至今

2018年11月，上海市积极响应工业和信息化部启动的国家级专精特新“小巨人”企业的培育工作(在“十四五”期间培育一万家专精特新“小巨人”企业)，上海有 262 家企业入选,占全国总量的 5.5%,数量在全国各城市中,同北京市并列第一。2021 年 1 月,上海市进一步响应配合财政部、工业和信息化部联合印发的《关于支持“专精特新”中小企业高质量发展的通知》,在首批获得中央财政安排的“100 亿元以上奖补资金支持 1 000 余家国家级专精特新‘小巨人’企业”资助的 782 家企业中,上海有 44 家,在各个城市中名列前茅。

综合以上分析可见,上海市“专精特新”中小企业的培育工作一直和中央保持步调一致,并且始终在国内处于前列。上海市历年“专精特新”中小企业培育数量在不断增加,具体如图 1 所示。

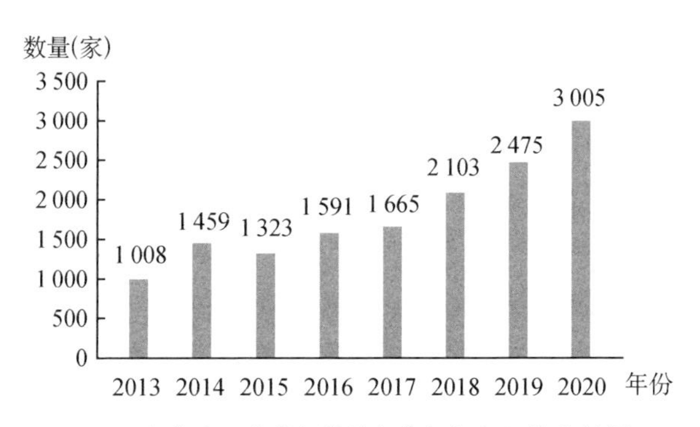

图 1　上海市历年“专精特新”中小企业培育数量

二、上海培育“专精特新”中小企业的经验总结

1. 注重对企业发展理念的引导,尽可能弱化政府背书和对市场的干预

有别于简单给钱或给牌子的传统惠企政策,上海市对“专精特新”企业的认可主要是一种发展理念的认同,企业的品牌和口碑更多由市场和消费者决定,政府尽可能减少为企业品牌背书,从而减小对市场的干预影响。

2. 培育“专精特新”企业既长期坚持又与时俱进

一方面,上海培育“专精特新”的工作自 2010 年开始至今坚持了十多年,从一开始不为中小企业所青睐到后来为越来越多人所认同,再到各类机构纷纷主动为政策赋能,政策效果逐渐显现;另一方面,上海在“专精特新”培育政策制定上坚持与时俱进,在“专精特新”申报方面,2017 年增加了“企业估值”“融资轮次”以及“融资金额”等指标以期挖掘“独角兽”和“准独角兽”企业,2020 年对在抗击新冠疫情及脱贫攻坚工作中有突出表现的企业额外加以倾斜。

3. 政策主体长期稳定，局部微调

一方面，在政策大的方向和主要指标上，多年来没有发生大的变化，确保了政策一以贯之，如政策规定申报主体必须“年营业收入超过 1 000 万元”等；另一方面，在局部内容和指标上，每年政策又会根据形势变化和企业反馈做适度微调（图 2），如 2016 年起将“专精特新”入围企业有效期由 1 年调整为 2 年等。

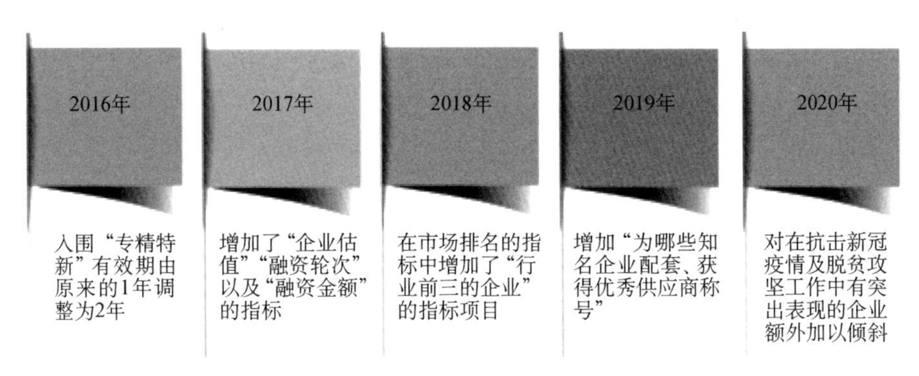

图 2　2016—2020 年上海市“专精特新”政策变动情况

三、上海培育“专精特新”中小企业的未来路向

1. 打造良好的营商生态，推动“专精特新”中小企业的更好培育

首先，进一步提升政务服务水平，提高政府部门的业务水平和服务意识，强化相关工作人员的能力素质，聚焦市场主体的关切持续推进“放管服”改革，真正对企业、群众做到“有求必应，无事不扰”。其次，进一步降低创新资源、创新要素的市场准入门槛，提高创新计划和创新活动的市场化水平，放开资金、技术、信息、土地、人才、数据等创新资源要素的行政和垄断束缚，推动其开放共享、高效流通和精准匹配。最后，进一步加强跨区域、跨层级营商环境的协同建设，建立营商环境诉求处理和分级办理协同机制，构建跨区、跨省的“互批、互准、互认”一张网，实现异地可办、“一网通办”和“最多跑一次”，进而实现全国通办。

2. 营造良好的创新生态，促进“专精特新”中小企业的更好培育

第一，建立多层次的人才培养体系，完善以企业实际需求为基准的人才引进政策，建立人才信息共享平台，优化人才管理体系，完善人才市场服务体系，创新人才激励机制，为中小企业营造良好的人才生态。第二，积极推动资本市场融资、大力拓宽间接融资渠道，搭建多层次的科技金融服务平台体系，为中小企业

营造良好的融资生态。第三,深入推进政产学研合作,全方位促进中小企业与政府、高校和科研单位间的协同发展,打造技术创新集群和完善知识创新网络,为中小企业营造良好的知识生态。第四,构建系统完备、高效实用的创新基础设施体系,加快第五代移动通信、工业互联网、智慧城市、科技企业孵化器等建设,为中小企业营造良好的服务生态。

3. 构造良好的创业生态,助力"专精特新"中小企业的更好培育

一是加大减税降费力度,全面清理科创企业的各类行政性、事业性、服务性费用,落实涉企收费清单管理制度和创新负担举报反馈机制,优化中小企业的制度环境。二是放开资金、技术、信息、土地、人才、数据等创新资源要素的行政和垄断束缚,推动其在企业间的开放共享、高效流通和精准匹配,优化中小企业的市场环境。三是加大创业载体和平台建设,开展以家庭、学校、企业、政府等多体裁为主题的创业活动,提高社会大众认识创业、了解创业、参与创业的积极性和能动性,优化中小企业的社会环境。四是大力推动网络设施建设,提供快速可靠的网络连接,推广云计算、大数据、物联网、移动互联网等现代数字化技术,优化中小企业的网络环境。

打造“上海样本”:数字化转型背景下推进人民城市精细化治理模式的变革

| 董永新　李唐振昊　任　佳

人民城市是“以人民为中心”理念在城市维度的体现。人民城市把人本价值作为推动城市发展的核心取向,作为改进城市服务和管理的重要标尺,作为检验城市各项工作成效的根本标准,贯穿城市规划、建设、管理和生产、生活、生态的各个环节、各个方面。

人民城市的建设离不开城市的精细化治理。习近平总书记在上海调研时强调,城市治理是国家治理体系和治理能力现代化的重要内容,一流城市要有一流治理,要注重在科学化、精细化、智能化上下功夫。既要善于运用现代科技手段实现智能化,又要通过绣花般的细心、耐心、巧心提高精细化水平,绣出城市的品质品牌。为深入践行习近平总书记关于人民城市建设的重要理念,打造人民城市建设的上海样本,上海市拉开了“全面推进城市数字化转型”的大幕。城市数字化转型与数字政府建设、数字治理相关。城市数字化转型是在智能城市、智慧城市发展基础上的迭代更新和渐进发展,“转型”强调城市原有形态的转变,是过程而非结果,需要技术、制度、理念和功能等方面的系统转变。如何利用数字化转型推进人民城市的精细化治理,上海通过打造“上海样本”初步形成了人民城市精细化治理的模式。

一、时代境遇的必然

在人类发展的历程中,重大新技术的诞生总会给人民生活带来质的飞跃和深远影响并开启新的时代。当下,人类正在进入一个“人机物”三元融合的万物智能互联时代。在信息技术快速更新迭代的数字化浪潮中,大数据、人工智能、区块链等数字要素的产生带来了社会劳动生产率的显著提高,同时还深刻影响着城市建设和治理的思维与行为方式。《中华人民共和国国民经济和社会发展第十四个五年规划和 2035 年远景目标纲要》中提出:“加快建设数字经济、数字社会、数字政府，以数字化转型整体驱动生产方式、生活方式和治理方式变革。”数字化转型已经成为推动经济社会发展的核心驱动力，成为推动城市治理体系和治理能力现代化的关键力量。在“人民城市”理念的推动下，上海需要着眼全局和谋划长远发展，以全面推进城市数字化转型抢占制高点，把握超大城市治理的特点和规律，着力科学化、精细化、智能化，努力走出超大城市治理现代化的新路。

二、治理转型的诉求

大数据时代，新兴技术在加速社会发展和进步的同时，伴随着城镇化效应也加剧了城市整体运行的复杂性和不确定性，这也激发了城市治理中的三个趋势：全新的公共治理和服务空间正在产生；政府与社会的关系正在变得异常复杂；深度数字化和智能化正在引发治理超载。这既给城市治理带来了极大的挑战，也给城市治理模式提出了新的要求，“城市管理要像绣花一样精细”的期望也是对城市精细化治理模式变革的呼唤。

上海市委、市政府2020年发布的《关于全面推进上海城市数字化转型的意见》（以下简称《意见》）对推进政府治理数字化转型，积极发挥信息技术和数字化能力在城市治理中的重要作用提出了要求。《意见》指出，数字化转型要在经济、生活、治理三个方面实现整体转变；通过技术全方位赋能，打造出数据融合共享的数字城市基础底座。政府要搭建平台，积极创新工作机制，快速有序地在城市治理领域进行数字化转型，引导全社会参与数字城市建设，形成共建、共治、共享的局面。全面推进城市治理数字化转型对于上海进入新发展阶段具有重大意义，作为全国首屈一指的超大型城市，上海人口总量、建筑规模庞大，只有把科技之智与规则之治、人民之力更好地结合，才能推动城市治理不断优化创新，保障高质量发展、维护高品质生活。上海城市数字化转型以完善和用好城市运行数字体征体系为重点，全面提高治理数字化水平，为城市治理实践服务，为基层一线赋能，实现高效能治理、彰显善治效能。通过及时发现城市病灶、找出病因、对症施治，将影响城市生命体健康的风险隐患发掘于酝酿之中、发现在萌芽之时、化解于成灾之前，以更好地服务城市居民在内的城市各组成细胞，更有效地赋能“共建共治共享”的社会治理新局面，更充分地展现上海的城市品质与品位。

三、“上海样本”的实践

上海市政府践行“人民城市人民建、人民城市为人民”的重要理念，围绕社会需求，开发场景应用，打造有温度、富生态的数字城市。《2021 年上海市城市数字化转型重点工作安排》提出上海构建“1＋1＋N”的数字城市基本框架，制定“1＋3＋X”政策文件，建立健全数字“规则”体系，完善数字工作顶层设计。在具体落地中也形成了相应的场景应用。

治理数字化展开探索。政务服务“一网通办”和城市运行“一网统管”形成框架，推出“一部手机走医院”便捷就医服务、“一键叫车”数字交通服务等，数字底座建设不断夯实，超大城市运行数字体征体系初步构建。城市管理精细化水平持续提升，架空线入地和合杆整治深入实施，“建筑可阅读”大力推进，“15 分钟社区生活圈”加快构建。同时，政府推动企业参与数字化转型。一方面，调动企业自身数字化转型的积极性，如鼓励商飞、宝武、江南造船、上汽、光明等企业进行数字化转型，在经济领域发挥引领带动作用；另一方面，政府与企业合作，围绕公众需求，打造便民场景应用，如上海市经济和信息化委员会、上海市交通委员会与久事集团等合作推进公共交通便民服务，上海市交通委员会与上汽集团打造“申程出行”平台。这些场景应用折射出三个共性：一是以人民为中心，从公众急难需求角度找准数字化开发场景；二是政企合作，反映了企业是数字化转型的重要参与力量；三是数据融合，致力于推动政府间、政企间、政民间的数据共享，提高政府管理和运行效率。

当前，上海人民城市建设和城市数字化转型各项工作科学有序全面推进，全面推进城市数字化转型作为上海进入新发展阶段践行人民城市重要理念的重要方法和关键路径，是上海主动服务新发展格局的重要战略。进一步明确新兴数字智能技术对城市治理带来的机遇和挑战，深化研究人民城市精细化治理模式的变革策略，加快打造人民城市建设的“上海样本”，无论是从政府治理自身变革的角度而言，还是从驱动政府治理变革的技术因素来看，都具有重大理论意义和实践意义，也有利于丰富人民城市的理论体系。

参考文献

[1] 钱学胜. 城市数字化转型 全面助力上海人民城市建设[J]. 上海信息化，2022(1)：6-13.
[2] 周渊. 智慧“大脑”探索人民城市治理新路[N]. 文汇报，2022-06-21(2).

[3] 顾丽梅,李欢欢,张扬.城市数字化转型的挑战与优化路径研究——以上海市为例[J].西安交通大学学报(社会科学版),2022,42(3):41-50.
[4] 习近平.在中国科学院第二十次院士大会、中国工程院第十五次院士大会、中国科协第十次全国代表大会上的讲话[N].人民日报,2021-05-29(2).
[5] 江文路,张小劲.以数字政府突围科层制政府——比较视野下的数字政府建设与演化图景[J].经济社会体制比较,2021(6):102-112,130.
[6] 李强.弘扬伟大建党精神践行人民城市理念加快建设具有世界影响力的社会主义现代化国际大都市[N].解放日报,2022-06-30(1).
[7] 王张华.基于人工智能的政府治理模式变革研究[D].湘潭:湘潭大学,2020.
[8] 顾丽梅,李欢欢.上海全面推进城市数字化转型的路径选择[J].科学发展,2022(2):5-14.

上海市公共数据市场化配置面临的关键问题与成因*

| 郭梦珂　马军杰

经历了近十年的发展以后，尽管上海在公共数据资源开发利用方面已有所突破，但逐步进入市场化配置深水区后，数据资源的开发利用对政府各部门在体制机制、责任意识、综合能力等方面提出了更高要求。

一、数据来源方面，公共数据供应渠道有待有序扩容

首批上海市公共数据资源开发利用主要针对普惠金融、医疗健康、智联交通、商业服务、社会系统服务5个领域，目前进行中的第二批主要针对金融服务、社会信用服务、就医服务、智联交通、智慧文旅、贸易便利化6个领域。公共数据开发利用还处于向特定行业、特定企业开放的试点阶段，缺乏更大范围的数据供应、流通渠道、应用场景等。

公共数据流通渠道较窄的主要原因在于：①缺乏优质数据供应方及数据服务方。首批公共数据的供应方主要是参与试点的8家委办局，且主要依靠行政力量进行汇聚流通。但若单纯依靠部分行政控制，会极大地限制公共数据开发利用工作的深入开展，公共数据流通和服务需要更多委办局的主动参与，以及第三方服务商的加入，提供包括数据质量改进、价值评估、流通与交易撮合等第三方增值服务，才能减少数据流通过程中的信息不对称，促进整个产业的发展壮大。②市场化配置机制尚未成型。当前，公共数据的流通仍仅限于共享、开放、开发利用试点，并未开启专门的数据交易渠道，公共数据授权运营、国企数据产品进场、重点领域数据资产化等方面也尚处于探索阶段，完善的市场化配置尚未成型。政府在公共数据资源开发利用方面起到了主导作用，在发挥市场配置机

* 本文为上海市人民政府决策咨询研究项目“公共数据资源市场化配置法律制度研究”(项目编号：2021-Z-B06)的阶段性研究成果。

制方面还有很多的工作需要完善。

二、数据质量方面,公共数据初始质量有待提高

数据质量决定数据价值,当前公共数据普遍存在质量不佳的状况,严重影响了公共数据资源的价值开发。当前可供开发利用的公共数据只是政府各行政部门从业务系统产生的,在数据的准确性、一致性、可加工性等方面达不到数据资源开发利用的标准。其原因包括两方面:①政府部门内部动力不足。数据提供方对数据质量的责任心与积极性不高,没有对于数据质量的统一标准,也没有对于数据加工、清洗的高质量要求。在部分单位内部,数据只是系统支撑业务功能而衍生的副产品,因此忽略了数据管理,公共数据的质量普遍不高。②尚未形成数据质量反馈闭环。目前,上海市公共数据资源开放利用的数据质量仍限于“给什么,用什么”的阶段,需求方的诉求有时存在无法触达、无法满足的情况,部门之间关于数据情况的沟通机制尚存在于个人与个人之间的沟通,无法及时、准确地作用于数据采集侧。从应用方、需求方的角度提出提升数据质量的要求,并反馈给数据提供方,可以不断地改进公共数据质量。

三、数据管理方面,公共数据管理机构层级有待提高

目前,上海市关于公共数据开发利用的管理由市人民政府办公厅和市经济和信息化委员会双线进行,市人民政府办公厅更加注重公共数据生命周期的前端,市经济和信息化委员会更加注重公共数据生命周期的后端,虽然权责已经有所区分,但一旦公共数据打通市场化配置道路,就容易出现权力重叠、部门利益难以协调的问题。另一方面,虽然上海市成立了“政务公开与‘互联网+政务服务’”领导小组、上海市城市数字化转型工作领导小组,均涉及对数据资源的顶层指导,但是两个领导小组各有侧重,并非针对数据的中台型管理机构。

目前,全国 31 个省、自治区、直辖市中,各地陆续新建专门汇集、共享、管理公共数据资源的职能部门。其中,新成立正厅级单位 11 个,由省级政府直接领导,包括直属机构(如安徽省数据资源管理局)、直属事业单位(如四川省大数据中心)、加挂政府部门(如北京市大数据管理局)等形式。新成立副厅级单位 10 个,由正厅级政府部门管理,包括部管机构(如河南省大数据管理局)、事业单位(如上海市大数据中心)。上海市大数据中心属于市人民政府办公厅直属的副厅级事业单位,相比于 11 个厅级省政府直属部门和单位,其管理能级相对较低,

自主协调数据的能力相对较弱。

四、流通方式方面，数据流通技术解决方案有待成熟

公共数据共享、开放和开发利用进一步加大了公共数据安全保障和个人隐私数据保护的难度，也对完善公共数据的风险规制提出了更高的要求。技术解决方案有助于实现数据流通过程中的“数据可用不可见”原则，目前，技术欠缺是阻碍公共数据价值发挥的一大关键因素，一方面是数据服务商的参与度不足，另一方面是隐私计算等技术方案在公共数据市场化配置领域的落地应用还没有成熟案例，数据匿名化能否切实充分保护用户的隐私信息仍存在争议。

推进上海市公共数据开放的战略思路与政策建议*

| 王　晔　马军杰

尽管各省市近年纷纷出台关于公共数据资源开发利用的相关法规，但是因为缺乏更高层面的统一定义，当前不同法规对于公共数据的认识仍然存在一定的差别。而不同机构、专家学者对此也有着不同的理解，但从定义逻辑来看，主要分为主体论和属性论两类(表 1)。简单来说，两种定义逻辑并无对错之分，而是在效果层面和操作层面各有优缺点。介于主体论和属性论之间，还存在一种观点，即认为公共数据应该包含政府从社会部门购买的具备公共属性的数据。这种定义由于包含了社会数据，在数据集的完整性上要优于主体论，同时又强调公共部门购买，即数据归属的主体仍然为公共部门，因而数据边界也较为明晰。

表 1　关于公共数据定义的两类观点

	划分标准	数据范围	优点	缺点	主要案例
主体论	强调数据来源的主体，将公共数据视为公共部门的数据	仅限于公共部门所属数据，范围小	1. 数据界限明晰。 2. 后续操作简单	1. 数据集少。可能会产生数据偏差。 2. 对政府效能提升较少	绝大多数的政府法规均采用主体论定义
属性论	强调数据属性，将具备公共性质的数据视为公共数据	包含了主体论定义的数据，同时也包括具有公共属性的社会数据，范围大	1. 数据资源丰富，对未来的数据资源挖掘和利用提供更大支持。 2. 数据完整性高	1. 数据界限模糊，可能存在争议。 2. 存在法律上的欠缺。 3. 操作难度较大	主要出现在众多专家学者的观点和建议中

* 本文为上海市人民政府决策咨询研究项目“公共数据资源市场化配置法律制度研究”(项目编号：2021-Z-B06)的阶段性研究成果。

虽然目前大多数政府法规都采用主体论定义，但是不少定义并未明确排除采购数据，《上海市数据条例》的定义是："公共数据，是指本市国家机关、事业单位，经依法授权具有管理公共事务职能的组织，以及供水、供电、供气、公共交通等提供公共服务的组织（以下统称公共管理和服务机构）在履行公共管理和服务职责过程中收集和产生的数据。"

首先，条例的主要思想是基于主体论定义的。其次，条例并非明文排除外购数据，而外购数据可被视为"履行公共管理和服务职责过程中收集的数据"。事实上，公共部门在公共管理和公共服务中本来就需要收集大量的社会数据，与外购数据的差异只在于有无付费而已。美国在公共数据管理条例中提出：多样化数据准入以及利用购买力。即系统性利用私营部门对数据资产、服务和基础设施的购买力，提升效率和降低成本。当政府发现自行收集社会数据的成本高于从私人部门购买数据时，显然外购数据是更合理的选择，因而将外购数据排除于公共数据之外并无意义。

同时，公共数据特殊的自然与经济属性使其在目前的法律规则方面存在较多讨论和争议，在顶层设计层面缺乏必要的体系化研究。此外，由于在技术、管理、运作、认知等方面存在的问题，业务部门对于公共数据开放应该遵循何种路径及应当如何推进还缺乏一个系统性的认知框架，因此有必要从顶层的角度对公共数据开放的战略路径进行更为系统和深入的思考。

一、推动公共数据开放的战略思路

从战略目标来看，公共数据开放的目的是实现公共数据的共治共享以及公共数据与社会数据的大融合，实现公共数据的市场有效配置，激发政府与社会单位挖掘数据资源的热情与动力，最终实现政府治理能力、公共服务水平和经济发展效能的大提升。目前公共数据开放的主要工作是政府数据开放上网，这是公共数据开发的基础工作，但是并非最终的目的。

从战略路径角度来看，公共数据开放是一个操作难度从易到难，实施效果从小到大的一个过程，在这个过程中存在不同层面、不同难度的问题，因此公共数据开放的战略路径应该本着分阶段实施、每个阶段都要解决相应问题的原则，尽管不同阶段的工作并非一定要按照时间顺序严格排序，但是阶段上升应避免跳跃，只有夯实基础，才能在路径上稳定发展（图 1，表 2）。

1. 谋划宏观布局，分阶段推进部署

（1）初级阶段

在该阶段，对于公共数据的界定主要是基于“主体论”观点，主要工作是完成政府可控数据的开放工作。这个阶段主要是在行政机关与国家企事业单位之间完成，因此工作的推进以行政指令为基础，存在少量的市场行为。公共数据开放也被视为公共服务的一种，其重要目的在于释放政府数据能量。

（2）过渡阶段

主体论下的公共数据存在两个较大的欠缺，一是数据不全且可能会导致数据偏差。特别是在国有企业与私人企业共存的市场，如医疗、教育、金融等行业，由于公共数据仅包括国有企事业单位的数据，而遗漏了私人市场的数据，行业数据就会出现欠缺，无疑会对数据的再开发、再利用产生不同程度的影响。二是主体论下的公共数据是单向数据，即只是公共部门向私人部门提供数据，而公共部门无法从私人部门获取数据。在数字化、网络化高度发展的现在，私人部门的影响力越来越大，市场能力越来越强。获取私人部门数据，可以更有效地监督私人

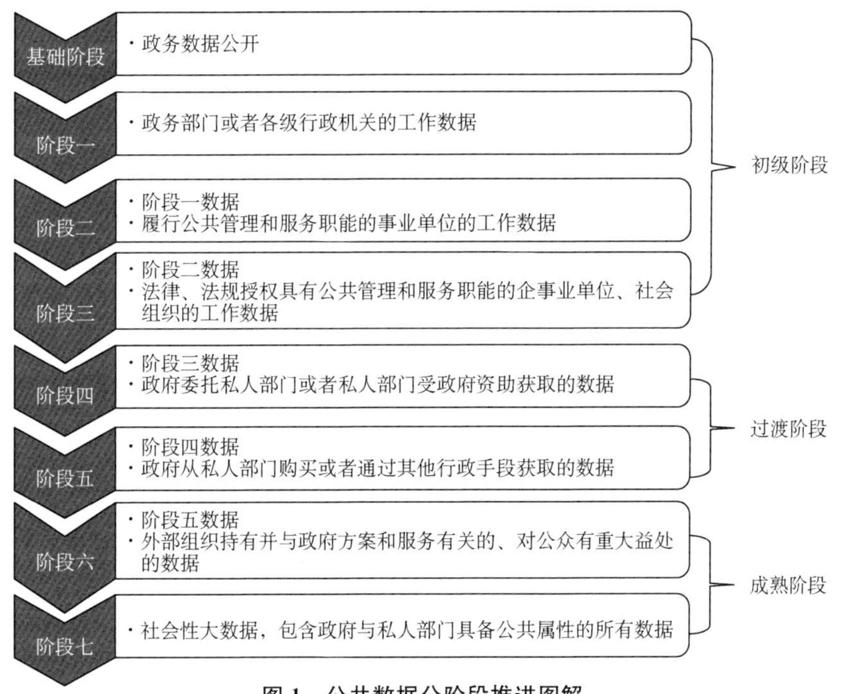

图 1　公共数据分阶段推进图解

来源：课题组自制。

部门的行为，整合私人部门业务与公共资源的关系，并有利于提升政府治理水平，保证经济平稳安全运行，提高公共服务质量。

（3）成熟阶段

在成熟阶段，公共数据的外延进一步扩大，主体论论述转为属性论论述，形成了成熟的公共数据交易市场，公共数据也不仅仅局限于公共部门与私人部门业务活动中衍生的数据，基于公共数据的二次开发，以及针对数据的专门采集、处理和生产。公共数据与私人数据，政府数据与社会数据能够相辅相成，互补不足，为社会生产力提高、政府公共服务水平提升提供一个可持续发展的数据生态圈。

2. 立足现有基础，寻求效率平衡点

从目前的情况来看，公共数据开放的效果与操作难度是相悖的，因此公共数据开放的分阶段是一个效果逐渐提升，同时操作难度也不断提升的过程。操作难度包括技术上实现、政府与社会对数据开放的认知、现行法规的限制等。因此分阶段实施是在每个阶段寻求效果和操作的平衡点，并持续解决问题、夯实基础、提高认识，并在条件成熟的情况下迈入下个阶段。

表 2　不同阶段的问题和均衡目标

	均衡目标	主要问题	问题内容
初级阶段	完成公共数据开放的基础性工作	技术层面	涉及所有与技术层面相关的问题，如数据标准、数据结构、数据规范，等等
		认知层面	对于哪些公共数据应该开放，开放到什么程度，如何解决涉密问题，如何评估开放绩效等方面尚需统一认识
		管理层面	专门管理机构的设立，以及相关的规则、职责、流程、制度的完善
过渡阶段	尝试建立公共部门从社会私人部门获取数据的平台和长效机制，提升数据利用能力	数据遴选	如何判定社会数据具有公共价值，如何从社会数据中遴选出所需的数据
		数据获取	如何从社会私人部门获取数据，是否可能建立获取数据的长效机制
		数据利用	探寻利用数据提高公共服务水平和政府决策能力的制度和方法
		市场运作	用市场购买代替行政手段，建立和完善公共数据的价值评估标准和体系。探寻解决社会数据转为公共数据中行政机制与市场机制的协调问题

（续表）

	均衡目标	主要问题	问题内容
成熟阶段	建立规范的公共数据市场配置机制，促进公共数据与社会大数据的市场融合	立法方面	处理好公共数据开放涉及的法律问题
		市场管理	建立一个完善的公共数据交易市场，形成公共数据的有效市场配置
		市场融合	公共数据市场与社会大数据交易市场的融合，建立起完善的数据交易、利用的平台和市场机制

二、推动公共数据开放的政策建议

1. 公共部门内部做到"三统一"

（1）统一概念共识

公共数据的定义以及边界并非固定不变的，而应该是一个动态扩展的概念，公共数据定义的目的是提供公共数据开放和交易的边界和框架，就每个阶段而言，仍然需要一个相对统一的定义概念以及与之相应的目标和措施。《上海市公共数据开放暂行办法》中将公共数据定义为"各级行政机关以及履行公共管理和服务职能的事业单位（以下统称公共管理和服务机构）在依法履职过程中，采集和产生的各类数据资源"。这个定义包含了"水务、电力、燃气、通信、公共交通、民航、铁路等公用事业运营单位涉及公共属性的数据"。就目前上海市公共数据开放发展现状而言，这个定义是适合公共数据开放初级阶段需求的。

（2）统一管理机构

公共数据开放以及未来的市场化配置都需要一个专门的管理机构，该机构应与原本存在的政府信息化管理机构有所区别但保持密切联系。简单来说，政府信息化管理机构主要面对的是公共部门内部的数据交换，而公共数据管理机构主要负责公共部门与外部的数据交换。但是政府信息化管理主要是业务导向的，而公共数据管理部门则是数据导向的。

公共数据共享相关工作仍属于政府信息化范畴，但是公共数据共享的相关工作必然会影响公共数据开放，同时公共部门从外部获取对数据的要求也需要反馈到政府信息化部门，从而决定是否对相关业务或者数据获取进行变动。

（3）统一平台规范

目前政府的公共数据开放都有一个专门的网站平台，但是公共数据开放并非简单地将各级行政机关的数据放在网站平台供下载，而是需要管理中心对所有的公共数据进行统一的规范，包括公共数据的标准、规则、范围，数据开放的进度和内容，对公共数据的实时性、完备性、系统性的规划和准则。

随着公共数据开放阶段的发展，公共数据的管理结构职能重心也会相应变化。在初级阶段，管理中心的主要职责是建立公共数据开放的标准、规则，指导和监督各个行政部门数据开放的进展，统一和协调各部门的数据标准和内容，接受外部单位的监督和意见，对公共数据进行整体审核和评级。

2. 公共部门外部实施“三推动”

（1）推动融合社会数据

公共数据开放最终仍然应该从公共部门数据开放走向更大范围的公共数据开放。社会数据融合存在的主要问题就在于私人部门的数据可能会涉及企业的商业隐私、核心竞争力等，因而即使私人部门的数据具备公共性属性，私人部门也不愿意将这些数据提供给政府或者其他单位。社会数据融合方面，有以下三种方式。

① 行政获取

即政府通过行政力量要求社会部门提供相应的数据。这种获取方式不宜任意扩大化范围，最好符合以下三种情况：一是行业数据具备一定的政府或行业规范，基本数据的构成已经非常清楚；二是该行业公立和私立同时存在，且公立占比更大，因为公立占比大意味着这个行业更涉及公共利益，而私立往往是有效的补充；三是该行业与公共利益密切相关，至少在初级阶段，行业应选定与国家安全、人民生命和财产安全、公共卫生等密切相关的限定领域。

② 政府直接采购

政府从私人部门购买数据，该数据归属政府后转化为公共数据。这里的政府采购并非政府从数据市场上进行购买，而是政府直接从私人部门购买数据。政府直接采购存在的问题在于：一是可能没有一个可参照的市场价格，二是这种采购行为很难避免暗含行政权力。对于具备市场支配力或者其数据具备垄断性的情况，政府要出台数据价值评估的规范，保证数据交易价格的合理性，同时也要针对类似的情况确定相关规则，确保政府对数据的购买。

③ 实施公共数据认证机制

中共中央、国务院印发的《关于构建更加完善的要素市场化配置体制机制的意见》中提出：“研究建立促进企业登记、交通运输、气象等公共数据开放和数据资源有效流动的制度规范。”因此可以建立针对社会部门的公共数据认证机制和企业登记制度，私人部门可以将自己的数据自主认证为公共数据，被认证为公共数据的数据可以在公共数据市场上交易，企业登记为公共数据的生产部门。这种情况下，公共数据的市场化配置基本完成，但属于公共部门的数据仍然应该免费或者有价格限制。当然，为了激励私人部门将私人数据认证为公共数据，政府应当出台有力的激励政策，例如交易免税、收入抵扣等政策。

（2）推动提高数据能力

公共数据开放的初级阶段主要是公共部门数据向社会部门的单向开放，尽管社会部门通过获得公共数据得到好处，但公共部门并未因此提升公共服务水平和自身对于数据的利用能力。因此，公共部门也需要通过开放公共数据的契机，积极引入社会力量的合作，通过政府激励和一定的市场机制，鼓励社会力量与政府共同对公共数据进行二次开发，鼓励大中专院校、研究机构和第三方数据公司向市场提供数据的相关业务，鼓励社会从事专门的数据生产、加工等业务，充分挖掘数据潜在价值，提升公共部门利用数据的能力，并将成果反馈给公共部门，从而提高政府的行政效率和公共服务水平。

（3）推动实施激励机制

在公共数据开放的初期，主要的激励问题在于公共部门内部。公共数据共享能够在很大程度上提高行政效率，提升行政能力，但是与公共数据共享不同，公共数据开放面向社会部门，不能直接提升公共部门的行政效率，其效果也很难评估，相对而言又增加了行政部门的工作量，因而缺乏激励。

① 工作内容激励，确定工作目标与工作内容、确定相应的绩效标准，完善内部激励机制。

② 工作成果激励，鼓励公共部门利用社会力量对公共部门的公共数据进行二次开发。

公共数据开放的过渡阶段的主要激励问题是社会部门缺乏将私人数据转为公共数据的动力。政府应该鼓励私人部门积极参与公共部门的数据挖掘和开发工作，鼓励私人部门对现有公共数据提出改进方案，鼓励私人部门对公共数据进行再开发，并向公共部门反馈研究成果，鼓励私人部门专门进行公共属性数据的收集、开发、生产和交易，通过税收优惠等措施，激励私人部门将其数据进行公共数据认证，并放入专门市场进行交易。

面向未来发展的环同济供给侧结构性改革

| 陈　强

在新发展背景下，环同济知识经济圈（以下简称“环同济”）已不再仅仅作为典型的知识密集型服务业集聚而存在，人们不能简单地将其理解为一种经济现象，而要从大学知识生产与经济社会发展互动模式迭代发展的高度去认识。“环同济”的繁荣发展，既得益于同济大学城市类学科深厚积淀基础上“润物细无声”的知识溢出，也归功于特定阶段旺盛需求驱动下市场主体的披荆斩棘，更有地方政府因势而谋、应势而动和顺势而为的适度介入，以及区域内多元主体不断推动产业转型的自觉协同。

在某种意义上，“环同济”发展是一个典型的复杂系统治理问题，涉及政—产—学—研—用—金—介等多元主体的参与、学科链—产业链—服务链—政策链的自主耦合、教育科研—创新创业—政府管理—社会服务多系统的协调合作等方面，是“小而美”的区域科技创新治理系统。“环同济”发展如何面向未来，一要密切观察持续变化中的需求侧，二要积极谋划供给侧的结构性改革。

一、变化中的需求侧

从需求侧的角度看，过去一个时期推动“环同济”狂飙突进的因素正在持续消退。改革开放以来，几乎每年一个百分点的城镇化率增速正在放缓，持续过热的房地产开发迅速降温，大规模高强度的基础设施建设逐步回归稳健轨道，会展业也从高速扩张转向内涵式发展。在新一轮的城市建设和发展中，生态、智能、精细、健康、文化、适老等成为需求侧新的主题热词，这些都是“环同济”供给侧必须及时作出响应的，大致也在现有的能力范围内。

但是，必须认识到的是，对于“环同济”未来发展而言，“需求”还不止以上这些，其内涵正日趋丰富，主要来自三个方面。一是市场需求。面向未来产业发展，“环同济”应努力成为区域经济增长的动力源，为高质量发展提供坚实的科技保障。二是中央和地方政府的战略需求。在新形势下，“环同济”必须在“高水平科技自立自强”以及“国际科创中心重要承载区”“双创示范区”“人民城市”建设中当好“排头兵”。三是社会治理需求。“环同济”要能够将大学相关学科的最新知识成果及时转化为社会治理的方法、工具和方案，体现大学知识生产的社会温度。

供给侧既要对需求侧的变化作出及时响应，也要通过自身的结构性改革引导和挖掘新的需求。对于“环同济”而言，面向未来发展的供给侧结构性改革可以从以下三个方面入手，其推动主体和抓手各不相同。

二、知识生产方式的迭代升级

大学主要应解决科技创新中“从 0 到 1”的问题。对应于时代发展，大学的知识生产可能领先，也可能滞后。一旦出现滞后的情况，就必须对大学的知识生产方式进行反思和调整。当前，大学的知识生产在一定程度上受限于既有的学科划分和院系设置，就总体而言，对于需求侧的响应还不够快，资源配置效率也相对较低。当前，诸多前沿科学领域的研究探索，对于跨知识领域的团队协作和系统集成提出很高的要求，现有的知识生产方式在内外部协同方面往往显得力不从心。再者，随着大数据等新兴技术的发展，数字化驱动的科学研究范式和科研组织方式逐渐兴起，也给知识生产带来了新的冲击和挑战。

未来产业的发展突破涉及核心技术、基础材料、关键零部件、生产工艺、专业软件、管理方法等多种要素，需要众多学科的协同发力，必须破解长期惯性发展带来的学科割裂困局，着力解决基础学科与应用学科协同，学科交叉与交叉学科建设，学科创新与学科前瞻布局，学科平台、实验设施及数据共享，基于数据的科研组织方式创新，高层次人才引育，与国际一流科研机构合作等方面存在的问题。

大学是推动知识生产方式迭代升级的当然主体，必须直面以上影响知识生产方式迭代升级的问题，从学科建设模式、机构设置、人才培养模式、学术评价、科研组织、资源配置等方面推动系统性改革。同时，应为跨学科的思想碰撞、知识互动、科研合作营造必要的物理空间，构建相应的工作机制和保障条件。

三、知识扩散的界面更新

知识扩散不是知识的简单传递和转移，是对知识的“深加工”，对应科技创新中“从 1 到 10”的过程。不同学科与外部接触和互动的方式不同，其知识扩散与经济社会发展需求融汇交织的界面也存在显著差异。可能是一篇媒体文章引发广泛的思想启迪，也可能是一篇学术论文深化对理论的深度认识；可能是一项专利授权推动技术转移，也可能是一个集成解决方案应用后形成社会反响，或者是师生学术创业催生新业态。如前所述，快速推进的城市化进程让同济大学的城市类学科获得空前的发展机遇，需要立刻拿出应对建设大潮中层出不穷的工程实践问题的方案，需求侧的强烈刺激在最大程度上加速了知识生产的节奏，缩短了知识扩散的路径。"环同济"发展经验表明，知识生产与需求侧交互界面的结构和功能十分重要，其界面应该是一种"双向渗透膜"，透过这层"膜"，可以加速知识扩散的进程，提升知识传播的效率。同时，在知识扩散的过程中，通过与需求侧的高效互动，可以不断校准知识生产的方向，并持续获得外部的能量反馈。"环同济"核心业态与同济大学优势学科之间相互推升的双螺旋结构很好地证明了这一点。

在知识扩散的界面更新中，大学科技园、技术转移中心以及科研管理部门等可以发挥"黏合剂"和"催化剂"的作用，着重发展并用好三种能力。首先是基于知识图谱、技术雷达、专利分析、网络挖掘、替代计量等手段的发现能力，要能从海量知识成果的"弱信号"中捕捉有用信息，通过概念验证，论证其商业化可行性，夯实成果转化的备选库。其次是链接能力，要集聚和链接大学内外有助于成果熟化、孵化和转化的各种功能性资源。最后是转化能力，其不仅指向技术交易、企业孵化等"显性转化能力"，也包括思想交流、知识互动、人才培养、管理改进等"隐性转化能力"。

四、知识成果转化的生态构建

将大学的知识成果转化为市场可接受的技术、产品和服务，接续实现成果"从 10 到 100"的能量释放，需要有适合的生态发挥"起承转合"的作用。生态构建关乎知识成果转化为现实生产力的渠道、路径和条件，包括"硬"和"软"两个方面。"硬"的方面主要包括在创新链和产业链核心环节上具有掌控力的企业和机构、面向未来产业的重大科研基础设施、运行良好的功能性平台、充沛的创新创业空间、专业化的科技创新服务体系等。"软"的方面主要指向良好的营商环境、高效的政策引导和制度供给、成熟的产业载体和双创空间运营管理、卓越的资本运营能力、鼓励创新和宽容失败的社会氛围等。

知识成果转化的生态构建是"环同济"供给侧结构性改革的关键环节，涉及地方政府、大学、企业、研究机构、社会组织等多元主体，需要在形成共识的基础上进行全局考虑和统筹，进而采取一致行动。在众多复杂关系中，区校联动机制“牵一发而动全身”，如何深化是关键。

“风物长宜放眼量”。谋划新一轮发展，“环同济”应该跳出单纯“以产值论英雄”的思维框架，将注意力更多聚焦到知识生产方式的迭代升级，知识扩散的界面更新，以及知识成果转化为现实生产力的生态构建上。以超前部署的知识储备和适度冗余的知识生产能力，去应对日益增强的不确定性和不稳定性。

新冠疫情下上海外资研发中心的增长态势与经验总结

| 敦　帅

外资研发中心指由外国投资者设立，从事科学研究开发及实验发展的机构，研发内容包括基础研究、应用研究、技术开发与产品设计等。随着研发国际化的不断深化，外资研发中心已成为我国科技创新体系的重要组成部分，对我国实现高水平对外开放、经济高质量发展和高水平科技自立自强发挥着重要作用。2022 年 9 月，国务院新闻办公室举行国务院政策例行吹风会，商务部发言人提出"抓紧推出促进制造业引资""设立外资研发中心"等新一批稳外资政策。上海作为国家改革开放排头兵和创新发展先行者，不仅率先出台《上海市鼓励设立和发展外资研发中心的规定》，而且深化推进高水平对外开放、持续优化营商环境、不断积累创新要素和人才资源、日益提升创新浓度，对外资研发中心产生了较强的吸引力。在新冠疫情的严重冲击下，上海外资研发中心数量不降反增，并呈现出较强的增长态势，推动了以科技研发为主的高科技服务业外商投资迅猛发展，为外资结构不断升级和外资质量持续提升提供了经验启示。

一、新冠疫情之下上海外资研发中心的增长态势

作为对外开放高地的上海，发展过程深受外资企业影响，2017 年以来，上海外资研发中心数量呈现快速增长态势，如图 1 所示。

从发展态势看：据上海市商务委员会发布的数据，截至 2017 年，上海市共有 416 家外资研发中心，数量居全国首位。其中，全市投资 1 000 万美元以上的外资研发中心有 120 家，研发人员超过 4 万人，为上海集聚了大量的创新资本和创新人才。2018 年，上海制定实施外贸"稳预期、稳企业、稳订单"20 条措施，推动上海新增外资研发中心 15 家，总数达到 441 家，增幅 3.6%；2019 年，随着"科改 25 条"的出台，落户上海的外资研发中心增长到 461 家，增幅 4.5%，总量仍保持全国首位；2019 年年底新冠疫情的暴发和 2020 年疫情的严重冲击，导致 2020

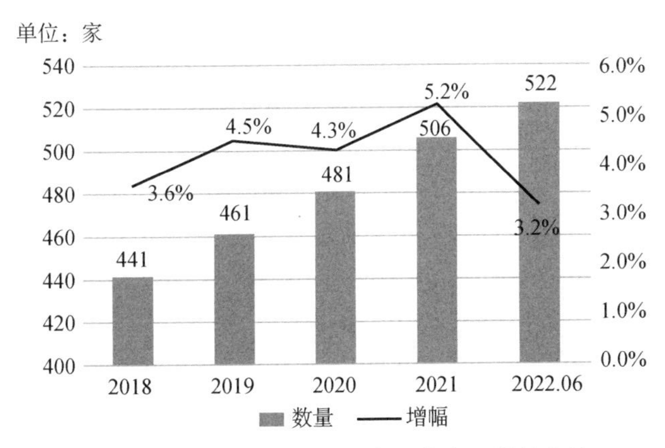

图 1　2017—2022 年上海外资研发中心增长态势

年我国经济社会一度陷入全国性、全领域“停摆”，但在国家和上海多项稳就业、稳金融、稳外贸、稳外资、稳投资、稳预期“六稳”和保居民就业、保基本民生、保市场主体、保粮食能源安全、保产业链供应链稳定、保基层运转的“六保”措施下，上海外资研发中心数量继续增长，总数达到 481 家，增幅 4.3%；2021 年，在新冠疫情常态化和动态清零、精准防控的政策方针影响下，国家经济社会生活逐步恢复和回升，上海外资研发中心数量继续稳步增长，总数达到 506 家，增幅达 5.2%；2022 年上半年，上海遭受新一轮新冠疫情的严重冲击，在国民经济主要指标（如规模以上工业增加值、固定资产投资、社会消费品零售总额和居民人均可支配收入）均出现不同幅度下降的大趋势下，外资研发中心数量不降反增，截至 2022 年 6 月中旬，上海外资研发中心累计达到 522 家，增幅 3.2%，继续引领全国其他地区。总体而言，上海外资研发中心的发展在一定程度上受到新冠疫情冲击和影响，但整体上仍保持了向好的发展趋势和强劲的增长势头，上海仍是全球最富吸引力的外商投资热土之一。

从产业分布看：基于《国民经济行业分类》（GB/T 4754—2017），结合在沪外资研发中心实际情况，上海外资研发中心主要分属于一般制造业，高技术产业，信息传输、软件和信息技术服务业，科学研究与技术服务业四类。其中，高技术产业和一般制造业外资研发中心所占比重较大，软件和信息技术服务业外资研发中心增长速度较快，在沪外资研发中心行业多样性日趋增加。如上海第 35 批新认证跨国公司地区总部和研发中心企业中，制造业占比 57.5%，服务业占比 42.5%，多数属于上海重点发展产业，其中生物医药企业 5 家，智能制造企业

10家，汽车企业3家，商贸零售企业8家，高端服务业企业7家。上海第35批新认证跨国公司地区总部和研发中心企业行业分布如图2所示。

从区域分布看：上海外资研发中心地理分布整体上呈现以张江、漕河泾为双核心，在上海市各级开发区多极化集聚的空间分布特征。具体来看，一是核心集聚区发展迅速，在沪外资研发中心发育形成两大核心集聚区：以张江高科技园区为核心，向外扩散至金桥出口加工区、外高桥保税区、浦东康桥工业开发区，形成一个大型外资企业研发活动密集片区（截至2022年1月，浦东新区外资研发中心数量累计达256家，全市占比50.29%）；以漕河泾开发区为中心，在闵行区、长宁区和徐汇区交界地带形成次一级集聚区。二是多极化布局明显，闵行区内的研发中心聚集区最多，松江区和嘉定区内的集聚点生长较快。三是新的集聚点不断涌现，主要分布于城市外环线以外，如在浦江高科技园、上海国际赛车场和临港新片区附近形成新的集聚区。

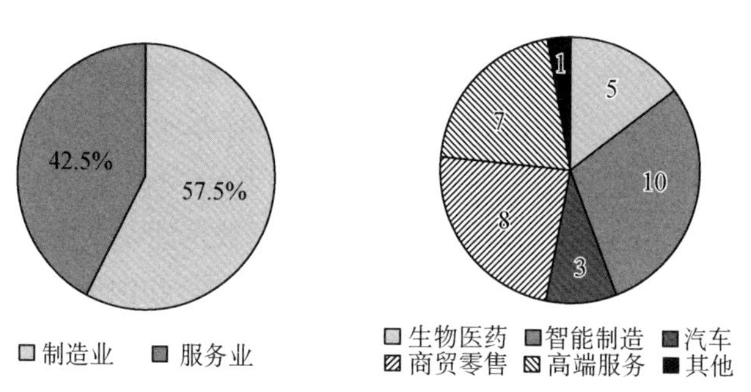

图2 上海第35批新认证跨国公司地区总部和研发中心企业行业分布

二、上海外资研发中心高速增长的经验总结

1. 政策扶持，鼓励外资研发中心设立发展

上海率先在全国范围内制定实施外资研发中心专项扶持政策，鼓励外资研发中心在上海设立发展。在新冠疫情冲击下，为进一步扩大对外开放，增强上海全球资源配置和科技创新策源功能，上海市人民政府于2020年11月印发《上海市鼓励设立和发展外资研发中心的规定》，从跨境研发通关、跨境金融服务、人才引进与培养、出入境和停居留、培训补贴与住房保障、登记注册、环评和危废管理、研发用地保障、产学研合作、参与政府项目、科技成果转移转化、知识产权保护、资金资助及税收支持等方面给予全方位便利和扶持，鼓励外国投资者在上海

设立研发中心。

2. 发挥优势，助力外资研发中心加速增长

上海充分发挥“五大中心优势”，增强城市外企、外资磁吸能力，助力在沪外资研发中心加速增长。以贸易、航运为例，2021 年，上海外贸进出口总额突破 4 万亿元人民币，同比增长 16.5%；口岸货物贸易总额突破 10 万亿元人民币，保持世界城市首位；上海港集装箱吞吐量连续 12 年位列世界第一，上海国际航运中心综合实力排名在近两年《新华・波罗的海国际航运中心发展指数报告》中均位列全球第三。特别是，在上海面临严峻的新冠疫情防控的形势下，承担着世界货物“中转站”和守护经济“生命线”重任的上海港，从未有一天停转。数据显示，2022 年 4 月，上海港完成集装箱吞吐量 308.5 万标箱，为上年同期的 82.4%；2022 年 1 至 4 月累计完成 1 534.8 万标箱，同比增长 1.8%；2022 年 5 月以来，上海港集装箱吞吐量也继续保持恢复性增长的良好势头，有力保障了国际国内产业链、供应链稳定畅通。新冠疫情之下，上海通过发挥贸易和航运的优势，全力保障了在沪外资研发中心供应链、物流链的稳定和高效运转，推动了外资研发中心的加速增长，截至 2022 年 6 月中旬，在沪外资研发中心累计 522 家，与十年前相比，增长超过一倍。

3. 优化环境，促进外资研发中心能级提升

上海持续优化营商环境，强化城市服务能力，促进在沪外资研发中心能级提升。一方面，面对新冠疫情的冲击，2020—2021 年，上海相继出台《上海市全面深化国际一流营商环境建设实施方案》《上海市优化营商环境条例》和《上海市加强改革系统集成持续深化国际一流营商环境建设行动方案》，持续打造市场化、法治化、国际化营商环境，持续深化国际一流营商环境建设，整体提升上海营商环境的软实力和国际竞争力。据《中国营商环境指数蓝皮书 2022》显示，上海市位居省级行政区营商环境指数总分与总排名首位，在公共服务、市场环境、政务环境、融资环境和普惠创新等各方面领先优势明显，为外资研发中心的高质高效发展和整体能级提升营造了良好的外部环境。另一方面，新冠疫情暴发以来，上海牢牢牵住政务服务“一网通办”和城市运行“一网统管”两个“牛鼻子”，聚焦“高效办成一件事”和“高效处置一件事”，在疫情“大考”下，进一步提升超大城市治理能力和服务水平。据上海市大数据中心透露，2020 年，上海“一网通办”实现办事时间总体减少 59.8%，办事材料总体减少 52.9%，好评率达到 99.7%，切实增强了市民、企业的获得感。2020 年，上海大数据中心会同上海市商务委员

会全力打造了全新的“一网通办”国际版，针对外资企业、外籍人士、港澳台居民、华侨提供了企业开办、企业经营、投资促进服务、政策汇编等办事服务指引功能和出入境、海外人才居住证、职业发展等办事指引服务。“一网通办”带动政务服务改进，推动营商环境优化；“一网统管”促进城市管理精细化，保障城市安全有序运行。两网协同，推动了上海外资研发中心的良好运行和能级提升，助力上海成为外商投资中国的首选地。

上海总部经济发展动态:问题与对策

| 敦　帅

总部经济对推动城市经济转型升级、提升我国在全球价值链体系中的地位，具有重要的战略意义。总部经济是上海“五型经济”中最具象、最实在的发展优势和突出功能。目前，上海已成为跨国公司地区总部最为集聚的城市之一，正在推动总部经济快速发展。但在新冠疫情常态化、中美科技经济加速脱钩和俄乌冲突的新形势下，上海总部经济进一步发展存在的突出问题亟待解决。

一、上海总部经济发展面临的具体问题

1. 总部经济发展质量有待进一步提高

截至2022年6月15日，上海跨国公司地区总部累计达到878家，整体上仍保持了向好的发展趋势和强劲的增长势头(图1)，上海继续是全球最富吸引力的外商投资热土之一。但是，在跨国公司地区总部数量快速增长态势下，上海总部经济质量有待进一步提高。一方面，在世界500强企业总部吸引力方面，2022年上海仅有12家世界500强企业总部，相比于北京(57家，居全国首位)和广东(17家，居全国第二位)仍有较大差距；另一方面，在国内科技头部企业总部吸引力方面，上海仅有1家国内科技头部企业总部(拼多多)，与北京(3家，美团、字节跳动、京东)和广东(3家，腾讯、华为、美的)相差较大。

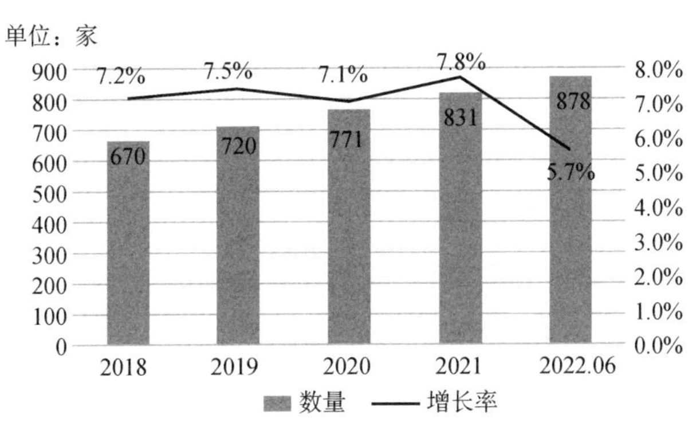

图1　上海跨国地区总部增长态势

2. 总部经济产业布局有待进一步加强

结合《国民经济行业分类》(GB/T 4754—2017),上海总部产业主要分属于一般制造业,高技术产业,信息传输、软件和信息服务业,科学研究与技术服务业等传统重点领域。然而,随着世界新一轮科技革命与产业变革加速演进和国际科技竞争日益加剧,上海总部经济对关乎拓展人类生存发展空间、增强人类自身能力、服务人类社会可持续发展的未来产业(如类脑智能、量子信息、基因技术、未来网络、氢能与储能等)布局能力较弱,有待进一步加强。

3. 总部企业区域分布有待进一步优化

从区域分布看,上海跨国公司地区总部呈现以张江、漕河泾为双核心的空间集聚,其余各区分布较分散,整体上与"五大新城"规划存在结构失衡,有待进一步优化。具体而言,一是以张江高科技园区为核心,向外扩散至金桥出口加工区、外高桥保税区、浦东康桥工业开发区,形成一个大型跨国公司地区总部密集区(2022 年,浦东新区跨国公司地区总部数量达 398 家,全市占比 45.3%);二是以漕河泾开发区为中心,在闵行区、长宁区和徐汇区交界地带形成次一级集聚区(2022 年,徐汇区、长宁区、闵行区三区跨国公司地区总部数量达 245 家,全市占比 27.9%);三是两大核心区跨国公司地区总部数量累计达 643 家,全市占比高达 73.2%,而其他区域特别是"五大新城"(如嘉定仅 23 家、青浦仅 7 家)则分布少而散,区域分布结构严重失衡。

4. 总部经济支撑体系有待进一步健全

一方面,上海全球金融中心指数(GFCI 32)排名第 6 位,竞争力较强,但是境外投资者在上海债券市场持有的债券余额比重仅约为 3%,上海全球金融资源配置力不足。另一方面,上海拥有的国家级技术转移机构总数为 24 个,数量不及北京(54 个)的一半,上海的国家技术转移机构促成项目成交总数为 9 384 项,仅为江苏(24 241 项)38.7%,上海科技创新服务力不足。此外,据上海市统计局发布的数据显示,因不能有效解决住房问题、子女教育问题和户口问题,上海每年都有 15 万以上人口"逃离"上海,上海科技人才吸引力不足。上海在金融、服务和人才方面的支撑体系有待进一步健全。

二、上海总部经济优化发展的对策建议

1. 优化营商环境,提升上海总部经济发展质量

首先,进一步提升政务服务水平,提高政府部门的业务水平和服务意识,强

化相关工作人员的能力素质,聚焦市场主体的关切持续推进“放管服”改革,真正对企业、群众做到“有求必应,无事不扰”。其次,进一步降低创新资源、创新要素的市场准入门槛,提高创新计划和创新活动的市场化水平,放开资金、技术、信息、土地、人才、数据等创新资源要素的行政和垄断束缚,推动创新资源开放共享、高效流通和精准匹配。再次,进一步加强跨区域、跨层级营商环境的协同建设,建立营商环境诉求处理和分级办理协同机制,构建跨区、跨级的“互批、互准、互认”一张网,实现异地可办、“一网通办”和“最多跑一次”,进而实现全市通办。通过持续优化营商环境,在保持上海跨国公司地区总部快速增长的基础上,增强对世界500强企业总部和国内科技头部企业总部的吸引力,促进上海总部经济高质量发展。

2. 加强政策引领,优化上海总部经济产业布局和区域分布

一方面,强化政策引领,在保障上海生物医药、集成电路、人工智能传统三大主导产业的同时,制定未来产业专项战略规划,抢滩布局包括类脑智能、量子信息、基因技术、未来网络、深海空天开发、氢能与储能等前沿科技和新兴产业,优化上海总部经济产业布局;另一方面,构建政策体系,在维持张江和漕河泾跨国公司地区总部集聚中心的基础上,对标“五大新城”战略规划,制定市区两级协同的跨国公司地区总部建设发展政策体系,精准引进跨国公司地区总部,优化上海总部经济区域分布。此外,制定专项政策,全面保障外商引进公平待遇,保护外商引进合法权益,完善外商引进服务保障机制。通过政策规划引领,推动跨国公司总部引进与发展同上海产业布局和城市规划融合共生,促进上海总部经济可持续发展。

3. 提升服务支撑,健全上海总部经济保障体系

一是进一步加大金融开放力度,构建与上海国际金融中心相匹配的离岸金融体系,打造国际资产交易平台和债券市场,发展人民币离岸交易,探索资本项目可兑换的实施路径,提升上海全球金融资源配置力。二是完善科技服务政策法规,加大对科技服务机构的财政支持力度,引导科技服务机构信誉体系构建,建设面向企业的一流公益性应用型研究开发机构和专业性技术服务平台,提升上海科技创新服务力。三是打造科技创新共同体,营造良好的创新氛围,设立多元化、大投入的创新基金,提高对人才的支持和保障水平,成立面向科技人才的专业化服务公司,解决人才住房安居、子女教育、父母养老、成果转化、知识产权等的一揽子问题,提升上海科技人才吸引力。通过健全上海金融、服务和人才支撑体系,持续提升对跨国公司财力、人力、待遇、权益和服务保障水平,促进上海总部经济高效率发展。

科学研究、人才培养与科技成果转化

新型研究型大学应该“新”在何处

| 蔡三发

作为重要的人才培养与知识生产场所，大学彰显着对国家发展不可或缺的价值。然而，随着大科学时代的来临以及新一轮科技革命的挑战，科学研究模式不断重构，经历了近千年发展的大学以及经历了百余年发展的研究型大学，走到今天已经在人才培养与知识生产等组织和制度方面存在着亟须突破的瓶颈，现代大学模式亟须创新。2020 年 9 月，习近平总书记主持召开科学家座谈会时指出，“要加强高校基础研究，布局建设前沿科学中心，发展新型研究型大学”。在国家创新发展战略的迫切需求之下，创建和发展“新型研究型大学”已成为当下我国高等教育发展实现“卡脖子”科研与技术的攻关创新、支撑国家重大战略需求的新突破点。

关于新型研究型大学，有一种观点简单地将其等同于新兴研究型大学，其实这样明显限制了新型研究型大学研究的内涵与范畴。从世界范围看，目前这些建校时间较短、快速崛起的新兴研究型大学确实大部分是新型研究型大学，但不可否认有小部分新兴研究型大学其实就是简单复制传统研究型大学发展起来的，还谈不上是新型研究型大学。同时，研究型大学自身在不断创新与发展，相当部分传统研究型大学积极顺应时代与科技发展变化，加强自身转型，在学科与专业、人才培养、科技创新、社会服务等各个方面进行变革性或者渐进性体制机制创新，破解了人才培养与科技创新的瓶颈，形成了新的研究型大学发展模式，笔者认为这些大学也可被称为新型研究型大学。

基于以上认识，笔者认为新型研究型大学的“新”不是建立时间“新”，而主要是发展模式“新”，其内涵与特征值得我国高等教育界进一步探索和实践。不管是传统的研究型大学，还是新兴的研究型大学，只有不断加强改革与创新，构建高质量教育体系，形成“新”的发展模式，才能称得上是真正的新型研究型大学。当前，我国高等教育正处在重要的发展战略机遇期，国家“十四五”规划纲要提出要强化国家战略科技力量，支持发展新型研究型大学、新型研发机构等新型创新主体。在新一轮“双一流”建设的背景下，应该鼓励高校积极转型发展，瞄准中国特色世界一流目标，深化新型研究型大学建设，至少在以下四个方面进一步探索新型研究型大学的“新”。

一、学科发展模式新

新型研究型大学的发展模式超越传统的学科发展模式，不按照传统的学科分类进行学科设置与学院设置，更多强调面向基础研究、面向科学与技术问题，加强跨学科、学科交叉与交叉学科建设，促进学科的交叉与融合。新型研究型大学瞄准科技前沿和关键领域，推进新工科、新医科、新农科、新文科建设，更多地围绕生命、信息等前沿科技进行学科布局与发展。

二、人才培养模式新

新型研究型大学创新人才模式，应该发挥培养基础研究人才主力军作用，全方位谋划基础学科人才培养，突破常规，创新模式，更加重视科学精神、创新能力、批判性思维的培养教育，大力推进科教融合或者产教融合，以高水平研究促进高层次人才培养，着力培养拔尖创新人才。新型研究型大学应更加注重研究型人才培养，争取在高水平博士生培养方面有更大的突破。

三、科技创新模式新

新型研究型大学应该积极应对新一轮科技革命挑战，坚持“四个面向”，瞄准科技前沿和关键领域，布局与建设世界水平的科技平台，深化科技创新组织模式，探索“聚集大团队、构建大平台、承担大任务、催生大成果”，进一步提升基础研究、关键核心技术攻关等方面的创新能力，多出战略性、关键性重大科技成果，不断攻克“卡脖子”关键核心技术，提升科技创新质量与水平，积极打造国家战略科技力量。

四、社会服务模式新

新型研究型大学应该更加主动地融入经济社会发展之中，发挥自身学科与科技创新优势，以服务国家和区域重大需求为己任，通过服务培养社会发展需要的高端人才、解决关键技术问题、促进知识溢出与成果转化，更好地支撑国家与区域发展，支撑行业与产业发展，同时通过服务来获得更多的发展机遇与资源，促进新型研究型大学自身可持续发展。

此外，新型研究型大学还应该深入探索治理模式、资源筹集与配置模式、师资队伍建设模式、国际交流合作模式等各个方面的创新，以更系统性地形成教育体系的创新。当然，新型研究型大学一直在与时俱进、向前发展，不会只有一种发展模式或者保持一种发展形态。创新是新型研究型大学的灵魂，只有各具特色的新型研究型大学蓬勃发展，才能更好地促进国家发展和社会进步。

高校如何更好融入全球科技创新网络

| 蔡三发　汪　万

充分整合全球科技资源、深度融入全球科技创新网络是强化高校战略科技力量的必由之路。习近平总书记强调，“科学技术是世界性的、时代性的，发展科学技术必须具有全球视野。不拒众流，方为江海。自主创新是开放环境下的创新，绝不能关起门来搞，而是要聚四海之气、借八方之力。要深化国际交流合作，在更高起点上推进自主创新，主动布局和积极利用国际创新资源”。中国科学技术协会主席万钢曾表示，“‘自主创新’应当强调的是创新者对技术创新和产品开发的‘主导权’，而不是技术本身的来源”。在全球化、技术日趋复杂化和交叉化趋势的共同作用下，合作创新已成为主要创新方式，因此要提升自主创新能力，就必须进一步推动国际科技合作，整合利用全球资源。科技创新的新趋势，要求将国际科技合作与开放创新有效衔接，加大科技资源的开放共享力度，最大限度整合利用全球创新资源。高校要成为基础研究的主力军、重大科技突破的生力军，就必须在开放中合作，在合作里共赢，为跨学科交叉研究、产出重大原创性成果提供坚实支撑。

建议高校从以下四个方面深化有关工作，切实强化科技创新“主导权”，更加积极主动融入全球科技创新网络。

一是深化与境外高水平大学或研究机构的科教合作。可以从学校、学院以及教师等多个层面深化与境外高水平大学或研究机构的深度合作，共建联合研究中心或者国际实验室、加强合作研究、开展联合研究生培养，深化科教融合，将国际科技合作与人才培养更加紧密结合，形成可持续的知识创新国际合作网络。

二是深化与国际学术组织、会议和期刊的合作。鼓励高校发起国际学术组织和大学合作联盟，或者积极参与有影响力的国际学术组织或国际大学联盟，争取在有影响力的国际学术组织或国际大学联盟中发挥重要作用；举办或者承办高水平国际学术会议或者论坛，争取担任重要学术会议的组织者，积极在重要的国际学术会议上“讲好中国故事，传播好中国声音”；创办高水平学术期刊，或者积极参与国际高水平期刊建设。

三是积极发起或者参与国际大科学计划和大科学工程。国际大科学计划和大科学工程往往需要联合全球重要的创新力量开展协同创新，我国不少高校参与了国际大洋发现计划、人类基因组计划、国际热核聚变实验堆计划、国际地球观测组织和平方公里阵列射电望远镜等一些国际大科学计划和大科学工程。未来，高校应该积极瞄准世界科技前沿，争取在发起或者参与国际大科学计划和大科学工程方面发挥更加积极的作用。

四是积极参与国际科技合作治理。全球化的不断推进使得国家内部科技治理与国家间的科技治理两个治理体系相互融合、相互影响，国家在针对不同科技领域的治理与发展时，更应当关注下一代世界科技创新格局。如何借助新一轮产业革命的机遇，如何建设中国主导的竞争场域、确立中国主导的技术原则，关系着我国高校未来在全球科技合作中将扮演什么样的角色。高校应该积极抓住科技革命带来的机遇，充分发挥相关领域专家的力量，主动参与建设量子、人工智能、基因编辑、干细胞治疗等前沿领域的科技全球合作，强化高校战略科技力量核心支撑，形成引领性原始创新策源极核。

我国研究型大学高校智库学术合作网络分析

| 钟之阳　薛钰潔

高校作为知识传播和科学研究的重要场域，肩负着服务国家和社会需求的重任。高校智库通过生产具有实践价值的知识影响政策制定和实施，成为作用于公共政策和社会实践的重要力量。根据中国智库索引(Chinese Think Tank Index, CTTI)部分相关数据显示，高校智库仍是我国各类智库中的主要类型，共 664 家，占智库总量的 60%以上。在高校智库之中，依托“双一流”建设高校的智库共有 372 家，占高校智库总数的 56%。其中，依托首轮“双一流”建设中的 42 所“世界一流大学建设高校”的高校智库有 252 家，占高校智库总数的 1/3 以上。

随着政府面临的公共问题日趋复杂，需要综合各方力量共同研究对策，高校智库的科研合作成为必要。2014 年教育部颁布的《中国特色新型高校智库建设推进计划》中明确指出，要求高校智库“主动加强与政府研究机构、社科院、科学院、工程院，以及民间智库等的合作，强化高校之间及高校内部的合作，着力构建强强联合、优势互补、深度融合、多学科交叉的协作机制”，从政策层面上为高校智库的发展提出了明确指导与要求。笔者对 CTTI 的高校智库数据，以及这些高校智库近年来在中国知网 CNKI 数据库中的合作论文数据进行分析，目前我国研究型大学高校智库学术合作网络有以下四个特点。

第一，一流研究型大学高校智库是我国高校智库中的主力军，它们立足自身所长，在促进合作交流和扩大社会影响等方面发挥着重要作用。通过对 CNKI 数据库中的高校智库合作发文数据进行检索，可以发现近年来我国高校智库合作发文共计 13 389 篇。其中，42 所“世界一流大学建设高校”的高校智库合作发文量达到 9 626 篇，约占所有高校智库合作发文量的 72%。也就是说，目前我国高校智库大约七成的学术合作产出由占比约 1/3 的“世界一流大学建设高校”的高校智库贡献。但是值得注意的是，论文目前依然是我国高校源智库最主要的成果产出形式。虽然，高校智库大多具有深厚的学术研究基础，但智库研究不同于学术研究，过于关注学术文化会削弱智库的服务意识和开拓创新能力，高校智库需要在学术研究与决策服务之间实现合理的资源配置。

第二，网络整体属性指标分析结果表明，我国一流研究型大学智库整体知识合作网络较为复杂，合作程度较低。笔者再以前述 42 所我国一流研究型大学的高校智库为基础，运用社会网络分析法，对这些高校智库收录在 CNKI 数据库的 9 626 篇合著论文进行分析，整体网络一共有 762 个节点，3 255 条边。计算图密度以考察合作关系的疏密程度，其结果为 0.011，表明其合作较为稀疏，网络关系数量还有增加空间。同时，在已有的科研成果中大多还是以智库内部人员独立研究或内部合作为主。从成果数量上看，同一机构内的合作成果占大多数，跨机构科研合作成果仍占少数，但在已有的跨机构科研合作中呈现出合作主体多元、合作领域广泛的特点。

第三，我国一流研究型大学高校智库与各类型机构均有广泛的联系，相比较之下，其与公共部门之间的合作关系较强，与企业和国外机构的合作关系较弱，体现了高校智库为各级政府和公共服务部门提供政策咨询和智力支撑这一定位。通过对合作网络中心性和模块化的分析，可以发现一流研究型大学的高校智库更倾向于与其校内资源合作，一方面体现了高校智库对本校学科发展的支撑，另一方面也在一定程度上表明由高校内设学术研究机构转设的高校智库的转型之路依然任重道远。而合作的校外机构类型中，联系最广泛的是科研机构和政府部门，且具有一定的地域特征。这一现象在京津冀地区尤为明显，这一地区有着密集的高水平科研机构和一流研究型大学，以及大量的政府和公共服务部门，智库成果更易被政府及相关机构所采纳，更易增加智库的成果转化率与综合影响力，因此吸引更多的智库与科研机构汇聚于北京，进一步带动整个京津冀地区的智库科研合作。同时，科研机构、政府部门和国内高校占据着网络的核心位置，可以通过其他不同类型的机构获得新的知识、技术与思想，接触更多的学术与科研资源，密切地进行跨机构跨国界的科研合作，不断产生新的科研成果。

第四，部分一流研究型大学高校智库学术合作网络体现了一定的行业特征，具有学科优势的大学通过高校智库这一桥梁在服务相关行业方面发挥了重要作用，在一定程度上也体现了凸显学科特色的“双一流”建设在服务国家战略需求上的精准性。特别是与公共关系、教育、医疗、海洋等行业领域有着较强的联系，比如，以山东大学卫生管理与政策研究中心为核心，与政府、省内外各级医院、全国各大医科高校开展科研合作，在医疗领域深入耕耘，聚焦战略问题与公共政策方面，为政府相关部门科学民主决策提供智力支持；以华东师范大学课程与教学研究所为核心，与全国各地众多师范类高校建立了科研合作关系，致力于推动中国特色的课程改革与实践创新；以厦门大学高等教育发展研究中心为核心，专注于研究高等教育相关领域问题，与内地和港澳台高校建立了广泛合作关系，对促进高等教育高质量发展、建设高等教育强国发挥建设性作用。

参考文献

[1] 金晨. 我国高校智库影响力及其提升研究——基于一流高校智库的分析[J]. 中国高教研究，2019，311(7)：63-69.

高校女性科研人员学术创业行为特征分析*

| 沈天添　陈　强

在创新主体之间普遍加强交流合作的趋势下，专利申请、专利许可或转让、衍生企业创办、技术咨询、合同研发等多种形式的学术创业活动在高校与企业间广泛开展，具有商业化前景的科研成果逐渐成为科研人员除论文发表以外工作绩效的另一种表现形式。学术产出上存在科研人员性别差异的“科研生产力之谜”现象，类似的性别差异在学术创业领域是否也存在？女性科研人员在学术创业领域的表现又具有怎样的特征？

本文以上海交通大学、复旦大学、同济大学、东华大学、华东理工大学五所在沪高校的科研人员为对象，搜集得到 1.1 万余名性别属性完备的科研人员信息、7.6 万余件专利数据(时间跨度从 1985 年 4 月至 2021 年 7 月)以及 2 000 多家企业信息，以“专利申请”和“企业参与”两类学术创业活动为例，比较和分析高校科研人员在学术创业活动中的性别差异现象，提取女性科研人员的学术创业特征。

一、高校科研人员学术创业活动的性别差异现象

对科研人员作为发明人的专利申请情况和作为法人或股东的企业参与情况分别进行统计分析，结果如表 1 所示。

表 1　高校科研人员参与学术创业活动的性别比较

科研人员	人员百分比	参与专利申请的人数百分比	参与申请的专利数量百分比	参与企业活动的人数百分比	参与的企业数量百分比
男	67.39%	71.70%	88.34%	80.02%	85.86%
女	32.61%	28.30%	29.52%	19.98%	15.31%
总数	100%	100%	100%	100%	100%

* 本文为国家社会科学基金重大项目“新形势下进一步完善国家科技治理体系研究”(项目编号：21ZDA018)的阶段性研究成果。

1. 女性科研人员的学术创业活动参与程度低于男性

从参与程度看，在五所高校的1.1万余名科研人员中，有46%的科研人员曾参与专利申请。男性科研人员群体中参与专利申请的比例为48.95%，而女性科研人员群体中参与专利申请的比例仅为39.92%。此外，高校科研人员中有7%担任(过)企业法人或股东，其中男性群体中的比例为8.32%，女性群体中的比例仅为4.29%。如果将专利活动看作科研人员学术成果商业化的第一步，那么企业活动就是与商业领域更为接近的学术创业活动。从学术领域到学术创业领域，男性占比逐渐上升、女性占比逐渐下降，男、女性科研人员之间的性别差异愈加明显(图1)。

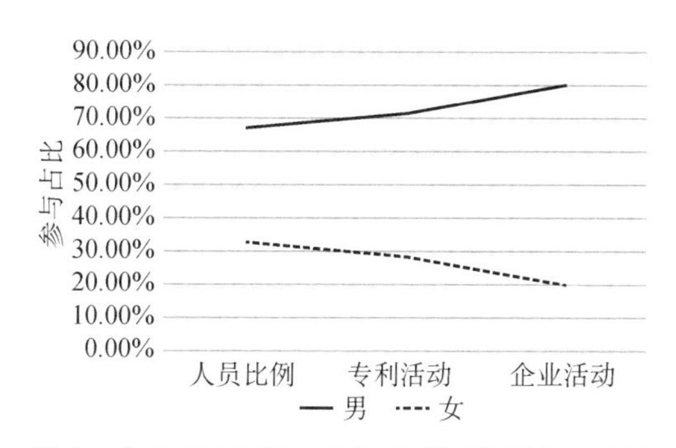

图1　学术创业活动中不同性别群体间参与占比

2. 男性科研人员在专利申请方面更为活跃

从专利数量来看，有男性科研人员参与申请的专利数量占全部专利数量的88.34%，而有女性参与申请的专利数量仅占全部专利数量的29.52%，约为男性参与专利数量的1/3(由于一项专利可能存在一名或多名发明人，因此男女参与专利申请数量比例之和大于100%)。专利数量上的性别差异比专利参与程度上的性别差异更加明显，意味着男性科研人员在专利申请方面的参与更为广泛、更为活跃，可能在专利合作、学科领域等方面还存在更深层次的原因。

另外，第一发明人中的女性科研人员人数占比低于发明人中女性科研人员的人数占比，而男性科研人员的情况则相反(图2)。专利的第一发明人通常被认为对专利具有核心贡献。如果将担任第一发明人看作参与专利申请的一种特殊情形，男性科研人员在有男性科研人员参与申请的专利中担任第一发明人的专利数量比例远远高于同样情形下女性的专利数量比例(图3)。这在一定程度上可以说明，在参与专利申请时，女性科研人员在专利中发挥核心作用的表现弱于男性。

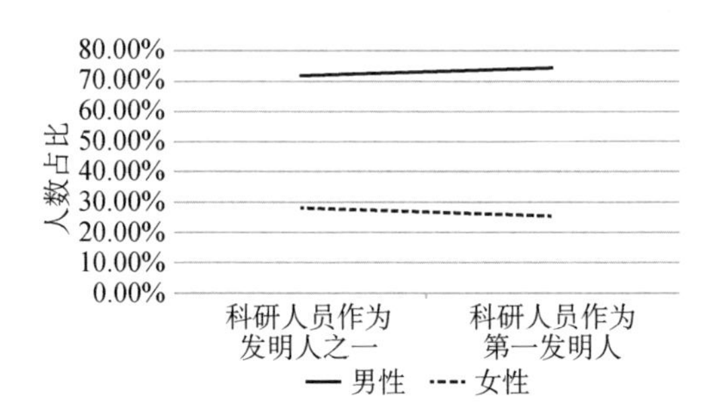

图 2　男、女性科研人员作为发明人不同情形的人数占比

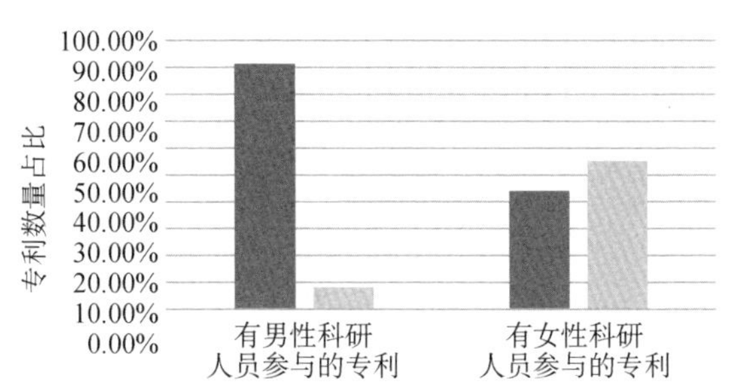

图 3　男、女性科研人员作为发明人不同情形的专利数量占比

3. 女性科研人员在企业活动方面表现疲弱

从企业数量来看，男性科研人员作为法人或股东参与的企业占全部衍生企业数量的 85.86%，这一比例虽较专利活动略低，但仍显示出男性在企业活动中所处的优势地位；与此形成鲜明对比的是，女性科研人员作为法人或股东参与的企业占全部衍生企业数量的比例仅为 15.31%，相较于专利活动，出现大幅度下降（由于多名科研人员可能在不同时间以不同身份参与同一家企业活动，因此男女两项企业数量比例之和大于 100%）。据此推测，女性科研人员在企业活动方面可能存在某些天然劣势，参与企业活动对女性科研人员群体意味着更大的挑战。

4. 性别差异在学科之间不同程度存在

一般情况下，可以将高校科研人员的学科领域划分为人文社科类（哲学、经济学、法学、教育学、文学、历史学、管理学）、理工科类（理学、工学）、农学、医学和艺术学五类。在不同的学科背景下，科研人员在学术创业活动中的参与比例不同，男、女性科研人员人数占比也不同。以专利申请活动为例，参与比例较高的主要为理工科、农学和医学领域的科研人员（图 4）。

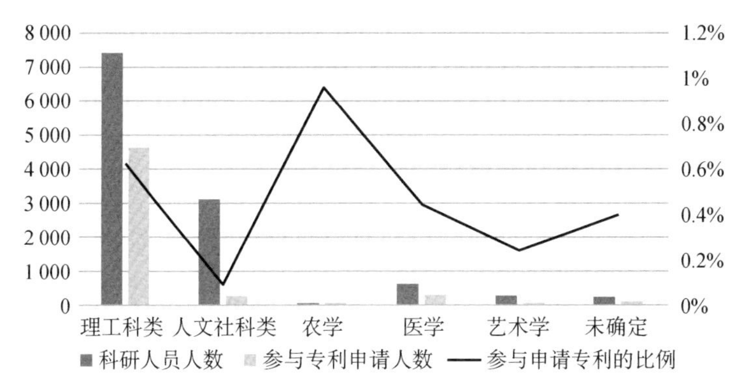

图 4　不同学科背景下的专利申请活动

除了整体参与比例较低的人文社科领域，在大多数学科领域中，相较于人数比例，男性科研人员参与专利申请活动的比例与女性科研人员参与专利申请活动的比例相比基本持平或更高（图 5）。人文社科类、医学和艺术学领域的男、女性科研人员人数比例与专利申请参与比例存在明显差距，说明学科领域之间的性别差异并不能完全解释学术创业活动中的性别差异现象。

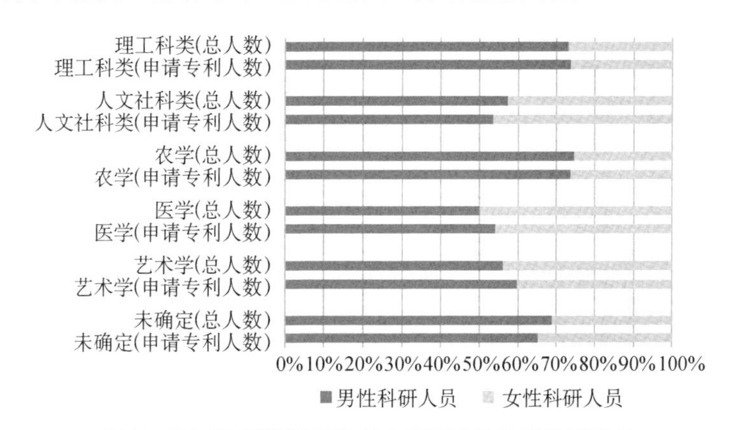

图 5　不同学科背景下专利申请活动的性别差异现象

二、女性科研人员参与专利申请的情况分析

1. 女性科研人员参与专利申请的时间序列演化趋势

将科研人员在工作单位开始进行学术活动的年份作为科研人员学术生涯的

起始年。随着时间的推移，样本中进入学术生涯的女性科研人员越来越多，参与申请的专利总量整体呈现上升趋势，而每一名女性发明人参与申请的专利平均数量基本保持不变(图 6)。除早期女性科研人员人数较少而造成的波动外，每一年女性科研人员作为发明人参与申请的专利平均数量稳定在 1.1 件左右。

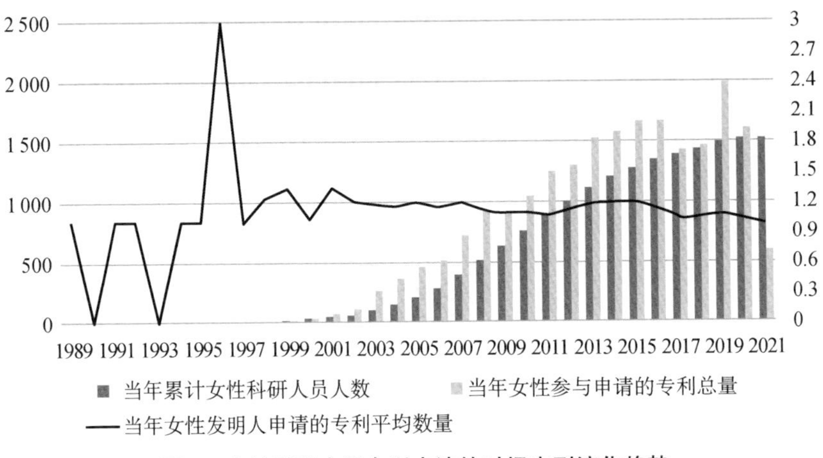

图 6 女性科研人员专利申请的时间序列演化趋势

2. 女性科研人员专利申请的合作特征

从合作者数量来看，女性科研人员参与申请的专利大多由 2～7 人合作申请，独立申请的专利数量极少(图 7)。

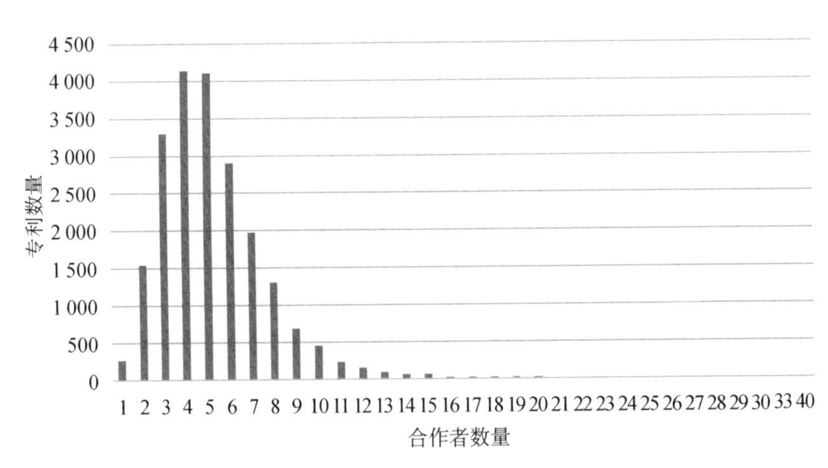

图 7 女性科研人员专利申请的合作者数量

从合作者性别来看,在女性科研人员参与申请的专利中,大部分是由男性科研人员和女性科研人员共同作为发明人合作申请,女性科研人员独立申请和合作申请分别仅占很小一部分比例(图8)。部分专利由于合作者可能并非样本五校科研人员,合作者性别无法完全确定,但根据女性在与同性合作申请专利和与异性合作申请专利的巨大比例差异可以作出合理推测,女性科研人员在专利申请合作中并无明显优势。

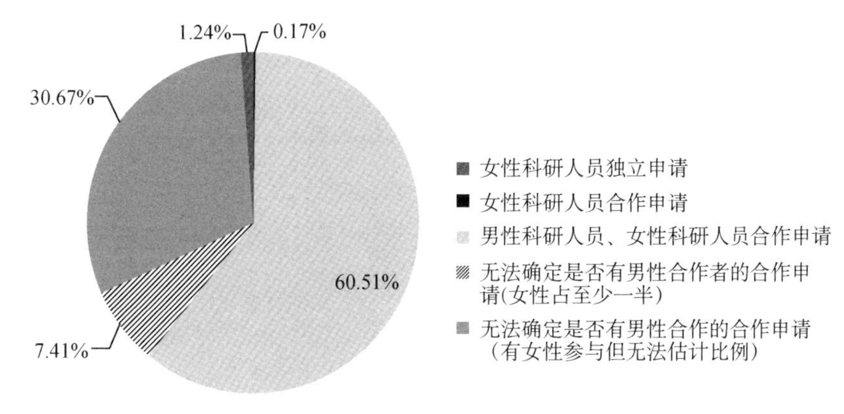

图8 女性科研人员专利申请的合作者性别特征

三、女性科研人员参与企业活动的情况分析

从创业年份来看,2015—2017年出现过一次女性科研人员创业热潮,众多女性科研人员在这一段时间内注册成为公司法人(图9)。也正是在这一时期,"大众创业,万众创新"蓬勃发展,中央、地方政府和部分高校先后出台支持科研人员离岗创业的鼓励措施及配套方案,激发了科研人员创新创业的热情。

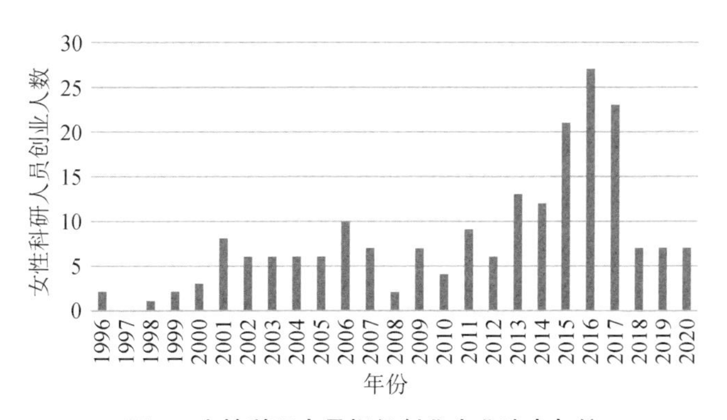

图9 女性科研人员担任创业企业法人年份

从投资比例来看，大部分女性科研人员并没有通过绝对控股的形式获得对企业的强控制权，而更多是通过持有一部分企业股份来体现对企业经营活动的"参与感"（图 10）。

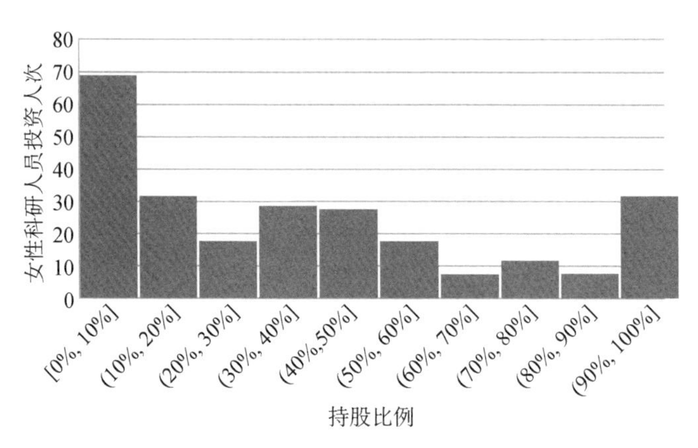

图 10　女性科研人员担任企业股东的持股比例

四、结语

从以上数据分析的结果看，高校学术创业活动呈现出显著的性别差异。女性科研人员在学术创业领域的参与程度总体上比较低，无论是在专利申请方面还是在企业活动中都处于弱势。有学者将风险偏好、个人能力等因素看作供给侧，将商业市场的机会视为需求侧，认为不同性别群体在学术创业活动中受到不同程度的"推""拉"作用。也有学者类比"漏管现象（leaky pipeline）"，认为女性科研人员在学术成果商业化过程中，随着各环节商业程度上升和时间投入增多，参与比例逐渐降低。还有学者认为，女性科研人员同时受到来自学术和商业两方面的压力，身陷"双重困境"，在个人角色转变、创业文化环境等方面仍有提升潜力。显然，关于高校女性科研人员学术创业行为的研究富有潜力，且颇有意思，未来的研究还可以从女性科研人员的个体行为、团队行为、学校治理，以及其与社会系统的互动等多个角度切入。

高校有组织科研须解决好三个问题

| 陈　强

2022 年 8 月，教育部印发《关于加强高校有组织科研推动高水平自立自强的若干意见》，明确了加强高校有组织科研的“一强化、两加快、两提升、四推进”重点举措。一是强化国家战略科技力量建设。二是加快目标导向的基础研究重大突破。三是加快国家战略急需的关键核心技术重大突破。四是提升科技成果转移转化能力服务产业转型升级。五是提升区域高校协同创新能力服务区域高质量发展。六是推进高水平人才队伍建设打造国家战略人才力量。七是推进科教融合、产教协同培育高质量创新人才。八是推进高水平国际合作。九是推进科研评价机制改革营造良好创新生态。

加强高校有组织科研的目的非常明确，即集中高校优势科研力量，聚焦国家重大战略需求，面向产业转型升级和区域高质量发展，加快实施关键领域的重大突破。这对当前的高校科研组织体系提出一系列新的挑战，对于教师个体的任务结构也将产生一定的冲击。任务艰巨，时间紧迫，需要统筹考虑，联动解决以下三个方面的问题。

（1）如何决定有组织科研的方向和重点领域？即有组织科研的决策机制问题。在国家层面，科技创新发展的战略方向选择由国家重大科技创新决策机制保障实现；在产业和区域层面，需求主要由相关部委和地方的决策机制予以响应。高校有组织科研的决策机制则应充分考虑高校自身特点：一方面要着眼于当下，发挥起承转合的作用，将国家战略意图、产业和区域发展的现实需求与高校的资源和能力基础对接起来，明确任务定位，并据此引导和归化科研团队及教师个体的科研行为。另一方面要有创造性和想象力，瞄准世界科学前沿，探索国家可能有需求、市场可能有机会、自身有一定基础条件的新兴领域，进行科研力量的前瞻性部署和科研能力的战略性储备，谋求未来发展空间。高校有组织科研的决策机制既要充分发挥校内高层次人才和学术骨干的作用，也要汲取国内外相关学科领域的战略科学家、科技领军企业技术带头人以及科技智库的智慧。

既要考虑有组织科研的方向选择、制度设计和资源统筹，也要加强与人才培养、学科发展、队伍建设等重要决策过程的互动。

（2）如何有效地开展有组织科研？主要涉及两个方面：组织形式加上资源配置、条件保障。目前，高校的科研组织形式主要有四种类型：①依托学术机构或研究基地，如国家重点实验室、国家工程实验室、协同创新中心、国家工程（技术）研究中心等，面向特定领域进行持续稳定有特色的科学研究。一般情况下，机构或基地的等级越高，各方面的保障就越有力，获取内外部资源的能力就越强，科研组织的建制化程度就越高，越有条件开展有组织科研。②高层次人才、知名教授引领的学术梯队模式，大多承担着重大科研项目，已形成一定规模的科研团队（其中一些优秀团队已入选国家自然科学基金创新群体、教育部"创新团队发展计划"、科技部重点领域创新团队等计划），有组织科研的特征也比较明显。③担任行政职务的领导身体力行，牵头组建学术团队，开展与所在学科发展方向相关的研究。依托行政权力和资源，该模式也有利于开展有组织科研。④最常见的"教师＋学生"的课题组模式，由一名或几名老师带领研究生（有的也有本科生）团队开展研究，或依托课题，或自由探索，虽然建制化程度不高，但比较有活力。加强高校有组织科研可以超越以上模式，进行组织方式的创新，但也要注意发挥以上科研组织形式的优势，优化其结构，激发其潜能。在资源配置和条件保障方面，大多数高校都存在能够用于有组织科研的资源有限，保障乏力等问题。高校科研经费规模虽然小则数千万元，大则上百亿元。但从经费来源结构看，具有高度的相似性：或是纵向，来自各级政府部门；或是横向，主要是来自企业及院所的需求，通常以"四技服务"（技术开发、技术转让、技术咨询、技术服务）的形式体现。纵向和横向科研经费都有明确的任务、成果和进度约定，是高校教师任务结构的主要组成部分。另外，现阶段我国高校科研经费有一部分来自社会捐赠，没有明确用途指向，并且可用于自主科研的经费也不多。因此，高校除了学科建设经费和中央高校科研基本业务费等之外，可以自主调度使用的经费十分有限。这就意味着高校目前在科研组织方面仍处于相对被动的境地，可以自主发挥的空间并不大。另外，有组织科研需要依托实验设施、仪器设备等资源，囿于目前的学科和学院管理体制，这些资源的共享程度并不高，甚至相互之间还不清楚有哪些资源可以共享，重复投入和低效使用的情况也或多或少存在。从客观上看，有组织科研在对这些资源的统筹使用提出新要求的同时，也创造了整合的契机。

（3）如何调动有组织科研参与者的积极性？即评价和考核机制调整问题。高校教师个体的科研行为深受评价和考核指挥棒的影响。目前，从教师个体的任务结构看，教书育人是其首要任务，科学研究的压力也很大，一些教研兼优的教师工作任务处于饱和状态，其实并无太多时间和精力兼顾更多。因此，科研评价和考核的“指挥棒”作用就显得尤为重要。许多高校当下的科研评价和考核机制对于有组织科研的界面并不友好。首先是“导向虚化”，有组织科研要求对焦国家战略需求，并指向产业转型升级和区域高质量发展，但是，这些理念层面的概念较为抽象，对于高校而言，很可能出现理解上不充分和不准确，行动上难以落实的情况。其次，高校科研评价体系主要关注学科发展指标，虽然也体现了以上需求，但到了操作层面，这些导向很有可能被虚化处理。因此，需要在评价和考核中将这些导向尽可能具象化，除了进一步丰富和完善相应的指标之外，需要着重考虑如何健全相关机制的问题。再次是“首位偏好”问题，在科研评价和考核中，项目强调“首席”，课题要求是“主持人”，论文必须是“第一作者”或“通讯作者”，获奖要求“第一完成人”，其他科研合作者作出的贡献则被低估甚至忽略。如果人人都殚精竭虑，去争“头把交椅”，那么有组织科研可能就无从谈起了。最后，“领域锁定”问题也需要考虑，当前的评价体系往往要求科研成果与研究者所属学科领域的相关性，体现专业深度。有组织科研主张跨学科地整合力量，科研活动及其成果通常具有交叉学科特征，简单运用分类评价模式很可能会力不从心。评价和考核机制事关有组织科研参与者的获得感和积极性，应当通过科学论证，进行调整方案的设计。

加强高校有组织科研事关高水平科技自立自强，目前面临诸多挑战。只有真正做到决策高效、组织到位、保障充分、引导有力，方能行稳致远。

高校有组织科研要防范三类学术文化风险

| 周文泳

2022年8月，教育部印发《关于加强高校有组织科研推动高水平自立自强的若干意见》，既进一步明确了“高校是国家战略科技力量的重要组成部分”，也明确了高校加强有组织科研的重点举措，还强调了高校落实有组织科研的责任担当。学术文化氛围会对高校有组织科研的成效产生重要影响。现阶段，为保证高校有组织科研的质量与成效，既要防范个人至上的学术道德风险，也要防范学术价值的认知偏离风险，还要防范急功近利的学术心态风险。

一、防范个人至上的学术道德风险

齐桓公时期创立的稷下学宫，作为中国最早的官办高等学府，促成了先秦思想史上“百家争鸣”的学术盛宴，形成了兼容并包、相互交融的自由精神，为国内外高校所传承与发展。高校在开展有组织科研过程中，无论是在高校之间，学术团队之间，还是在学术团队成员之间，都需要弘扬海纳百川、相互交融的自由精神，形成以解决国家“急难愁盼”的科技问题为荣的“百家争鸣”的良好学术文化。

由于受到个人至上的西方学术思潮的影响，一些高校，一些学术团队，一些学者，以崇尚自由精神为名谋高校、团队与个人的一己之私，助长了个人至上的学术道德风险，还对高校有组织科研产生潜在风险。由此可见，要保证高校有组织科研质量与成效，必须防范个人至上的学术道德风险。

二、防范学术价值的认知偏离风险

为了导正学术价值认知问题，近年来国家相关部门密集推出诸多在学术领域破“五唯”的政策举措，为弘扬风清气正的高校学术文化提供了制度保障，也为高校开展高质量的有组织科研提供了学术价值导向。

现阶段，国内外排名机构对国内高校的错误引导依然存在，一些高校出现了学术价值的认知偏离风险。如将增强版“五唯”指标作为对科研团队、科研人员的考核重点，更有甚者将其与教师绩效考核、硕博士毕业直接挂钩，误导师生产生学术价值的认知偏离，不利于高校落实“国家战略科技力量的重要组成部分”的应尽责任，背离了高校为国家解决“急难愁盼”的重大科技问题的责任担当。由此可见，要保证高校有组织科研质量与成效，必须防范学术价值的认知偏离风险。

三、防范急功近利的学术心态风险

为了更好地满足国家“急难愁盼”的重大科技需求，高校既要尊重高质量科技成果的形成规律，也要结合自身优势组织科技力量，还要形成平心静气学术心态。在选拔承担国家科技重大任务的高校有组织科研团队时，既要关注科研团队与科技攻关任务之间的高度匹配性，也要关注团队成员之间的互补性，更要关注团队成员的团队精神。

然而增大现阶段，在争取国家重大科研任务时，高校之间、科研团队之间与科研人员之间竞争过度，内卷严重，容易引发急功近利的学术心态。高校为增大获批国家重大科技任务的几率，“拉郎配”拼凑由“牛人”担任首席专家和子课题负责人的科研团队、利用团队“牛人”人脉跑项目、项目立项后坐地分配科研经费等不良现象时有发生。此类现象不仅严重污染了高校学术生态，还造成国家巨额科技经费的无端浪费。由此可见，要保证高校有组织科研质量与成效，必须防范急功近利的学术心态风险。

走向独立科研人员之路：NIH 支持青年科研人员成长的经验

| 钟之阳　龙彦颖

创新驱动的实质是人才驱动，人才是创新的第一资源。我国已经提出了“坚持创新在我国现代化建设全局中的核心地位，把科技自立自强作为国家发展的战略支撑”，而实现这个宏伟目标，青年科研人才是重要基础。一般而言，青年科研人才的成长要经历研究生学习、博士后训练、独立开展科研工作等几个不同阶段。其中，从博士后研究人员到独立科研人员的过渡是科研生涯中最具有挑战性的阶段，也是最关键的一步。

美国国立卫生研究院（National Institutes of Health，NIH）不仅是美国生物医学领域最重要的研究机构，而且还是代表美国联邦政府资助生物医学研究最主要的机构。通过多年的管理实践，NIH 创建了一套系统又富有特色的资助体系和管理制度，不仅促进了生物医学研究的发展，也对科研人员学术生发发展和职业技能培养发挥了重要作用。NIH 面向青年科研人员的资助，主要关注其职业生涯发展的不同阶段，根据不同阶段的需求和不同职业目标，采取多样化的资助方式，以帮助早期职业生涯科研人员顺利过渡，最终成为具备独立开展研究能力的新科研人员。NIH 支持青年科研人员成长的经验主要包括以下四个方面。

一、设立专项系列资助帮助青年科研人员职业发展

NIH 目前最主要的资助类型有研究项目基金（Research Grants，R 系列基金）、学术生涯发展基金（Career Development Awards，K 系列基金）和研究培训基金及奖学金（Research Training and Fellowships，T 和 F 系列基金）。NIH 目前实施的各类资助项目类型中，着重于人才培养的资助主要是学术生涯发展基金和研究培训基金。其中 K 系列基金主要为刚进入职业生涯的博士后和早期职业生涯科研人员提供不同类型的资助，促使其尽快具备独立开展研究的能力。

不同于很多基金的青年资助项目仅以资助金额和申请者的年龄作为区分，

NIH目前的K系列基金共有15个资助项目,不仅有面向不同领域的青年科研人员的资助项目,也有面向作为导师帮助青年科研人员顺利过渡的资深科研人员的资助项目。K系列自设立以来,总资助金额不断创新高。2020年,K系列资助的总金额为8.443 5亿万美元(图1),其中资助金额最高的机构为美国国家心肺血液研究所(National Heart Lung and Blood Institute, NHLBI),约为1.436亿美元,约占K系列总金额的17%。

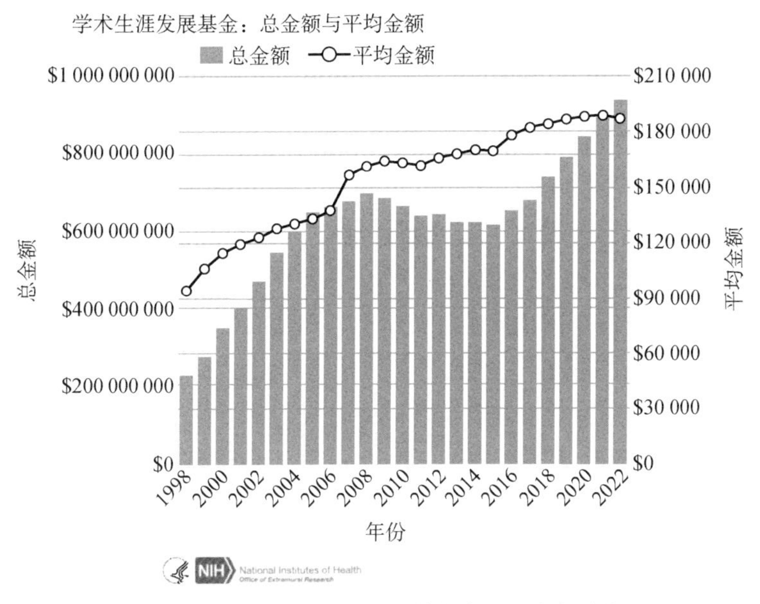

图1　K系列学术生涯发展基金资助总金额分布

与此同时,NIH对于青年科研人才的界定也与很多国家的青年科研人员资助项目不同,并非简单按照年龄"一刀切"来划分范围。NIH对"早期阶段科研人员(Early Stage Investigator, ESI)"这一身份有专门的说明,即该身份指拿到最终学位、博士后出站后,在10年内没有独立承担过NIH科研项目的科研人员。如果10年内由于产假、病假、服役等客观原因导致研究被迫中断,研究人员还可以延长其ESI身份。目前我国的研究生招生规模逐年扩大,青年学者个人情况和发展路径也逐渐多元化。大学本科毕业后在工业界、企业界工作了一段时间再转入学术界的青年科研人员大有人在。同时,随着女性从事科研工作的比例不断提高,大量女性青年科研人员在早期学术生涯面临由于生育养育孩子等问题而难以与同龄学者保持"整齐划一"的步调的压力,这些现实问题也逐渐得到了社会的关注。因此,根据人才年龄和价值创造的规律,更为细致合理地划分青年科研人员范围,是完善针对不同职业发展阶段科研人员资助体系的基础。

二、以学术生涯发展为目标提供长期稳定的科研支持

NIH 对青年科研人员的帮助不仅出"钱"还出"人",通过"以老带新"的方式,根据青年科研人员不同阶段的特点提供长期稳定的支持,以帮助青年科研人员顺利过渡。这些资助项目总体可以分为两类:一类是在导师指导下开展研究,另一类是逐渐过渡到独立开展研究。

1. 在导师指导下开展研究的资助项目

这类资助项目主要为了使博士后人员在导师指导下开展研究。例如 K01 资助项目主要是使博士后人员获得研究顾问指导下的研究和培训经历,如向受资助者提供工资支持,使受资助者能获得足够的时间集中精力建立自己的研究计划,取得独立科研人员的地位,其最终目的是帮助受资助者有所积累,以便参与 R01 的竞争。K05 资助项目则是面向担任导师的资深科研人员,为其提供研究经费支持,鼓励其担任更多初级研究学者的导师。

2. 逐渐过渡到独立开展研究的资助项目

这一系列资助项目主要是为了帮助青年科研人员顺利成长,进而成为独立科研人员。这个类型主要有三个项目,也是最被熟知的 NIH 青年科研人员资助项目。K22——职业生涯过渡计划(Career Transition Award)的目标是促进博士后向独立的、富有成效的研究职业的过渡。分两个阶段:第一阶段 2～3 年,在导师的指导下进行博士后研究;第二阶段 2～3 年,为受助者提供工资和部分研究经费,以支持他们向独立科研人员过渡。K99/R00——独立之路计划(Pathway to Independence Award)为优秀的博士后研究人员或临床医生提供支持,帮助他们从初级研究岗位过渡到独立、有终身教职或同等职位,申请者一般有不超过 4 年的博士后研究经验。K99/R00 项目为青年科研人员提供两个阶段共 5 年的资助,第一阶段(K99)支持长达 2 年的密集指导的研究职业发展;第二阶段(R00)支持长达 3 年的独立研究,条件是获得一个独立的研究职位。

K02 资助项目则面向新的独立的科研人员,向其提供 3～5 年的工资支持,帮助具有研究潜力的青年科研人员在一段时间内集中主要精力进行研究,以促进其学术生涯的进一步发展。

三、多样化的资助项目聚焦青年科研人员全方位发展

NIH 的 K 系列基金有多达 15 个资助项目,充分考虑到不同青年研究特长和研究兴趣。这些多样化的资助项目有的面向青年科研人员本身,也有的针对青年科研人员的导师;有的帮助青年科研人员在科研上过渡,也有的帮助青年科研人员加强教学方面的能力,总之,全方位地考虑了青年科研人员在职业生涯起步阶段所需要的帮助。

1. 面向临床研究人员的资助

NIH 特别重视从事临床研究的青年科研人员,为其设立了一系列专门资助项目。例如,K08、K23 和 K24 资助项目都是专门资助具有临床专业博士学位的独立研究人员从事医学研究的。其中,K23 和 K24 专门支持临床研究人员开展以患者为导向的相关研究,K24 则专门为职业生涯中期的临床医生提供研究支持,并鼓励他们为临床住院医生、临床研究员和/或初级临床教师担任研究导师。

K12 资助项目面向科研机构的资助,鼓励其为独立临床研究人员进一步发展学术生涯提供支持和条件,其主要目标是增加具有临床研究知识和技能的研究人员的数量,并促进他们向更高的资助项目过渡,如 K08 和 K23。该类资助直接下拨到受资助单位,由受资助单位决定具体资助哪些博士后人员开展研究。此类基金的申请单位必须有相应的人力条件,每年可支持 20～35 人接受研究培训。

2. 面向多元化背景的资助

NIH 还为青年科研人员的多元化研究兴趣和特长提供资助。K07 支持受助者独立或在导师指导下开发或改进课程,鼓励青年科研人员加强现有的教学项目,提升教学能力。K25 资助项目则主要是资助具有良好定量分析研究背景的科研人员从事健康和疾病的研究,申请人需要具有定量分析科学或工程学的高级学位。K26 为生物医学和行为科学家提供资金支持,使他们有保护时间投入研究和指导。K76 旨在促进医师科学家的发展,鼓励其在改善医疗保健的变革中发挥积极作用。K43 为在中低收入国家机构担任教职的初级科学家提供研究支持和保护时间,使其能够从事独立资助的研究事业。

四、重视优秀学生的早期培育

NIH 还在其整个资助体系中制定了对尚处于研究生阶段甚至本科阶段的

学生的资助计划，为有志于从事研究工作的学生提供良好的学术训练和科研支持。主要有 F30——Kirschstein-NRSA 博士生奖学金（Ruth L. Kirschstein Individual Predoctoral NRSA for MD/PhD and other Dual Degree Fellowships），旨在为优秀博士生同时提供综合研究和临床培训，这些获资助的学生一般被医学博士和哲学博士学位项目录取，并有志于拥有医生和科学家双重职业身份。除此之外，T34——Kirschstein-NRSA 本科生研究培训计划（Ruth L. Kirschstein Undergraduate NRSA Institutional Research Training Grants）更是以本科生为资助目标，支持本科生的学术和研究培训，以使其达到有能力从事国家生物医学方面的初级研究工作。2022 年，获得 F30 资助的博士研究生每个月可以获得 2 196 美元的津贴，获得 T34 资助的本科生每个月可以获得 1 160 美元。除了津贴外，还能够获得对学费的补贴、培训津贴和其他竞争性的经费支持。总之，这些支持不仅足以帮助有潜力的学生安心完成学业，还能够为他们创造良好条件，为未来科研打下基础。

战略导向型基础研究的内涵与特征*

| 周新晔　黄文睿　周文泳

党的二十大报告指出:"以国家战略需求为导向,集聚力量进行原创性引领性科技攻关,坚决打赢关键核心技术攻坚战。加快实施一批具有战略性全局性前瞻性的国家重大科技项目,增强自主创新能力。"面向国家重大战略任务、国际战略必争领域和世界科技发展前沿,凝聚力量开展高质量战略导向型基础研究至关重要。

一、战略导向型基础研究的内涵阐释

基础研究是"国家科技创新体系的源头活水",是旨在获得关于现象和可观察事实的基本原理的新知识,不以任何专门或特定的应用或使用为目的而进行的实验性或理论性研究工作,其以产生新观点、新学说、新理论与新规律等理论性成果为使命,具有先导性、探索性(不确定性)、公共性等特征。按驱动因素区分,基础研究可分为自由探索型、战略导向型(前瞻性)和应用型三类。

战略导向型基础研究是聚焦国家重大战略任务、国际战略必争领域和世界科技发展前沿,致力于解决制约国家全局发展和长远利益的重大科技问题的基础研究。战略导向型基础研究,主要面向国家重大战略需求,以政府计划驱动为主导、由多方科研价值主体共同参与,致力于解决制约国家全局发展和长远利益的重大科技问题。战略导向型基础研究是实现高水平科技自立自强的关键基础技术储备,并为抢占未来技术制高点提供有力支撑,是我国建设世界科技强国的重要基石。

---

* 本文为上海市2022年度"科技创新行动计划"软科学重点项目"战略导向型基础组织模式与研究评价机制研究"(项目编号:22692100600)的阶段性研究成果。

二、战略导向型基础研究的主要特征

一是目标导向明确。战略导向型基础研究以满足国家发展战略需求为出发点，以“坚持面向世界科技前沿、面向经济主战场、面向国家重大需求、面向人民生命健康”指明研究方向，定向服务国家目标（通常是国家指定的具有特定长远或重大利益的研究项目），旨在推进前沿领域实现自主可控。其目标成果建立在现有成果预见基础上，预期成果指向性强，研究目标相对明确。

二是前瞻性和引领性。战略导向型基础研究是学科前沿不断突破、范围不断扩大交叉的结果，以重点解决基础研究前沿领域重大科学问题为使命，具有领域的前瞻性、研究的创新性、技术的颠覆性，能够实现引领性原创成果的重大突破，加速颠覆性技术的出现和应用。

三是有组织性。战略导向型基础研究是一种有组织的基础研究，其依托国家战略科技力量、有赖于国家创新体系，依靠国家或地区的支持和组织，要求政府系统推进基础研究的任务布局、平台建设、资源配置和组织管理。同时，需求导向型基础研究依靠建制化团队开展稳定合作攻关，管理更为紧密，更有组织性。

四是投入规模大。战略导向型基础研究是面向国家未来发展需求的科技力量的坚实储备，要求有充足的预算支持和完善的资助体系。通过中央政府以项目形式开展资助，要求研究领域重大科技攻关项目的持续稳定支持，投入资金体量较大，依靠建制化团队开展长期稳定合作，研究投入周期相对较长。

五是全局性。战略导向型基础研究着眼于解决制约国家发展全局和长远利益的重大科技问题，是国家战略发展所需。随着国际科技实力竞争不断前移至基础研究阶段，加强战略导向型基础研究也是储备国家发展的科技力量、形成国际影响力、应对国际科技竞争的需要。

参考文献

[1] 周文泳，陈康辉，胡雯. 我国基础研究环境现状、问题与对策[J]. 科技与经济，2013，26(5)：1-5.

[2] 周文泳. 如何评判基础研究成果价值?[M]//陈强，邵鲁宁. 创新生态与科学治理——爱科创 2019 文集. 上海：同济大学出版社，2020.

[3] 周文泳. 基础研究原创成果：形成、特征与生态要求[M]//陈强，邵鲁宁. 创新生态与科

学治理——爱科创 2019 文集. 上海:同济大学出版社,2020.
[4] 阿儒涵,杨可佳,吴丛,等. 战略性基础研究的由来及国际实践研究[J]. 中国科学院院刊,2022,37(3):326-335.
[5] 孙悦,赵彬彬,蔺洁. 支撑前沿突破基础研究的科学基金全过程管理体系初探[J]. 科学学与科学技术管理,2021,42(4):70-82.
[6] 万劲波,张凤,潘教峰. 开展"有组织的基础研究":任务布局与战略科技力量[J]. 中国科学院院刊,2021,36(12):1404-1412.

全球人工智能高端人才分布与流动特征探析

| 赵程程　丁佳豪

赢得全球人工智能技术创新，人才是关键。笔者通过整理分析 Aminer、斯坦福等智库平台数据，对全球人工智能高端人才分布和流动特征进行了初步分析。其中对人工智能高端人才的界定，参考了清华大学 Aminer 数据库关于学科的分类，同时融合了国内外专家学者的建议，选择经典人工智能、机器学习、计算机视觉、自然语言处理、机器人、知识工程、语音识别、数据挖掘、信息检索与推荐、数据库、人机交互、计算机图形、多媒体、可视化、安全与隐私、计算机网络、操作系统、计算理论、芯片技术和物联网作为人工智能的 20 个子领域。

一、全球顶尖人工智能人才实力"一超一强"格局初具雏形

2022 年在全球顶尖人工智能人才群体中，美国占比近六成(57.3%)，中国占比超一成(11.6%)，剩下三成由其他 40 多个国家占据(其他各国占比远不及一成)。因此，全球顶尖人工智能人才储备实力的"一超一强"格局初步形成，"一超"是指美国，"一强"是指中国。

从细分领域来看，美国在人工智能人才数量上仍占有强势领先位置，囊括 13 个人工智能子领域的榜首学者，与 2021 年(16 个)相比略有下降。中国有 2 位榜首学者，分别来自信息检索与推荐和多媒体两个领域。德国有 2 位榜首学者，分别来自机器人和可视化两个领域。另外，意大利学者占据了物联网领域榜首，日本学者占据了计算机图形领域榜首。2022 年出现了更多的上榜国家，这间接表明美国之外的国家在逐渐强化自己的优势领域，壮大自己的技术力量。

二、全球人工智能人才缺口持续扩大，人才成为关键资源

人工智能是目前科技发展的重要方向，且伴随着全球人工智能相关国家级

战略的密集出台，世界人工智能领域人才的需求呈现快速增长态势。通过对斯坦福大学发布的《2021 年人工智能指数报告》数据进行分析，发现美国、英国、加拿大、新加坡、新西兰、澳大利亚六个国家对人工智能劳动力的需求在过去七年中显著增加，2020 年人工智能职位的发布量为 2013 年的五倍以上。其中，新加坡人工智能人才需求增幅最大，即 2020 年人工智能岗位占比是 2013 年的 13.5 倍。无独有偶，2020 年中国人工智能人才需求增长 145.6%，增速较 2018 年提高 37%。人工智能人才需求持续扩大。

三、人工智能人才从高校科研机构流向业界态势明显

人工智能热潮让科技企业纷纷砸大钱争抢人才，在水涨船高的高薪待遇下，高校科研机构人工智能人才纷纷流向企业。同时，业界所具备的海量数据与资源投入能为长期从事理论研究的学者提供一个“机会”验证他们的想法，这也是人工智能人才从学术界流向产业界的一大重要原因。斯坦福的数据显示，2018 年全球有超过 60%的人工智能博士去往产业界，高于 2004 年的 20%。爱思唯尔则通过调查 2013—2017 年美国、欧洲、中国的人工智能人才在产业界与学术界的流动发现，三地的人工智能人才中，从学术界流向产业界的数量远远多于由产业界流向学术界的数量。在这其中值得注意的是，相较于美国人工智能人才流动本土内循环的特征，中国和欧洲的人才呈现出较强的流向国外产业界(外循环)的态势。

四、不同于美国企业占主导，中国人工智能高端人才集聚高校

从人工智能领域高层次学者数量前十名的中国机构来看，大多数为高校。前三名分别为清华大学、香港中文大学、浙江大学，共有七所高校进入前十；而进入前十的机构有三家，分别为京东、阿里巴巴、华为(图 1)。我国人工智能高端人才集聚高校，这也得益于中国人工智能人才战略更加注重完善高校的人工智能本土人才培养体系。放眼上海，无论是高校还是科研机构，上海创新主体尚未进入前十位。由此可见，上海并未形成强而有力的创新主体，引育人工智能头部创新主推，是“十四五”时期推动上海人工智能高质量发展的着力点之一。

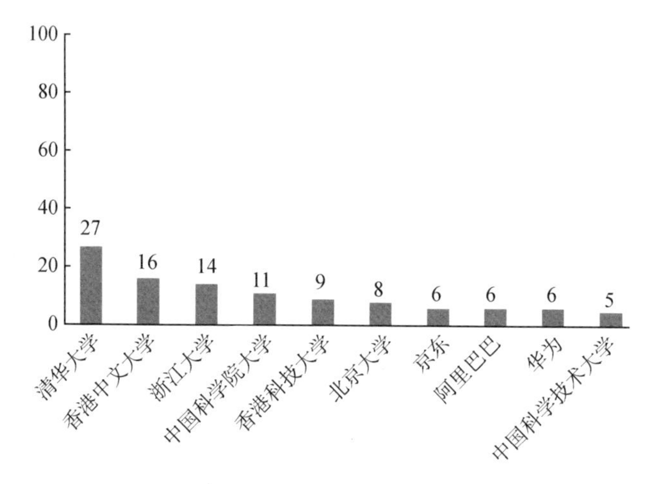

图 1　中国人工智能高端人才机构分布

数据来源:《2011—2020 年人工智能发展报告》,2022。

五、中国顶尖人工智能人才汇集北京,长三角顶尖人工智能人才汇集杭州

从人工智能高层次学者分布来看,北京、杭州、上海、深圳作为国内一线城市,云集了全国九成以上的人工智能人才,其中尤其以北京为甚,吸引了近六成的人工智能人才(图 2)。

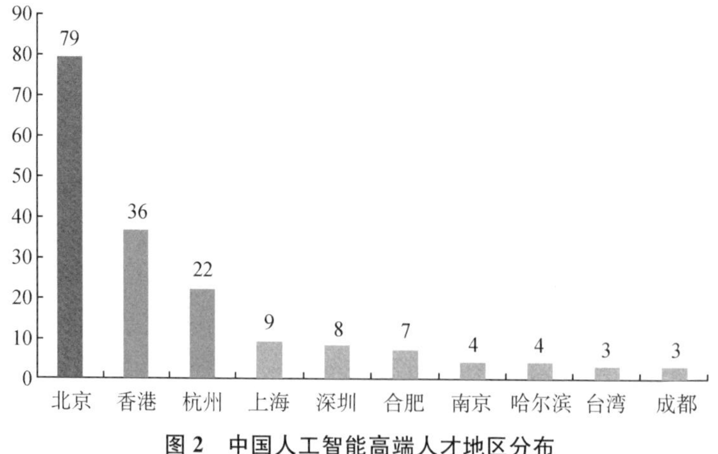

图 2　中国人工智能高端人才地区分布

数据来源:《2011—2020 年人工智能发展报告》,2022。

北京拥有人工智能高层次学者数量在国内最多，有 79 人，占比 45.4%，接近国内人工智能高层次人才数量的一半。究其原因，北京坐拥一批 ICT 巨头、数量众多的人工智能专精类企业，以及多所知名高校和研究机构。北京在人工智能细分领域发展较为均衡，相关论文产出量均居于全国领先位置。

杭州有海康威视、阿里巴巴、浙江大学等著名机构与大学，对人才有较大的吸引力。与其同一档的香港，其高校具有较强的国际竞争力。香港政策扶持力度更是增强了人才吸引力。例如，2021 年 5 月香港推出一项为期 3 年的“科技人才入境计划”，旨在通过快速处理入境安排，为香港特区科技公司（机构）输入海外和内地科技人才。

上海虽有依图科技等“独角兽”企业，也集聚了诸如上海交通大学、同济大学等国内顶尖高校，但是在人工智能领域起步较晚，缺乏 ICT 巨头，尚未形成一个成熟的技术创新生态系统。

六、中国重点城市人工智能人才净流入对比

根据《猎聘 2019 年中国 AI&大数据人才就业趋势报告》，在各重点城市的人工智能人才净流入对比中，杭州拔得头筹，合肥、西安位列前三。

2017 年一季度至 2019 年二季度，在全国 AI&大数据人才净流入率排名最高的 20 个重点城市中，杭州位居榜首，合肥、西安紧随其后，净流入率分别为 14.94%、11.92%和 10.03%。深圳、成都、武汉、佛山、长沙、重庆为第二梯队，人才净流入率为 5.88%～7.52%。上海、宁波、北京、东莞、南京、无锡、广州为第三梯队，人才净流入率为 0.77%～4.89%。苏州、厦门、青岛、天津为第四梯队，人才净流入率为－3.55%～－0.25%，人工智能人才外流（表 1）。人才在选择城市时不仅考虑其行业发展情况，还将城市的生活成本和工作状态纳入权衡范畴内。AI&大数据人才净流入率排名前三的城市均是非一线城市。与一线城市相比，杭州、合肥、西安的房价及生活成本相对较低，且这三座城市在 AI&大数据领域都有全国知名的代表性公司，如杭州有阿里、海康威视，合肥有科大讯飞，西安有寒武纪西部总部落户。

相比之下，一线城市的人才净流入率排名相对靠后，深圳、上海、北京、广州分别位居第 4、10、12、16，对应的人才净流入率为 7.52%、4.89%、3.85%、0.77%。在这场 2017 年以来席卷全国的城市抢人大战中，非一线城市表现突出，尤其是杭州和西安数次升级人才新政，向国内外人才伸出橄榄枝。

表 1　2017Q1—2019Q2 全国 20 个重点城市人工智能 & 大数据人才净流入率排序

梯队排序	城市	人才净流入率
第一梯队	杭州	14.94%
	合肥	11.92%
	西安	10.03%
第二梯队	深圳、成都、武汉、佛山、长沙、重庆	5.88%～7.52%
第三梯队	上海、宁波、北京、东莞、南京、无锡、广州	0.77%～4.89%
第四梯队	苏州、厦门、青岛、天津	−3.55%～−0.25%

人工智能领域人才培养体系的"中国特色"解读

| 赵程程

全球主要国家都在快速推进人工智能国家战略，赢得竞争的关键之一是人才。诸多国内外研究机构纷纷将目光聚焦在全球人工智能人才的扫读。例如，2021 年，知名人工智能领域机构 Element AI 发布了《全球 AI 人才流动报告(2020)》，对人工智能人才的数量、分布范围等情况做了总结。2022 年 2 月，百度联合浙江大学中国科教战略研究院发布《中国人工智能人才培养白皮书》，从人工智能人才培养供求情况、培养模式、问题和对策等角度对国内外人工智能人才发展现状和趋势进行了系统梳理。上述报告都凸显了三个共识：一是在可预见的未来，中国的人工智能市场需求很大，人才缺口较大，因此更需要高质量、高水平的人才来支撑和推动中国人工智能行业的发展；二是人工智能时代需要更懂创意、更懂跨界、更懂开放、更会合作与共享的人才；三是培养以产业智能化需求为基础的、理论与实践相结合的复合型人工智能人才，同时培养长期扎根人工智能基础理论突破的研究型人工智能人员。

从具体的国家和地区来看，美国在过去发展进程中，互联网发展体系完整，人才培养结构相对成熟，因此美国人工智能本土人才培养体系构建完善，研究型人才是主要的培养对象。2021 年，美国本土人工智能人才教育体系改革突出技术与伦理并重，在《国防教育法案Ⅱ》中要求美国高校 STEM 类专业培养需加入技术伦理、政策治理和法律法规等内容。相较于美国的培养起点，中国起步稍晚，但随着人工智能企业的快速发展，多方施力，逐渐形成了关于各个层次人工智能人才培养的不同解决方案。中国人工智能领域需突破的人才问题，不仅仅是短期角度吸引全球高端人才，还包括长远角度如何构建国内国际双循环一体化式的人工智能人才培育生态系统。

一、高校培养目标及体系方面，英美追求素质培养，德日重视职业教育培养，中国强调一体化教育体系

政府、高校、科研机构和企业是主要参与对象。四者合力，形成产、学、研、政四位一体的培养路径。高校与科研机构是研究型人才的重要培养场景，也是研究成果的重要产出来源。2022 年，科技部将“夯实基础研究”作为围绕科技创新的第一任务。“培养造就世界一流的基础研究人才队伍，支持培养青年科学家和后备力量，推动学科交叉融合和跨科学研究，布局建设一批基础学科研究中心。”这对高校和科研机构的研发基础平台、教学科研水平等提出了更高的要求。教育部“新工科、新医科、新农科、新文科”计划的实施，逐步明晰中国高校专业发展定位，为推动学科交叉融合提供了契机。政府在研究型人工智能人才培养中的作用更加宏观，通常通过政策手段“合力”实现，而政策的主要执行对象亦为高校和科研机构。企业是人工智能应用型人才培养的拉动力。通过对人工智能“独角兽”企业的研究发现，人工智能初创企业初期以核心技术或算法的产品迅速占领市场分配，随着市场对产品效能要求更加苛刻，企业反向聚焦人工智能基础技术或算法的优化，应联手高校、科研机构，施力于人工智能基础层、技术层的创新研究。

通过上述对政府、高校、科研机构和企业在人工智能人才培养体系中功能和作用分析，可以发现高校在人工智能人才培养中扮演着关键角色，特别是中美高校是人工智能人才培养的高地，向全球输送研究型和应用型人工智能人才。CSRankings 2019 年度全球高校的计算机科学综合实力前 20 位的情况显示，美国大学占比 68%，居于首位，其次是中国，占比 9%，再次是新加坡、以色列等。2021 年，在人工智能全球知识储备测算中，中国、美国、英国高校在学科研究和战略布局方面走在前列；中国科学院大学、南洋理工大学、哈尔滨工业大学等全球知名研究院校的论文研究成果较为丰富。根据上述统计与计量，中美高校承担着 80%以上全球人工智能人才培育与输出毋庸置疑。

在高校的培养目标及体系方面，英国与美国起步早，从高校培养推广到全民素质培养。2021 年，美国在人工智能国家战略中提出“全方位培养一批多元化、有道德的人工智能队伍，维持美国领导地位”的人才培养目标。《国防教育法案Ⅱ》重点资助 STEM 和人工智能类课后项目和暑期学习项目；加强对 K-12 教育中 STEM 类教师的招募和在岗培训；联合美国国家科学基金会（National

Science Foundation，NSF)创建 STEM 类奖学金(计划面向 25 000 名本科生、5 000 名研究生、500 名博士提供 STEM 类奖学金)。除了在高等教育阶段外，美国将人工智能教育全学段覆盖，同时重视吸引女性和少数民族学生等代表性不足群体和弱势群体参与人工智能培训计划。英国提出金字塔人才培养目标，旨在培养适应未来行业发展的多层次人工智能技能人才，除培养高水准的人工智能研究型研发专家、博士、硕士外，还注重较低层实用人才技能的培养，重视全民 STEM 教育及数据技能培养。

不同于英国与美国，德国与日本将高等教育和职业教育糅合并进，培养更多专业技能人才。《德国人工智能发展战略》(2020)提出未来德国人工智能人才促进工作聚焦十个方面：①为应用科技大学的青年研究者创造具有吸引力的工作和研究环境，增加相关资助；②开展人工智能挑战赛，设立德国人工智能奖项“人工智能德国造”；③与德意志学术交流中心(Deutscher Akademischer Austauschdienst，DAAD)共同设立新的青年研究者资助计划；④资助基于人工智能和大数据的高校教育数字化创新；⑤通过将人工智能作为课程内容，促进未来学术人才的培养；⑥通过利用人工智能提高高校的教学质量和水平；⑦基于人工智能，构建职业教育在线技能提升网站；⑧开展创新挑战赛(职业教育数字平台)，以构建创新的、以用户为导向的、可持续的数字继续教育空间；⑨与各州协商提高人工智能教授的工资水平；⑩通过区域创新体系和集群设立针对青年女性的人工智能教育计划。与德国重视人工智能技术人才培养类似，日本从教育改革入手，将信息技术能力培养贯彻为全民培养模式，集中产官学资源，强化社会人员职业再教育，积极引进国际人才，鼓励创新创业。

与上述各国不同，中国虽然起步晚，但从教育改革入手，培养力度大。中国着重强调建设人工智能专业教育、职业教育和大学基础教育于一体的高等教育体系，在研究生阶段强调“人工智能＋X”相关交叉学科的设置，分层次培养人工智能应用型人才。

二、应用型人才校内培养方面，美国“全民化、终生化”，德国“双元制、新学徒制”，中国“校企合作、产业融合”

应用型人才是人工智能人才培养机制的重要产出。纵观全球人工智能应用型人才的培养，美国、德国、中国应用型人才培养体系各具特色。美国应用型人才培养贯穿学历教育的各个阶段，职业教育以社区大学为主，呈现“全民化、终生化”特征。社区大学是美国应用型人才培育的重要主体，授予副学士学位(Associate Degree)，为当地就业市场提供技术型人才。德国双元制教育是理论与实践培养交替进行的教学模式，由职业学校负责理论教学，企业则负责实践教学(图 1)。

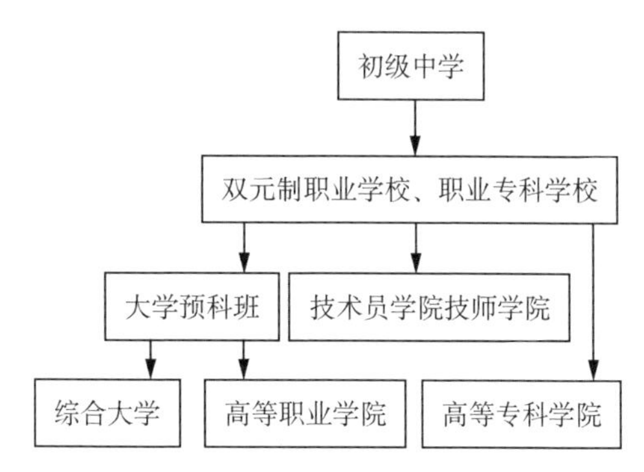

图 1　德国人工智能职业教育培养体系

来源：安信证券研究中心。

近年来，中国政府大力支持职业教育发展，强调要创新各层次各类职业教育模式，坚持产教融合、校企合作，引导社会各界特别是行业企业积极支持职业教育。其中，高校是教育改革的内生动力，企业是市场需求的外生拉力(图 2)。

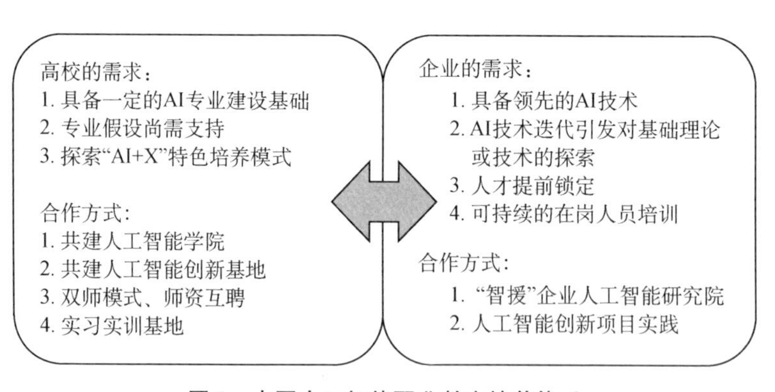

图 2　中国人工智能职业教育培养体系

三、以 BAT 为代表的中国人工智能人才，校外培育起步晚，发展快

中国人工智能人才校外培育体系以企业巨头 BAT[百度公司(Baidu)、阿里巴巴集团(Alibaba)、腾讯公司(Tencent)]为代表，从 2012 年逐渐开始建设，其

中百度人工智能团队成立时间最早，主要在自动驾驶领域发力。对于人工智能应用型人才的培养，BAT 分别成立了百度云智学院、阿里云大学、腾实学院开展模式多样的应用型人才培养。除了与国外科技巨头类似的在线课程、免费实验项目外，三家人工智能学院均因地制宜地设有职业证书认证体系，为个人和讲师提供资格认证，大力推动“1＋X”职业教育体系的建设，认证人才进入企业可以获得优先推荐。

中国人工智能人才校外培育体现为短期训练和 IT 职业培训。短期训练围绕人工智能技术型企业展开，具有品牌效应和认证效果。中国人工智能训练营大多面向在校生或是职场新手，是对校内培养的有力补充和实践延伸，主要依托人工智能技术型企业的实验平台、实验数据强化实战经验，学习科技巨头的先进理念和产业应用实践案例。培训教师队伍由各大科技巨头公司的技术负责人、高校知名学者、行业领袖等组成。例如，企业自主开展的创新工程 DeeCamp 人工智能训练营独创的“知识授课＋实践课题”模式，让学员们既可以与科研及产业领域大师近距离沟通交流，也可以与志同道合的伙伴结队，亲身体验人工智能技术应用于实际场景，积累实战经验。企业与学校合作开展的“南开大学—英特尔人工智能训练营”，邀请人工智能相关领域专家学者、英特尔公司技术人员等开展为期 10 天的理论、实践教育。

人工智能应用型人才是 IT 职业培训的重要服务输出。中国逐步形成针对人工智能应用型人才的学习路径规划和个性化课程安排，重视职业培训的辅导服务。目前 IT 培训市场分为三大阵营：第一阵营以达内科技为代表，通过“双师模式＋校企合作＋就业输出”的商业模式占据发展先机；第二阵营以传智播客、火星时代、麦子学院、开课吧为代表，商业模式成熟，有一定的师资和科研团队力量，渠道能力出众，具备一定的品牌积累，但产品较为单一；第三阵营企业数量多，以麦肯教育、极客学院为代表，在小范围地区或某细分产品领域具有一定的占有率。

夯实未来产业发展的人才之基*

| 刘 笑 胡 雯

2021年3月发布的《中华人民共和国国民经济和社会发展第十四个五年规划和2035年远景目标纲要》明确指出，在类脑智能、量子信息、基因技术、未来网络、深海空天开发、氢能与储能等前沿科技和产业变革领域，组织实施未来产业孵化与加速计划，谋划布局一批未来产业。由于颠覆式创新和颠覆性技术在激发社会经济活力方面具有巨大潜力，未来产业已成为全球发达国家竞相发展和优势争夺的核心领域。培育未来产业是一项系统工程，需要从多个维度保障创新要素供给，而其中人才是关键变量。

一、主要发达国家未来产业人才培育的特点

1. 注重未来产业人才培育的全纵深精度

未来产业涉及产业类别较多，不仅涉及量子科技、6G、智能计算等信息科技领域，而且涉及未来健康、未来材料、未来能源以及未来空间等诸多领域。不同类别未来产业的发展基础和所处生命周期存在差异，进而对人才的需求也是不同的。世界主要国家之间的科技竞争最终要归结于颠覆式创新技术支撑下的未来产业之争，为积极有效应对新冠疫情、气候变化、能源危机和数字主权等全球性问题，发达国家针对人工智能、量子信息科技领域积极出台了科技创新人才专项规划，不仅体现人才培养的顶层设计，将中长期前瞻性储备性培养与短期人才快速供给思路紧密结合，而且体现了人才培养的精准化，针对特定产业形成人才培养的精准方案。例如，美国白宫科技政策办公室和日本文部科学省下属量子科学技术委员会分别发布了《量子信息科学和技术劳动力发展国家战略计划》和《量子人才培养与保障推进政策》，旨在从长远和短期全面掌握国家量子信息科

* 本文为国家社科基金重大项目“新形势下进一步完善国家科技治理体系研究”(项目编号：21ZDA018)的阶段性成果。

技领域人才的发展现状，据此提出培养、吸引和留住量子人才的针对性政策与措施。

2. 注重未来产业人才培育的社会面广度

不断拓展人类生存和发展新边界，满足人类和社会发展的新需求是未来产业的主要特征。因此，将公众等广泛性群体纳入培养范畴不仅可以增强未来产业的人才基础，而且可以夯实社会治理基础。全球各国均面临量子信息等未来产业领域的人才储备问题，美国和德国等发达国家均将量子信息教学纳入国家计划中，指出要在小学、初中和高中早期阶段部署量子科学教育，除了设置符合计算思维和科学思维导向的正式课程外，还借助互联网平台提供启发式在线学习资源包，通过正式与非正式的教育工具激发青少年兴趣，也为更好地衔接大学的完备教育体系做好了准备。发达国家更加注重加强科普教育，一方面提高公众对前沿技术与未来产业的认知水平，另一方面充分挖掘公众的创新潜力，构建面向未来产业的新型劳动力。例如，德国联邦政府通过趣味讲座、开放科技博物馆、搭建 DIY 参与平台等多种形式帮助公众理解量子技术，增强科普的引导作用。

3. 注重未来产业人才培育的供需协同性

未来产业涉及的新兴技术往往存在较大难度和较高复杂性，受限于某一创新主体自身知识和能力的有限性，比以往任何产业人才培育更需要探索多主体参与的协同机制，共同构建人才培养生态以满足国家对未来人才的需求。例如，美国产业界积极参与高校新兴学科的课程开发、专业培育计划编制以及共建人才职业枢纽计划等内容，从而使共同开发的量子课程不仅涉及基础科学与理论知识，而且注重量子技术和工程实践学习，共同设计的专业培育计划更加紧跟产业发展需求，共同制定的量子职业枢纽计划可以提供新兴产业专业技能认定，解决短期人才需求短缺问题。

4. 注重未来产业人才培育的青年成长性

在第四次科技革命背景下，新兴技术群不断涌现，科学领域间的交叉融合更加频繁，在未来产业领域，青年科技人才更有潜力突破原有技术范式的路径依赖性，勇闯科技创新“无人区”。因此，发达国家近年来普遍加强了对青年科技人才的资助力度和对青年科技人才职业生涯发展的支撑。例如，英国专门设置了 9 亿英镑 UKRI 未来领导人奖学金，旨在支持具有潜力的青年人才从事具有挑战性的前沿创新并发展自己的职业生涯。

二、启示与建议

1. 设置面向行业纵深的人才培养专项，引导高校创新专业培养体系

一是有针对性地设置面向行业纵深人才的专项培养计划。在动态评估未来产业人才知识和能力需求的基础上，围绕行业纵深提出适应复合型知识体系、综合型能力结构的培养方案，以实现与学科纵深高等教育体系的相互补充，形成有利于未来产业全纵深人才供给的培育机制。二是引导高校创新专业培养体系。一方面是在现有的本科生和研究生培养方案中增加面向未来产业发展的前沿基础学科课程，以全面更新人才知识基础；另一方面是在已经形成学科范式变革的领域，向教育部申请设置专门的细分专业，并配套复合型培养方案，加快人才自主培养步伐。"双一流"高校要发挥培养基础研究人才的主力军作用，全方位培养在量子信息等领域领跑国际的拔尖创新青年人才，地方高校则应结合自身优势着力探索行业应用领域的未来产业卓越工程师和行业技术专家的培养。

2. 打破人才培养边界，创新协同育人模式

一是学界与业界协同，构建教育联合体。由政府牵头构建包含学校、企业、行业协会等高度参与的未来产业教育合作伙伴关系，界定好各类创新群体的作用和职能，并加强教育内容的衔接性。其中，学界着力加强人才的前沿理论教育和研发创新能力培育，业界跟踪产业和技术发展路线，为培养内容的动态调整与敏捷更新提供建议，从而实现"两界"协同的育人模式。二是技术与场景协同，构建供需联动的培训机制。着力打破未来技术与验证场景和试验场景间的壁垒，通过专项培训和交流机制，使场景需求能够触达专业化人才，让市场化导向真正落地。三是系统与生态协同，构建金融、中介等服务型人才培育体系，完善人才梯次结构，为未来产业创新生态的效能提升奠定基础。

3. 前置人才培养侧重，引导技能人才转型

一是优化青年人才资助模式。根据不同类别的产业特点构建差异化的资助模式，针对周期长且风险高的产业，可考虑对优秀青年科技人才提供长期而稳定的资助；针对周期相对短且风险可控的产业，可考虑实施短周期资助，并根据实施进展动态调整经费资助金额。二是加强面向青少年的科学启迪教育，扎实做好新兴产业人才的全生命周期培育。充分借助互联网、元宇宙等先进手段加强科技传播和先导性科技普及，为未来产业培育一支视野广阔的新型劳动力队伍。三是激励技能人才向创新型高技能人才转型，通过建立技能人才的多元评价机

制,加强创新型高技能人才表彰激励力度,旨在借由人才转型有效优化现有人才结构,实现未来产业人才在供给和需求上的更好匹配。

参考文献

[1] 沈华,王晓明,潘教峰.我国发展未来产业的机遇、挑战与对策建议[J].中国科学院院刊,2021,36(5):565-672.

基于数字画像的研究生学术能力模型的思考*

| 刘春路　钟之阳

2021年7月，教育部、中央网信办、国家发展改革委、工业和信息化部、财政部、中国人民银行印发《教育部等六部门关于推进教育新型基础设施建设构建高质量教育支撑体系的指导意见》，要求以信息化为主导，聚焦信息网络、平台体系、数字资源、智慧校园等方面构建新型高校基础设施体系，作为呼应，大数据技术的发展、各类数据平台的建立，为高校的研究生管理服务提供了丰富的数据源。然而，目前的研究生培养体系未深度挖掘相关的数据价值并使之直接为师生服务。因此，在新时代的高校管理中，可以调动这些数据，构建面向研究生培养全过程、服务全方位、数据多模态的监测体系，关注研究生个人学术能力的发展，凸显以人为本的高校管理服务观念。

一、学生学术能力内涵与影响因素

当下"学术能力"尚未有明确的定义，笔者在阅读并整理相关文献后发现，当下学界对学术能力与科研能力二者的定义存在重合模糊的部分，尤其是在对研究生学术能力的研究上。学术能力普遍被认为是一项在科研过程中的综合能力，如科研素养、学术实践等，由此引出了对科研能力定义的解释。学界一般以较小的切口对科研能力进行阐述，但总体上与学术能力的定义类似。此外，由于创新能力在科研学术中的重要作用，部分学者着重研究了科研创新能力，认为科研创新能力是科研能力的核心。

对影响学术能力因素的研究也是当下学界所研究的一大热点，基于班杜拉的三元交互决定论，研究生的学术创新能力会受到个体、行为、环境三者的共同影响。基于此，影响研究生学术能力的因素可分为外在因素与内在因素。在众

* 本文为同济大学研究生教育研究与改革重点项目"学生学术能力监测与提升的数字化伴随"（项目编号：2022ZD08）的阶段性研究成果。

多外在因素中，导师对研究生的支持是最关键的一环，导师的学术能力、模范作用、指导行为会极大影响研究生学术水平，而导师的不当督导会致使研究生学术创新能力绩效显著下降。同时，良性的师生关系能够对研究生的科研创新能力和学术能力起到显著正向作用。此外还有一些其他外在因素，如教育制度、课程设置等。内在因素中，个人的学术兴趣与学术基础是影响学术能力提升的重要因素。学术兴趣在学术能力提升中起到了中介变量的作用，研究生对某个主题强烈的兴趣会提升内部动机，从而有效提高学术创新水平。除此之外，研究生个人的学术基础（如外语基础、图书资料检索能力）也会对其学术能力产生影响。

二、学生学术能力结构

对学术能力的测量多从两个视角出发：一是能力结构视角，认为可以将研究生的学术能力看作一种涵盖多维度的综合能力，较早的研究如孟万金提出基本的学术能力应包含创新能力、言语表达能力、语言理解能力等，许鹏奎认为学术能力包括学习能力、研究能力和创新能力，且三者依照基础—重点—关键的逻辑顺序递进。虽然不同学者在学术能力覆盖的具体维度这一问题上的观点仍有较大差异，但经过整理后不难发现，学者们所划分的维度可总结为知识、素养、能力三大方面，朱志勇根据这三方面构建了涵盖学科、研究、实践三方面学术能力的立体模型。另一视角是科研过程视角，认为学术能力可以由科研过程各环节的具体能力显示，如胡军华总结了科研能力的三大组成：发现与凝练问题能力、科学设计并提出解决方案能力、成果转化能力，路鹏将学术能力总结为学术交流、发现问题、提出问题、解决问题，经整理文献后可大致分为学术行动、学术技能、学术表现三大方面。

三、基于数字画像的研究生学术能力模型框架

学术画像作为一种可视化学习分析技术，可以与学术能力模型结合形成具有标签化、时效性、动态性三大特征的可视化工具，通过有效整合大量数据，以标签化的形式呈现结果，为研究生学术能力的提高提供数字化伴随服务。

学生画像的构建逻辑一般遵循“三步法”：多种方式采取多维信息、进行数据处理与分析、画像呈现与应用。数据可以源于高校的各项数据平台，如教学管理系统、校园网、图书馆等，画像的呈现与应用则用来展现数字画像，可包含研究生个人的学术偏好、学术进度等。这三步最关键的数据处理与分析则可以基于学

术能力相关理论，从两个角度构建研究生学术能力模型。一是从研究生的科研过程视角，将学生学术能力结构分为行为过程、认知技能、学术表现三阶段；二是从学生学术能力结构视角，将研究生学术认知结构分为知识内容、知识组织方式、信息加工模式三方面。知识内容是研究生学术知识，具体体现为研究生的学术表现情况；知识组织方式代表学术知识如何被组织起来，以及可以通过何种方式被学习者获取，具体可体现为学术技能；信息加工模式具体指的是研究生通过何种行为获取、应用、总结学术知识，具体体现为研究生学术行为。在一一对应后，同时考虑到影响研究生学术能力的内外部因素，形成的基于数字画像的研究生学术能力结构框架如图 1 所示。

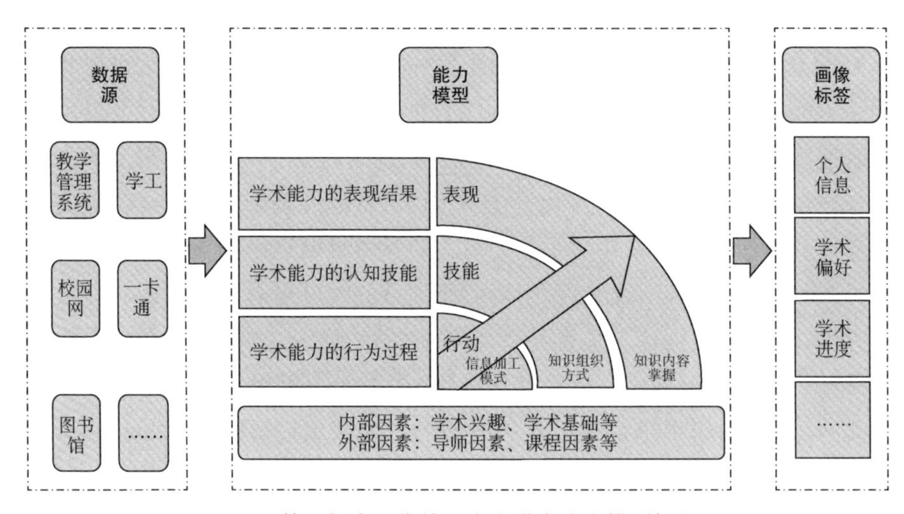

图 1　基于数字画像的研究生学术能力模型框架

参考文献

[1] 金凌志，王小敏. 基于三元交互决定论的博士生创新能力培养[J]. 高等教育研究，2011，32(4)：49-53.

[2] 罗建国，谢芷薇，莫丽荣. 导生交往模式与研究生学术能力发展——基于扎根理论的质性分析[J]. 学位与研究生教育，2021(3)：15-20.

[3] 陈万明，李玉倩. 不当督导对研究生科研创新绩效的影响：师生关系视角[J]. 研究生教育研究，2018(5)：29-36.

[4] 马永红，吴东姣，刘贤伟. 师生关系对博士生创新能力影响的路径分析——学术兴趣的中介作用[J]. 清华大学教育研究，2019，40(6)：117-125.

[5] 刘雷. 我国高校学术型硕士研究生创新能力评价研究[D]. 武汉：华中师范大学，2018.

[6] JENNIFER A，FREDRICKS. Developing and fostering passion in academic and

nonacademic domains[J]. Gifted Child Quarterly, 2010, 54(1): 18-30.

[7] YI MENG, JING TAN, JING LI. Abusive supervision by academic supervisors and postgraduate research students' creativity: the mediating role of leader-member exchange and intrinsic motivation[J]. International Journal of Leadership in Education, 2017, 20(5): 605-617.

[8] 朱萍,巩雪.来华留学研究生学术能力影响因素分析及应对策略[J].江苏高教,2016(5):96-99.

[9] 孟万金.研究生科研能力结构要素的调查研究及启示[J].高等教育研究,2001(6):58-62.

[10] 许鹏奎.普通高校硕士研究生学术能力及水平提升之策略[J].学位与研究生教育,2014(10):40-44.

[11] 朱志勇,崔雪娟.研究生学术能力:一个基于政策文本分析的理论框架[J].清华大学教育研究,2012,33(6):92-99.

[12] 胡军华,郑瑞强.学术型研究生科研能力结构、约束性因素与促进机制[J].教育学术月刊,2020(12):74-80.

[13] 路鹏,翟轩艺.基于OBE理念的设计学研究生学术能力培养与提升研究[J].包装工程,2022,43(S1):387-390,407.

[14] 宋美琦,陈烨,张瑞.用户画像研究述评[J].情报科学,2019,37(4):171-177.

[15] KEIM D A, MANSMANN F, SCHNEIDEWIND J, et al. Visual analytics: scope and challenges[M]. Berlin, Heidelberg: Springer, 2008.

[16] 崔佳峰,阙粤红.智能技术支持下的学生数字画像:困境与突破[J].当代教育科学,2020(11):88-95.

[17] 胡艺龄,顾小清.基于学习分析技术的问题解决能力测评研究[J].开放教育研究,2019,25(2):105-113.

传统产业数字化转型的人才痛点及引育建议

| 宋燕飞

随着大数据、人工智能、云计算等数字技术的快速发展及向各行业领域的持续渗透，数字经济释放强劲动能，成为未来经济增长的新机遇。2021 年 12 月，国务院印发的《“十四五”数字经济发展规划》中明确指出，“大力推进产业数字化转型”“全面深化重点产业数字化转型”“立足不同产业特点和差异化需求，推动传统产业全方位、全链条数字化转型，提高全要素生产率”。在当前数字技术深度融合传统产业数字化转型发展的关键时期，普遍存在着跨领域、复合型高水平数字化人才缺口，人才问题已经成为制约传统产业数字化发展的关键因素。

一、传统产业数字化转型的人才痛点

1. 高素质人才短缺

从当前的人才存量上来看，截至 2021 年底，全国技能人才总量超过 2 亿名，技能人才占就业人员总量的比例超过 26%，其中高技能人才超过 6 000 万名，但高技能人才占就业人员总量的比例不足 8%。尤其是数字技术人才，目前我国就业市场中求职需求量最大的行业中，数字化基础服务领域的互联网、电子商务、计算机软件、信息技术服务等行业的求职需求占比较高，另外，其他人才需求较高的职位也大多与传统产业数字化转型相关。由于数字技术融合传统行业，激发大量新兴领域的数字化人才需求，尤其是深度应用数字化技术、具备数字化思维和能力的高素质人才。

2. 跨领域人才断层

传统产业数字化转型催生了大量的具备数字化专业技能的复合型人才岗位的需求。一方面，传统信息技术人才进入跨行业数字经济领域成本较高，目前信息技术人才在传统信息技术领域的发展势头较好，跨领域发展对人才而言充满挑战性和不确定性，风险较大，因此人才跨领域发展的意愿不足。另一方面，市场对同时具备数字技术专业基础技能及传统领域相关技能和经验的人才要求较高，相较于市场对跨领域人才的需求，人才供给缺口较大。

3. 新生代人才不稳

数字经济时代，传统的以组织为中心的管理理念难以对新生代人才产生驱动，新生代数字化人才独有的创新性和创造力与企业传统管理理念容易产生冲突，传统的激励方式已不适用于新生代数字化人才的自我驱动和自我提升。若新生代数字化人才未能在传统企业发展过程中获得充分认可，其将有可能在人才市场中频繁进行重新选择，或者采用灵活多样的就业方式，不利于企业的长期稳定发展。

二、目前数字化人才需求的特点

1. 数字技术融合传统产业改变人才需求结构

数字经济的发展对人类劳动和体力相关工作的替代越来越强，知识技能成为越来越重要的就业门槛。随着数字技术与传统产业的深度融合，现存的诸多职业和岗位会逐渐被大数据、人工智能等数字技术淘汰或取代，而其他无法被技术所取代的人才岗位的重要作用愈发凸显。

2. 数字技术融入传统行业提供多样化就业方式

随着数字技术不断融入传统行业，社会生产各项活动借助信息技术而逐渐实现自动化、去中心化、虚拟性等特征，过往固化的传统组织雇佣模式和组织等级制度开始出现结构性变化——灵活就业、自由职业等新的就业形态和宽泛的岗位角色逐渐形成规模，数字化人才劳动的自由意识和价值创造被充分激发。

3. 女性就业者参与数字经济领域发展意愿渐强

随着数字经济中诸多岗位对劳动者体力要求的下降以及对时间要求的灵活性上升，性别在未来数字经济领域的就业差别逐渐模糊。女性能够全方位参与数字技术融合传统产业转型发展过程并承担诸多职位，知识型岗位的提供一定程度上提高了女性就业能力和就业意愿。

三、数字化人才引进和培养的建议

随着数字经济的不断推进，数字化创新能力和发展态势不断提升，对人才素质的要求也相对提升，掌握数字技能以适应转型，完善数字化人才队伍建设，成为当前数字化赋能传统产业创新发展的关键。

1. 高水平专业人才培养的政策倾斜

数字经济对人才的知识技能要求较高，高水平专业人才的培养所需的时间和成本较高，通过适当的政策倾斜，拓宽高水平人才培养渠道，丰富复合型数字化人才的培养形式，同时给予复合型、高水平数字化专业人才充足的保障措施和优质服务，能有效提高高水平人才培养力度和培养水平，为市场输送大量复合型高水平数字化专业人才。

2. 鼓励校企联合培养跨领域的数字化专业人才

校企联合培养是技术应用型人才培养的现实需求和有效手段。通过搭建校企合作平台，围绕开展数字化转型的产业链上下游企业具体需求，依托区域科研机构、高校院所等，充分利用企业和学校不同的教育资源和环境，积极组织和推动校企间定向联合，培养适合不同企业数字化转型发展需要的跨领域人才。通过共同开展课程建设、共建实验室、合作建设实训基地、合作开展专业调研等形式，提高跨领域数字化专业人才的培养力度和培养水平。

3. 明确数字化人才标准，培养适合企业的数字化人才

对传统企业而言，数字化转型过程中存在对数字化人才的培养方向不明确，标准不统一等问题，导致人才缺口较大，人才不足问题难以解决，严重影响企业数字化转型发展。企业在推动数字化转型的过程中，需明确其数字化人才标准、充分认识自身对数字化人才的具体需求，通过“外部引才＋内部培养”等方式，组建能够满足自身数字化转型需求的人才队伍。

4. 推动数字经济领域专业知识普及和培训

出台通用性的数字经济科学传播的标准和规范，明确科学传播和专业培训的范围和方向，有助于企业提前规划和布局，排除未来可能存在的数字经济活动违规的潜在风险。结合数字经济特性及具体相关数字技术的发展情况，鼓励和支持数字经济相关专业技术通过多渠道和方式进行科学推广和教育培训；通过专业教育、校企联合建设数字经济人才实训基地等方式，培育数字经济产业高水平技术人才，丰富数字经济产业创新智力资源。

学术参与:非商业化视角下的大学知识转移[*]

| 赵小凡　钟之阳

高等教育一直是国家经济发展的重要支撑。自20世纪80年代以来,大学向工业界的技术转移成为国家创新体系运行的重要构成,据此大学的社会服务职能逐渐成为各国学术界和教育界关注的焦点。社会服务作为大学的“第三使命”,是大学以学术方式积极影响社会事务、服务国家重大战略需求、推动学术共同体范式创新、促进产业变革的活动。根据2020—2022年发布的《中国科技成果转化年度报告》可以发现,转让、许可和作价投资的项数与合同金额远低于技术开发、咨询和服务等活动。大学与产业及社会其他机构的知识转移不仅仅是技术的商业化活动,更多的是以学术参与为核心的非正式的交流、咨询等活动。大学的这类学术参与活动也是产学研深度融合的重要体现,促进高校和科研人员与外部机构的知识共享、知识转移和知识共创。

一、学术参与商业化活动的内涵

学术参与商业化活动并不是一种新现象。一直以来,商业化被视为大学科学研究对经济和社会作出贡献的重要途径,而大学的非商业化的知识转移活动因效益的隐匿性和长期性未得到充分的关注。已有学者从个体层面用“学术参与”(“Academic Engagement”)来描述此类行为,并将学术参与定义为大学学术研究人员与非学术组织的知识相关合作,包括正式的活动,如合作研究、合同研究和咨询,以及非正式的活动,如提供特别建议和与产业界的联系。这个定义认为学术参与活动是高校科研人员与外部组织互动的重要途径。

另一方面,也应当注意一些文本关于“参与”的另一层解释。如英国的高等教育公共参与协调中心从组织层面定义了大学向社会的“参与”(“Engagement”)是

* 本文为教育部人文社科青年基金项目“大学产学研合作对企业技术创新能力影响研究”(项目编号:21YJC880108)的阶段性研究成果。

以共同利益为目标、以互动和倾听为途径的双向过程。美国的卡耐基教学促进基金会也从组织层面将大学的“参与”定位为在伙伴合作环境中大学与(当地、地区、全国或全球)社会以知识和资源的交互为形式进行的互利合作,其目的是更好地提升学术,促进研究和创新,提升课程、教学和学习;培养有教养的、参与社会的公民;强化民主价值和社会责任;关注公共问题、服务公众利益。尽管上述各种定义的角度和侧重不同,有的是从研究人员的个体视角给出的定义,有的则从大学的立场来解释,但这些定义和解释有共同的交集。总的来说,学术参与更强调主体的互动性、知识的交互性和结果的社会价值,其核心不外乎以下三个方面。

一是学术参与是大学履行其“第三使命”的重要途径之一。在 20 世纪知识经济兴起和高等教育变革的背景下,大学走出“象牙塔”,积极承担新的社会使命。Etzkowitz 曾概括大学的三大使命的区别与联系,认为“知识的商业应用(或创业)”即为大学的第三使命,并在此基础上阐释了“创业型大学”的概念,强调大学变革的方向主要定位于经济发展领域。显然,这个定位遮蔽了高等教育的民主、民用和参与(democratic, civic, and engaged)的社会角色。在由知识和经济转型所推动的社会转型过程中,知识社会对大学的需求和大学参与知识社会的方向已经远远突破了经济领域的局限。相比于另一个相关概念“学术创业(Academic Entrepreneurship)”,学术参与活动具有更广泛的视野,更强调在与外部主体的互动过程中,通过知识转移、应用和知识共创产生社会价值。

二是学术参与的目的是促进大学和社会共同发展。而且这个目的是双向的,即大学在促进社会发展的过程中实现自身的发展。大学的技术商业化是大学单向地为社会提供服务,而“engage”则更关注双向互动,重视知识生产过程中的公共参与,重视社会成员的参与度和满意度,强调吸引教师参与社会服务,或激励教师把将服务融入科研、教学中作为重点。

三是在学术参与过程中强调与社会互动,即大学在具体的知识转移和应用共创过程中与外部社会进行互动和共创,既要根据外部的需要提供相关的学术支持,也要通过学术参与行为影响具体的教学科研活动。

二、学术参与商业化活动的类型

学术参与商业化活动是大学与外部组织知识转移和知识互动的重要途径。学者对学术参与活动的定义侧重于与大学传统意义上的商业化活动进行区分。

"参与"一词的概念相对宽泛,大学商业化活动之外的知识互动活动类型更是庞杂多样,因此学者大多通过活动类型对学术参与活动进行划分(表 1)。此外,也有部分研究将大学研究人员出版书籍、举办社会公共讲座或公开展览学术作品等作为大学与社会知识互动的活动类型,因学术参与重点关注大学研究人员与校外组织的互动,此类性质的活动一般不予讨论。

表 1　学术参与活动类型表

活动类型	活动内容
咨询	技术咨询服务,由非学术组织委托,不涉及原始的学术研究
合同研究	由学术组织或非学术组织委托进行的原始研究活动
合作研究	学术组织和非学术组织通过正式合作方式进行的原始研究活动
培训	学习活动,如由学术组织(或非学术组织要求)提供的课程,以适合社会和经济组织(商业、政府和专业团体)的需要
人员流动	学者临时流入其他社会环境,如挂职、合作代表等
非正式合作	通常指大学科研人员通过与其他组织成员的人际关系网络提供非正式建议的活动

三、学术参与对个体的影响

学术参与对个体的影响主要包括研究、商业化、教学三个层面。学术参与对研究的影响包括学术参与后的学术产出绩效、研究方向、研究质量以及与同伴的互动频率等。部分研究在大量样本的调查分析后发现与产业界合作的学术科学家后续会产生更多的出版物,产业资金与后续出版物的数量和质量呈正相关;对与产业界的互动频率对与同伴学者的互动频率是否有影响存在不同的观点。与产业界合作的过程中能够促进知识应用,增强学者的发明能力,从而产生初步研究、原型、测试和商业化等成果。多学术参与也会影响学者的学术创业活动,有与私企合作研发经验的学者的倾向于创业。学界对学术参与教育的影响的研究较少,2016 年英国发布的《知识交换模式的改变:大学与外部组织的互动 2005—2015 年》报告指出,50%以上的学者认为学术参与提高了其准备材料的能力,40%的学者认为学术参与改善了课程结构和自己的教学声誉,30%以上的学者认为相关活动增强了学生的就业能力。

参考文献

[1] 刘益春."强师计划"的大学使命与政府责任[J].教育研究,2022,43(4):147-151.

[2] PERKMANN M, TARTARI V, MCKELVEY M, et al. Academic engagement and commercialisation: a review of the literature on university-industry relations [J]. Research Policy, 2013, 42(2): 423-442.

[3] 夏清华,张承龙,佘静静.大学"第三使命"的内涵及认知[J].中国科技术语,2011,13(4):54-58.

[4] WATSON D, HOLLISTER R M, STROUD S E, et al. The engaged university: international perspectives on civic engagement[M]. New York: Routledge, 2011: 1.

[5] 蒋喜锋,刘小强,邓婧.大学的"社会参与"运动还是"参与型"大学的崛起?——兼论知识、经济和社会多重转型背景下一流大学建设的方向[J].西北工业大学学报(社会科学版),2022(1):55-67.

[6] 臧玲玲,吴伟.美国州立大学社会服务的新框架:"大学—社区参与"[J].外国教育研究,2018,45(7):16-26.

[7] OLMOS-PENUELA J, CASTRO-MARTINEZ E, D'ESTE P. Knowledge transfer activities in social sciences and humanities: explaining the interactions of research groups with non-academic agents[J]. Research Policy, 2014, 43(4): 696-706.

[8] 刘京,周丹,陈兴.大学科研人员参与产学知识转移的影响因素——基于我国行业特色型大学的实证研究[J].科学学研究,2018,36(2):279-287.

[9] BIKARD M, VAKILI K, TEODORIDIS F. When collaboration bridges institutions: the impact of university-industry collaboration on academic productivity[J]. Organization Science, 2019, 30(2): 426-445.

[10] HOTTENROTT H, LAWSON C. Fishing for complementarities: research grants and research productivity[J]. International Journal of Industrial Organization, 2017, 51: 1-38.

[11] FRITSCH M, KRABEL S. Ready to leave the ivory tower?: academic scientists' appeal to work in the private sector[J]. Journal of Technology Transfer, 2012, 37(3): 271-296.

[12] HUGHES A, LAWSON C, SALTER A, et al. The changing state of knowledge exchange: UK academic interactions with external organizations 2005 - 2015 [R]. London: NCUB, 2016.

技术经理人画像:“听说读写”四项全能*

| 夏多银　邵鲁宁　鲍悦华

当代科学技术日新月异,但是科技成果转化一直是全球性难题,实验室和市场之间的鸿沟难以跨越,能否经得住时间的消磨和投入产出之间的不确定,也导致了各类企业在近期和远期、原创研发和拿来主义、跟随市场需求还是引领行业发展等之间举棋不定或者反复摇摆。即便原创成果获得了国际技术领先和国家科技奖项,但也无法保证可以顺利地实现产业化来兑现市场价值与社会价值。比如,2000 年北京市科委科技成果鉴定认为“无框架神经外科机器人的临床应用填补了国内空白,在国际上处于先进水平且无类似系统报道”,2008 年项目获得国家科技进步二等奖,但其真正走向市场花了整整 18 年。当然,这也得益于我国不断出台政策打破各种障碍和束缚,从 1985 年开始通过各种政策支持科研成果转化,37 年间出台了 400 多条与成果转化直接相关的政策,总结如图 1 所示。

党的十九大确立了到 2035 年跻身创新型国家前列的战略目标,党的十九届五中全会提出了坚持创新在我国现代化建设全局中的核心地位,把科技自立自强作为国家发展的战略支撑。我们要加快建设科技强国,实现高水平科技自立自强,还需要不断完善国家创新体系,不断优化科技成果转化生态,这其中需要懂技术和市场的技术经理人来提供专业服务,建立不同角色之间的信息沟通桥梁,打破不同利益之间的合作障碍。《中华人民共和国国民经济和社会发展第十四个五年规划和 2035 年远景目标纲要》明确指出,建设专业化市场化的技术转移机构和技术经理人队伍。在 2021 年出台的科研成果转化领域的 49 条政策中,有 17 条都将“加强培养技术经理人”列为重点内容。上海、江苏、广州、深圳、杭州、成都、重庆等地均在 2021 年出台了加强培养技术转移经理人的相关规定,并把技术经理人才列入“十四五”紧缺人才开发目录。

---

* 本文案例和调研源于同济大学经济与管理学院和国家技术转移东部中心联合培养的首批技术转移方向 MBA/MPA 学历教育技术经理人的实训活动。

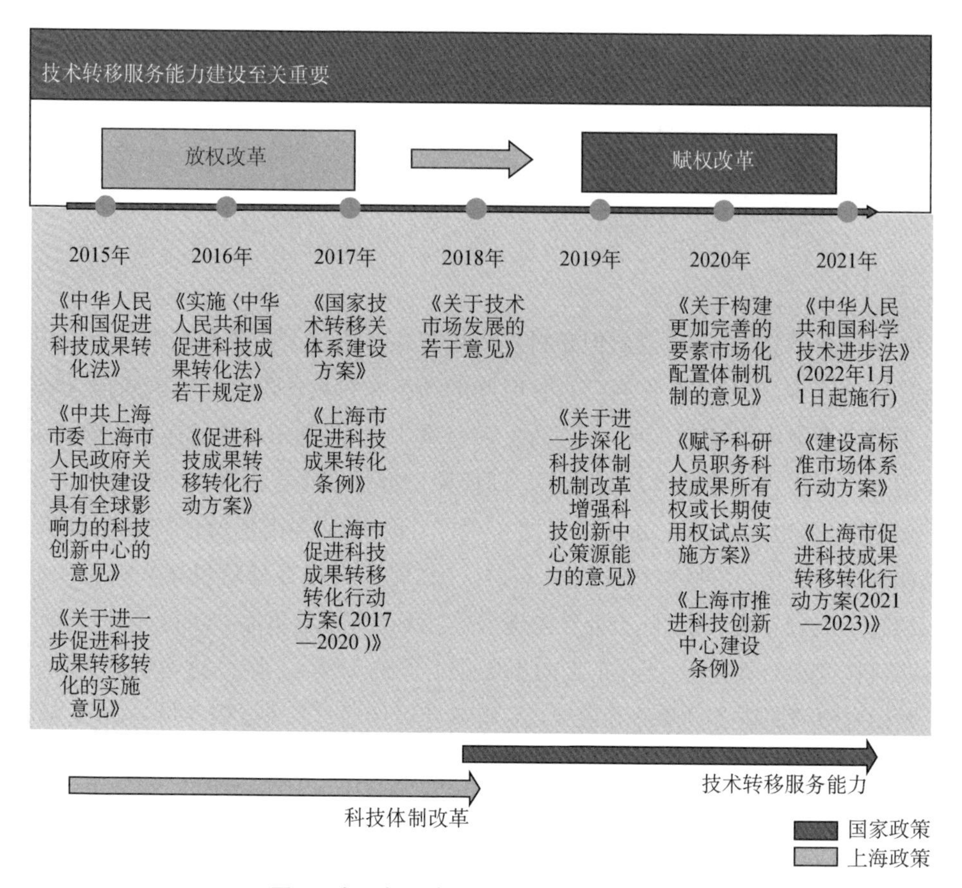

图 1　中国与上海技术转移政策改革之路

一、合格的专业技术经理人需要哪些能力

科技创新，关键在人。在技术市场中，以促进成果转化为目的，为促成他人技术交易而从事中介居间、行纪或代理等，并取得合理佣金的经纪业务的自然人、法人和其他组织都被称为技术经理人。传统观念中，技术经理人做的是“中介”活儿，但实际上，技术经理人是复合型人才，不仅要懂技术，而且要懂得知识产权、市场、法律、财务、商务谈判等专业知识，同时还要懂管理，包括项目管理、资源管理、目标管理等各类综合管理。完整的技术转移转化过程相当复杂，涉及市场需求分析、技术价值判断、知识产权保护、商业模式设计、政府关系整合、资本资源对接、技术营销策划、商业谈判参与等各环节。对一个合格的技术经理人

而言,无论遇到什么技术成果,快速完成市场分析,将技术成果匹配给适合的创新需求方,是其在技术服务中的关键动作。

本文以X高技术材料技术成果转化案例为例,浅析技术经理人如何实现科技供给与市场需求的精准“牵手”,解决科技成果转化“最后一公里”,以及其所要具备的“听说读写”四项全能专业技能。上海Y公司是一家专注于新材料研发、技术开放式投资运营的高新技术企业,该公司开发的X高技术材料不仅解决了纤维染色及制备工艺问题,而且降低了工业污染处理成本,对环境友好,已成功解决了大规模工业化生产难题,是现有同类阻燃纤维中成本最低且阻燃性最好的,打破了国外垄断,实现了国产化替代。

承接Y公司X高技术材料技术成果转化项目服务,作为该项目专属技术经理人首先需要针对X高技术材料进行市场调研分析,评估该技术成果价值。作为跨界服务的技术经理人,应快速熟悉X高技术材料所在行业概况,对新材料行业建立系统性认知,这是技术经理人与新材料行业专业人员对话的必要条件之一。在笔者调研和实践中感悟,“听说读写”是一个人内在能力和水平的体现,是解决复杂问题的基本功,面对技术转移这项复杂工作,充分调用“听说读写”四项专业技能可以有效解决许多难题。

1. 第一步:读——从产业链视角分析全局

“读”是人脑学习输入的能力,人脑和计算机虽然结构完全不同,但在功能上却有相似性,两者均是信息加工系统。计算机系统运转的输入信息需要多元获取、快速处理、结构化存储才能保证有效输出,与计算机信息输入类似,人脑的“读”亦需多渠道广泛收集知识,结构化存储知识,建立知识链接,形成知识库,便于后期随用随调。正如技术转移实践中,笔者对Y公司X高技术材料的分析,从发现报告、艾瑞网、36氪研究院等聚合性网站和智慧芽、Innojoy专利库等专业性网站多渠道获取信息,从生产工艺流程、原料构成、原料特性和原料应用等不同角度提取信息,最终总结提炼形成涵盖X高技术材料特性及潜在应用领域的思维导图。

新事物的研究需要放在特定环境下整体来看,从产业链视角进行市场调研分析是快速熟悉所有行业的有效研究方法。产业链由具有特定内在联系的企业群共同构筑的产业集合,从产业链视角研究Y公司X高技术材料关联企业可以快速建立起对该新材料行业的全局视野,找到X高技术材料上下游相关企业关联新材料专利申请状态,分析申请这些专利的相关企业业务模式,由此可快速梳理出 X 高技术材料产业链上下游企业状态，包括 X 高技术材料相关企业的产能规模，产销规模在国内市场所占份额，行业竞争态势、产业链上下游企业对 X 高技术材料专利申请保护状态等信息，基于此即可快速梳理出该 X 高技术材料的产业链图谱，建立起对新材料行业的全局认知。总之，合格技术经理人的四项全能之一——“读”是技术经理人在技术转移转化服务过程中培养战略思维和商业洞察力的必备素质，是跨界技术经理人能听得懂技术人员语言体系、拥有技术识别能力的必要条件。

2. 听——从竞争对手处搜集市场情报

“听”是人类接收信息、输入数据的重要途径。人脑的本质如同 CPU，运算能力再强，没有足够的数据输入也不会有产出，只有多元、丰富的信息输入，足够高的反思频度才会产生格局，作出正确判断。科研成果转化并不容易，要精准解决问题需要技术经理人具有开阔思维，兼听多元信息，尤其重要的是探听竞争对手的发展状态，这是精确市场分析的重要内容。Y 公司目前是国内唯一一家生产××阻燃纤维的厂家，其国际竞争对手是日本 Z 公司。笔者在市场调研中发现日本 Z 公司针对 X 高技术材料应用情况保密性高，国内可查阅获取的文本信息极少。在经过多方信息收集汇总分析后才找到日本 Z 公司在中国的总代企业 A，通过与 A 公司有效沟通获悉了日本 Z 公司的企业概况，X 高技术材料产能情况、产品应用市场、合作客户情况、中国市场开拓进展及现有市场竞争策略等多方情报信息，由此，我们知悉 X 高技术材料在军工领域具有广阔市场应用潜力。总之，技术经理人四项全能技能中的“听”是辨识硬科技项目商业价值、寻找新技术创新应用场景的核心能力，是促进产品和服务打开销售市场、完成技术成果产业化转移转化的关键能力。

3. 说——与项目利益相关者同频沟通

“说”即输出，技术经理人针对信息从“听”“读”到“说”的过程与计算机内部信息传递流程是类似的。计算机的输入、存储和输出相当于人脑去接收信息，做知识储备，然后在必要的时候表达出去的过程，因此与计算机同理，输出信息的编码方式决定了信息接收的效率。例如，如果我们用代码输出故事，那就只有程序员能懂；如果我们用中文写个故事，那大多数有阅读习惯的中国人都能懂；如果把故事拍成电视剧，那么文化水平不高的人也能懂。因此，同样的内容，面向不同的接收主体，技术经理人需要变换不同的语言体系，做好技术语言翻译工作。

技术经理人在技术成果转化过程中扮演着“技术红娘”角色，是链接政府、企业和技术供给方的重要枢纽。“说”的过程中需要与项目相关方建立良好关系，同时，面向产业链上不同类型的企业、企业中不同岗位职能人员的沟通策略也都是不同的，这种沟通需要懂得站在对方角度思考问题，为对方创造价值，寻求双方合作共通点。在实际技术转移转化过程中，因不同岗位人员关注点不同，技术经理人在与项目各方沟通时需因人变化沟通风格，采取不同沟通策略，做好技术桥梁，以对方能听懂的语言体系与之同频对话，比如采购人员关注的是供应商稳定性、履约信誉、交付能力等综合因素，而技术人员关注的往往是技术本身特性是否符合要求。总之，技术经理人熟练掌握“说”的专项技能贯穿技术转移全进程，是成功推进技术成果转化的核心技能，通过持续的“说”提升综合影响力有利于高效推进技术成果转化。

4. 写——以终为始有序推进

技术经理人四项全能专业技能中的“写”是一种归纳能力，是在我们学习和实践中不断总结的经验教训。“写”和“说”都是学习输出的能力，和“说”相比，“写”需要更加严谨、完整、准确地表达自己的观点和想法，持续的“写”是建立系统思维、扩大影响力的重要手段。技术经理人在技术转移服务中需要持续增强“写”的能力，在复杂环境中处理各类碎片化信息，养成系统思维，建立强大的系统能力，写出自己想表达、客户愿意看的材料。因为真实的市场环境是动态变化着的，技术成果转化的项目推进也不是一帆风顺的，每一次与潜在客户有效沟通时都会有新的信息反馈，所以，项目推进中技术经理人需要及时总结各类关键节点事件，做好各类会议纪要、项目利益相关者人物画像和需求内容等信息记录，将技术转移过程中的人、事、物有机串联，目标清晰、以终为始有序推进项目。总之，“写”是技术经理人专项能力的内功，提升“写”的能力不仅有利于技术经理人自我价值提升，扩大个人影响力，也能给他人带来价值，将好的知识和经验分享出去，为推动技术转移行业发展添砖加瓦。

二、结语

技术经理人是连接技术成果供给方和创新企业的“技术媒婆”，技术经理人的专业能力高低是影响技术转移成功率的重要因素。只有打破了各方之间的鸿沟，实现科技成果的有效转化，科技创新才能真正实现其市场价值与社会价值，科技创富效应才能够水到渠成。面对技术经理人行业的巨大人才缺口挑战，市场需要为技术经理人这一新型高专业化、高复合型、高层次的人才创造更好的生存空间和社会地位，给予技术经理人职业足够的社会价值认同，不断完善技术经理人制度，健全评估机制，形成转化生态，从而更好地促进科技成果转化，降低技术市场交易成本，提高技术市场交易效率。

国际标杆

美国人工智能国家战略“技术—政治”内在逻辑解读

| 赵程程

前期笔者在《创新生态与科学治理——爱科创 2020 文集》《创新生态与科学治理——爱科创 2021 文集》上发表了一系列关于美国人工智能国家战略的跟踪研究文章，这些文章对行动特征、策动要点、人工智能创新生态系统等进行了深入的剖析，本文基于前期研究，将政治学理论与技术发展规律相结合，解读美国 AI 国家战略的“技术—政治”内在逻辑。

一、技术逻辑

技术逻辑是美国 AI 国家战略集合的基础逻辑，主要围绕美国技术瓶颈突破、人才培养和吸引、应用场景拓展三个方面展开。

美国 AI 国家战略总目标是赢得 AI 技术竞争，特别是实现 AI 关键技术上的重大突破。人工智能技术架构分为基础层、技术层和应用层。美国 AI 国家战略聚焦人工智能基础层的技术突破。究其根本，当前的人工智能发展仍然缺乏更根本性的理论支撑，在基础研究（科学理论、基础层技术）方面仍然有很大空间。2021 年美国发布的 AI 战略文本《最后的报告：AI》中，战略 7（对人工智能基础研究进行长期投资）、战略 8（实施“国家微电子战略”）、战略 9（并行加强对 AI 相关技术领域研发投入）对人工智能的基础性研究方向有了更进一步的明确，并且更加强调学科交叉性。其主要目的在于：保持对未来卷积神经网络、微电子等技术路线的主导权，并在人工智能发展所需的基础理论和下一代人工智能技术突破方面“抢跑道”。

人才是美国发展人工智能的核心要素，也是实现 AI 技术突破的关键要素。战略 6（实施全渠道人工智能人才战略）一方面优化本土 STEM 类人才培育体系（从 K-12 到高等教育），为美国人工智能技术创新提供源于本土的持续力；另一方面设计更为宽松的签证政策和安全审核机制，为美国人工智能技术创新吸引国际一流的智源。

场景应用是美国发展人工智能的主要导向，也是AI技术发展的重要牵引力。特别是，“AI+产业场景应用”和“AI+国防军事化应用”是美国AI国家战略的核心内容。技术的发展不仅是经济效益的“再资本化”过程，更是国家安全和国际话语权的“再政治化”过程。一方面，战略7(为人工智能及相关战略技术创造应用市场)推动AI技术产业化，布局AI创新集群，形成完整的产业链；另一方面，战略1(数字化国防技术)、战略2(数字化军队)、战略3(国防范围的数字化生态系统)推动AI技术军事化，建设一个国防部统筹下的数字生态系统，用以应对中国人工智能技术的军事部署。

二、政治逻辑

政治逻辑是指人工智能从经济领域溢出并影响权力要素分配的外溢效应，决定着技术溢出的政治性、权力性和不确定性，并最终导致国际行为形式模型(formal models)范围的拓展和复杂性的增多。技术权力源自对稀缺性技术资源的长期占据或突破以及创新既有技术资源的能力。当这种技术权力被国家主体所掌握或者垄断时，技术权力便具有向政治权力转化的潜在特征。因此，政治逻辑揭示了人工智能发展背后的权力维度——对技术的更新和长期占有。对权力的追逐促使各国将人工智能技术作为其战略的核心目标。美国最新AI国家战略，也印证了上述“技术权力—政治权利”的逻辑关系。美国政府认为发展人工智能表面是一个科技问题，本质是一个政治问题。美国在制定AI国家战略时，一直把中国作为首要的比较和防范对象，把与中国在人工智能领域的竞争视为争夺世界领导权的战略竞争，密切关注中国在发展人工智能方面的动向，竭力防止中国在人工智能领域占据领先地位。

1. 美国试图“赢得AI技术竞争”

美国AI国家战略以“赢得技术竞争”为目标，着力于AI科学理论和基础技术的重大突破；强调跨学科交叉性研究；保持对未来卷积神经网络、微电子等技术路线的主导权，并在人工智能发展所需的基础理论和下一代人工智能技术突破方面“抢跑道”，实现对关键技术和核心知识的长期垄断，从技术上封锁中国AI发展，并将其转化为遏制中国技术发展的关键力量。

第一，人才是实现AI技术突破的关键要素。美国实施全渠道人工智能人才战略。对内，敦促国会通过《国防教育法案Ⅱ》，从根源上优化美国基础教学体系。对外,将以"更加宽松的签证政策"弥补上届政府"失误"导致的绿卡问题,同期设立严苛的安全审核机制,维护国家安全。究其根本:中国抗击新冠疫情成功彰显出制度优势,中国正从人才输出国转变为人才引力场,中美关系日趋紧张。应对新形势,美国长期战略着眼于培育本土 STEM 类后备人才,增强创新后劲;短期战略以"国家安全"为底线大幅降低签证门槛,与中国争夺 STEM 类人才,构建全球 AI 人才高地,以此发挥智力资源的集聚优势。

第二,应用场景是实现 AI 技术突破的牵引力。技术的发展不仅是经济效益的"再资本化"过程,更是国家安全和国际话语权的"再政治化"过程。美国一改以往"不干预"的政策传统,规划设计人工智能等战略性新兴技术的创新集群,着力推动 AI 技术场景化,构建完整的本土产业链。同期,通过为集群内人工智能企业和个人提供税收优惠、提高研究资助和准入标准,干预企业由民用向军用转型。美国认识到 AI 是一项影响国家安全的战略性技术,人工智能的发展已然不是企业之间的竞争,而是"企业+政府"组合式的竞争,美国欲通过深化公私合作关系,以"政府领导+企业支持"的模式与中国争夺全球关键市场、收集全球公共数据、监控抵御数字化威胁。

第三,中国是美国"赢得 AI 技术竞争"的最大劲敌。美国将实施更为严苛的技术出口管制和投资筛选制度:通过国会立法授权,要求"特别关注国"对"敏感技术"的所有非控制性投资都必须向美国外国投资委员会(Committee on Foreign Investment in the United States, CFIUS)提交审核,严格防止中国通过合法途径进行技术转移。修订知识产权相关法律和制度,重点评估中国专利申请对美国发明人的影响,重点审查中国人工智能专利质量,以防中国以全球专利数量最多,造成一种创新力最强的假象,进而影响国际标准制定。

2. 美国着力推进国际科技战略

新兴技术成为地缘政治的重要战场,在新兴技术领域的领先者还没有确定、专利和标准也尚未成型的情况下,中国获得了超车的机会。美国将中国推进标准化战略,提出制定《中国标准 2035》视为威胁,认为此举是中国对国际权力格局的挑战,并且"将会损害美国制定适用敏感技术和控制其扩散的国际准则的能力"。为此美国实施国际科技战略,以价值观念为标准,联合多个强国建立"新兴技术联盟",以协调多国技术政策,提升其在国际新兴技术研究网络中的位势,以便制定新兴技术开发的国际规则、规范和标准,成为关键技术领域的领跑者,最终获得地缘政治优势。

一是在美国白宫和国务院领导下，牵头建立一个由志同道合的国家组成的“新兴技术联盟”(Emerging Technology Consortium, ETC)，协同国际非政府组织、民间社会行动者和私营部门制定实施具体策动计划，以抵制“中国制造”数字基础设施的使用。

二是启动国际数字民主倡议(International Digital Democracy Initiative, IDDI)，协调多国技术政策，共建相同的民主价值观和伦理规范，为主导 AI 国际标准奠定认知基础。

三是对内，美国国家标准与技术研究所(National Institute of Standards and Technology, NIST)牵头制定 AI 国际技术标准，以确保美国国际领导地位；对外，启动数字战略，扩大与国际合作伙伴和非公募基金会的合作，以互联互通项目为依托，推进 AI 国际技术标准全球化进程。

四是联合关键盟友和合作伙伴成立多边人工智能研究所(Multilateral AI Research Institute, MAIRI)，促进人才交流学习，深化研发合作关系，汇聚研究资源，用以开发符合民主价值观的应用型技术，进而提升美国在国际新兴技术研发合作网络中的位势。

五是推进美国技术外交政策，组建新兴技术外交局，维护美国核心地缘政治利益，主导数字时代的中美竞争关系。

3. 美国试图建立“数字化国防生态系统”

随着军事领域的竞争加速走向智权时代，美国全面引入 AI 技术，建立“数字化国防生态系统”，用以维持霸权地位，即在硬件上实施“数字化国防技术”战略，用智能机器、智能系统取代“人”作为战争的现实载体，以“技术对抗”取代“军事对抗”；在软件上建设“数字化军队”，强化士兵和军队对人工智能军事化应用意识的认知，及对技术应用能力的认知，建成军队 AI 协同作战指挥部；在系统上摒弃落后的指挥控制系统，构建一个安全的、联合的分布式存储库数据架构，强化网络和通信通道，设置公共接口，联合公共部门和私有部门进行 AI 赋能下的国防系统功能开发、测试等。

三、“技术—政治”视角下实施我国人工智能战略的相关建议

美国 AI 国家战略围绕着“技术”和“权力”展开：一方面以 AI 创新生态系统为蓝图，扬长补短，重点部署技术创新生态系统和国防创新生态系统，突破技术发展瓶颈，抢占更多技术资源；另一方面依靠既有的技术优势，争夺人工智能技

术规则体系的话语权，从而影响国际权力格局。因此，中国要想摆脱美国的科技封锁，赢得 AI 技术竞争，要从技术和权力两个维度展开战略谋划，即从技术战略和权力竞争两个方面展开布局。

1. 技术战略布局

“不谋万世者，不足谋一时；不谋全局者，不足谋一隅。”中国人工智能的本土企业从低附加值的加工产业向高附加值的创新体系转型，既面临技术创新的瓶颈，又面临美国主导的外国跨国公司和政府机构的技术封锁和制约。如果此时中国尝试在人工智能创新生态系统关键点实施全方位突破，势必遭遇美国及其同盟国的刁难和抵制。因此，中国人工智能技术战略布局应该分阶段、有重点，有的放矢，精准发力，最终占据人工智能最高地。

中国人工智能技术战略可分为三个阶段，即“阶段 1：创新要素集聚”“阶段 2：关键领域突破”“阶段 3：重大突破，引领全球”。三个阶段对应不同的创新子系统，每个阶段的战略着力点也有所不同。人才队伍建设是 AI 技术创新系统、AI 产业创新系统发展的基本保障。中国目前在人工智能领域的人才缺口较大，与美国相比还有较大的差距。因此，人才的培育和引入是第一阶段中 AI 技术创新系统、AI 产业创新系统建设的重要战略部署。知识产权保护等匹配的科技创新制度体系与实施机制也应在第一阶段着手布局。第二阶段聚焦关键领域的突破。AI 技术创新系统聚焦实现基础层（直接影响算力和运力的基础技术）的技术突破。AI 产业创新系统聚焦应用场景开拓，着力培育出跨领域关键创新主体群落和单一领域“硬核”创新主体群落。基于此，第三阶段实现重大突破，引领全球 AI 技术创新。AI 技术创新系统聚焦科学理论上的重大突破，特别是类脑科学，引领全球第三次 AI 技术革命。AI 产业创新系统聚焦制定行业标准体系，具体可在国家科技伦理委员会中设置人工智能伦理专门委员会，高举高打，进一步向世界宣示我国推动人工智能健康发展的定位和决心，占领国际舆论制高点；加强统筹规范和指导协调作用，抓紧完善人工智能制度规范，健全治理机制，强化伦理监管；牵头制定人工智能研发与应用伦理道德框架，规范各类科学研究活动；牵头研究设计我国人工智能产品服务国际化与国际合规性的工作指引、解决方案，供相关企业参考。建立由科学家、伦理学家、法学家等跨学科团队组成的联合实验室，共同研发指导人工智能研发的伦理道德问题。

不同于 AI 技术创新系统和 AI 产业创新系统，AI 国防创新系统各阶段的着力点分别是公私合作关系深化、AI＋军队建设、AI＋国防建设。第一阶段公私合作关系深化，是要突破传统的“高校—科研机构—企业”研发合作范式，形成涉及主体更为广泛的公私研发合作模式：“科研—军方—商业”新型模式。一方面，中国要创新产学研融通的合作和共享方式，发挥国家重点实验室、技术创新中心和军工研究所的产学研融通聚合作用，促进军民协同突破核心技术，使基础研究成果助力产业高质量发展，迈向前沿领域，以此提升原始创新能力。另一方面，通过深化公私合作，可将人工智能技术更深入地根植于中国国防体系，便于第二阶段和第三阶段的AI+军队、AI+国防的建设（表1）。

表1　中国AI战略部署

<table>
<tr><th colspan="2" rowspan="2">战略聚焦</th><th colspan="3">AI创新系统</th></tr>
<tr><th>技术创新</th><th>产业创新</th><th>国防创新</th></tr>
<tr><td rowspan="3">各阶段着力点</td><td>阶段3：重大突破，引领全球</td><td>科学理论突破</td><td>制定行业标准体系</td><td>AI+国防建设</td></tr>
<tr><td>阶段2：关键领域突破</td><td>基础层技术突破</td><td>应用场景开拓</td><td>AI+军队建设</td></tr>
<tr><td>阶段1：创新要素集聚</td><td>人才培育和吸引</td><td>人才培育和吸引
知识产权保护</td><td>公私合作关系深化</td></tr>
</table>

2. 权力竞争布局

面对以美国为首的技术优势国际技术联盟实施的“自身发展优先”“本国利益优先”的单边主义压制，中国权力竞争布局的“先手棋”在于深入推进和强化与当前AI技术先进国家（特别是与中国友好的大国、与美国利益相悖的国家）、新兴国家的技术研发合作和全球价值分工，以此推进全球人工智能技术链、创新链和供应链的融合和升级，打造“共建共治共享”的全球人工智能“三链融合”机制。

应对美国科技硬竞争，中国要正确认识美国科技封锁策略内在权力和政治的逻辑，前瞻性地谋划实施中美两国在技术创新和国际权力争夺中的“共识共生共赢”战略。一是“共识”。在世界技术创新体系中，目前尚无一国能够在短时间内撼动美国的技术霸权地位，但是美国也无法阻止中国技术发展的进程。二是“共生”。美国已经认识到不能单方面中止与中国在人工智能领域的研发合作和商业贸易。因为，与中国广泛的技术脱钩只可能致使美国大学和企业失去稀缺的人工智能和STEM人才。因此，美国不得已提出“在合作中的竞争”，即在合作中建立技术弹性，减少非法技术转让威胁，保护美国国家安全。在全球人工智能创新体系中，中美长期战略竞争的客观存在要求“共生格局”成为两国竞争的基本要义。中国可以鼓励国内机构与美国人工智能创新创业企业深度合作。这些小企业往往聚集在距离政府权力机构较偏远的地区，对投融资的需求比较迫切。美国政府对其监管较弱，和国内机构容易形成合作关系。三是“共赢”。AI技术的进步带来了经济利益的同时，也将引发新型的社会伦理安全等新问题、新难题。中国拥有丰富的应用场景可以为探索新技术新规则提供试验载体和空间，完全有底气、有实力和美国等国家共同商讨人工智能治理的国际规则，制定人工智能研发与应用伦理道德框架，谱写人工智能全球社会治理的“共赢”方案。

法国校企联合人才培养模式现状分析

——基于法国科学技术促进会(ANRT)的报告*

| 龙彦颖

校企合作的人才培养一直是各国高等教育重点的关注方向之一,欧洲是博士生教育发源地,在开展校企联合培养博士生方面有许多成功经验。法国校企联合培养博士项目(Conventions Industrielles de Formation par la Recherche, CIFRE)自1981年启动,到目前已经吸引了814家法国企业、120个公立科研实验室参与其中,至2019年有1 450名博士生申请者通过。经过多年发展,CIFRE项目已经成为法国博士生培养的重要模式,为促进法国校企深度合作作出了重要贡献。

一、法国高等教育改革背景下CIFRE的管理模式

进入新千年以后,法国正式开始了大学重组的战略实践。2006年法国通过《研究规划法》,决定以"高等教育与研究集群"(Pôle de recherche et d'enseignement supérieur, PRES)的方式整合各类公、私立高校与研究机构。2013年7月22日,高等教育和研究第2013-660号法对该系统进行了重大改组,规定由大学与机构共同体(Communauté d'Universités et Etablissements, COMUE)取代高等教育与研究"集群"。由此,法国大学参与"共同体"建设得以合法化。许多高校以"共同体"名义联合培养硕士、博士学生,学生可获得由"共同体"颁发的学位文凭。

法国校企联合培养博士项目由法国科学技术促进会(Association Nationale Recherche Technologie, ANRT)代表法国高教部负责项目的审批和管理。企业与ANRT签订合同以接受ANRT的资助与管理,企业雇佣博士生并支付博士生工资,同时向博士生指定科研课题,博士生在企业导师和公立实验室导师的

* 本文为教育部人文社科青年基金项目"大学产学研合作对企业技术创新能力影响研究"(项目编号:21YJC880108)和同济大学创新创业教育教学研究与改革项目"校企合作机制下学生创新创业素养提升路径研究"(项目编号:2023SC006)的阶段性研究成果。

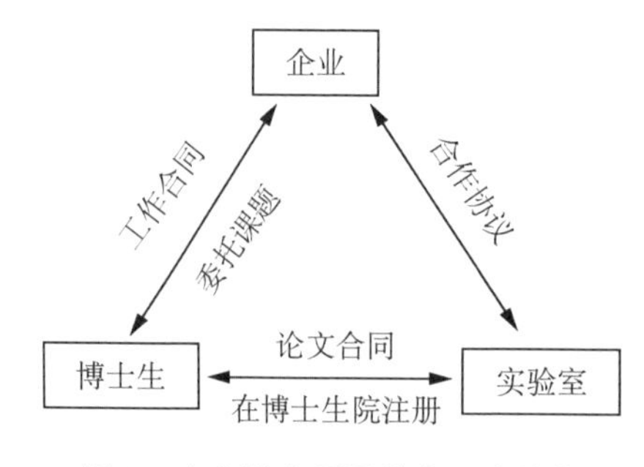

图 1　企业博士项目校企三方结构

联合指导下进行课题研究,并完成博士学位论文。企业雇佣博士生时,博士生是雇佣员工,同时其职责为科研攻关。博士和大学实验室签订论文合同,并在学校的博士生院注册博士研究生身份,机构层面上,学校实验室与企业签订合作协议,共同培养,相互监督。CIFRE 项目各方职责与结构如图 1 所示。

企业博士项目在申请网站上对参与的博士生、企业、实验室申请者都提出了具体详细的要求,以保证项目的运行质量,如表 1 所示。

表 1　CIFRE 项目的申请条件

博士生	企业机构	高校实验室
① 在提交 CIFRE 项目申请前已获得硕士学位 ② 在博士生院未注册或注册未满 9 个月 ③ 无在申请目标企业的工作经验或在该企业工作时间不超过 9 个月 ④ 没有国籍或专业的限制	① 企业泛指非学术机构,但要求是在法国境内设立的机构,主要是私营企业,也可以是公有企业、国家行政机关、协会和事务所等 ② 没有企业规模和组织形式的限制,但必须有能力给博士生提供指导 ③ 给博士生提供的工作必须是研究性的	① 必须是依托于大学、高等专科学校或国立科研机构的公立研究实验室 ② 实验室必须通过法国高教部的认证 ③ 国外的实验室可以和法国的实验室合作

值得注意的是,与一般的企业招聘相反,CIFRE 对博士生申请的要求中并未对工作经历提出高要求,而是要求无在申请目标企业的工作经验或在该企业工作时间不超过 9 个月。同时,项目还给予博士生在研究阶段接触企业研发工作的机会。这种经历可以让博士生进一步确认自己对应用研究的兴趣,为其提供在就业之前的适应和缓冲期,也为参与该项目的博士生未来开辟新的研究方向或创建自己的公司提供了探索的机会。

CIFRE 项目经过近 40 年的发展依然受到广泛的关注。根据 ANRT 在 2020 年 9 月发布的报告,2019 年 CIFRE 项目的需求增长还在继续。ANRT 在 2019 年总共收到了 2 022 份博士学位项目申请,其中外国申请者占 24%。总申请人数较前一年新增长了 5%,创造了新的纪录。最终有 1 450 名博士学位项目申请人成功分配至不同雇主机构，约占法国博士生入学总人数的 10%，项目博士毕业生平均年薪为 30 232 欧元。在参与企业规模方面，2019 年共有 814 家机构参加，且 53% 为新加入成员。实验室项目方面，与往年相比，有 54% 为新课题项目，18%的研究课题取得技术突破性进展。此外，有 66% 为联合研究课题组实验室。

二、为中小型企业的高水平人才培养提供支持

根据 ANRT 的最新报告，2019 年参与 CIFRE 项目的企业中，小微企业（少于 250 人）占 42%，中型企业（250～5 000 人）占 11%，大型企业（多于 5 000 人）占 41%，行业协会和事务所占 6%。也就是说，参与项目的中小型企业占了 53%。另外，根据报告中提供的博士毕业生去向相关数据显示，毕业一年后，有 76%的博士生在私营部门工作，大部分毕业生在企业从事与原论文研究方向相关的工作，毕业五年后，选择继续在私营部门工作的博士生约为 71%。另外，大约有 4%的 CIFRE 项目博士生选择在完成学业后开始创业，毕业五年后近 10% 的 CIFRE 博士自主创办了公司。

在财政结构上，法国高等教育部通过 ANRT 向企业补贴拨款，每年 14 000 欧元。企业聘用博士生，年薪不得低于 23 484 欧元，同时企业须向合作的研究实验室支付周边费用（包括博士生的设备、差旅、会议等）。图 2 中轴线与深色模

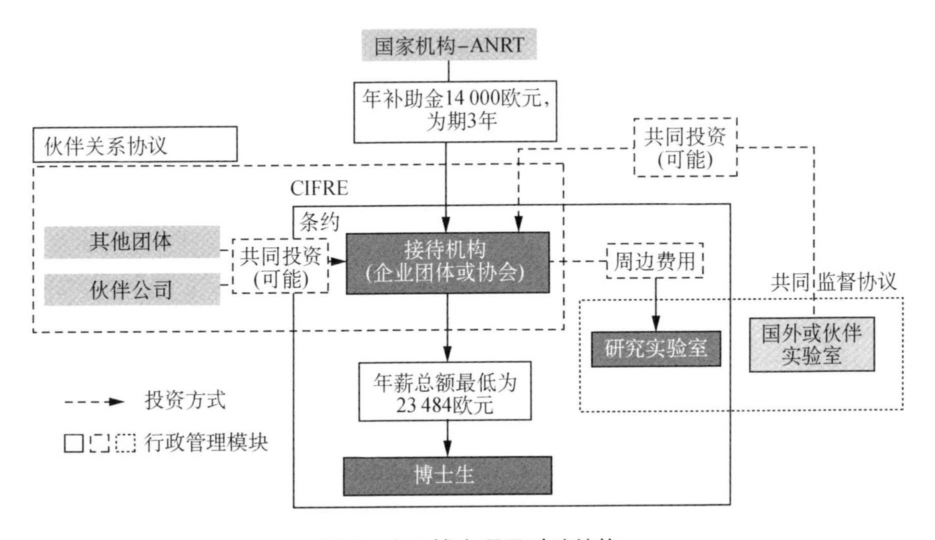

图 2　企业博士项目财政结构

块表示了上述主要资金流向。另外，协议主要承担企业通过伙伴关系协议对合作关系中的其他企业或实验室进行财政上的管理。通过政府补贴，企业支付给博士生与实验室的费用净支出大幅减少，降低了企业承担教育责任时的经济负担，为大量中小型企业签署企业博士项目提供参与入口，降低门槛。

三、为中小型企业的基础研究铺路搭桥

CIFRE 项目的初衷是建立以企业为导向的项目。2019 年参与项目的企业中，电子信息和工程类行业的企业占比较大，同时，各行各业广泛参与，包括第三产业和出版业等，如图 3 所示。在航空、能源和陆路运输业中，大企业、大集团参加的占大多数，这与法国的优势产业有关。而在设备和产品制造业以及化学材料行业中，小型企业更多。

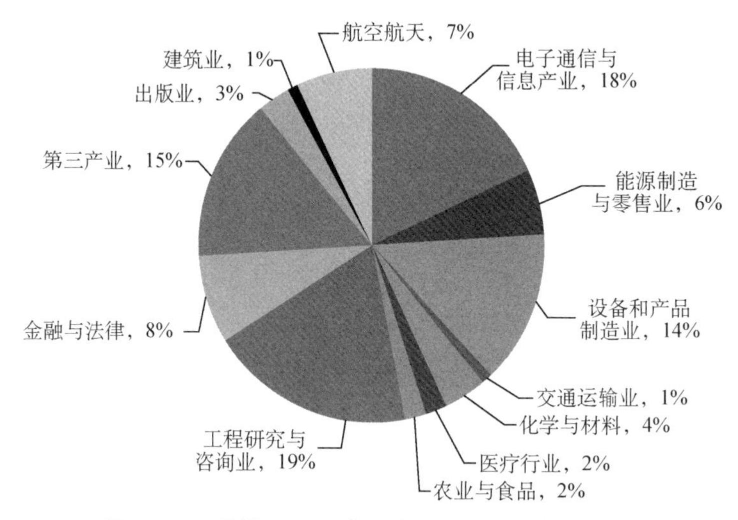

图 3　2019 获批 CIFRE 合同企业所属行业的比例分布

相比于大型企业急需解决应用类和商业化的问题，中小型企业倾向于专攻某一方面的基础性研究。中小型企业是创新驱动发展中的活跃群体，也是解决就业问题的主要载体，鼓励中小型企业与高校签订 CIFRE 项目合同，有利于中小型企业有渠道获得科研资源支持，突破原本创造力有余而转化落地能力不足的技术限制，在市场竞争中打下稳定的份额基础。法国高等教育自大学与机构共同体改革以来，大学校(是法国特有的一种教育形式，比一般的综合性大学档次更高，也称“精英院校”)与综合性大学利用各自优势，联手组成的以学科为单

位的博士生院，实现在不同研究领域的长短互补和资源共享。通过 CIFRE 项目大学与中小型企业在共同培养博士生的基础目标上，进一步加强了彼此的联系与合作。

四、对国内企业高水平技术人才培养的启示

第一，重视中小型企业在校企合作中的参与。中小型企业由于规模较小，无专门与高校联系的部门，且需要新鲜科研血液的注入，通过参与第三方组织的校企联合培养，通过与高校合作进行技术研发，提升自身的创新能力和生存能力。高校与创新驱动发展战略中的这些活跃部分合作，有助于面向行业新需求培养创新型人才，提升就业率。

第二，重视智能制造与新工科高水平人才培养。法国独有的工程师培养体系注重掌握扎实的基础理论知识和熟练的实践能力，新提出的人工智能计划赋能传统的工科教育创新思维，为我国新工科面向行业培养高水平应用型人才的发展方向提供参考。

第三，以人才培养为纽带促进校企深入合作，推进地区产学研协同创新平台的构建。双导师制共同培养博士生，保证各行业中企业的创新人才需求，降低成果转化门槛，增强企业技术储备，对国内的校企合作行业导向的人才培养模式有着借鉴意义。

参考文献

[1] 马晶. 法国高等教育的创新发展[J]. 产业与科技论坛，2010，9(4)：56，250-251.

[2] Qui sommes-nous? Association nationale recherche technologie[EB/OL]. [2021-12-20]. https://www.anrt.asso.fr/fr/qui-sommes-nous-85.

[3] cifre-plaquette-2019[EB/OL]. [2021-12-20]. https://www.anrt.asso.fr/sites/default/files/cifre-plaquette-2019.pdf.

[4] conditions doctroi et de suivi des cifre — edition 2019. pdf[EB/OL]. [2021-12-20]. https://www.anrt.asso.fr/sites/default/files/conditions_doctroi_et_de_suivi_des_cifre_-_edition_2019.pdf.

[5] Prsentation_thse_collectivits.pptx[EB/OL]. [2021-12-20]. https://1000doctorants.hesam.eu/images/custom/Hesam/PDF/Prsentation_thse_collectivits.pptx.

[6] anrt_rapport_dactivites_2019.pdf[EB/OL]. [2021-12-20]. https://www.anrt.asso.fr/sites/default/files/anrt_rapport_dactivites_2019.pdf.

欧洲核子研究中心发布量子技术路线图的经验与启示

| 刘　笑

量子技术因其在信息处理和通信领域的巨大潜力，已经成为世界各国获取全方位优势的战略制高点。为抢先获得“量子霸权（quantum supremacy）”、标准制定权和舆论主导权，主要发达国家争相围绕量子技术开展前瞻部署，例如美国国家量子计划（National Quantum Initiative，NQI）、英国国家量子技术计划（The UK National Quantum Technologies Programme，NQTP）等。2021年10月，欧洲核子研究中心（Conseil Européen pour la Recherche Nucléaire，CERN）发布了《量子技术计划》（*Quantum Technology Initiative*，QTI），详细描绘了中长期量子研究的技术路线图，并制定了综合性的研发、学术和知识共享举措，旨在指导政府、学术界、产业界等诸多利益相关者协同突破量子技术的发展瓶颈，对我国量子技术规划具有借鉴意义。

一、量子技术主要领域路线图

量子技术路线图主要由23位欧洲核子中心成员国的国际专家共同打造，围绕量子技术的四个主要领域：量子计算和算法，量子理论与模拟，量子传感、计量和材料，量子通信与网络，旨在实现四个顶层战略目标：实现科学技术发展和能力建设（T1），实现学界和工业界共同发展（T2），实现量子研究社区建设（T3），实现与各国计划和项目的衔接（T4）。为了实现上述四个顶层战略目标，CERN发布了详细的中长期实施路线图，见表1。

表1　量子技术发展路线图

四大领域	具体目标	战略目标
量子计算与算法	C1：规范化并扩展量子计算的现有用例和可能应用示例，并将其应用到高能物理（High Energy Physics，HEP）的工作流程和算法中	T1

（续表）

四大领域	具体目标	战略目标
量子计算与算法	C2：收集和共享关于社区内现有的量子技术相关资源、工具、库等信息；设立研发项目，为量子实现平台调整或设计算法，对当前和潜在的性能进行基准测试	T1，T3
	C3：与其他机构合作，确定并协调计算资源的使用；基于分布式计算的现有专业知识，设计并部署用于量子计算和模拟的分布式基础设施，使科学研究成为量子社区项目的一部分	T1，T2，T4
量子理论与模拟	I1：确定与 HEP 相关的量子模拟应用，尤其是在对撞机物理领域和量子色动力学相图仿真领域，以支持世界范围内探索和测量标准模型和超越标准物理模型的实验工作	T1
	I2：辅助计算和传感活动识别理论上有潜力的参数空间，实现量子技术的优势	T1，T3
	I3：利用基于 CERN 的相关专业知识，以最先进的经典计算为参照组，对当前和潜在的量子模拟性能进行基准测试	T1，T2，T3
	I4：举办研讨会、暑期研习班和访问活动，利用 CERN 理论部门的基础设施和专业知识，与其他机构、国家实验室和公司建立全球合作，并确定最适合当前应用的量子技术	T3，T4
量子传感、计量与材料	S1：鼓励获取和传播与低能和高能粒子物理领域相关的量子传感专业知识	T1，T2，T4
	S2：开发一系列量子传感方法，包括小规模的 AMO 实验，重点关注低能粒子物理测量领域	T1，T2，T4
	S3：确定特别有前途的技术，重点关注在 HEP 创新应用方面极具潜力的开发项目	T1，T2，T3，T4
	S4：建立共同的研发项目，协调与其他机构或公司的合作，以适应或开发量子传感方法的技术及其测试系统，并对其当前和潜在的性能进行基准测试	T1，T2，T3，T4
量子通信与网络	N1：在安全、隐私保护、医疗应用等领域，开展产学研合作，确定并支持特定用途的用例	T1，T2
	N2：确定、扩展、共同开发与 CERN 量子基础设施相关的技术，如时钟同步、光子源和激光技术	T2
	N3：正式参与泛欧洲量子基础设施，提供运营和技术支持	T4

注：根据欧洲核子研究中心发布的《量子技术计划》翻译整理。

二、具体行动举措

1. 构建多层级治理架构

CERN 针对量子技术计划构建了“战略—协同—研发—能力建设”多层级治理架构，旨在最大限度地将自下而上的参与式创新与自上而下的战略性指导结合起来。处于协调层的 CERN QTI 专家协调小组根据量子技术倡议管理确定优先发展领域和合作项目，并向 CERN 管理层汇报。其中，CERN 专家协调小组由技术、法律、知识产权等跨学科团队成员组成。CERN 根据共同确定的优先发展领域通过学术研究、产业合作等开展联合项目提升和能力层建设。这些联合项目主要分布在 CERN 的不同部门和实验中心，由相关领域的博士和博士后参与。处于战略层的高能物理领域咨询委员会和 CERN 成员国专家则对整个量子计划负有监督职责，见图 1。

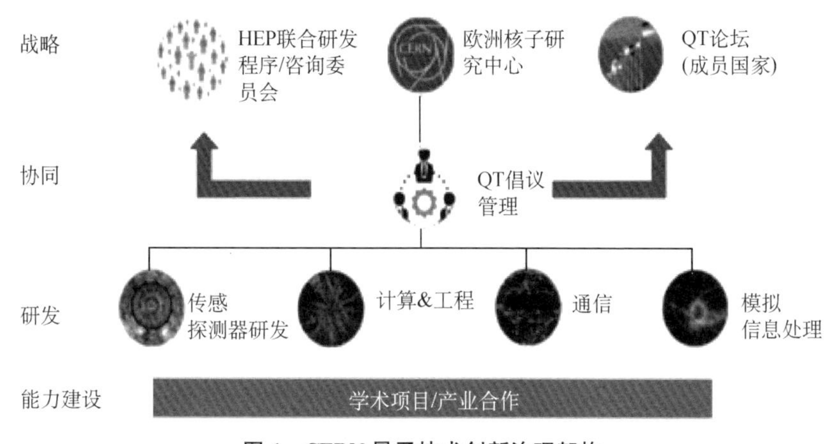

图 1　CERN 量子技术创新治理架构

2. 搭建分布式异构平台

获取量子计算和量子计算模拟资源对支持 CERN QTI 与高能物理社区开展联合项目尤其重要。作为量子能力建设目标(T1)的一部分，CERN 初步构建了由经典加速硬件、专用量子计算模拟器和量子计算云服务组成的分布式异构平台，为研究人员提供了一个易于访问的分布式基础设施。其中，经典加速硬件、专用量子计算模拟器托管在 CERN，可以通过笔记本电脑的标准接口进行访问。CERN 作为协作中心，可以允许其他机构进入合作平台参与联合攻关项目。

3. 加强教育、培训和知识共享

量子技术人才的培养需要扎实的基础教育和培训计划作为支撑,因此CERN QTI 一是与专业学术机构合作,将研发项目作为博士级项目实施,为CERN 和活跃于量子技术领域的学术机构创造协同发展机会,共同创造未来的知识和技能;二是设置交流计划,允许研究人员以科学助理或者访问教授的身份加入 CERN 研究团队进行交流互动,构建跨机构知识共享管理机制;三是加强行业培训计划,CERN 通过开放实验室计划(Openlab)与学术或行业合作伙伴共同举办培训活动,夯实量子技术的基础能力层。例如,CERN 与西班牙奥维耶多大学于 2020 年 11 月和 12 月共同举办了量子计算的培训课程,展示了世界各地的量子计算研究项目,据统计有 1 500 多名线下观众和 14 000 多名的线上观众参加。四是探索现代化、互动化的教学形式作为补充方式。例如,芬兰的QPlayLear 计划,基于多媒体、游戏化的学习方式为高中生等特定群体设计个性化的量子课程,让学生较早接触前沿领域以激发其兴趣。

4. 深化多维合作

CERN 在量子领域处于核心地位以及作为国际多学科科学研究中心拥有特殊地位,其将通过不断加强合作促进跨社区的知识进步和共享,促进量子技术在科学社会的应用。主要体现在:一是加强 CERN 范围内的合作,不同部门结合自身条件采取不同的方式,例如信息技术部通过开放实验室计划,理论部通过举办专题研讨会等形式扩大内部社区共享;二是加强与 CERN 成员国的合作,将逐步扩大量子计划讨论和合作的范围,确保成员国都能公平参与所有倡议和计划;三是加强与欧洲层面相关计划的合作,例如欧洲研究区量子项目(QuantERA)等;四是加强国际合作,针对美国、韩国等发达国家在量子领域的不同优势,不断扩大国际社区;五是加强产业合作,将与已经制定了量子计算机未来研发计划的 IBM、谷歌等公司加强合作,共同致力于量子技术的知识转移。

三、对我国的启示

量子技术已经成为世界主要国家战略布局的重点领域。欧盟核子研究中心在量子技术布局中长期路线图中的做法为我国提供了很好的借鉴与参考。

1. 加强顶层设计,制定量子技术路线图和产业发展战略规划

一方面,要构建国家层面的中长期战略计划,详细部署未来 5～10 年的技术发展路线图,并逐期进行动态调整,以适应长期发展需求;另一方面,要组建量子

技术专家咨询委员会，形成有利于前沿技术联合攻关的治理架构，加速形成跨组织跨区域跨学科的前沿技术共同体。

2. 夯实技术基础，加快关键核心技术和基础设施平台建设

一方面，要推进量子信息领域共建共享共用基础设施平台建设；另一方面，要依托优势创新力量聚焦量子计算与算法、量子理论与模拟、量子通信与网络等核心领域开展基础科学与应用科学研究。

3. 注重人才培育，激发未来发展潜力

除了培养造就一批具有全球视野和国际水平的战略科技人才、科技领军人才、青年科技人才之外，同时也要注重行业培训和面向青少年的科学启迪教育，扎实做好新兴产业人才的全生命周期培育。

4. 拓展多维合作，共建量子技术创新生态

不仅要加强组织内部的知识交流与创造，而且要加强组织外部尤其是在该领域具有独特优势的国际交流合作，集聚高质量研究力量，共建新兴技术发展生态。

参考文献

[1] 战略科技前沿. 欧洲核子研究组织发布《量子技术计划：战略和路线图》[EB/OL]. (2021-10-23) [2022-01-24] https://mp. weixin. qq. com/s/vwt2cORqztIwqbMpmNhfNg.

筑波科学城科技创新的巴斯德模式分析

| 梁佳慧　陈　强

筑波科学城又称筑波研究学园都市，位于日本茨城县筑波市，范围涵盖整个筑波市。其建立一方面是为了缓解东京人口激增带来的城市压力，另一方面也是对日本“技术立国”战略的响应。筑波科学城包括研究学园区域和周边开发区域两部分，研究学园区域主要集聚了国家研究教育机构、住宅及公共设施，周边开发区域主要是农业用地、私人机构和工厂的聚集区。经多年发展，筑波科学城的 GDP 从 1998 年的 50 亿美元增加到 2017 年的 120 亿美元。

筑波科学城的发展，在某种意义上得益于巴斯德模式的形成。1997 年，美国学者唐纳德·斯托克斯(Donald Stokes)在《基础科学与技术创新——巴斯德象限》中提出巴斯德象限理论，他把横坐标定义为“以实用为目的”，纵坐标定义为“以求知为目的”，将基础研究与应用研究之间的关系划分成四个象限(图 1)。与基础研究和应用研究相分离的传统观点不同，唐纳德·斯托克斯认为，科学研究成果会流向技术领域，技术也会反作用于科学研究，即巴斯德模式。

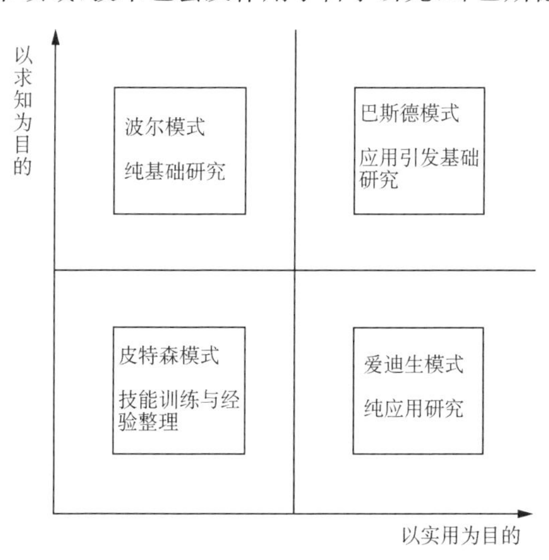

图 1　科学研究的象限模型

一、筑波科学城的巴斯德模式特征

筑波科学城的科技创新发展，在一定程度上呈现出以应用牵引基础研究的巴斯德模式特征，在跨学科人才培养和产学研合作两个方面表现尤为明显。

在人才培养方面，筑波科学城形成了旨在解决实际问题的跨学科人才培养体系。作为筑波科学城的人才培养中心，筑波大学在本科生教育方面实施学群制，打破不同学科之间的壁垒，促进学生综合能力的提高。筑波大学给予学生自由探索兴趣所致的机会，大学一年级学生全部在综合学域群，学生可以充分了解各学群特点以及自己感兴趣的专业方向，进入大学二年级后，综合学生意愿和入学成绩，确定每一名学生之后进入的学群。通过这种方式，既可以提高学生学习专业知识的主动性和积极性，也有利于培养在交叉学科领域能够发挥作用的人才。在研究生教育方面，2020 年 4 月，筑波大学改革研究生培养方式，实施学位项目制，将 8 个研究生院的 85 个专业重组为 3 个学术学院的 6 个研究组，6 个研究组分为 56 个学位项目，教师来自不同领域，以培养高水平人才为目的，满足经济社会发展的实际需要。

在产学合作方面，筑波大学形成了 M2B2A 的产学合作模式。M、B、A 分别为 Market/Society、Business、Academia，即依托筑波大学的跨学科综合研究组织，面向社会或市场需求，推动产业变革，解决日本 Society5.0 所面临的实际问题。M2B2A 模式在提升技术成果转化率方面初显成效。截至 2018 年，由筑波大学创立的实体风险企业达到 111 家，数量仅次于东京大学和京都大学，位列日本第三。同时，根据英国《泰晤士高等教育》(*Times Higher Education*)公布的以联合国可持续发展角度衡量大学对社会所作贡献的 2021 年度世界大学影响力排名(THE Impact Rankings 2021)的结果，筑波大学在日本所有大学中综合排名第一。

2001 年，筑波科学城通过实行法人化改革，研究机构成为独立行政法人，进而发展成为新型研发机构，通过创立风险企业，建立了从研发到成果转化的全过程科技创新体系。截至 2020 年 9 月，作为筑波科学城四大核心机构之一的产业技术综合研究所，主创的风险企业达到 149 家。在筑波科学城，企业与筑波大学及各类研究机构建立合作关系，通过联合研究和合同研究，解决技术需求，跨越了成果转化的“死亡之谷”(图 2)。

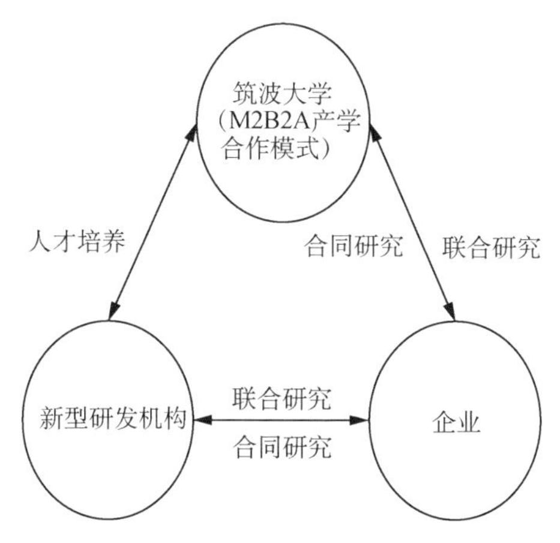

图 2　筑波科学城的产学研合作

二、巴斯德模式所取得的成效

在筑波科学城，具有巴斯德模式特征的科技创新，既促进了科技成果转化率的提高，也推动了基础研究的深入发展。具体体现在以下四个方面。

第一，实现了研发经费来源的多元化。成果转化所带来的经济收益为开展基础研究的大学和研究机构注入更多资金，形成了政府拨款、盈利所得以及捐赠收入的经费来源多元化格局，强化了基础研究的资金保障。

第二，高被引论文数显著增加。高被引论文是衡量基础研究水平的重要指标之一。根据基本科学指标数据库（Essential Science Indicators, ESI），筑波大学在 2010 年 1 月 1 日至 2020 年 12 月 31 日期间的高被引论文数在日本排名第 9 位。同时，物质与材料研究机构（National Institute for Material Science, NIMS）的 6 名研究人员入选科睿唯安（Clarivate Analytics）发布的 2021 年高被引科学家。

第三，产学研之间的紧密互动促进了研究人员的流动，增强了学生的实践能力和专业能力。研究机构与筑波大学以合作研究生院的形式培养学生，研究机构人员可以以教授或副教授的身份在筑波大学授课，学生也可以进入研究机构开展研究工作。此外，企业人员也可以利用各种机会指导学生，让学生接触到课堂以外的知识，更多了解市场的技术和人才需求。

第四，自 1997 年日本政府颁布《筑波科学城未来的发展》以来，筑波科学城已诞生两位诺贝尔奖获得者,充分说明应用引发的基础研究亦可催生一流成果。

三、经验及启示

筑波科学城的科技创新发展逐步形成典型的巴斯德模式特征,其实并非偶然,从中可以总结出以下经验,并形成启示。

首先,政府在筑波科学城的发展过程中发挥了主导作用。一方面,在筑波科学城建立初期,政府主导迁入多所公共研究机构,迄今为止,此类研究机构数量已达到 32 所,约占日本公共研究机构的 1/3,这些研究机构强化了筑波科学城的研究力量,为筑波科学城科技创新发展提供了动力源泉。另一方面,政府直接参与筑波科学城管理,通过制定引导性政策,确立大学、研究机构及企业以应用为目的的研究方向,从侧面推动了筑波科学城巴斯德模式的形成。同时,政府通过建立筑波研究支援中心、筑波创业 Plaza、筑波创业基地,为创业人士提供资金、场所以及管理等方面的帮助,促进科技成果转化。

其次,筑波科学城不断完善生活保障,为研究人员提供良好的生活环境,解决了其后顾之忧。筑波市拥有城市公园 180 多个,医疗、教育设施完善,人均拥有医务人员数量高于全国平均水平,从幼儿园到大学的教育设施一应俱全,筑波特快列车的开通使得筑波到东京仅需 45 分钟。社会基础设施的建设和良好运维,使得研究人员能够专注于科学研究活动。

最后,运用新一代信息技术,筑波科学城建设了先进的信息交流平台,促进高校、研究机构以及企业等创新主体之间的交流。研究机构之间建立了多个公用设施群,其中筑波科学城的四个核心机构,即国家产业技术综合研究所、高能加速器研究机构、物质与材料研究机构及筑波大学就建立了 15 个公用设施群,集中了 500 多台研究装置,供内外部研究人员使用。高水平研讨会的召开也促进了不同领域研究人员的交流;技术展示会和专利信息的公开有利于企业对技术种子的了解,推动了技术产品的商业化进程。此外,各类辅助平台的建设也促进了筑波科学城技术成果的转化,Linkers 平台将买方和卖方通过“专家”连接起来,既消除了卖方对技术信息泄露的担忧,也拓展了技术产品的销售渠道;中小企业发展支撑平台的建设减少了中小企业发展所面临的风险,并促进了其科学研究的进展和技术成果的商业化。

英国关于公共数据的认识与开放利用经验*

杨　琪　马军杰

根据万维网基金会(World Wide Web Foundation)公布的四份“开放数据晴雨表”(Open Data Barometer)显示,英国连续四次跻身前两名,是世界上开放政府数据程度最高的国家之一。自2009年以来,英国一直大力推进政府数据和公共数据的开放共享,出台了一系列的相关政策和法律法规,以提高政府运作的透明度,并促进公共数据的开发和利用,实现开放数据的经济和社会价值。

一、关于公共数据的认识

1. 内涵

英国政府在2009年《迈向第一线:更聪明的政府》(*Putting the Frontline First: Smarter Government*)中单独阐述了《公共数据原则》(*Public Data Principles*),对公共数据作了如下定义:“公共数据是在公共服务提供过程中收集或生成的政府持有的非个人数据。”2013年《开放数据白皮书:释放潜能》(*Open Data White Paper: Unleashing the Potential*)中,进一步把公共数据界定为“运行和评估公共服务所依据的、政策决策所依据的、或在公共服务提供过程中收集或生成的匿名非核心参考数据”。这里的“核心参考数据”(Core Reference Data)与“核心主体数据”(Core Subject Data)相对应,指的是“将不同的数据集连接起来的数据。它提供了公共数据之间的互连点,例如时间和地理数据(地图或地理编码数据),以及定义和代码列表,包括词汇表”。而《解决对公共部门数据使用的信任问题》(*Addressing Trust in Public Sector Data Use*)将公共数据定义为“公共部门掌握的个人数据/公共部门持有的个人信息”,把个人的信息和数据纳入公共部门数据使用的范畴,并规定了开放方式及例外。

---

* 本文为上海市人民政府决策咨询研究项目“公共数据资源市场化配置法律制度研究”(项目编号:2021-Z-B06)的阶段性研究成果。

2. 分类与内容

《开放数据白皮书：释放潜能》中区分了公开数据、公开政府数据、公共数据以及公共部门信息四个概念。这四个概念的界定分别为：①开放数据（open data）是指符合以下标准的数据：可以以不超过复制成本的价格获取（最好是通过互联网），不受用户身份或意图的限制；采用数字、机器可读的格式，以便与其他数据相互操作；以及在其许可条件中没有对使用或重新分配的限制。②开放政府数据（open government data）是指已作为开放数据提供给公众的公共部门信息。③公共数据（public data）是运行和评估公共服务所依据的、政策决策所依据的、或在公共服务提供过程中收集或生成的匿名非核心参考数据。④公共部门信息（public sector information）是指受《2000 年信息自由法》（*Freedom of Information Act 2000*）和《2005 年公共部门信息再利用条例》（*The Re-use of Public Sector Information Regulations 2005*）约束的信息和数据；公共机构作为其公共任务的一部分而产生、收集或持有的数据和信息。

《G8 政府数据开放宪章：英国行动计划》（*G8 Open Date Charter: UK Action Plan*）中承诺发布和增强 14 个关键和高价值数据集，包含公司、犯罪与司法、地球观测、教育、能源与环境、金融与合同、地理空间、全球发展、政府问责与民主、健康、科学与研究、统计、社会流动与福利、交通与基础设施领域。《解决对公共部门数据使用的信任问题》中将公共部门掌握的个人数据分为教育数据（包括教育程度和学生特征）、企业增值税数据、困难家庭评估、患者全科医疗记录、健康诊断结果。

3. 形式与载体

《公共数据原则》（*Public Data Principles*）中明确强调，公共数据将以可重用、机器可读的形式发布，通过 www. data. gov. uk 网站，以开放标准格式（包括链接格式）提供。开放的数据格式包括 csv、html、xls、wms、pdf、xml、rdf、zip、ods 以及 json 等。

二、公共数据开放利用的主体与组织架构

政府数字服务组（Government Digital Service，GDS）作为领导机构，负责协调所有政府部门及民间组织、私营部门、工作小组、多边机构作为执行机构以推进政府数据开放。由内阁办公室牵头成立公共部门透明委员会（Public Sector Transparency Board，PSTB）作为监督政府透明议程的核心部门，负责协同公共

部门数据专员和数据专家制定公共部门数据开放的标准，确保所有政府部门在规定期限内发布关键公共数据集。同时在公共部门透明委员会中设立隐私保护专家，参照内阁办公室制定的《个人隐私影响评估手册》（*Privacy Impact Assessment Handbook*）。政府数字服务组负责编制《公共数据原则》，要求各部门参照制定“开放数据战略”并发布数据集。众议院负责修订《自由保护法》（*Protection of Freedom*），要求各部门必须以可机读方式发布数据，并对开放数据的版权许可、收费等方面进行规定。由内阁办公室建立“数据发布基金（Release of Data Fund，RDF）”，依据开放数据用户小组（Open Data User Group，ODUG）采集的数据开放和再利用用户的意见和诉求，资助希望改进数据发布的机构。商业、创新与技能部[Department for Business，Innovation & Skills，BIS（现为商业、能源和工业战略部）]负责建立“开放数据突破基金（Open Data Breakthrough Fund，ODBF）”，帮助各级政府解决开放数据中面临的资金短缺问题。由商业创新技能部下的数据战略委员会（Data Strategy Board，DSB）负责组建开放数据研究所（Open Data Institute，ODI），为公共部门、学术机构和创业企业使用开放数据提供“孵化环境”。英国政府原先准备成立一个独立的数据实体，即“公共数据法人”，后来为区分数据提供者及客户的不同功能，在数据战略委员会下设了公共数据组。其间相关组织机构关系及主要职责见图1。

三、公共数据开放利用的途径与相关制度

1. 默认开放原则——免费为原则，收费为例外

从英国政府的一系列政策文件来看，英国一直以来都采用“默认开放”政策，规定原则上公共数据免费提供给公众使用，所有政府开放数据都可以通过www.data.gov.uk访问，并且公共数据以开放许可证的形式发布，该许可证允许免费重复使用，包括商业重复使用。但英国公共部门信息开放相关法律显示，公共部门有权发布数据集以向重复使用者收费，比如2000年的《信息自由法》（*Freedom of Information Act*）就规定了收费的具体条件和内容，2015年《公共部门信息再利用条例》也明确规定公共部门可对允许重复使用收取费用，任何重复使用费用必须限于复制、提供和传播文件所产生的边际成本，总费用不得超过直接成本、因课税活动产生的间接和杂项费用的合理分摊，以及合理的投资回报。

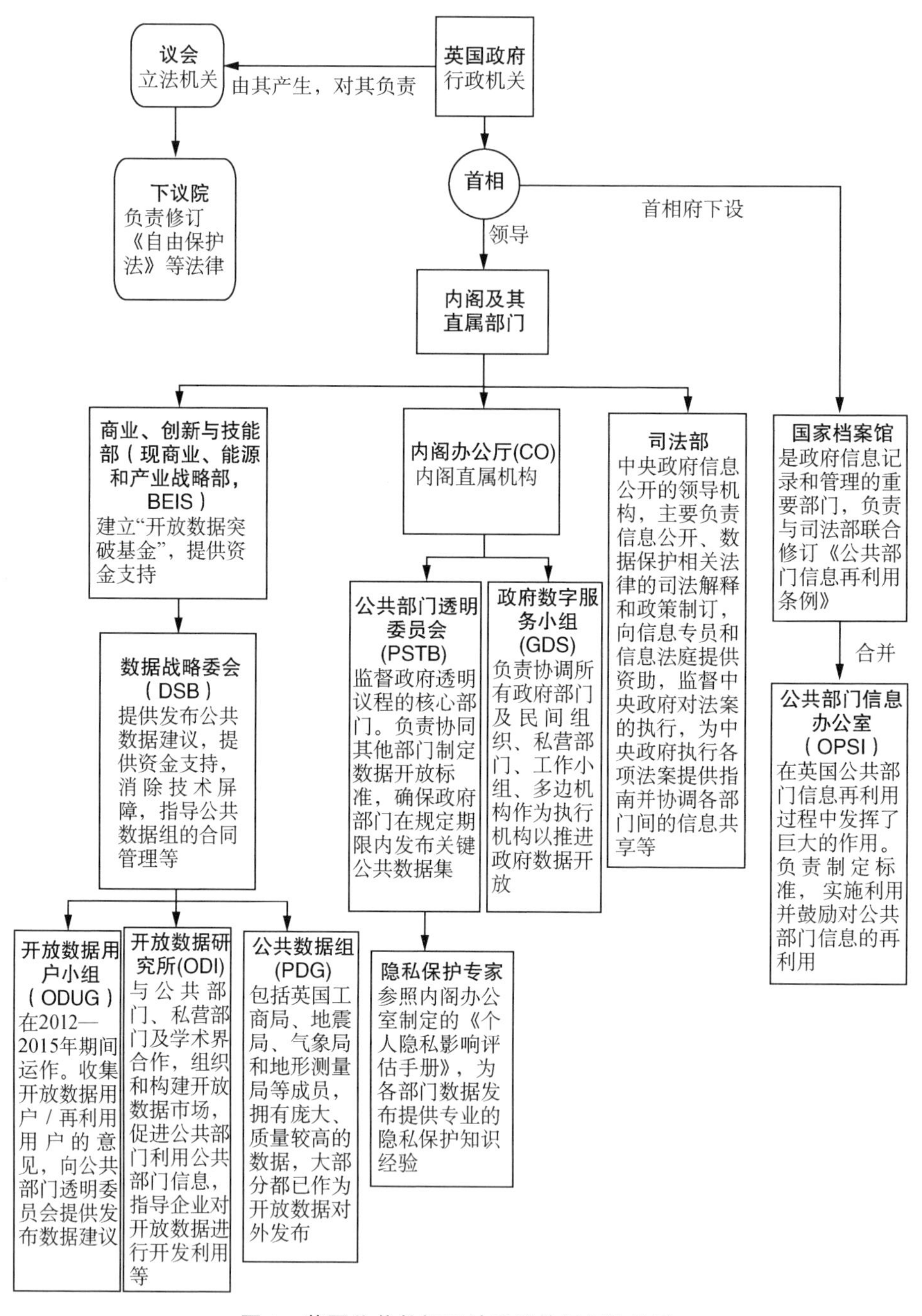

图 1　英国公共数据开放利用的组织结构图

2. 公共信息再利用模式

除了许可收费模式外，英国还尝试了许多不同的公共部门信息再利用运营模式：

① 贸易基金模式：英国将许多政府数据部门（如地震局、测绘局、气象局等）改为“半自立”的政府基金部门，在半商业化的基础上进行运作。这些部门大都专业性突出，市场竞争能力较强。比如测绘局专门成立了商业产业部，负责开发、生产、销售地理信息产品。一是通过提供地图、咨询等获得收入，二是运营基金，即通过向其他公共部门提供地理信息服务或对用户许可授权再利用来收取费用。

② 公、私竞争模式：公共部门不仅能够支持私营部门从事政府信息的市场化开发，而且可以与私营部门展开竞争。公共部门不仅可以从事公益性的非营利信息服务，而且能够开展营利性的商业信息服务。包括伙伴关系、民营化和合同外包。

3. 公共数据的分级管理

英国对于公共数据的管理采用了分级分类授权协议的方式，目前使用的是英国国家档案馆 2016 年 1 月 20 日制定的《英国政府许可框架》(*UK Government Licence Framework*)，总共包含 6 种许可方式，与公共数据开放相关的主要有三种：①开放政府许可（Open Government Licence, OGL），允许以商业或非商业目的，免费复制、发布、分发、传输以及改编数据。②非商业使用政府许可证（Non-Commercial Government Licence），允许以非商业目的，免费复制、发布、分发、传输以及改编数据。③收费许可证（Charged Licence），允许付费后以商业或非商业目的，复制、发布、分发、传输以及改编数据。

4. 公共数据开放的配套机制

英国在 2020 年《国家数据战略》(*National Data Strategy*)中提到，要转变政府数据使用方式，提高效率、改善公共服务，就需要由中心首席数据官领导，与更广泛的公共部门互通互联，并且提升中央和地方政府的数据和数据科学能力，提高领导者与各级工作人员的技能。同时，要让政府接受更严格的审查和问责制度，在推动生产力提高、为人民服务的同时确保数据的安全。

5. 公共数据的权属认定

2000 年《信息自由法》将公共机构所发布的可供重复使用的数据集或数据集中的一部分信息作为版权作品来规制，即公共机构是该版权作品的唯一所有者。在申请人申请重复使用相关版权作品时，公共机构按照许可证的条款进行发布，并可通过法规规定收取费用。而从公民权利的角度来看，2009 年《迈向第一线：更聪明的政府》(*Putting the Frontline First: Smarter Government*)中提到，公共部门在运行和提供服务过程中会产生许多非个人的公共数据，在数据收集过程中，纳税人已经支付了费用，因此有权利免费获取这些信息，由此基本确立公共数据默认开放的原则。

6. 公共数据的安全

英国在大力开放公共信息和数据时，也注重个人、机密、商业敏感和第三方数据的保护，其所有相关政策文件和法律法规都包含了个人数据保护与数据安全的内容。如在 2015 年《公共部门信息再利用条例》中就规定，“本条例不适用于(a)根据信息访问立法排除或限制访问的文件，包括以保护个人数据、保护国家安全、国防或公共安全、统计机密或商业机密(包括商业、专业或公司机密)为由的文件，或(b)文档的任何部分：(i)根据信息获取立法可以访问；(ii)包含个人数据，其中的重复使用不符合有关保护个人处理个人数据的法律。”《开放数据白皮书：释放潜能》第三章中也提到政府正建立公众对所发布的数据的信任，任命一名个人隐私保护专家加入公共部门透明委员会，在尽可能开放更多公共数据的情况下保护个人隐私和数据，并通过隐私影响评估来应对披露风险。除了以上法律法规和政府文件外，《自由保护法》《环境信息条例》(*Environment Information Regulation*)《英国政府许可框架》等都囊括了关于个人隐私保护和国家安全的规定。

7. 政务数据与社会数据的融合

英国政府认为各部门应积极开放其数据，包括与企业合作。涉及的部门包括：①开放数据研究所：通过与公共部门、私营部门及学术界的合作来协同开放公共部门的信息，组织和构建开放数据市场，促进公共部门利用公共部门信息，指导企业更好地对所发布的数据进行开发利用，实现开放数据的社会和经济价值。②公共数据组：包括英国工商局、地震局、气象局和地形测量局等，这些机构各自拥有庞大的且质量较高的数据，且大部分都已作为开放数据对外发布。

8. 立法层级与方向

在立法方面，英国政府负责针对相关内容进行提案，议会审议并通过政府的提案后形成法律，立法层级包括法案/法令(Act)以及条例/规章(Regulation)，各地也有自己的地方性法规。同时，英国政府颁布大量的数据开放政策，基本上都以行动计划、战略计划、白皮书等政府文件为主，主要针对政府数据、公共数据的开放共享，将透明度作为政府议程的核心，提升公共服务质量，并进一步推动公共数据的开发利用，释放公共数据潜能，实现开放数据的经济和社会价值。

日本人工智能政府策动行为分析

——基于日本《AI 战略 2021》解读

| 赵程程　丁佳豪

日本在机器人研发领域有传统优势。1967—1972 年，日本早稻田大学发明了世界上第一个人形机器人。日本依托自身的制造业优势，深化机器人发展和制造业智能应用。然而，20 世纪 90 年代日本经济泡沫破裂，日本包括人工智能等高科技一褪此前风光，深陷“低谷”且长时间没有“缓过神来”。直到 2016 年，日本政府出台《第 5 期科学技术基本计划》，再次强调人工智能的战略重要性，提出构建以 AI 技术为核心的“超智能社会 5.0”。同年，成立了日本人工智能最高决策机构——人工智能技术战略会议。为了实现人工智能的产业化，日本政府于 2017 年颁布《人工智能技术战略》，绘制了日本 AI 技术产业化的路线图。2019 年，日本人工智能技术战略会议发布了《AI 战略 2019》，在“人文、产业、区域、政府”等领域全面规划了日本 AI 技术的发展方向。2021 年 6 月，在业界的殷殷期盼下，《AI 战略 2021》(以下简称《战略》)应运而生，该战略根据新冠疫情常态化下 AI 技术应用场景需求，对《AI 战略 2019》作出了调整。

透过日本最新的人工智能国家战略《AI 战略 2021》，发现日本人工智能政府策动聚焦以下五点。

一、聚焦本土 AI 人才培育

受制于少子老龄化趋势的加速，本土 AI 人才培育一直以来制约着日本 AI 发展。同时，日本保守的社会文化和传统的企业薪酬制度对海外人才来说也缺乏吸引力。因此，《战略》将“把日本打造成世界上最适应 AI 人才培养和最能吸引海外人才的国家并构筑可持续实现这一目标的结构”作为日本 AI 国家战略的首要目标。

日本决定从教育改革入手，构建一个纵贯素养教育、应用基础教育、专家培育的多层次梯级人才培养体系。透过该人才培养体系，日本考虑了疫情常态化对远程教育提出的需求，着重“GIGA School 构想”的实施，计划为每名学生配备一台终端设备，以谋求课堂实践与 ICT 的最佳融合。同时，一贯施行的文理分科制度和相对宽松的教育政策导致日本高校文科生近乎为理科生的两倍，因此，为了弥合巨大的 AI 人才缺口，日本要求所有高校的本科生/高专生不分文理均接受人工智能的课程学习。

日本 AI 人才战略并不拘泥于对高端人才的培养，更多聚焦 AI 基础从业人员的在岗培育，力图在 10 年之内，使 1 000 万名社会人员接受继续教育，并帮助这期间毕业的 500 万名本科生/高专生共 1 500 万人(约占劳动人口的 25%)具备 AI 知识与技能。

二、打造日本人工智能研发网络

相比于中国和美国在人工智能技术创新方面的迅猛发展，日本政府深刻认识到本国人工智能的国际存在感逐步降低，亟待在开创式研发领域有所建树，不能仅仅停留于跟随状态。为此，《战略》着重在 AI 基础理论与技术、终端与设计、可靠的高质量开发及系统要素 4 个方面启动重点研发项目，官民一体大力布局基础性融合性研发工作。

研发体制方面，由于日本的基础研究和应用研究各自独立且较为分散，虽然涌现出了诸多拥有卓越成就的研究机构，但机构之间的交叉活动很少，《战略》统筹国内国际 AI 创新资源，打造以核心研究机构群为主体的人工智能研发网络(AI Japan R&D Network)，由“分散型”式向“聚拢型”式转型，促进大学和公共研究机构之间的合作，综合信息发布和研究者之间的意见交换。

国际合作方面，鉴于当下的世界秩序大多仍由美国建立和主导，日本将充分发挥 AI 研发网络的枢纽功能，进一步拓宽日美同盟在 AI 技术研发与应用领域的合作，以此提升日本对未来经济社会及相应规则的预判和掌控能力。2021 年 4 月，时任日本首相菅义伟访美期间，就曾表示将与美国在新一代半导体领域强强联手，其围堵制衡中国之势昭然若揭。

三、建设超智能社会，强化人工智能技术场景应用

百年未遇之疫情，放大了全球供应链体系的脆弱性。代表日本先进制造业水平的匠人工艺也面临新的冲击，将匠人工艺数字化转型，是重振日本全球竞争力、恢复时代潮头地位的重要抓手。为此，2019 年版《战略》提出在五大社会实

装领域——“健康·医疗·护理”“农业”“国土强韧化”“交通基础设施及物流”“地方创生(智慧城市)”的基础上增加“产品制造”,致力于提升日本制造业全球竞争力,未来十年能够达到与美、德等国同等的劳动生产率。在此过程中,日本政府将持续为中小企业“输血”,特别是灵活运用 2021 年 4 月新颁布的中小企业创新研究制度(Small Business Innovation Research Program),增设一系列特别补助金以谋求增加研发型项目预算支出的机会,同时通过设定革新性开发课题,制定多阶段选拔形式的跨省厅统一规则,“公平”选拔和扶持 AI 领域的创业者。

在 AI 应用场景开拓方面,其战略布局更多关注 AI 赋能现有产业,围绕民生构建“超智能社会”。日本凭借其在机器人和智能制造领域的资源禀赋和技术优势,聚焦“超智能社会”建设,可以衍生出广泛的技术应用场景,在打破经济长期停滞魔咒的同时,也可破解少子老龄化加剧等社会困境。从“解构问题”到“建构意义”,日本依托 AI 技术提升全民福祉,而非单纯提高经济增速的目标导向更加清晰,政策工具的选择也日趋理性。

四、以数字化政府为突破口,推进社会数字化转型

2020 年初,新冠疫情对日本造成了巨大的冲击。素以“数字强国”自居的日本,却因电子政务发展滞后,国民生活窘态百出,尤其是“身份卡”和“特别定额补贴金”发放过程中出现了“网络大拥堵”现象。因此,《战略》指出,日本的最大使命是保护当地人民的生命和财产,必须构筑一个能够迅速应对包括大爆发和大规模灾害在内的紧急事态的技术基础和能够持续实现这一目标的体制机制。可以说,社会问题和疫情常态化成为日本人工智能发展的最大动力。

落实到行动,不仅是政府信息系统,整个社会的数字化转型也需不断推进。一方面,日本通过设置“数字厅”、改善“政府云”和制定综合数据战略来提高国家行政机构的业务效率;另一方面以国际合作为前提,从数据基础、信任安全性和网络三方面部署构建新一代 AI 基础设施。此外,《战略》也切合日本 2050 年实现“碳中和”的战略目标。目前,日本致力于依托其在人工智能和绿色经济领域的科技优势,参与和推动可持续发展等社会课题的国际交流与合作,以此提升其在国际社会的影响力、话语权和传播力,从而获取在外交层面议价的资本。

五、构建人工智能原则多边合作框架，引领全球人工智能技术标准制定

人工智能发展的最大障碍不是技术上的桎梏，而是人机关系的异化问题。这极大地催生出跨人类主义的伦理学研究。2018 年 12 月，日本政府出台《以人为中心的人工智能社会原则》，提出在推进 AI 技术研发时，更应给人工智能戴上“紧箍咒”，避免其产生社会排斥、等级差距扩大等积累性风险，并从人类、社会系统、产业布局、创新生态、政府监管五个维度勾勒出“AI-ready 社会”的愿景。

为了使 AI 技术国际标准不过度制约日本的社会经济活动，日本各界认为有必要研究预防“道德倾销”的措施，构建人工智能原则多边合作框架。《战略》指出，立足于全球人工智能伙伴关系(Global Partnership on AI, GPAI)的框架，日本在关注国内外人工智能治理动向的同时，也需提升日本社会对 AI 的接受度，制定人工智能技术基础研究和伦理学等人文社会科学的融合研发方案，推进负责任的 AI 技术创新。究其根本，日本深刻认识到单凭其现有的国防能力恐难以改写世界秩序，因此应另辟蹊径，在国际规则的制定上大做文章，通过加强与“志同道合的国家”在 AI 技术标准上的合作来规范其他经济体的行为范式。

释放创新价值:英国标准行动计划新动向*

| 刘　笑　朱亚婕

世界正在以前所未有的速度发生变化。物联网、机器人以及人工智能等为代表的新技术推动的第四次工业革命,正在加快重塑新的行业格局,并对现有标准体系提出了一系列新挑战。一是通过共识机制制定标准,可能会因为耗时过长而使标准在创新周期中错失发挥作用的最佳节点;二是现有标准化过程难以保证中小企业的有效参与度,从而容易忽略活跃创新主体的意见;三是现有标准可能会锁定特定技术方案,从而阻碍其他有潜力的新兴技术方案在部门间的扩散速度。在此背景下,2021 年 7 月,英国政府和国家质量基础设施(National Quality Infrastructure, NQI)合作伙伴共同制定了《面向第四次工业革命的标准:释放标准创新价值的计划》(以下简称《标准行动计划》)。NQI 是由计量、标准、合格评定等组成的具有战略性与系统性的多种复杂体系,在支持创新并使其快速安全地实现商业化方面发挥着关键作用。《标准行动计划》一方面使 NQI 的工具和流程可以应对快节奏技术变革带来的挑战,另一方面确保标准、政策制定和战略研究之间能够有效协同,有效补充和支持政府最近发布的《第四次工业革命监管白皮书》等创新战略。新动向主要体现为五个方面。

一、加强组织协同,释放自愿性标准潜力

《标准行动计划》的范围侧重于 NQI 合作伙伴职权范围内的标准,通过加强组织之间的协同性,释放其自愿性标准的潜力。一是共同研讨对未来标准的愿景。由产品安全和标准办公室(The Office for Product Safety and Standards, OPSS)、英国标准协会(British Standards Institution, BSI)、国家物理实验室(The National Physical Laboratory, NPL)、英国皇家认可委员会(United

* 本文为国家社科基金重大项目“新形势下进一步完善国家科技治理体系研究”(项目编号:21ZDA018)的阶段性成果。

Kingdom Accreditation Service, UKAS)等为代表的成员基于未来标准愿景主题,从假设、证据、行动以及评估等多维度对该项计划进行了共同探讨,最终达成了合作共识。二是明确了各参与主体的作用与职能。《标准行动计划》主要由四家国际知名机构参与,其中 BSI 是英国的国家标准机构,这项计划主要针对新兴、快速变化的市场灵活制定标准;NPL 是英国的国家测量机构,负责维护英国的主要测量标准,通过计量学评估不确定度、提供溯源等确保测量的准确性和一致性;UKAS 是英国的国家认可机构,通过根据公认的国际标准进行评估来确保测试、校准、检验和认证机构的能力、公正性和完整性;OPSS 是商业、能源和工业战略部(Department for Business, Energy and Industrial Strategy, BEIS)的一部分,是消费品安全和法定计量的国家监管机构,负责制定政府关于标准和认证的相关政策,并为许多产品部门提供监管和市场监督基础设施。除此之外,BEIS 的下属监管执行机构更好监管执行体(Better Regulation Executive, BRE)作为法定监管的补充,负责对整个监管议程进行改革。三是成立监督评估委员会。为了进一步监督和评估该行动计划实施的效果,英国成立了面向第四次工业革命标准计划实施的委员会,委员会成员由每个合作机构[BRE、OPSS、BSI、NPL、UKAS 和英国技术战略委员会的"创新英国"项目(Innovate UK)]的高级代表组成,每年召开两次会议,一方面要为行动计划提供总体指导和方向,确保每个合作组织在其职权范围内能够保持良性运作,另一方面要向每个合作组织开展行动的过程中面临的挑战和问题提供指导和建议,同时收集必要证据评估计划实施效果并部署未来行动。

二、采用灵活方法开发和审查优先领域标准,应对技术变革挑战

基因编辑、量子计算和人工智能等新技术的引入和融合会带来商业实践的改变,而标准的缺失会延缓甚至阻碍创新成功进入市场。因此,为了弥补传统的标准制定和审查方式的缺陷,BSI 在市场急需和高度创新领域开发了 BSI Flex 更为敏捷的方式制定—测试—反馈标准,以迭代的性质来响应技术变革带来的挑战,而迭代的范围和速度则由市场来驱动。该方式要求快速开发出标准 1.0 版本,并通过与用户进行早期测试,建立在线工作讨论并实现快速反馈,实现对优先领域利益相关者需求的快速响应。例如 BSI 为了试行 Flex 流程,于 2020 年 5 月新冠疫情期间迅速开发了安全工作指南 Flex 标准 1.0 版本,该指南提供了一个框架供初期使用,之后根据新冠疫情的发展状况、各社会组织对安全

工作的深入了解以及政府对安全工作的要求，再对安全工作指南进行持续更新，于 2020 年 7 月和 8 月分别成功上线了安全指南工作标准 2.0 版本和 3.0 版本。为了最大限度发挥 BSI Flex 标准对创新的影响，未来 BSI 将与政府积极合作，进一步研究 Flex 标准的使用原则、使用时机、与其他标准间的衔接，以及如何将 Flex 标准制定转变为常态机制。

三、加快标准的数字化建设，提升行业的效率和灵活性

标准的建立为互联网、电信、人工智能等跨系统技术操作实现了可能。数据收集、传输、处理、存储、管理、分析以及最终处理的标准有助于增强数据的可追溯性并提高对其使用的信心。以认证为基础的标准还有助于减轻因用户和新的数字技术和流程引入而产生的风险，例如网络威胁、数据和身份盗窃以及欺诈。因此，NQI 合作伙伴与英国政府致力于加快标准的数字化建设，以提升行业的效率和灵活性。具体体现在：BSI 进一步提升研究能力，提供更适合和响应未来行业需求的机器可读标准，并与利益相关方合作，全面改革数字平台，以改善现有标准的可访问性和反馈机制；NPL 将与 BSI、UKAS 和终端用户合作，开发创新者采用数字化标准所需的框架、实施指南和相关技能培训材料；UKAS 加快使用数字技术提供认证服务，例如通过区块链技术引入新的电子证书，从而实现对已认证状态的实时验证、远程核实与评估数据。

四、推动利益相关者参与标准制定，提高中小企业的参与度

虽然开放性、透明度和与利益相关者的接触是标准化过程中不可或缺且成熟的要素，但英国政府和 NQI 合作伙伴认识到处于核心社区的中小企业难以持续有效地参与标准的制定。因此，为了提高利益相关者的参与度，一是 BSI 针对创新者开展对外联络活动，尤其是围绕标准在推动创新的过程中，强调中小企业如何成为标准委员会成员，并如何通过优先参与实现对现有标准的及时反馈；二是在标准制定或审查过程中，BSI 要增加虚拟协作机会，定期在标准开发（审查）的不同阶段开展圆桌会议或网络研讨会，减小中小企业参与标准化的障碍；三是 BSI 与 Innovate UK 合作，为具有增长潜力的中小企业提供英国标准在线集合，鼓励其使用标准，并根据其使用情况收集其对标准的建设性意见。例如，在制定电动汽车电池制造、设计和使用过程中的健康、安全和环境标准过程中，通过建立广泛而多样化的标准参与网络，有针对性地引导行业领域尤其是中小企业等

利益相关者参与创建过程，为新兴行业的发展提供契机。

五、加强政府、NQI 合作伙伴与英国创新机构之间在标准化方面的战略协调

英国政府和 NQI 合作伙伴为了进一步确保标准、测量和认证在研究计划和创新政策中发挥重要作用，将 NQI 视为更广泛的国家创新生态系统的一部分，并建立有效机制，促进政府、NQI 合作伙伴和英国国家研究与创新署（UK Research and Innovation，UKRI）之间的战略协调。主要体现在加强 NQI 合作伙伴与政府部门在前瞻布局活动之间的联系，通过汇集来自政府和 NQI 合作伙伴的专业知识，将 NQI 标准与早期政策制定紧密结合起来，并利用综合见解塑造未来研究计划。例如，NQI 合作伙伴 NPL 在英国国家量子技术计划以及 BSI 在支持工业战略挑战基金（法拉第电池挑战赛）领域发挥了重要作用。

参考文献

[1] 中华标局. 英国发布第四次工业革命标准行动计划，部署六大行动[EB/OL]. (2021-11-01) [2022-05-09] https://mp. weixin. qq. com/s/DXb0b3gX_U7P0GV_DbMFHQ.

欧盟国际科技合作及其对我国的启示*

| 鲍悦华

在创新资源在全球范围内高速流动背景下，加强科技创新合作已成为提升国家和区域竞争力与创新效率的重要路径。新冠疫情的全球肆虐、知识生产方式的巨大变革等内外部因素又进一步增强了各国国际科技合作的意愿与动力。欧盟将研究创新政策视为欧洲绿色和数字化转型的引擎，根据预测，到2040年，欧盟将依靠研究与创新创造多达32万个新的高技能工作岗位，并在欧洲层面以1∶11的杠杆率撬动更多外部投资。在长期科技合作实践过程中，欧盟已经建立起了较为成熟的国际科技合作机制，本文主要对欧盟层面国际科技合作的最新战略和举措进行归纳梳理，为我国创新型国家建设提供有益参考。

一、欧盟国际科技合作的主要战略

1. 欧盟层面

2012年9月，欧盟委员会宣布了欧盟加强在研究与创新方面国际合作的战略方针，强调了国际合作的重要性以及欧盟作为全球研究与创新领导者的作用，将“地平线2020”（2014—2020）计划和科学外交确定为实施该战略的主要工具。

在主要科学大国科技支出占国内生产总值的比例超过了欧盟、地缘政治紧张局势加剧、人权和学术自由等基本价值观受到挑战，以及“一些国家越来越多地通过歧视性措施寻求技术领先地位，并经常利用研究和创新来提高全球影响力和社会控制力”等背景下，2021年5月18日，欧盟委员会发布“全球研究与创新方法：变化世界中的欧洲国际合作战略”（The Global Approach to Research and Innovation: Europe's Strategy for International Cooperation in a Changing

* 本文为国家社会科学基金重大项目“新形势下进一步完善国家科技治理体系研究”（项目编号：21ZDA018）的阶段性研究成果。

World),推动以规则为基础的多边主义,追求对等开放以共同应对全球挑战并交流最佳实践。该战略重申欧盟以身作则保持国际研究和创新合作的开放性,促进以基本价值观为基础的公平竞争和互惠,以及加强欧盟在支持多边研究和创新伙伴关系方面的领导作用。该战略将通过调整欧盟在研究和创新方面的双边合作,加强欧盟的开放战略自主权,使其符合欧洲利益和价值观等方式开展。

值得注意的是,该战略提出了与重点国家和地区科技创新合作的最新策略。除了加强与美国、加拿大、日本、韩国、新加坡、澳大利亚和新西兰等主要科学强国的合作之外,该战略还将中国视为欧盟应对全球挑战的伙伴,同时也是经济竞争对手和系统性竞争对手,这使得欧盟必须重新平衡与中国的研究和创新合作。欧盟已与中国就联合路线图展开讨论,以建立合作框架条件和指导原则,实现公平竞争和互惠,尊重基本价值观、高道德和科学诚信标准,并确定气候科学与生物多样性保护、循环经济、健康、食品、农业、水产养殖、海洋观测等可以互利合作的研究领域。

2. 欧盟部门层面

2020年,欧盟研究与创新总局(DG Research and Innovation)发布了《研究与创新战略规划(2020—2024)》,确定了加快欧洲转型的七大研究与创新政策,总体目标与具体目标如表1所示。该战略目标体系的实现依赖于广泛的科技合作与参与,正如欧盟研究与创新总局指出的:“大部分研发活动和措施将与公众和利益相关者共同设计和创造,从而加强对研究与创新政策的共同所有权,促进共同研究与创新的价值。”欧盟研究与创新总局将每年举办一次“欧洲研究与创新日”旗舰政策论坛,将政策制定者、利益相关者与公众聚集在一起,讨论并塑造未来的研究与创新格局。

表1 加快欧洲转型的研究与创新政策

总体目标	具体目标
1:欧洲绿色协议	1.1:高质量的科学、知识和创新解决方案支持气候政策并帮助保护生物多样性、生态系统和自然资源
	1.2:将公共和私人研究和创新投资纳入气候行动的主流,加强欧洲绿色协议影响
	1.3:共同创建地平线欧洲及其使命和伙伴关系,提高人们对研究和创新在实现气候中和方面的关键作用的认识

（续表）

总体目标	具体目标
2：适合数字时代的欧洲	2.1：高质量的科学、知识和创新解决方案促进欧洲的数字化转型，包括采用新的欧洲人工智能方法
	2.2：振兴的欧洲研究区为欧洲的社会、经济和生态转型指明了方向，并有助于传播卓越、缩小研究和创新差距，并为新出现的挑战制定全球共同应对措施
	2.3：研究和创新行动，特别是欧洲创新委员会支持发展和扩大具有突破性和颠覆性技术的中小企业
3：为人们服务的经济体	3.1：研究和创新行动、增加研究创新投资和欧洲学期的研究创新部分促进经济增长和创造就业机会
4：世界上更强大的欧洲	4.1：区域研究创新战略以及更广泛的协会政策有助于促进共同的欧洲研究创新价值观和创建全球研究创新空间
5：推广我们的欧洲生活方式	5.1：研究创新开发和部署解决方案、技术和创新，以应对新出现的威胁并提高危机准备
	5.2：研究创新支持欧洲健康倡议，包括欧洲抗癌计划
6：欧洲民主的新动力	6.1：欧洲研究创新支持欧洲公民参与、社会包容和平等，包括通过欧洲研究创新附加值的交流
7：现代、高效和可持续的欧洲委员会	7.1：共同实施中心和共同政策和规划中心为欧盟委员会提供用户友好的服务和工具，以有效和高效地规划和研究创新框架计划和其他欧盟计划

来源：欧盟研究与创新总局，《研究与创新战略规划（2020—2024）》。

3. 协会层面

科学欧洲（Science Europe）由欧洲两大科学机构——欧洲科学基金会（European Science Foundation，ESF）和欧洲国家研究理事会（European Head of Research Councils，EUROHORCs）于 2011 年合并而成，成员来自 29 个欧洲国家的 38 个研究与资助机构，是欧洲最重要的协会组织。科学欧洲的工作建立在其成员组织所拥有的广泛而专业的知识之上，其重要使命之一在于促进成员之间的合作，通过相互学习和思想领导力共同推动欧洲和国际研究与创新政策的发展。2021 年 6 月，科学欧洲公布了《科学欧洲战略规划（2021—2026）》和《科学欧洲多年度行动计划（2021—2026）》，确定了三大优先任务，分别为塑造欧洲研究政策的发展、促进研究文化的发展、加强科学在应对社会挑战中的作用与贡献，如图 1 所示。

图 1　科学欧洲战略规划确定的三大优先任务

来源：科学欧洲，《科学欧洲战略规划（2021—2026）》和《科学欧洲多年度行动计划（2021—2026）》。

科学欧洲将通过在成员组织之间分享最佳实践、促进成员组织之间的政策协调、促进成员组织之间的合作、向欧盟机构和利益相关者宣传共同利益、发展与支持科学欧洲及成员组织的活动和科学推广这五项基本方针，重点在国家和欧洲层面促进对研究与创新的投资，促进研究与创新合作，加强全球层面的研究和基于研究的创新。

二、欧盟国际科技合作的具体举措

1. 加强顶层“规则”设计

欧盟强调在成员组织内部制定研究与创新国际合作原则，并运用于对外合作活动中，坚持公平的竞争环境和互惠原则，践行“以规则为基础的多边主义”。在欧盟与拥有强大研究和创新基础的非欧盟国家合作过程中，首先确定有针对性的双边路线图，共同承诺实施框架条件，以确保公平竞争环境和促进共同价值观；欧盟还将重点制定针对欧盟研究机构和高等教育机构的应对外国干预的指南，并提出在国际范围内明智地使用知识产权的行为准则。

2. 扩大朋友圈，共同应对全球挑战

为了应对在气候变化、流行病、生物多样性危机、资源枯竭等领域的全球挑战，欧盟正努力在全球建立多边研究与创新合作伙伴关系，寻找应对全球挑战的解决方案，并加快欧盟的绿色和数字化转型。表 2 罗列了目前欧盟与代表性国际科研联盟与组织的合作。

表 2　欧盟与代表性国际科研联盟与组织的科技创新合作

合作方	合作领域或合作内容
全大西洋研究联盟（All-Atlantic Ocean Research Alliance）	海洋与极地研究
创新使命联盟（Mission Innovation）	氢能等颠覆性能源技术
国际地球观测组织（Group on Earth Observations）	地球观测
国际生物经济论坛（International Bioeconomy Forum）	土壤安全和食品安全，国际食品系统科学平台
政府间气候变化专门委员会（Intergovernmental Panel on Climate Change，IPCC）和政府间生物多样性和生态系统服务科学政策平台（The Intergovernmental Science-Policy Platform on Biodiversity and Ecosystem Services，IPBES）	气候变化和生物多样性
国际资源小组（International Resource Panel），全球循环经济和资源效率联盟（Global Alliance for Circular Economy and Resource Efficiency）	资源效率和循环经济
新欧盟包豪斯计划（New European Bauhaus Initiative）	绿建技术、国际知识管理平台
研究与创新政策（R&I Policy）多边合作	公平、健康和环保的食品系统

3. 开展多谱系科技合作计划项目资助

欧盟提供多谱系科技合作项目以实现其发展目标。居于核心地位的是“地平线欧洲”（Horizon Europe）计划，该计划是欧盟接替“地平线 2020”计划，在 2021—2027 年预算期新一轮的研究与创新框架计划。该计划预算为 955 亿欧元，配合欧洲约 1.1 万亿欧元的多年期财政框架（2021—2027 年），目标是帮助欧盟站在全球研究与创新的前沿积极应对重大社会和环境挑战，获得新的发展动能。地平线欧洲向来自全球的研究人员和创新者开放，鼓励他们与欧盟合作伙伴合作准备提案。它将包括加强国际合作和支持清洁和可再生能源、海洋研究、地球观测或传染病等领域的多边倡议的专门行动。地平线欧洲虽然具有较强开放性，但其针对不同合作伙伴设置了不同的战略侧重，体现了与其顶层科技合作战略的良好衔接(表 3)。

表 3 欧盟对“地平线 2020”计划中不同合作伙伴的战略方针

国际合作伙伴	战略方针
欧洲经济区、欧洲自由贸易联盟和欧盟扩大国家	• 促进与欧洲研究领域(European Research Area, ERA)的融合(或与之保持一致)
欧洲睦邻政策国家	• 支持“共同知识和创新空间” • 汇集研究和创新合作 • 学者的流动性 • 能力建设
工业化国家和新兴经济体	• 提高竞争力 • 共同应对全球挑战 • 增加对国际价值链的参与
发展中国家	• 促进可持续发展 • 应对全球社会挑战

除了地平线欧洲计划,欧盟还设置了其他科技合作计划项目,例如在健康领域,欧盟设置了预算为 4.5 亿欧元的第三个欧盟卫生计划(The third EU Health Programme);针对人均国民总收入(Gross National Income, GNI)低于欧盟平均水平 90%的欧盟国家,旨在减少经济和社会差距并促进可持续发展的凝聚基金(Cohesion Fund);支持整个欧盟的环境、自然保护的环境与气候行动[Environment and Climate Action, (LIFE)];缩小区域发展不平衡来加强欧盟的经济和社会凝聚力的欧洲区域发展基金(European Regional Development Fund, ERDF)等。这些计划项目针对特定领域,构成了一个较为完整的科技合作计划项目体系。

4. 优化国际科技合作治理体系

2022 年,在科学欧洲的支持下,欧盟正式推出了“Weave”协议,促进双边及多边科技合作。Weave 基于牵头代理原则,当来自两个或三个国家的科研人员联合申请课题时,无须将项目申请材料分别提交给各自国家的科研资助机构进行评审,而只需选择其中某一国的科研资助机构作为牵头机构,由牵头机构根据其内部评审标准与程序单独对项目申请进行评估,将资助建议传达给相关的其他资助机构(即合作伙伴机构),用于批准预算。Weave 简化了来自两个或三个国家科研人员联合申请课题的资助程序,科研人员还能在 Weave 框架内与迄今为止尚未达成合作协议国家的科研人员进行合作。

Weave 将在今后几年中逐步推广。目前已经有比利时、捷克、德国、卢森堡、波兰、斯洛文尼亚、瑞士、奥地利、克罗地亚、挪威和瑞典 11 国的 12 个科研资助机构加入并开始实施 Weave 协议,如德国与奥地利、瑞士的三边科技合作项目 D-A-CH、德国与卢森堡的双边科技合作项目 D-LUX,都已使用 Weave 牵头机构流程。

三、欧盟国际科技合作对中国的启示

促进国际合作,实现互利共赢是我国政府确定的重要对外战略,是国内国际双循环相互促进新发展格局中非常重要的一环。习近平总书记在中国科学院第十九次院士大会、中国工程院第十四次院士大会上提出:“深度参与全球科技治理,贡献中国智慧,着力推动构建人类命运共同体。”在我国创新型国家建设的征途中,与欧盟一样面临着地缘政治紧张局势加剧、人权和学术自由等基本价值观受到挑战,以及“一些国家越来越多地通过歧视性措施寻求技术领先地位,并经常利用研究和创新来提高全球影响力和社会控制力”等外部挑战,同样也需要做一个负责任的大国,与其他国家和地区携手应对全球挑战。欧盟在推进国际科技合作中的许多做法值得我国参考与借鉴。此外,我国正在大力推进京津冀、长三角、粤港澳大湾区科技创新一体化建设,一体化并非将原来的行政区域变成一个统一的行政单位,而是要去除原来不同区域间的行政壁垒,降低创新要素流动成本,以共同的创新愿景和目标为导向,以快速流动和充分共享的创新资源及高效顺畅的运行机制为基础,通过区域内所有创新主体相互学习和开放共享,积极开展协同创新,彼此间形成紧密的创新网络,推动个体成员创新能力的增强以及区域创新绩效与竞争力、影响力的整体提升。在这方面,我国同样可以借鉴欧盟的“泛区域”科技合作经验。

在国际科技合作方面,我国政府可以完善国际科技合作顶层领导体系,加强对科技部、工信部、科学院等部门的国际科技合作活动的统筹,将国际科技合作项目方向和重点与顶层规划充分衔接,在不断扩大科技合作范围的同时,根据开展尖端科研合作、吸引科研人才、打开外部市场、提升国际形象等不同目的,针对不同合作伙伴制定有针对性的合作策略。

在区域科技创新共同体建设方面,我国政府应加强“规则”设计与制度创新,建立起有利于科技创新资源跨区域共享与流动的体制机制:在区域层面设置一体化科技合作项目,开展科技联合攻关,整合科技创新资源,实现科技、创新与产业协同发展;探索推进区域内重大科技基础设施面向全球科学家和科研机构开放，支持与顶尖科研机构共同开展大科学计划与大科学工程；推进区域技术市场一体化建设，营造公平竞争和互惠互利的区域科技创新协同合作生态系统。

参考文献

[1] European Parliament. The EU strategy for international cooperation in research and innovation[R/OL]. (2019-10-22) [2022-05-17]. https://www.europarl.europa.eu/RegData/etudes/BRIE/2019/631771/EPRS_BRI(2019)631771_EN.pdf#:~:text=not%20present%20%20%20International%20partners%20%20,development%20%20%20%20%20ad%20...%20.

[2] European Commission. Communication from the commission to the European Parliament, the council, the European Economic and Social Committee and the Committee of the Regions on the global approach to research and innovation: Europe's strategy for international cooperation in a changing world[R/OL]. (2021-5-18) [2022-05-17]. https://ec.europa.eu/info/sites/default/files/research_and_innovation/strategy_on_research_and_innovation/documents/ec_rtd_com2021-252.pdf.

[3] DG Research and Innovation. Strategic plan 2020-2024[R/OL]. [2022-05-17]. https://ec.europa.eu/info/sites/default/files/rtd_sp_2020_2024_en.pdf.

[4] Science Europe. Strategy plan (2021-2026)[R/OL]. [2022-05-17]. https://www.scienceeurope.org/media/wzufetmc/20210617_se_strategy.pdf.

法国高层次工程科技人才培养启示

——基于里昂大学博士生的数据*

| 龙彦颖　钟之阳

法国的高等教育体制有着多元化的特征，从以学术研究为导向的大众化教育、注重务实的职业技术教育到精英化的大学校教育，其中高等教育中综合性大学与精英院校（Les Grandes Écoles，直译为大学校）并行的教育模式，是法国高等教育独树一帜的特点。综合性大学（Les Universités）承担了大众教育的任务，主要接受政府拨款，不收取学费，通过高中会考直接招生，无选拔机制，在文、理、法、经等学科领域的教学每一阶段均设相应的学位或文凭。"大学校"则是法国独有的精英教育体系，需要通过考试等方式遴选学生，通常专注于政治、工程、商业等某个单独的学科领域，包括工程师学校、工商管理学校和高级行政管理学校，大学校注重专业应用型技能的训练，培养未来从事工程、建筑、商业或管理的人才。特别是大学校体系中的工程师学校为现今法国高层次工程科技人才培养奠定了坚实的基础。

20 世纪末，欧洲高等教育发展遭遇瓶颈，面对美国高等教育的强势崛起，全球化趋势下的高等教育国际化等一系列问题，欧洲各国教育部长于 1999 年在意大利博洛尼亚共同签署《博洛尼亚宣言》，提出高等教育改革计划——"博洛尼亚进程"，推进共同的学分互换计算工具和教育质量评估标准，建立彼此认同的学位和学制体系。法国由此正式开始了大学重组的战略实践。2006 年法国通过《研究规划法》，决定以"高等教育与研究集群"（Pôle de recherche et d'enseignement supérieur，PRES）的方式整合各类公、私立高校与研究机构。其目的在于集中教育资源，扩大学校规模，开展以科研合作为主的各项活动，从而产生动力效应推动公共利益。2013 年法国又发布了《高等教育与研究法》，对上述

* 本文为同济大学创新创业教育教学研究与改革项目"校企合作机制下学生创新创业素养提升路径研究"（项目编号：2023SC006）的阶段性研究成果。

体系进行了重大改组，即由大学与机构共同体（Communauté d'Universités et Etablissements，ComUE）取代“高等教育与研究集群”。“共同体”先通过地区自主协商，再由国家颁布法令得以确立，从而将地缘相近的各类综合性大学、大学校和科研机构置于同一平台，以“共同体”名义联合培养硕士、博士研究生，学生可获得由“共同体”颁发的学位文凭，共同培养人才、促进知识生产、推动跨学科研究项目、吸引优质人才以参与国际化竞争。“共同体”改革后进一步为法国的高层次人才培养提供了资源保障。

里昂大学（Université de Lyon）位于法国第二大城市里昂，是法国最悠久的综合性研究型大学之一，是法国“卓越大学计划”（Initiatives d'Excellence，IDEX）高校，也是欧洲顶尖大学联盟——“科英布拉集团”成员高校。里昂大学于2020年1月再次全面整合为共同体，下属机构学位均由里昂大学统一颁发。合并后的里昂大学下辖11所大学、法国国家科研中心里昂校区和17个博士生院，旗下的大学不仅有里昂第三大学这样的知名公立综合性大学，也包括里昂高等师范学院、里昂国立应用科学学院、里昂中央理工学院这样的全球知名的以“小而精”著称的精英院校（大学校），这些机构承担了里昂大学主要的教学及科研任务。本文根据里昂大学发布的博士生数据进行分析，重点以工科类专业的博士培养为探讨对象，以期为我国的高层次工程科技人才培养的改革提供一些域外视野和参照。

一、以实践为导向的创新型人才培养模式

根据里昂大学各博士生院2015级博士生学籍分布数据（图1），可以发现在17所博士生院中，各学科中的成员高校差异较大，与成员高校的优势科目及地理位置都有一定关系。可以发现人文学科和基础科学研究中博士生学籍大部分依托综合性大学培养，工程类学科的博士生培养主要依托大学校，这与法国大学校体系有坚实的应用型人才培养的基础，重视教学与实践结合的传统有着非常大的关系。

科研创新能力是现代国家实力的核心部分，博士生教育和训练已经不再仅仅被视为对知识的没有偏见的追求，新知识的生产成为重要的战略资源。法国政府近几年把绿色资源管理与应对环境变化、高效能源、通信社会等作为优先关注的重大问题，要求大学的科学研究和人才培养为解决这些重大问题贡献智慧。法国的大学校立足其专业化和学术性优势，通过发挥其教学与实践相结合的传统优势，提高博士生教育中的实用性和针对性。如里昂国立应用科学学院基于自身在机械、材料、土木工程、生物、信息与电子等领域的优势，在材料学、电气自

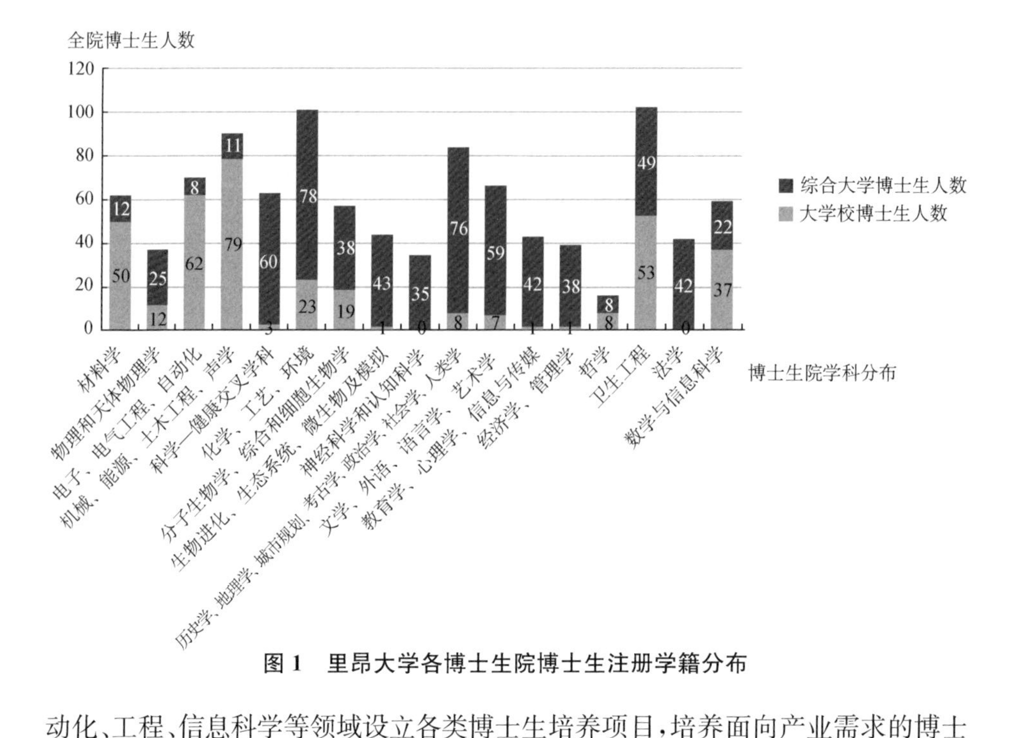

图 1　里昂大学各博士生院博士生注册学籍分布

动化、工程、信息科学等领域设立各类博士生培养项目，培养面向产业需求的博士生，使其成为具有跨学科学术能力、理论与实际结合能力的高级工程科技人才。

二、多方参与下的人才协同培养体系

法国自 20 世纪 80 年代启动了校企联合培养博士生制度（Conventions Industrielles de Formation par la Recherche，CIFRE），在法国博士生教育职业化和专业化改革进程中发挥了重要作用。各博士生院中 CIFRE 的比例分布如图 2 所示，比例分布最高的前三名为工程科学、材料学和科学—健康交叉学科。与图 1 对比可发现，CIFRE 资助比例与注册生源的学校有一定关系。但大学校尤其是工程师学校的博士生占比更高的情况下，CIFRE 项目的资助比例相对更高。而人文学科中文学、哲学、法学未获 CIFRE 的资助。此外，交叉学科的 CIFRE 项目，由于其应用性较强和需求量较大，受资助比例也相当可观。

新一轮科技革命和产业变革突飞猛进，基础研究与应用研究之间的界限已经越来越模糊，博士生培养若继续固守象牙塔中的学徒制，不仅与科学研究范式转型变革不相适应，也难以满足国家战略对高水平创新型人才的需求。我国目前的校企联合博士生培养模式在部分学校的工科专业已有一些探索，但缺少这

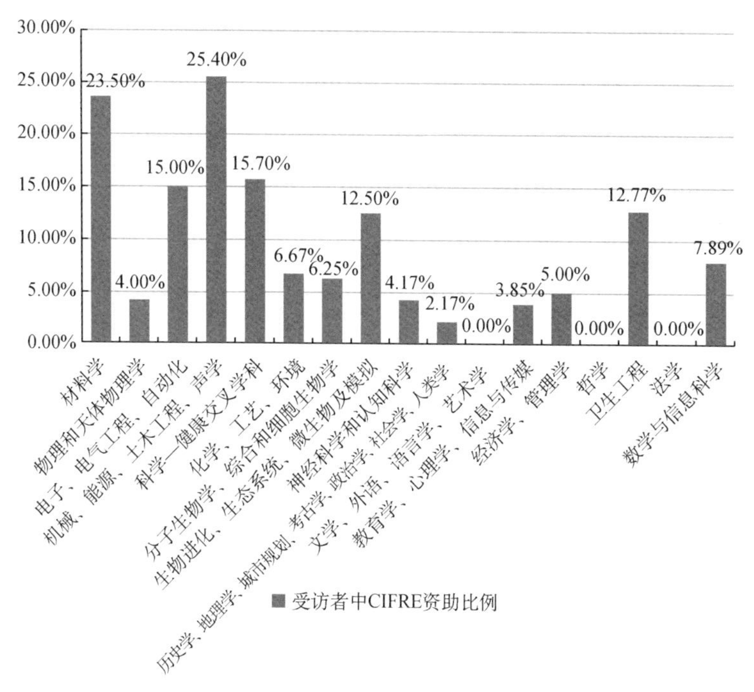

图 2　里昂大学各博士生院中受 CIFRE 项目资助的比例

方面的顶层设计和协同机制。法国在博洛尼亚进程的指引下,全面制定了有关博士生教育的法律,明确了参与主体各方的法律权利、义务和责任,切实保障了多方参与下的博士生培养体系的各方利益。与此同时,法国科学技术促进会(Association Francaise Pour L'Avancement des Sciences, ANRT)代表政府为博士生、企业和大学或研究机构三方合作提供一个协同平台。该机构不仅在校企联合博士生培养体系中发挥了牵线搭桥作用,还对各方进行评估和管理,保证了多方参与下的人才培养体系的培养质量。

三、以产业需求为导向培养交叉学科人才

以里昂大学科学—健康交叉学科领域为例,该专业博士生中 CIFRE 项目博士生比例排在全校第三,在工程专业和材料学之后,同为应用性强转化率高的热门联合培养专业。该院培养的博士生当中,研究方向不仅包括生物学、医学卫生等传统医学科目,也包括人文、农业生态、工程与信息等学科的交叉(图 3)。在当前知识生产模式下,大学、企业、政府等主体纷纷成为创新网络中的关键节点。工业 4.0、"大科学"带来的全新挑战面前,仅靠单一学科难以支撑,而在交叉学

科群中,不同主体之间密切互动共同参与以解决当前复杂问题成为常态,交叉学科的校企联合培养将成为主流趋势。

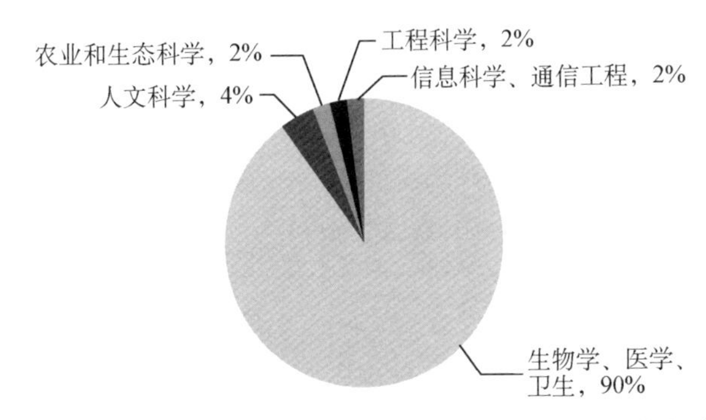

图 3 里昂大学科学—健康交叉领域博士生院学生研究方向分布

当前由于 CIFRE 项目的申请人数逐渐增加,法国国家科研署(Agence Nationale de la Recherche, ANR)在 2019 年又将人工智能领域博士计划中的 50 个 CIFRE 项目名额作为 ANR 的定向资助对象。人工智能与工程科学交叉领域的 CIFRE 项目开始受到重视,这也与当前新工科的发展方向不谋而合。传统工科在面临产业转型升级时需要人工智能和大数据的加持,而面向新业态培养的全新交叉领域尖端人才,也成为产业的转型的一大需求。

参考文献

[1] 马晶. 法国高等教育的创新发展[J]. 产业与科技论坛,2010,9(4):56,250-251.

[2] 马丽君. 法国“双轨制”下的世界一流大学建设——以巴黎高等师范学校为例[J]. 现代教育管理,2016(8):20-26.

[3] 徐佳. 法国高等教育结构:简介与启示[J]. 世界高等教育,2020,1(1):36-49.

[4] 张梦琦,刘宝存. 法国大学与机构共同体的建构与治理模式研究[J]. 比较教育研究,2017,39(8):3-10,103.

[5] 芭芭拉・M・科姆,朱知翔. 博士生教育去向何方? ——全球变化背景下欧洲的新举措[J]. 北京大学教育评论,2007(4):66-74,185.

[6] 王维明,张金福. 法国政产学研协同培养博士的保障机制及启示[J]. 大学(研究版),2016,280(5):59-67,58.

加快构建面向未来产业的创新人才培养体系

——来自美国量子科技领域的经验

| 揭永琴　刘　笑

《中华人民共和国国民经济和社会发展第十四个五年规划和2035年远景目标纲要》指出，要在类脑智能、量子信息、基因技术、未来网络、深海空天开发等前沿科技和产业变革领域，组织实施未来产业孵化与加速计划，前瞻谋划布局一批未来产业。量子信息是新一轮科技革命和产业变革的重要领域，是未来产业中的热门赛道，具有颠覆行业和市场的巨大潜力。近年来，主要发达国家纷纷在量子科技等前沿领域抢占发展制高点，加大未来产业创新人才的培养力度，这对我国培育未来产业竞争新优势提出了更高的要求。由此可见，如何面向长远目标培养与储备创新人才，形成国家持续创新能力是一项重要课题。美国自2002年发布《量子信息科学与技术规划》以来，一直重视面向未来的量子人才培养，在未来产业人才培养方面对我国具有重要的借鉴意义。具体来说，美国主要采取了以下四大举措。

一、建立跨学科研究与教学中心，促进知识融合

美国国家科学基金会（National Science Foundation，NSF）负责开展量子信息科学与技术的基础研究和教育计划，通过向高等教育机构或符合条件的非营利组织提供竞争性赠款，支持建立至少2个（但不超过5个）量子跨学科研究和教育中心。一是加强教研中心人员与外部组织交流合作。鼓励量子跨学科研究和教育中心加强与其他研究机构人员之间的交流与合作，让参与者更广泛，促进涉及量子研究的包括物理学、工程学、数学、计算机科学、化学和材料科学等多个学科专业知识的交叉融合，加速知识分享与增长。二是支持团队开展跨学科相关研究。充分利用现有量子信息科学和工程研究及教育活动的集成知识体系，以支持重点研究小组、实施特殊资助性计划等方式鼓励研究中心开展跨学科与跨组织研究。三是开发跨学科课程体系。基于量子计算和信息基础课程开发跨

学科的本科生和研究生课程体系，以匹配量子人才的培养。主体课程包括编程或计算机科学基础、线性代数或电气工程等相关主题，辅助课程则包括材料科学、化学、药物设计、机器学习、预测、通信和传感相关的应用课程。

二、构建 Q12 教育合作伙伴关系，搭建从教育到职业的学习平台

为了培养多元化的未来量子人才，美国白宫科技政策办公室（Office of Science and Technology Policy，OSTP）和 NSF 共同建立了包含科技公司、行业协会等在内的国家 Q-12 教育合作伙伴关系，旨在让不同年龄段的人拥有平等的学习机会，确保未来的量子创新者能够加速发现、发明新技术并推动社会变革。一是通过正式与非正式手段激发学生对计算和科学思维的兴趣。行业协会在量子人才培养体系中发挥着关键作用，除了提供正式的学员进阶课程之外，还借助互联网平台开放基于课堂知识开发的启发学生计算和科学思维的校外学习资源，并辅以博物馆、自然馆参观学习等非正式教育工具，从小激发对量子科技的兴趣。二是扩大教师队伍，增强对非 STEM 学生的培训。一方面，高质量教师队伍是教育培训计划的基石，美国鼓励高校通过增加与量子科技相关的跨学科领域中的终身制教师，扩大教师队伍发展需求；另一方面，扩大高等教育阶段对非 STEM 学生的培训，为非 STEM 学生专门设置量子科技的介绍性短期课程或独立课程，帮助他们了解量子科技相关概念，进一步丰富量子人才来源。三是为学生提供量子实习实践机会，加深对职业的理解。《国家量子计划法案》明确提出改善本科、硕士和博士阶段量子信息科学与工程的教学和学习，为美国高等教育机构的学生提供更多的实习培训。例如，美国国家标准与技术研究院（National Institute of Standards and Technology，NIST）利用其学生高中实习计划（SHIP）和 Pathways 计划为学生提供在实验室工作的实践机会。除此之外，美国对 K-12 课程和大学量子课程的模块和课程计划进行评估，并研究这些课程对非 STEM 和 STEM 专业的教育影响，改善教学方式，加深学生对量子信息科技概念和职业机会的认识，并举办研讨会、演讲会和展览活动，突出与量子信息科技相关的职业技能的必要性。

三、扩大对公众的科普宣传，拓宽未来人才培养范围

公众在新兴产业的发展过程中扮演着重要角色，充分发挥公众的智慧有利于促进未来产业的创新与发展。为进一步拓展未来人才培养范围，提高公众在

量子产业发展中的参与程度，首先要明晰科普过程中量子科技相关核心概念。NSF 与美国国家量子协调办公室（National Quantum Coordination Office, NQCO）以研讨会的形式，在向公众科普的过程中明晰量子力学、量子态、量子比特、量子测量、量子纠缠、相干与退相干、量子计算、量子通信以及量子传感 9 个核心概念的内涵，进一步增强公众对量子信息科技领域的理解，拓展量子科技的受众范围，从而有利于深化公众在量子科技发展过程中的参与程度。除此之外，基于这些核心概念来确定和建立教育资源将有助于 K-12 阶段学生和大学生更好地掌握量子相关知识，激发他们成为未来量子科学和工程领域的潜在力量。二是提供在线访问学习资源包。鼓励量子社区团队开发经过审查和开放访问的学习资源库，为公众提供获取量子相关课程、游戏与模拟试验的专门平台，提升公众兴趣，扩大公众知识面。

四、构建政产学研联盟，共建人才培育生态

培养人才虽然在传统上是学术界的责任，但产业和政府也应参与进来，共同构建人才培养生态以满足国家对未来人才的需求。一是共同参与人才培养。政府与产业界、学术界开展合作，共同进行人才培养，具体活动主要包括共同开发新的课程、共同组织实践活动以及共同创建新的专业发展计划等。例如，共同开发的量子课程不仅涉及基础科学与理论知识，而且注重量子技术和工程实践学习；共同制定量子职业枢纽计划，高校与产业界共同发挥力量，面向量子信息科技领域职业人才提供专业技能认定，解决短期人才需求紧缺问题。二是共建美国量子产业发展联合体。由政府、产业界、学术界共同组成的量子产业联合体，不仅为加强科技交流提供了平台，进一步增强了量子信息产业发展机遇、关键瓶颈技术、关键基础设施、关键技术路线图等方面的跨组织交流，而且定期协同评估量子信息产业人才当下需求和未来需求，用于指导高等教育机构人才培养计划制定，使人才培养目标与经济社会发展、产业需求保持一致，从而建立更加与时俱进的人才生态环境。

提升科技开放与合作水平：德国研究联合会的经验[*]

| 鲍悦华

国际科技合作在地理、语言、政治、文化、距离等方面具有与一般科技合作不同的要求，同时在东西国家、南北国家科技合作上也体现出与日俱增的复杂性，已然成为一个独立研究领域。当今科技革命正重塑全球竞争格局，主要科技强国都在强化本国科技创新能力，以期获得更强的竞争力、更大的国际影响力和更高的国际位势。如何在日益复杂的国际环境下进行精准有效的国际科技合作战略布局，提升科技开放与合作水平，已成为各国科技治理中的重要议题。

德国在宪法规定的科学自由框架内已经建立起了高度细分的科学体系，不仅包括大学和科研机构组成的密集国际合作网络，还包括德国研究联合会（Die Deutsche Forschungsgemeinschaft，DFG）与科技资助合作伙伴构成的科技合作协议网络，为科研活动所需国际合作提供支持，这些科技合作协议网络是国家科学外交政策的重要组成部分。本文聚焦微观层面，以德国最重要的科研资助机构——德国研究联合会为研究对象，对其资助科技项目的开放水平和促进科技开放合作的主要做法进行介绍。

一、DFG 基本情况介绍

DFG 是为促进德国大学和非大学科学机构开展科研工作设立的独立经费管理机构。它以私人协会的形式运作，一直以各种方式支持基于知识的前沿科学研究，其中也包括支持德国联邦与州政府的“卓越战略”，加强德国作为科学目的地国家（Wissenschaftsstandort Deutschland）的地位，提升德国的国际科研竞

---

* 本文为国家社会科学基金重大项目“新形势下进一步完善国家科技治理体系研究”（项目编号：21ZDA018）的阶段性研究成果。

争力。

DFG从联邦和州政府获得资金，目前每年预算在30亿欧元以上。DFG是德国大学最大的第三方资助者，其资助额长期稳定在所有德国大学科研经费的三分之一左右，为德国大学科研竞争力提供了坚实保障，如图1所示。

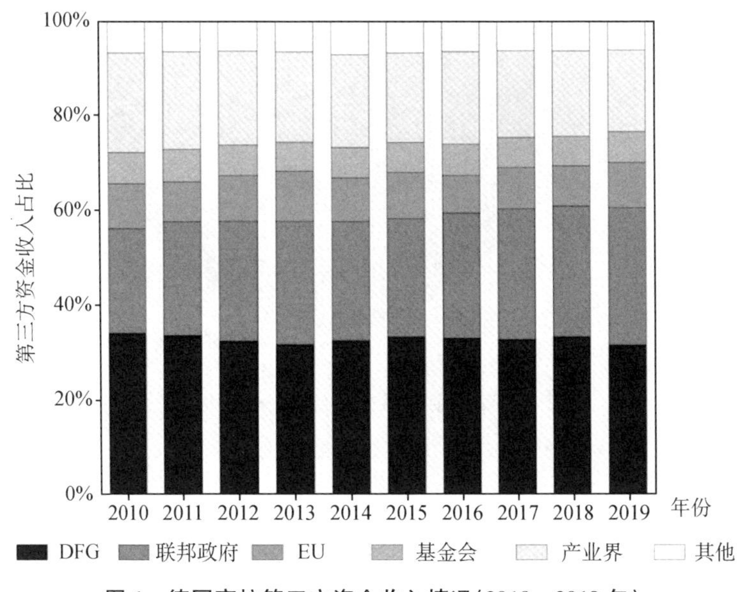

图1 德国高校第三方资金收入情况(2010—2019年)

来源：DFG，2022。

从资助领域来看，2017—2019年，DFG将55亿欧元经费用于资助工程科学，占其所有经费的48%。生命科学与自然科学同样是其重点资助领域，分别占DFG资助经费的17%和16%。从子领域来看，DFG重点资助的子领域主要包括能源研究与技术(17%)，信息与通信技术(15%)，健康研究与健康经济(10%)，气候、环境与可持续发展等(7%)，体现出DFG近年来科研资助具有较强的指向性，集中在能源、人工智能、生命健康、气候环境等未来重点领域，具体如图2所示。

DFG整体具备较高的科技开放合作水平，这首先体现在它的评价体系上。作为一个对所有学科开放，以科研质量为评价标准的科研资助机构，DFG约1.5万名评审专家中，有约三分之一在国外工作。除了资助国际科技合作研究项目，DFG还通过发展国际科技合作网络为德国科研活动和应对全球挑战作出贡献。

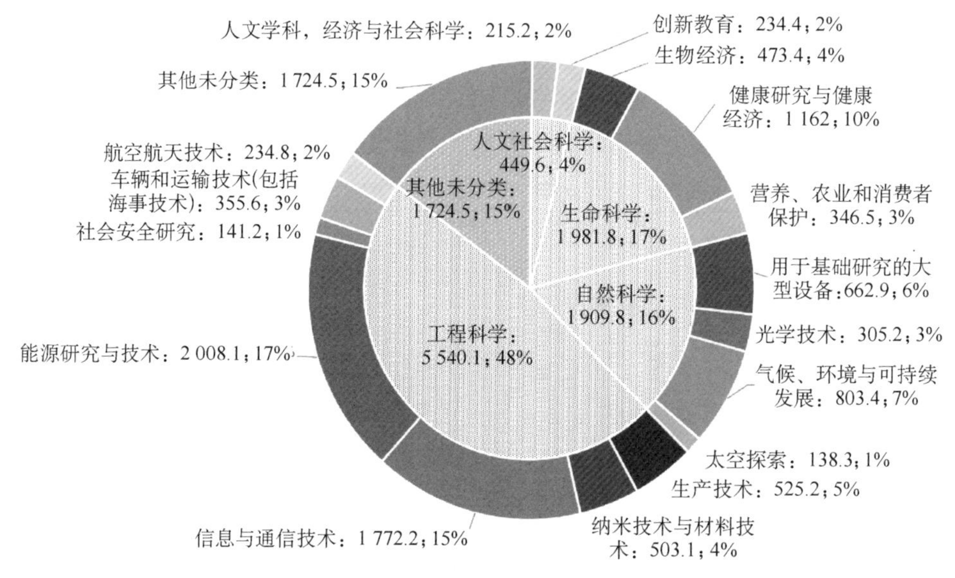

图 2 DFG 资助领域分布(2017—2019 年)

来源：根据 DFG 官方统计数据绘制，单位：百万欧元。

在新冠疫情大流行，单个国家作用空间有限的背景下，国际科技合作活动具有更为重要的意义。

二、DFG 资助项目及其开放合作水平

在德国科研机构工作的科学家原则上都可以随时提交不限主题和领域的国际科技合作项目申请。在项目资助原则方面，DFG 通常为科技合作项目的德国部分提供资金，外国部分由合作伙伴或其他组织提供。DFG 的科技开放合作水平还体现在，国际科技合作已经成为 DFG 日常工作的一部分，DFG 并未设置国际科技合作专项，这意味着国际科技项目必须与其他项目申请基于统一的科研质量标准进行竞争。本文对目前 DFG 资助的主要科技项目及其对外开放情况进行了梳理。DFG 资助项目主要可以分为五大类，分别为“个人资助”“合作计划”“卓越集群与卓越战略”“科研基础设施”和各类奖项。“卓越集群与卓越战略”以及“科研基础设施”与国际科技合作主题相关性不高，囿于篇幅，表 1 主要对其余三类研究项目进行梳理与介绍。

表 1　DFG 资助主要科技项目及其国际科技合作开放性

项目类别	项目名称	简介	国际科技合作开放性
个人资助 Einzelförderung	研究补助金 Sachbeihilfe	DFG 的经典资助工具,通过自下而上申请,通常资助期限为 3 年,针对任何研究主题,以科学质量与原创性作为评价标准,不设项目申请截止日期,科研人员可以随时申请	• 基础模块、墨卡托研究员、项目特定研讨会模块下国际合作伙伴的差旅费、酬金等费用; • 在 DFG 管理项目经费转移特殊程序框架下国外合作伙伴的项目实施经费(与中东与发展中国家的合作领域); • 支持国外合作伙伴组织的合作
	艾米诺特计划 Emmy Noether-Programm	为职业生涯早期优秀研究人员提供通过在六年内独立领导青年研究小组获得大学教职的机会,吸引优秀青年科学家	• 支持外国申请人,以使他们在资助期结束后在德国继续其学术生涯 • 可以与地点和主题适当的特殊研究主题模块关联
	海森堡计划 Heisenberg-Programm	对已经满足被任命为永久教授所有要求的科研人员提供研究支持,证明他们有资格获得教授职位	向从国外归来的德国人或希望在德国工作并具有适当资格的外国科学家开放
	莱因哈特科泽勒克项目 Reinhart Koselleck-Projekte	支持杰出科学家开展高度创新或高风险项目,这些项目不能在另一个资助过程中申请或作为各自机构工作的一部分进行	—
	临床研究计划 Klinische Studien	支持以患者为导向,主体独立、期限确定的临床研究项目。资金可用于介入临床研究,目的是提供治疗、诊断或预后程序有效性的证据	—
合作计划 Koordinierte Programme	DFG 研究中心 DFG Forschungszentren	在德国大学建立国际知名的创新研究机构,成为大学战略和科研主题规划的重要组成部分;还支持建立新的青年科学家团队,为青年科学家创造良好的培训和职业条件,并为跨学科合作提供广泛框架	—

（续表）

项目类别	项目名称	简介	国际科技合作开放性
合作计划 Koordinierte Programme	合作研究中心 Sonderforschungsbereiche	合作研究中心是大学的长期研究机构，设计期限长达12年。它们通过协调和集中大学的人员与资源，处理创新、要求高、复杂和长期的研究项目。DFG明确希望大学与非大学研究机构合作	• 一般申请主体为德国的大学（和有权授予博士学位的同等大学），支持研究活动中的国际科技合作； • SFB 的“变体” SFB/Transregio（TRR）可由二到三所大学和科研机构联合申请，外国大学和科研机构也可以参加 SFB/Transregio 项目，但通常需要 DFG 与所涉及的外国合作伙伴就资助、评估和资助决策的方式进行协调，外国伙伴组织通常需要共同出资，承担国外部分的研究费用。 • 在一定条件下，DFG 资金可用于与发展中国家的研究合作
	重点计划 Schwerpunktprogramme	促进新兴研究领域的跨地域跨学科合作。特别注重跨学科和跨地域合作网络设计，计划的研究活动在国际科学系统中的网络连接	• 基础模块、墨卡托研究员、项目特定研讨会模块下国际合作伙伴的差旅费、酬金等费用； • 在 DFG 管理项目经费转移特殊程序框架下国外合作伙伴的项目实施经费（与中东与发展中国家的合作领域）； • 在特殊情况下，如果国外项目对实现重点计划的目标作出重大贡献，并为德国的项目增加重大价值，国外研究人员可以直接向 DFG 申请； • 是 DA-CH（仅限瑞士）、D-Lux（卢森堡）和 D-Süd（南蒂罗尔）框架的一部分，支持外国伙伴组织的合作

(续表)

项目类别	项目名称	简介	国际科技合作开放性
合作计划 Koordinierte Programme	研究小组 Forschungs gruppen	支持几位杰出科学家在一项特殊研究任务的中期紧密合作,旨在取得远远超出个人资助的成果。研究小组可以由不同的模块组成,各个模块是根据技术方面选择的,因此可以根据各个问题、所涉及的科学领域和所需的结构形成方面而有所不同	• 基础模块、墨卡托研究员、项目特定研讨会模块下国际合作伙伴的差旅费、酬金等费用; • 在 DFG 管理项目经费转移特殊程序框架下国外合作伙伴的项目实施经费(与中东及其他发展中国家的合作领域); • 在特殊情况下,如果国外项目对实现重点计划的目标作出重大贡献,并为德国的项目增加重大价值,国外研究人员可以直接向 DFG 申请; • 是 DA-CH(仅限瑞士)、D-Lux(卢森堡)和 D-Süd(南蒂罗尔)框架的一部分,支持外国伙伴组织的合作
	博士研究生院项目 Graduiertenkollegs	研究生院每位博士生除了自己导师以外,从本院教师中再指定一名"第二导师"。学生必须在参与学院科研项目的同时,修完教学计划规定的博士生课程。政府通过德国研究联合会向研究生院提供资助,支持力度平均每年 20 万欧元左右。这笔经费除了用来发放学生的奖学金以外,还可以邀请外单位的学者来校讲学,支付学生出差和召开学术会议的费用等	该计划的"变体"国际研究生院计划(Internationale Graduiertenkolleg)提供了在德国大学与国外联合博士培训的可能性。研究和学习计划共同制定并在双重监督下进行,博士生在各自的合作伙伴组逗留时间为 6 个月
奖 Preise	戈特弗里德·威廉·莱布尼茨奖 海因茨·迈尔-莱布尼茨奖 哥白尼奖 ……	DFG 颁发的奖项旨在表彰研究人员在各个方面的杰出研究成果,以及国际研究合作和科学交流	• 哥白尼奖由 DFG 和波兰科学基金会(FNP)联合授予,每两年授予两名研究人员,一名在德国,一名在波兰,以表彰他们在德波研究合作中取得的杰出成就。 • 欧根和伊尔兹-塞博尔德奖旨在促进德国和日本之间的研究和了解

来源:根据 DFG 资助项目信息整理。

从表 1 可以看出，DFG 资助的科技项目基本都实现了对国际科技合作开放。其对外开放大致可以分为两种：一种是申报主体必须是在德国科研机构工作的科学家或德国科研机构，但 DFG 支持在研究实施过程中与国外合作伙伴合作，如“研究补助金”等计划；另一种是德国以外的科学家或机构也能直接申请项目，如“艾米诺特计划”“海森堡计划”“SFB/Transregio”等。

图 3 进一步反映了 DFG 在 2017—2019 年批准的各个类型项目资助金额情况。结合表 1 和图 3 可以看出，DFG 重点支持的“合作研究中心”“重点计划”“博士研究生项目”等项目，都对国外科研人员和机构打开了合作大门。

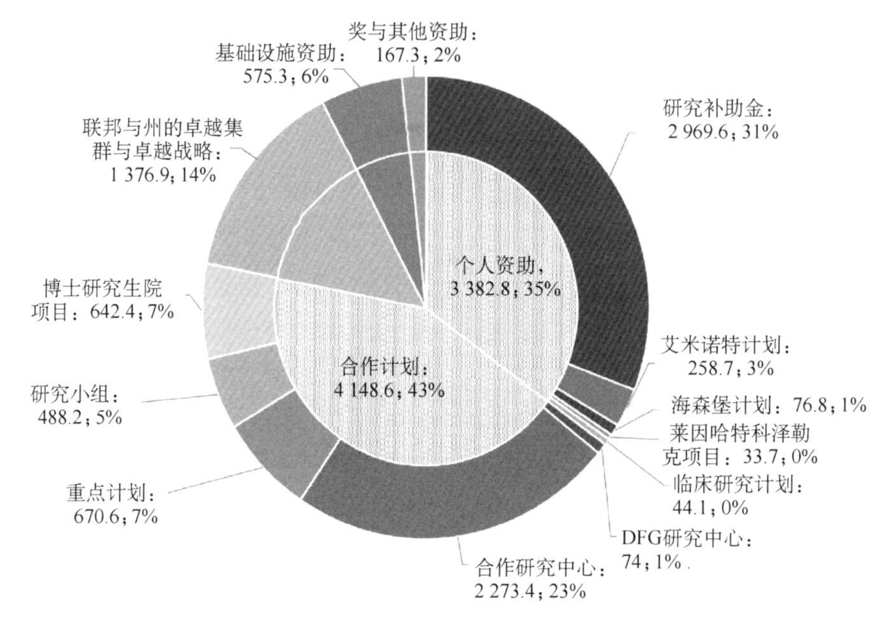

图 3　DFG 批准项目的资助金额(2017—2019 年)

来源：根据 DFG 官方统计数据绘制，单位：百万欧元。

三、DFG 促进科技开放合作的主要做法

第一，通过项目设置模块化提升国际开放合作水平。DFG 已经将国际科技合作模块内嵌在各类项目申请中，通过项目申请模块化，实现广泛的国际科技合作。绝大多数项目都可以通过基础模块、墨卡托研究员、项目特定研讨会模块申请国际合作伙伴的差旅费、酬金等费用，在特定条件下，DFG 资助的德方费用还能够用于国外部分的研究支出。为加强科技开放合作，德国专门改进了“墨卡托

程序”,推出了新的墨卡托研究员模块(Mercator Fellows),该模块只能在适当的模块化程序中申请,嵌入“研究补助金”“研究小组”“合作研究中心”等多种类型的科研项目中。它可以使国外研究人员获得不超过德国教授水平的工资,以提高国外研究人员与项目的整合度,提升科技合作的价值。国外科研人员会被授予“墨卡托研究员”称号,以表彰他们对该项目的奉献,在项目合作结束后,仍被鼓励与原合作网络保持联系与合作。

第二,通过与合作伙伴协议框架促进国际科技合作项目开展。在与合作伙伴的联合资助协议框架下开展国际科技合作也是 DFG 的重要抓手,这种做法的一大优点在于,通过统一项目评审标准,提高项目评估工作的效率。在这方面,DFG 与德语区的奥地利科学研究基金会(Fonds zur Förderung der Wissenschaftlichen Forschung, FWF)和瑞士国家科学基金会(Swiss National Science Foundation, SNSF)形成了 D-A-CH 协议,与卢森堡形成了 D-LUX 协议,与以色列形成了 DIP 项目合作协议,并已形成了丰富的项目实践。有时 DFG 的个人资助与合作计划项目也会在这些合作协议下实施。此外,DFG 还加入了 Weave 协议,在欧洲国家与欧盟层面实现更为快捷和广泛的科技合作。“Weave”于 2022 年由欧盟正式推出,它基于牵头代理原则,简化了来自多个国家科研人员联合申请课题的资助程序,科研人员还能在 Weave 框架内与迄今为止尚未达成合作协议的国家的科研人员进行合作。

第三,积极资助和利用国际科技合作平台。DFG 主席 Katja Becker 于 2021 年 5 月被选举为全球研究理事会(Global Research Council, GRC)主席,DFG 将充分利用 GRC 这一全球研究资助机构的信息平台促进国际科学外交。此外,DFG 也是科学欧洲(Science Europe)的成员单位,科学欧洲由欧洲两大科学机构欧洲科学基金会(European Science Foundation, ESF)和欧洲国家研究理事会(European Head of Research Councils, EUROHORCs)于 2011 年合并而成,成员来自 29 个欧洲国家的 38 个研究与资助机构,是欧洲最重要的科技协会组织。DFG 还向欧盟科学组织合作中心(Kooperationsstelle EU der Wissenschaftsorganisationen, KoWi)提供运行资助,由 DFG 秘书长担任该协会会长,该中心是欧洲研究资助各个方面的动态信息发布与服务平台。

第四,大力开展科技营销活动。自 2010 年以来,DFG 一直积极参加与推进主题为“Research in Germany Land of Ideas”的德国国家科技营销活动,提高德国作为研究目的地国家的知名度,激发科研人员对流动性的兴趣并促进国际科技合作的启动。

四、结语

本文聚焦 DFG，对机构层面资助科技项目的开放水平和促进科技开放合作的主要做法进行了梳理。随着大国之间战略博弈和地缘冲突日趋激烈，科技创新越来越受到政治裹挟，意识形态化的趋势显著增强，“科学无国界”神话正被打破，我国国际科技合作面临空前严峻挑战。DFG 在科技项目模块化、与合作伙伴签署合作框架协议，提升科技合作效率、国际科技合作平台的资助与利用、国际科技营销活动开展等方面的做法与经验，也许能够给我国科技项目资助与管理部门提供有益参考，以更快提升我国科技开放合作水平，更好地实现国际科技合作“大循环”。

参考文献

[1] FU X, LI J. Collaboration with foreign universities for innovation: evidence from Chinese manufacturing firms[J]. International Journal of Technology Management, 2016,70(2/3): 193-217.

[2] CHEN K, ZHANG L, FU X. International research collaboration: an emerging domain of innovation studies? [J]. Research Policy, 2019,48(1): 149-168.

[3] Deutsche Forschungsgemeinschaft. Jahresbericht 2021 Aufgaben und Ergebnisse[R/OL]. [2022-08-25]. https://www.dfg.de/download/pdf/dfg_im_profil/geschaeftsstelle/publikationen/dfg_jb2021.pdf.

[4] DFG. Förderung im internationalen Kontext[EB/OL]. [2022-08-25]. https://www.dfg.de/foerderung/internationale_zusammenarbeit/foerderung/index.html.

[5] DFG. Modul Mercator-Fellow[EB/OL]. [2022-08-25]. https://www.dfg.de/formulare/52_05/52_05_de.pdf.

[6] Weave. Funding excellent research projects across borders[EB/OL]. [2022-08-25]. https://weave-research.net/.

全球科研基金发展的若干趋势性特征

| 邢窈窈　陈　强

随着新一轮全球科技创新版图的深度调整，以新兴市场国家为代表的广大发展中国家在科技开放合作方面的需求日益旺盛。科研基金作为支持科学研究和技术创新的主渠道，在国际开放合作中发挥着重要作用。党的十九届五中全会通过《中共中央关于制定国民经济和社会发展第十四个五年规划和二〇三五年远景目标的建议》，要求“促进科技开放合作，研究设立面向全球的科学研究基金”，指明了推动国际科技创新合作新的着力点。为此，亟须研判全球科研基金发展的趋势性特征，探索新发展背景下我国全球科研基金的发展模式，为科技创新可持续发展蓄积新的原动力。

放眼世界，主要发达国家在设立全球科研基金、面向世界运筹智力资源方面积累了较为丰富的经验。欧盟的玛丽·居里计划、英国的牛顿基金、德国的洪堡基金均已形成一定的国际品牌效应。通过比较分析主要发达国家全球科研基金发展的相关情况，可以归纳出一些趋势性特征，对于我国今后设立全球科研基金具有潜在的启示价值。

一、新兴经济体国家成为发达国家的重点合作对象

在全球化进程中，新兴经济体国家在全球科学研究中发挥着越来越重要的作用。从全球研发投入的角度观察，OECD 最新统计数据显示（基于 PPP，以 10 亿美元为单位），美国的研发投入总量位列世界第一，中国研发投入总量居于次席。从研发强度（研发投入占国内生产总值比例）的角度来看，尽管美国研发投入总量最高，但其研发投入强度并不高。一些新兴经济体国家尽管投入总量不高，但研发强度较高，在一些细分领域已形成独特优势（图 1）。因此，通过全球科研基金，加强与新兴经济体国家的科研合作正成为部分发达国家重要的策略选择。

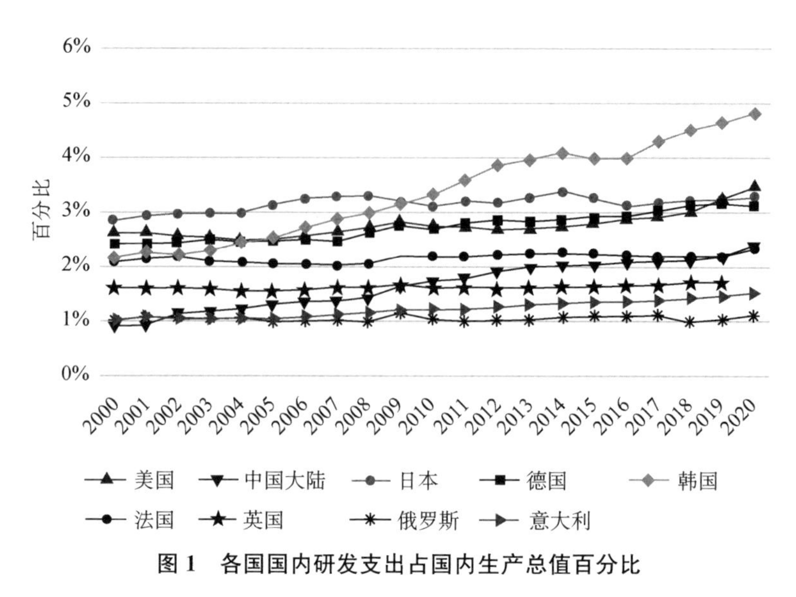

图 1　各国国内研发支出占国内生产总值百分比

数据来源：OECD 网站（https://data.oecd.org/rd/gross-domestic-spending-on-r-d.htm）。

二、资金来源日趋多元化

主要发达国家设立的全球科研基金的来源日趋多元化，主要有三种渠道：国家科研基金、企业基金和非营利组织的科研资助。美国、德国及日本的部分科研基金资助部门如表 1 所示。相较于单一来源，多样化的资金来源为科研人员全身心投入科研提供了更加可靠的保障，可以充分激发研究人员的活力和创造性，为标志性原创成果的涌现和颠覆性技术的研发突破创造了条件。

表 1　科研基金资助部门

	美国	德国	日本
具体部门	国家科学基金会 国立卫生研究院 能源部 国家航天航空局 洛克菲勒基金会 比尔及梅琳达·盖茨基金会 福特基金会	联邦政府 研究联合会 洪堡基金会 罗伯特·博世基金会	学术振兴会 科技振兴机构 服部北海基金会 住友财团

三、设立目标更多指向人类社会共同关注的问题

通过设立全球科研基金，可以让本国研究人员有机会了解国际同行的最新研究进展，与各领域的优秀科学家交流思想，并开展合作。表 2 列举了美国、欧盟部分基金会设立全球科研基金的目标，从中可以看出，其设立目的更多指向人类社会共同关注的问题。政府背景的全球科研基金则更多考虑本国需要提升的科技和产业领域。

表 2　部分基金会的目标

	机构部门	目标
美国	洛克菲勒基金会	促进全人类的安康
	比尔及梅琳达·盖茨基金会	改善医疗保健和教育、消除极端贫困以及提供更多的信息技术
	福特基金会	旨在加强民主价值观，减轻贫困和不公正，促进国际合作，推动人类成就
欧盟	"欧洲 2020"战略	战胜危机，让欧盟经济体迎接未来 10 年的挑战
	欧洲研究区	协调欧盟和其他相关国家的研究活动

四、资助体系日趋完善，更多体现对人才的关注

人才是未来科技和产业竞争的决定性力量，一流人才正成为各国争夺的战略性资源。主要发达国家正在将全球科研基金作为吸引和延揽各类紧缺人才的重要渠道。在全球科研基金中，除了开放科技计划项目之外，还设立有各类奖学金项目和培训计划，形成了面向科研人员职业生命周期的多层次、多样化的资助体系。

多伦多《城市 ESG 报告》的解读与借鉴

| 徐　涛　尤建新

作为推动联合国可持续发展目标(Sustainable Development Goals, SDGs)实现的工具之一，环境、社会、治理(Environment, Social and Governance, ESG)理念对城市现代化建设和可持续发展具有重要意义。在 ESG 理念与城市发展融合建设进程中，加拿大多伦多市创新先行，于 2021 年发布全球首个城市 ESG 报告(*City of Toronto Environmental, Social & Governance Performance Report*)。报告概述了多伦多如何将 ESG 理念纳入城市建设并对相关数据进行了披露，阐明了 ESG 对多伦多市经济的长期竞争力和可持续性有巨大帮助。学习和解读多伦多城市 ESG 报告对“中国式现代化”建设过程中如何将可持续发展理念融入城市发展战略，构建兼顾经济、环境、社会和治理效益的中国式现代化城市具有重要的借鉴意义。

一、多伦多《城市 ESG 报告》要点解读

作为首个《城市 ESG 报告》，报告披露了多伦多的城市战略优先事项、关键绩效指标和 2020 年与多伦多市以及加拿大其他城市相关的环境、社会和治理的要点(表 1)。

表 1　多伦多的 ESG 绩效报告要点

<table>
<tr><th>环境</th><th>社会</th><th>治理</th></tr>
<tr><td>气候变化
韧性</td><td>人权
社会包容性
社会赋权和进步
经济包容性</td><td rowspan="3">责任治理实践、财务治理、行为与信任、风险管理、网络安全和隐私、包容性和多样性、健康和福祉、人才吸引、参与和保留、数字化、责任采购和供应商多元化</td></tr>
<tr><td colspan="2">社会责任金融</td></tr>
<tr><td colspan="2">社会责任投资</td></tr>
</table>

尽管表 1 中列出了多个要点，但多伦多市也阐明了在治理过程中也存在资

源和条件限制，对 ESG 要点进行了优先排序，以最大化资源利用效率。其中，应对气候变化、提高居民的居住环境质量是 2020 年度的优先事项。值得注意的是，多伦多在优先级排序时不仅考量了城市建设纬度，也评估了对城市利益相关者（目前和未来的居民、投资者、雇员、供应商、其他各级政府等）的影响。

1. 环境——应对气候变化是多伦多城市发展战略计划的优先事项

2021 年 12 月，多伦多市议会通过了《转型碳净零战略》（*Transform to Net Zero Strategy*），制定了到 2040 年实现温室气体净零排放的目标，新目标的实现时间比原定目标提前了 10 年。报告中，多伦多市将应对气候变化作为城市战略的优先事项，加速城市绿色行动，以降低整个城市的温室气体排放量。在建筑领域，多伦多目标在 2030 年实现新建筑在设计和建造时温室气体净零排放。在交通领域，多伦多市也推行了多个环境友好型方案，例如电动车战略、城市自行车网络计划、智能通勤项目等。

此外，多伦多市在能源、金融和循环经济等方面均作出探索和实践，相关举措如表 2 所示。除了上述针对城市各个领域的绿色实践，多伦多市还通过了“社区气候行动支持方案”，通过该方案，多伦多市让当地社区负责人与社区居民就环境问题进行互动，面向社区宣传低碳战略，鼓励居民参与绿色行动。

表 2　多伦多市应对气候变化的主要举措

环境目标	领域	举措
到 2040 年，多伦多市所有部门实现温室气体零排放	建筑	• 设计和建造接近零温室气体排放的新建筑物 • 对现有建筑物进行技术上可行的最高减排改造
	能源	• 全社区使用可再生或低碳能源
	交通	• 交通选择，包括公共交通和个人车辆，使用低碳或零碳能源 • 5 公里以下的行程将采用步行、骑自行车
	循环经济	• 垃圾填埋场分流，向零循环经济迈进
	金融	• 发行大气基金，发放绿色债券

2. 社会——投资于所有人的生活质量，力求打造一个关心和友好的城市

在社会领域，多伦多市力求打造一个关心和友好的城市，提高所有居民的生活质量成为多伦多城市 ESG 战略的优先事项之一。其中，城市住房问题是多伦多提高居民生活品质需要解决的关键问题之一，为此，多伦多市发布了《住房行动计划》，制定了城市住房发展目标，包括：①满足老年人多样化的住房需求，

②确保租房者的住房得到妥善维护和安全，③兴建新的出租房屋以回应居民的需要，④帮助人们购买、入住和改善家园。该计划为整个住房领域的行动提供了蓝图——从无家可归到租赁房屋和拥有住房，再到老年人的长期护理，多伦多市力求通过多种形式的住房供给，确保所有居民都有安全、可靠、负担得起和维护良好的住房。报告指出，在联邦和省政府的支持下，多伦多政府住房计划将在未来十年内实施，并将显著改善多伦多居民的住房、健康和社会经济。

为了保障多伦多城市建设目标的顺利实施，多伦多市于 2020 年根据国际资本市场协会（International Capital Market Association，ICMA）的社会债券原则制定了一个社会债券框架，资助该市在各种社会倡议中符合条件的资本项目。多伦多市是加拿大第一个发行社会债券的公共部门实体，也是全球第三个根据 ICMA 社会债券原则发行社会债券的地方政府。

3. 治理——议会及其工作人员致力于发挥领导作用并创造长期价值

现代城市是一个大型复杂系统，城市治理设计具有多主体、多层次、多结构、多形态的特点，存在巨大的风险和挑战。多伦多市在 ESG 报告中披露，多伦多市在城市治理环节引入了企业风险管理（Enterprise Risk Management，ERM）框架，加强对多伦多市的治理和管理活动，并在整个组织中建立风险知情的决策，使管理层能够有效地应对未来可能产生不确定性的事件，快速应对已经发生的各类事件，包括对负面事件的处理和应对。在城市治理环节，由议会及其工作人员发挥主要领导作用，通过 ERM 流程从金融、运营、环境、口碑、安全与健康、经济与市场、法律法规等多个角度确定风险因素，并对风险进行评估，系统地做出应对方案，及时地公告市民，让市民看到一个稳定、透明的政府。

城市治理的复杂性也要求引入现代化的方式和工具，其中数字化成为多伦多城市发展的战略之一。通过制定和实施《多伦多城市数字战略》，一方面借助数字化系统和大数据帮助决策者了解城市运行现状，实现决策的智能化，提高治理效率。同时，通过数字基础设施建设，实现数字赋能，帮助多伦多市成为一个数字城市。

值得一提的是，多伦多市在推动多样性、包容性等方面也取得了进展。在报告中，多伦多市披露了女性在高级管理职位上的比例，该比例由 2018 年的 40.5%上升至 2020 年的 45.8%。为了对抗多伦多的反黑人种族主义，多伦多市与黑人领袖和组织合作，并通过了《多伦多对抗反黑人种族主义行动计划》。

二、多伦多《城市 ESG 报告》之借鉴

在中国共产党的二十大报告中，习近平总书记就“中国式现代化”作出系统深刻的论述，强调经济社会和生态环境协调发展，走可持续发展的现代化新路。在“中国式现代化”建设进程中，尤其是在“双碳”战略背景下，ESG 发展理念与我国经济社会发展背景高度契合，多伦多城市发展和 ESG 融合战略也为我国城市的可持续发展提供了参考和借鉴。

1. 注重顶层设计和组织机制引领

多伦多在《城市 ESG 报告》中充分展示了其在城市治理过程中注重顶层设计，充分发挥战略引领作用。例如，《转型碳净零战略》《多伦多城市数字战略》等文件的发布，列出了规划目标、行动计划和组织机制保障。通过战略制定和发布，向社会传递城市发展的长期战略方向，形成良好的政策导向，并在社区层面广泛动员。党的二十大报告明确提出，“站在人与自然和谐共生的高度来谋划发展”。当前，我国已经明确提出 2030 年“碳达峰”与 2060 年“碳中和”的目标。从城市发展来看，在“双碳”目标下，绿色和生态也成为城市发展的重要战略。但需要指出的是，尽管不少地方将绿色低碳纳入城市发展的“十四五”规划中，但专门制定针对“双碳”或应对气候变化的战略规划的城市仍然较少。《中国城市碳达峰碳中和指数》报告中指出我国各地区对“双碳”工作高度重视，但多数城市达峰目标和方案路径尚不清晰，“双碳”规划和管理能力有待加强。因此，从城市治理来看，我国城市的可持续发展亟待研究和制定城市战略，通过加强顶层设计，明确战略导向，完善相应的组织架构和保障机制，推动具体行动计划的执行。需要指出的是，城市“双碳”战略的制定需要结合地方发展实际，因地制宜制定符合自身实际情况和发展阶段的“双碳”行动目标和方案。

2. 注重以人为本，推动公众广泛参与

多伦多市在《城市 ESG 报告》中，多次提到打造关心和友好城市，尤其是针对城市住房问题制定行动计划，为弱势群体提供能负担得起的住房，体现了城市治理过程中的人文关怀。从治理来看，公司的 ESG 治理侧重评估公司的非财务指标，在城市 ESG 治理领域，则体现在对弱势群体的人文关怀，回应群众的关键诉求。从我国情况来看，随着城市化进程的加快，城市迅速发展，人口不断聚集。在城市经济发展过程中，坚持以人为本至关重要，应回应和解决群众需求，保障居民的居住交通问题，提升服务功能。习近平总书记在上海考察时提出“人民城

市人民建，人民城市为人民”的重要理念，强调城市建设要把宜居安民放在首位。同时，人民城市的建设离不开人民的参与，城市的治理者需要积极地宣传和发动人民参与城市建设，鼓励公民参政议政，同时也倾听公民的声音，接受公民监督。正如多伦多市在推行城市碳减排行动中，强调在社区范围内广泛地宣传和动员，推动公众广泛参与。当前，在我国“双碳”战略背景下，城市的绿色转型同样离不开公众的参与，需要通过多种方式增强公众参与应对气候变化和绿色发展的意识，不断创新公众参与的形式和途径。

3. *注重治理理念和方法创新*

随着数字经济发展，城市治理的复杂性不断提高，给城市治理带来新的挑战。引入新理念、新工具对提升城市治理能力和治理效率具有重要意义。多伦多将 ESG 绩效评估的维度和城市发展相结合，将公司治理的方式引入公共治理领域，引入企业风险管理框架来应对城市发展的不确定性，都是治理理念的创新和突破。尤其是通过报告披露城市 ESG 的指标，让更多市民了解城市的运行现状和短板，呼吁市民共同参与城市治理。此外，新方法和新工具的创新对实现中国式现代化城市，提升城市运行的关键绩效至关重要。多伦多的城市战略中也多次强调利用数字技术提高决策效率和治理水平。从我国情况来看，借助数字技术和工具推动城市的绿色转型，对达成“双碳”战略具有重要意义。全球电子可持续发展倡议组织（Global e-Sustainability Intiative，GeSI）研究表明，到 2030 年，数字化将帮助减少 20％的全球二氧化碳排放。到 2030 年，智能电网和综合能源管理系统等能效技术，预计将帮助避免高达 1.8 吉吨（Gt）的全球二氧化碳排放当量[3]。从我国的情况来看，尽管数字化和可持续发展均为“十四五”规划中的一部分，但数字化和可持续发展目标间尚未建立明确的联接。在未来城市转型和发展中，应当进一步注重利用新技术新方法推动城市可持续发展，将数字化的潜力作为可持续经济和社会发展的创新工具。

参考文献

[1] Toronto. Environmental, social & governance performance report[R]. City of Toronto, 2022.

[2] 李晔. 城市 ESG 案例研究——多伦多：将 ESG 绩效纳入城市建设[EB/OL].（2022-07-12）[2022-11-21]. https://m.yicai.com/news/101471322.html.

[3] Apex & Consulting. ESG white-paper 2022[R]. City of Toronto, 2022.

[4] 新华网. 中国城市碳达峰碳中和指数发布[EB/OL]. (2022-01-20)[2022-11-21]. http://www.xinhuanet.com/energy/20220120/ebdb564a0c9b4544b49630a895d6232c/c.html.
[5] 叶青,袁仕联. "双碳"战略下智慧城市如何发展[N]. 科技日报. 2022-11-15(8).
[6] 中国信息通信研究院. 数字碳中和白皮书[R]. 北京:中国信息通信研究院,2021.

关于《振兴美国的半导体生态系统——提交给总统的报告》的解读

| 常旭华

自2018年以来，美国对华遏制力度不断提高，遏制手段更加多样，先后实施了以加征关税为主的贸易战，以香港问题、人权问题为主的舆论战，以供应链脱钩为主的产业战，以先进制程芯片及相关配套技术断供为主的科技战。美国在全面打压中国的同时，也在不断修正其国内经济发展策略，充分利用能源供给优势、金融服务基础设施及知识产权全球垄断优势，通过“二选一”产业政策、财税补贴等各种举措，吸引美国、德国、中国台湾、日本的尖端制造企业回流或来美投资设厂。尤其在半导体领域，美国总统拜登于2022年8月9日正式签署《2022年芯片与科学法案》，为美国半导体的研究和生产提供520多亿美元的政府补贴，为芯片工厂提供投资税抵免等，试图重塑美国在半导体科学研究、制程工艺研发、芯片设计、芯片制造等领域的全面领先地位。在此背景下，美国总统行政办公室、美国总统科学和技术顾问委员会(President's Council of Advisors on Science and Technology, PCAST)于2022年9月发布了一份《振兴美国半导体生态系统——提交给总统的报告》(以下简称《报告》)，从产业生态系统视角出发，进一步阐释了美国在半导体制造方面的挑战、建议采取的具体措施等。

《报告》开宗明义地阐述了半导体是全球经济的支柱，对美国经济和国家安全至关重要，然而美国制造半导体的全球份额却从1990年的37%下降到2022年的12%，全球70%的尖端半导体制造位于亚洲。如果美国不采取行动，就会面临30万名半导体产业工人失业，技术进步受阻，供应链风险增加，经济机会减少的局面。针对此，美国必须加强半导体产业生态系统，以确保半导体产业的大部分产业增加值留在美国。

《报告》指出，美国半导体产业发展缓慢和生态不完善主要表现在以下三方面：①美国半导体制造的全球占比持续下滑，而中国大陆、韩国、中国台湾半导体制造的全球占比却在持续上升，例如，全球85%的半导体生产设备销往亚洲(其中 28%销往中国)；②亚洲国家比美国更重视半导体产业投资，中国已经成立了两支半导体产业基金，而是美国半导体初创企业融资不足，全球获得风投的半导体企业只有 18%位于北美，中国却占比 59%；③2017 年 PCAST 曾向时任总统奥巴马提交了一份如何确保美国半导体产业长期处于领先地位的报告，但情况到今天为止没有明显改善，问题依然存在，甚至有进一步恶化的趋势。

《报告》从产业生态系统重塑的视角出发，提出了 9 点主要建议：

(1) 美国半导体技术中心需要尽快完成组织架构、治理方式、发展思路等方面的调整，建议组建由政府、工业界、学术界广泛代表构成的董事会，商务部承担国家半导体技术中心和国家先进封装制造计划的落实与监督工作。

(2) 美国半导体技术中心的基础设施应尽可能以现有生态系统和设施为主，并实施分布式区域模式发展，确保创造的额外工作机会分布在全美各地。半导体技术中心应与学术机构广泛合作，重点支持半导体高技能人才培养。

(3) 商务部应与国家自然科学基金会协调，2023 年年底前建立国家微电子教育和培训网络，升级教育实验室设施，完成课程开发和师资招募。

(4) 半导体技术中心应每年在教育领域向 2 500 名本科生和研究生发放奖学金，激励学生攻读微电子相关学位。

(5) 国土安全部应优先处理微电子行业的高学历移民申请，建议按照“国家利益豁免”原则开展移民申请工作。

(6) 国家半导体技术中心应于 2023 年年底创建一个 5 亿美元的投资基金，为半导体初创企业提供资金支持。

(7) 国家半导体技术中心应在 2025 年年底创建或资助成立一个拥有完整软件堆栈的小芯片平台，初创企业和学术机构可以将定制的小芯片集成到平台上，降低芯片非创新部分、基本组件的成本(这部分成本占大头)，加速芯片制造真正创新部分的快速转化。

(8) 商务部应每年拨款支持半导体材料、制程工艺、制造设备、封装、节能计算、特定领域加速器、设计自动化工具和方法、系统安全、半导体与生命科学等领域的研究，形成广泛的国家研究议程。

(9) 进一步提高联邦政府投资半导体工作的透明度，通过整理和发布联邦政府半导体年度投资数据、扩大公私合作范围、定期评估《芯片与科学法案》等措施，从联邦层面评估美国半导体行业发展进度，促使国家投资杠杆作用最大化。

新经济、新产业、新模式、新技术与创新治理

元宇宙产业创新生态系统构建初探

| 王瑞豪

目前阶段，产业界对于元宇宙(Metaverse)有各种探索实践，主要是整合多种新技术而产生新型虚实相融的互联网应用和经济社会形态，将虚拟世界与现实世界在经济系统、社交系统、身份系统上密切融合，从而打造了基于 AR/VR 等信息技术提供沉浸式体验、数字孪生技术生成现实世界的镜像以及区块链技术搭建经济体系。

一、人类对虚拟世界的构建和发展造就了互联网的新形态——元宇宙

早期的互联网虚拟产业主要以游戏为基础进行布局，打造出一个原生的虚拟世界。但是随着技术和产业的不断发展，它构建起多个更为丰富、更加综合性的产业生态，逐步实现虚拟生活与现实生活的无缝对接或互补融合，具有非常好的产业促进效用。伴随着云计算、AI、5G/6G、区块链、大数据、云计算、脑科学等技术的进化，人类对虚拟世界的构建和发展造就了互联网的新形态——元宇宙。回顾互联网发展历程，从 PC 局域网到移动互联网，互联网使用的沉浸感逐步提升，虚拟与现实的距离也逐渐缩小，在此趋势下，沉浸感、参与度都达到峰值的元宇宙为新的产业创新生态系统的构建提供了科技支撑，产业创新生态系统的构建进入了新时代，人类在数字世界中更有效地完成协作和创新，提升现实世界的公平度和效率。

互联网发展至今，遇到了三大困境：①市场空间：流量增长空间几乎触顶，流量红利逐步消失；②内容：内容呈现单一，用户体验单调，人与人以及人与物距离依然很遥远；③政策：反垄断浪潮掀起，国内国际强化科技平台监管。

元宇宙具有同步和拟真、开源和创造、永续和闭环等经济系统核心属性，作为虚拟与现实高度互通的开源平台，元宇宙正是新一代产业创新生态系统良性发展的理想空间和载体平台，能够更好地满足高层次需求，具体体现在以下五个

方面：

（1）真假难辨的沉浸式体验。“沉浸式”体验手段包括AR、VR和MR以及任何可以让人们觉得自己正存在于不同空间的方式。消费者可以直接接触商品、商家也会主动介绍产品并与消费者互动，仿佛回归了传统商业体验，但又超越传统商业体验并能满足人的精神价值需求。

（2）开放的创新系统。内容的生产由组织机构或独立的创作者完成，价值可以从数字转移到实体，也可以从实体转移到数字，价值既可以被完全转化，供用户消费，也可以被表现出来，满足人的尊重需求、自我实现需求，创造更多的就业机会及收入来源。

（3）立体式的社交网络体系。元宇宙社交网络体系呈现出立体化、沉浸式的特点，每个人都有自己的实体形象，有比现实社会更加丰富的娱乐、休闲、办公、游戏场景，满足人的社交需求。

（4）去中心化的经济系统。数字货币、金融/支付工具、交易平台、服务组织及区块链技术等一系列配套设施共同构成了元宇宙经济系统的“工具层”，帮助元宇宙中的数字产品实现价值发现和交换，并在过程中降低交易成本，同时保障数字资产和数字身份安全，创造更多的就业机会及收入来源。

（5）多样的文明形态。元宇宙未来的七大应用场景包括工业互联网、车联网、能源互联网、数字金融、智慧医疗、数字政府和智慧城市，把物理世界、虚拟世界高度融合，涵盖生产、消费、社交、娱乐等方方面面，人们在其中聚集在一起，创造独特的虚拟文明、数字文明。

二、元宇宙的产业构造结构

Beamable公司创始人乔·拉多夫（Jon Radoff）从价值链的角度，把元宇宙的产业构造划分为七个层面。

（1）Experience（体验）——游戏、社交、电子竞技、戏剧、购物等体验。社交网络从2.0向3.0跨越，呈现出立体化、沉浸式的特点，基本上形成一个基于现实的大型3D在线世界。社交网络3.0不仅仅由人与人组成，还有海量的组成元素——包括游戏、影视视频音乐内容、办公与会议体系、虚拟消费品，甚至是虚拟房地产、虚拟经济体系。作为“大规模参与式媒介”，元宇宙进一步刺激了用户的需求，创新的角度更加多样化、立体化。元宇宙沉浸式体验将在科教、虚拟娱乐、全息会议、军事仿真、文化创意、旅游、体育等行业落地，垂直行业社交等领域具有巨大的想象空间，并将在更高级的艺术、健康等领域追求突破。

（2）Discovery（曝光）——在线广告、策展、应用商店、评分系统代理商等。当用户数、使用时长与内容丰富度达到一定规模时，虚拟世界平台有望形成稳定繁荣的内容生态。创作者的作品和信息的发布传播快速实现并降低成本，有比现实社会更加丰富的娱乐、休闲、办公、游戏场景。

（3）Creator Economy（创作者经济）——设计工具、工作流程、商业化、增量市场等。元宇宙是开放的可编辑世界，具有庞大的地理空间供用户选择、探索。与现实地理的重合可产生大量虚实融合场景，用户可以购买/租赁土地，修建建筑物，甚至改变地形。一种发展方向是由 AI 生成现实世界所没有的地图，另一种是以数字孪生的方式生成与现实世界完全一致的地图，即在虚拟空间内建立真实事物的动态孪生体，借由传感器，本体的运行状态及外部环境数据均可实时映射到孪生体上，构建细节极致丰富的拟真的环境，营造出沉浸式的在场体验。AI 驱动的虚拟数字人将元宇宙的内容有组织地呈现给用户，对元宇宙中无法通过人工完成的海量内容进行审查，保证元宇宙的安全与合法。通过制定“标准”和“协议”将代码进行不同程度的封装和模块化，不同需求的用户都可以在元宇宙中进行创造，形成原生虚拟世界，不断扩展元宇宙边际。

内容的生产都由机构或独立的创作者完成，价值转移是双向的（可以从数字到实体，也可以从实体到数字），这一过程由市场力量和技术创新的大方向推动，大部分是自下而上的，用户的创新工作的价值将以平台支付虚拟货币而被认可，玩家可以使用虚拟货币在平台内消费内容，也可以通过一定比例置换现实货币。

（4）Spatial Computing（空间计算）——3D 引擎、VR/AR/XR、多重任务处理 UI、地理空间映射等。元宇宙融合 VR/AR、5G/WLAN 技术、多传感器技术、AI 和云产业链等，达到综合环境无限、综合感官无限、玩法无限，远期增量市场空间广阔。元宇宙将带来接入终端、云计算基础设施和虚拟世界消费三个巨大市场。

（5）Decentralization（去中心化）——区块链、边缘计算、智能代理、微服务等。基于去中心化网络的虚拟货币，元宇宙中的价值归属、流通、变现和虚拟身份的认证成为可能，具有稳定、高效、规则透明、确定的优点。此外，非同质化代币（Non-Fungible Token，NFT）由于其独一无二、不可复制、不可拆的特性，天然具有收藏属性，因此可以用于记录和交易一些数字资产，如游戏道具、艺术品等。

(6) Human Interface(人机交互)——智能手机、智能眼镜、可穿戴设备、手势反馈、声音反馈、神经反馈等。以新一代移动设备为主要终端的元宇宙具有门槛低、渗透率高、端口多的特点,信息的维度也在逐步增加,为创新提供了更多的入口和方式。人机交互的新阶段最主要的目的就是让用户更加直观、真实地体验产品,从而提高用户的使用感受,增强用户的沉浸感。

(7) Infrastructure(基础设施)——5G、Wi-Fi6、6G、云端、芯片、微机电系统、GPU、新材料等。

通过以上七个层面可以有效解决产业创新生态发展过程中的内卷和同质化等问题,助力创新生态系统的迭代升级和重构。

三、元宇宙助力产业创新生态系统要素的革新

元宇宙是新一代的互联网,必将加快推动产业创新主体和创新环境的重塑以及产业链和价值链的重构,降低产业经济中的搜寻成本和交易成本,并将对产业创新生态系统的迭代升级产生深远的影响。

产业创新生态系统是以产业链供应链为主体、以服务机构为支撑的创新主体要素与创新环境组成的资源共享、互惠共生、合作竞争、协同演进的产业动态创新网络系统,分为以实体经济产业集聚为特征的物理空间组织形态和以互联网为支撑的线上虚拟空间经济组织联系。元宇宙对创新生态系统中的要素主体、要素联系、系统功能、系统运行四个维度都有革命性颠覆。

1. 要素主体

在创新的要素主体上,基于元宇宙的创新生态系统重新定义系统要素维度,通过人工智能、AR/VR、物联网、区块链、超级算力、核心算法等技术的融合赋能产业、科研、管理三大板块,不仅拓宽了原有要素的协作渠道,加快原始创新能力主体高校、科研院所和企业的紧密融合,更将终端用户纳入创新体系,用户作为第四要素可以直接参与创新过程,编辑世界,成为促进知识共享与知识扩散的重要载体。与传统产学研模式不同的是,元宇宙中价值转移是双向的,借助 NFT 等工具,价值既可以被完全转化,也可以被艺术化地表现出来。过去的评价体系和科研资源配置被元宇宙去中心化的系统逐步颠覆,创新研究方法也将在开源和全员编辑世界的前提下不断革新。

市场的主体是企业,元宇宙的创新仍然以企业为主体和纽带,实现创新资源的优化配置与有效开发。元宇宙中的企业通过加强与科研院所、政府、用户的知

识共享与合作，把各方面的资源整合起来，以市场为导向、以应用为后盾，为创新提供了实验场，配置科技资源、促进知识共享。

高校依然是培养元宇宙中高质量的人力资本的大本营，同时也提供有待产业化的源创新，是企业创新的重要合作伙伴。在元宇宙时代，科研院所的组织形式会更自由，很多跨学科、跨行业、跨地域的科研机构在高自由度下重组，很多领域能够非常便利地将世界最顶尖的专家集中攻关，会创新出大量科技成果。同时科研院所继续承担技术孵化功能，将创新成果产业化。在元宇宙时代，超级计算和云资源等依然会优先配置到科研院所，科研院所技术创新能力强，拥有功能齐全、配套完善的实验室群体，能充分发挥专业技术优势，为集群企业解决生产技术难题和提供创新知识服务。

政府公共服务是元宇宙创新生态系统中重要的变革场景，元宇宙物理层的去中心化，并不意味着一下打破现实世界的价值体系。在基础层去中心化的前提下，政府不会彻底丧失所有的功能，依然会在建立创新的体制和机制、维护产学研用合作的环境、引导创新评价体系，在产业协同与知识创新等方面发挥作用。目前，韩国首尔已经着手打造元宇宙行政服务生态，公共服务应用场景革新，在经济、文化、旅游、教育、信访等业务领域打造元宇宙行政服务生态，克服时间、空间以及语言等限制提供公共服务，将其适用范围扩大到所有业务领域，不仅能提高工作效率，而且将使服务更加科学化、合理化。

元宇宙的创作者经济中，将用户个人的虚拟影像投射到虚拟空间，运用VR、数据化等手段形成一个真实的“第二身份”，这个身份是创新体系的重要组成部分，在促进知识共享与知识创新中既是知识传播者，也是知识创新者，是促进知识共享与知识扩散的重要载体。以用户为中心的消费和创新一体化过程，能够大大降低产业合作创新的交易费用，但由此产生的海量数据，将进一步刺激超级计算和大数据中心的建设，对海量数据进行盘活，更加凸显用户源数据对科研创新的作用。

2. 要素联系

产业创新生态系统要素间的联系维度，即创新链、技术链、价值链和产品链的联系方式、组织秩序、空间配置及关系模式，痛点在于基础研究与技术、生产和市场有机衔接问题。在元宇宙生产和消费一体化的闭环系统中，科研、创作和市场统一不可分割，基础研究与技术、生产和市场充分衔接。

元宇宙各要素间存在自组织演化机制，通过不断增长的海量数据进行运算处理，对数据进行筛选、归纳、优化，达到系统的良性变异、创新的优化选择、知识的学习扩散，遗传—变异—选择交替发挥作用。元宇宙创新治理在对创新最大弹性的宽容方面表现得更为出色。在元宇宙的高活性创新下，创新生态系统不断内生新要素，自我实现创新群落演替和系统整体涨落，个人与组织之间，乃至组织群落之间表现出高度的协同性，创新生态系统内，研究群落、开发群落、应用群落、服务群落在充分互动、高度协同中演进。

3. 系统功能

基于元宇宙的创新生态系统，有别于以往依赖技术引进、缺乏原始创新的新型创新生态系统，其最大特征是能够持续产生原创性新理念、新技术、新产品，创新物种的多样性有了良好的保障，“创新基因库”越来越丰富多样，而要素间的合作共生促使创新生态系统不断拓展创新的边界。

元宇宙计算部署方式的结构性变革带来超高并发的海量非结构化数据的实时处理和分析，有科研价值的新发现、有商业价值的新模式必将呈现几何级增长，创新生态的效能也将飞跃式提高。

4. 系统运行

创新生态系统需要用户场景的经验积累和不断完善、迭代成长，元宇宙通过整合超级计算、数字孪生、人工智能、虚拟现实等技术，对实体对象进行数字化表达并构建相应的数据模型。与传统模式不同，基于大数据、云产业链的元宇宙创新生态系统的运行不仅以系统外的知识和技术为原始推动力，而且主要以系统内生原创的基础性的新知识和新技术为创新生态系统运行的基础“能量”，推动新技术、新工艺、新产品、新应用乃至新商业模式出现。所有的产业园区、策划服务商、产业制造商、行业协会、管理机构、行业媒体、法律机构等都在公有云集中被整合成资源池，各个资源相互展示和互动，按需交流，达成意向，从而降低成本，提高效率。

在可见的未来，元宇宙将真正改变人类与时空互动的方式，以虚实融合的方式深刻改变现有社会的组织与运作，从而催生线上线下一体的新型经济社会关系。特别是在新冠疫情频发的大背景下，元宇宙将加速实体经济线上迁移，促进虚拟和现实进一步深度融合，从虚拟维度赋予实体经济新的活力。

“链长制”下可持续供应链管理的新思考

| 尤筱玥

“链长制”是新发展格局下我国建设可持续供应链的重要制度创新探索，已在很多省市广泛应用，但其实际效果仍有待观察。同时，“链长制”的实施也会对以往链主的供应链管理模式带来新的挑战，而现有的研究仅停留在对“链长制”理念、作用的概括性分析，尚未对“链长制”下可持续供应链管理的新理论和新方法进行探讨。因此，分别从链长和链主的视角思考“链长制”对可持续供应链管理的影响，将有助于提升人们对该制度的认知和该制度的实施效果。

2018 年爆发的中美贸易摩擦以及 2020 年暴发的新冠疫情对原有产业链供应链的运行产生了重大影响，引发全球范围内的产业链供应链重构。改革开放以来，我国诸多行业的产业链条已相对完善，然而此次突发的贸易摩擦及新冠疫情，使我们深刻意识到，我国的产业链供应链还存在诸多“断点”“堵点”“痛点”，一些产业链供应链单纯依靠市场无法规避断裂风险，特别是部分产业核心环节和关键技术受制于人，产业安全受到显著冲击。在此背景下，为加快构建新发展格局，“链长制”应运而生。

“链长制”于 2017 年源于湖南省，2019 年在浙江省推广后开始大规模受到关注，随后因新冠疫情影响在全国范围内被广泛采用。据统计，截至 2021 年底，我国已有 18 省(自治区、直辖市)全面推行产业链“链长制”，个别地区已开展阶段性成效考核(表 1)。

表 1　产业链“链长制”政策汇总

省份	时间	文件名	省份	时间	文件名
浙江	2019 年 9 月	《浙江省商务厅关于开展开发区产业链“链长制”试点进一步推进开发区创新提升工作的意见》	云南	2021 年 1 月	《云南省人民政府关于促进经济平稳健康发展 22 条措施的意见》

(续表)

省份	时间	文件名	省份	时间	文件名
广西	2019 年 11 月	《广西重点产业集群及产业链群链长工作机制实施方案》	北京	2021 年 3 月	《北京经济技术开发区关于实施产业链链长制的工作方案》
江西	2020 年 6 月	《江西省人民政府关于做好"六稳"工作落实"六保"任务的实施意见》	山东	2021 年 3 月	《关于建立制造业重点产业链"链长制"工作推进机制(征求意见稿)》
河南	2020 年 8 月	《河南省人民政府关于加强新形势下招商引资工作的意见》	湖南	2021 年 3 月	《湖南省 2021 年国民经济和社会发展计划》
河北	2020 年 10 月	《河北省人民政府关于促进高新技术产业开发区高质量发展的实施意见》	广东	2021 年 3 月	《2021 年省〈政府工作报告〉重点任务分工方案》
黑龙江	2020 年 10 月	《黑龙江省保市场主体稳经济促就业行动方案》	山西	2021 年 4 月	《山西省"十四五"打造一流创新生态　实施创新驱动、科教兴省、人才强省战略规划》
安徽	2020 年 12 月	《中共安徽省委关于制定国民经济和社会发展第十四个五年规划和二〇三五年远景目标的建议》	宁夏	2021 年 5 月	《自治区发展改革委关于开展全区扩大有效投资攻坚"五晒五比五拼"专项活动的通知》
吉林	2021 年 1 月	《吉林省人民政府关于印发吉林省产业链链长制工作制度》	天津	2021 年 6 月	《天津市产业链"链长制"工作方案》
湖北	2021 年 1 月	《关于 2021 年全省国民经济和社会发展计划的报告》	陕西	2021 年 6 月	《陕西省人民政府办公厅关于印发 2021 年全省工业稳增长促投资若干措施的通知》

从本质上而言,"链长制"与市场机制互为补充,其以"补链""强链""延链"为目标,政府组织龙头企业和上下游合作伙伴,制定和实施更有针对性的政策和方案,以期协同提升我国产业链供应链的可持续性发展,推进我国产业链的纵深拓

展和升级再造。其中，行业中的龙头企业通常会被选为链主。

作为一种新兴治理模式和制度创新，“链长制”的实施效果一方面取决于当地政府即链长的治理能力及治理水平，另一方面，“链长制”的实施也会对以往链主的供应链管理模式带来新的挑战，因而其实施效果很大程度上受链主及其对供应商管理水平的影响，链主是“链长制”发挥能效的枢纽。因此，为有效提高链长制的实施效果，应注重从链长、链主等多主体视角进行系统化思考。

一、从链长的视角看

（1）“链长制”在实施过程中，应避免“眉毛胡子一把抓”，应基于国家发展战略导向，选取重点行业进行重点培养和引导。

（2）在选取重点行业后，应进一步剖析不同行业产业链供应链的现状及基础，全面梳理产业链供应链关键流程、关键环节，确定以“补链”“强链”“延链”中哪一或哪些方面为主导方向，从而精准打通供应链“断点”“堵点”“痛点”。

（3）“链长制”在实施过程中，应避免“一刀切”，不同地区应根据本地区经济、社会等实际情况，制定具体的“链长制”实施方案。同时，链主应避免为增强本地区范围内产业链供应链的完整与稳定，而产生过度保护的现象，这从长期看，反而不利于本地区企业竞争实力的增强。

（4）“链长制”在实施过程中，链主应该处理自身与链长之间的关系与角色，避免“全能政府”陷阱。链长应强调自身在“链长制”实施过程中所起到的协调、统筹、引导等功能，作为市场机制的补充，帮助链主打通产业链供应链的痛点、难点，打造有利于增强供应链产业链韧性的生态系统；不能以政府的有形之手代替市场机制，违背市场发展规律。

二、从链主的视角看

（1）链长应注重供应链管理目标变化带来的挑战。与传统目标不同，链主对供应链管理的目标不能仅仅局限于以往的成本效率考量。“链长制”实施中，链主应在已有基础上更加注重“补链”“强链”“延链”的社会目标，这需要链主强调、提高自身的企业家精神以及企业社会责任感。

（2）链长应注重供应链管理过程中，参与主体的改变所带来的挑战。与传统参与者不同，链主对供应链的管理过程中，主要参与主体不仅仅为链主及其上下游企业。“链长制”下链主供应链管理过程中，主要参与者包括政府、园区、上下游企业、特别培育对象等。因此,链主对供应商的评估选择等需要综合考虑不同主体的背景与诉求。

(3) 链长应注重供应链管理过程中,管理方式的变化所带来的挑战。与传统管理模式不同,链主对供应链的管理过程中,不仅仅局限于契约和关系治理的管理方式。"链长制"实施中,链主对供应链管理的方式包括契约、关系、社会责任以及政策等。因此,链主在对供应商进行激励时,应注意运用不同管理模式以及协同不同模式。

综上,"链长制"的实施是一个复杂、系统的过程,需要链长、链主、供应商等多元主体在角色分配、利益统筹、战略规划、体系管理等各方面进行协同配合和培育激励。我国实施"链长制"还有很长的道路要走。未来还可以从供应商视角结合现有的可持续供应链管理理论和方法进一步深入研究,打造具有中国特色的产业链供应链管理体系。

国外新能源汽车动力电池回收模式初探

| 薛奕曦　刘逸雲

从全球范围看，新能源汽车虽已得到众多国家的支持，但不同国家和地区之间新能源汽车产业的发展速度、新能源汽车的扩散规模存在差异，从而导致电池回收利用问题的急迫性等也存在一定差异。此外，不同国家、不同企业的新能源汽车电池特性存在一定差异，且不同国家的技术水平也存在一定差异，导致动力电池回收利用的技术路线、渠道、侧重点等也存在一定差异。本文主要介绍国外电池回收网络的整体模式，即电池企业共建的行业协会和联盟组织建设。

一、电池企业承担电池回收利用的主要责任

由于部分发达国家此前在铅酸电池、消费锂电池等回收方面建立的回收体系取得了良好效果，因此，对汽车动力电池的回收利用基本沿用了此前的经验，形成了由动力电池生产企业承担电池回收主要责任的制度机制。产业链上其他主体也有相应责任，但具体的责任分担机制在各个国家略有不同。

1. 欧洲

从 2008 年开始，欧盟便强制要求电池生产商必须建立汽车废旧电池回收体系，同时对电池产业链上的生产商、进口商、销售商、消费者等都提出了明确的法定义务。同时，通过“押金制度”促使消费者主动上交废旧电池。以德国为例，其在动力电池回收的法律制度、责任划分和技术路径方面取得了显著成就。基于欧盟的《废弃物框架指令》《电池回收指令》《报废汽车指令》，德国制定了《循环经济法》《电池回收法案》《报废汽车回收法案》，在相关法律框架的约束下，废旧动力电池回收体系在各个环节都有明确分工，产业链上的生产者、消费者、回收者均有相应的责任和义务。此外，德国强调生产者责任延伸制度，大众、宝马汽车等新能源汽车生产企业积极开展废旧电池回收利用工作，宝马汽车公司与电力公司拟建立并利用峰谷电机制将废旧电池用于储能领域。为了深入分析动力电池不同回收技术的利用效果，德国环保部资助了利用火法冶金和湿法冶金回收技术的示范项目。

2. 美国

从联邦、州级和地方三个层面建立了健全的动力电池回收利用法律法规框架。在联邦层面,一方面借助许可证来实施对电池生产企业和废旧电池回收企业的监管;另一方面利用《含汞和可充电电池管理法案》对废旧电池生产、运输等环节予以规范。在州级层面,大部分州都采用美国国际电池协会提议的电池回收法规,并且通过价格机制引导零售商、消费者等参与废旧电池回收工作。如纽约州制定的《纽约州回收法》、加利福尼亚州制定的《可充电电池回收与再利用法案》都强制要求可充电电池的零售商无偿回收消费者产生的废旧可充电电池。在地方层面,美国大部分市政府制定了动力电池回收利用法规,以减轻废旧电池对环境的危害。美国国际电池协会颁布了《电池产品管理法》,创设了电池回收押金制度,鼓励消费者收集提交废旧电池。与此同时,美国积极开展动力电池梯次利用和回收技术及工艺的研究,并进行了针对车用动力电池的梯级利用和系统性研究,包括动力电池回收经济效益评估、回收技术提升等。

3. 日本

受原材料资源贫乏的影响,日本在回收处理废弃动力电池方面全球领先。从 1994 年开始,日本便推行了动力电池回收计划,建立了"动力电池生产—销售—回收—再生处理"的回收利用体系。为规范报废汽车动力电池回收产业的发展,日本从基本法、综合性法律、专门法三个层级出台了相应的法律法规,规定新能源汽车生产企业有义务承担动力电池的回收利用和处理,并且激励各大汽车生产企业重视汽车动力电池回收技术的研究。丰田、日产、三菱等汽车生产企业积极投入动力电池回收再利用研发领域,日本自然灾害频发使其更容易接受和普及应急电源,在汽车企业的推动下,使用退役的新能源汽车动力电池作为应急电源的企业和家庭越来越多。日本以生产企业为核心的动力电池回收再利用模式,促进了新能源汽车生产企业对回收的重视,从而推动企业从产品研发设计阶段进行原始创新,提高了回收利用率。政府对电池厂商给予补助,提高了企业回收的积极性,而消费者等其他主体参与电池回收则是基于"自愿努力",因此电池厂商可通过相关渠道免费从消费者手中回收电池。

二、通过共建联盟建设回收体系是主流方向

在电池企业承担主要责任的机制下,回收渠道的构建方式主要有三种:一是

电池制造商借助销售渠道搭建“逆向物流”回收渠道，二是通过共建行业协会或联盟建立回收渠道，三是特定的第三方回收公司自建回收渠道。其中，欧盟和美国均主要通过行业协会或联盟搭建电池回收渠道，日本则主要由电池企业通过“逆向物流”构建回收渠道（图 1，图 2）。

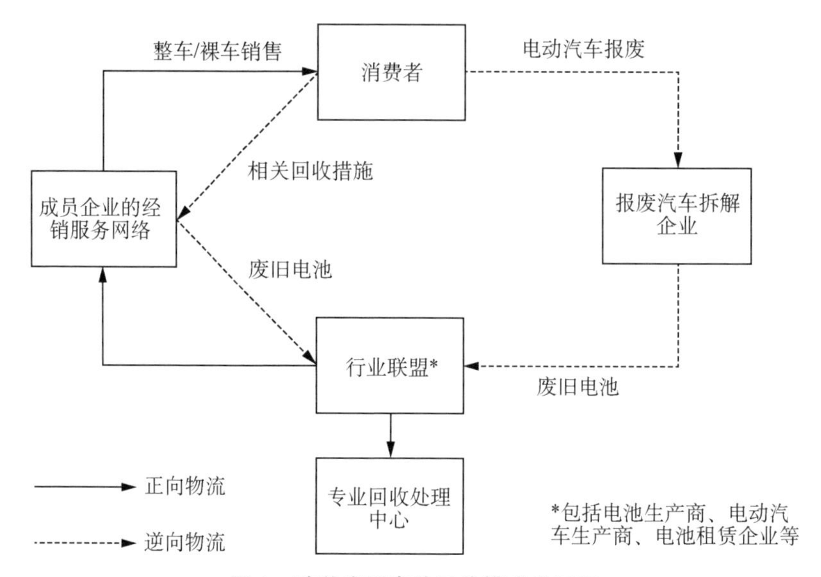

图 1　欧美废旧电池回收模式关系图

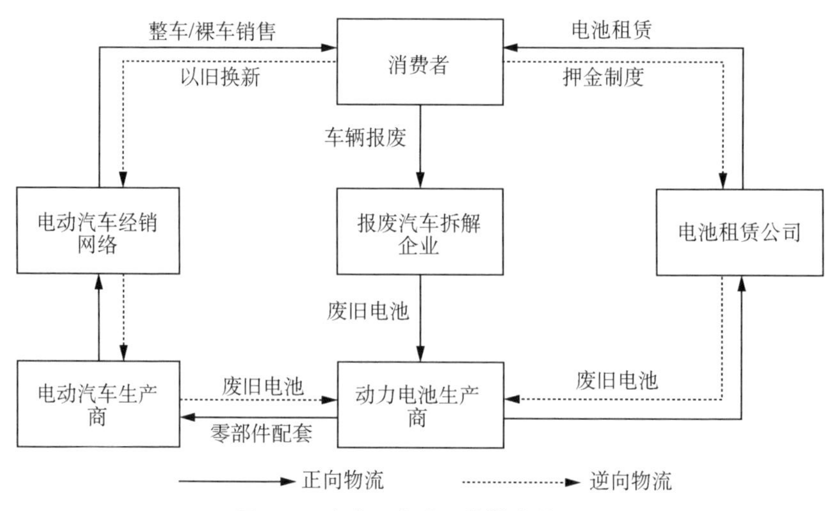

图 2　日本废旧电池回收模式关系图

1. 欧洲

德国八大电池制造商联同电子、电器制造商协会联合成立了 GRS 基金，借此运营国内的电池共同回收系统，现在该系统内已建立超过 17 万个回收点，包括 14 万个零售点，回收了德国 46%的废旧便携式电池。加入基金的成员企业包括电池生产商和销售商，总数达 3 500 余家，覆盖了德国电池市场 80%的产销量。电池企业通过按产量向 GRS 基金缴纳服务费的方式共享回收网络，GRS 基金依靠电池企业缴纳的服务费维持运转。

2. 美国

1991 年，5 大电池企业成立了便携式充电电池协会(Portable Rechargeable Battery Association, PRBA)，主要负责美国境内电池回收渠道的构建、运营和维持，并逐渐扩张到加拿大地区，目前已经构建起了由 4 万多家零售店、3 万多个社区集中回收点和 350 多家企业与机构回收点组成的回收网络。此外，美国国际电池理事会(Battery Council International, BCI)制定了一套电池产品管理法，其中包括“押金制度”。基于此，PRBA 借由电池企业的资助和押金来维持运营，而回收所得的物料则免费提供给资质合格的回收公司处理。

日本基于良好的国民回收意识，在参与者自愿努力的基础上，由电池生产商利用零售商家、汽车销售商和加油站等的服务网络，免费从消费者那里回收废旧电池，再交给专业的电池回收利用公司进行处理。

三、结语

动力电池回收利用是新能源汽车产业的重要环节，为产业发展带来重大挑战，同时也创造了可循环利用的机遇。综合看，国外在电池回收方面，主体责任判定、网络构建、法律支持等都已开启，特别是政策法律的支持已有一定基础，且起步较早，我国需要在动力电池回收领域加快加强相关生态系统的建设，增强企业和民众电池回收意识。

中国智能芯片技术创新重要主体识别与分析

| 赵程程

当前智能化逐步渗透到能源、交通、农业、公共事业等更多行业的商业应用场景中,这对大规模并行计算能力提出了更高的需求,需要特殊定制的处理单元,因而智能芯片(Artificial Intelligence Chips, AI 芯片)技术得以迅速发展。延续《创新生态与科学治理——爱科创 2021 文集》中的《上海人工智能创新主体研发合作特征分析》,笔者聚焦智能芯片技术创新,采用科学计量学研究方法和工具,绘制 2018—2021 年中国智能芯片技术创新图谱。通过 AI 芯片技术创新聚类图谱分析,识别出各个细分领域的重要创新主体。

一、智能芯片技术创新网络图谱绘制

本文选用全球科技情报和情报机构的权威来源——德温特专利引文索引数据库(Derwent Innovations Index, DII)中有关 AI 芯片的专利数据。

当前对 AI 芯片的定义并没有一个公认的标准,比较通用的看法是面向 AI 应用的芯片都可以被视为 AI 芯片。由此,AI 芯片主要分为专用于机器学习尤其是深度神经网络算法的训练和推理的加速芯片,如 VPU、DPU、NPU、TPU 等;受生物脑启发设计的类脑芯片等;可高效计算各类人工智能算法的通用 AI 芯片,如 GPU、FPGA、CPLD、ASIC、VLSI 等。基于此,构造检索式,形成 170 357 条记录。

笔者依次以 2018—2021 年 AI 芯片相关专利为数据源,借助 CiteSpace 5.5 进行数据转换,在 CiteSpace 5.8 上进行统计分析和可视化处理(表 1)。

表 1　AI 芯片技术创新网络图谱(2018—2021 年)相关指标值

年度	节点数	连接数	网络密度	Q 值(经验值)	Si 值(平均轮廓值)	聚类显著且合理[2]
2018	597	1 194	0.006 7	0.485 2	0.815 4	显著 & 合理
2019	621	1 242	0.006 5	0.450 7	0.781 2	显著 & 合理

（续表）

年度	节点数	连接数	网络密度	Q值（经验值）	Si值（平均轮廓值）	聚类显著且合理[2]
2020	450	900	0.008 9	0.470 9	0.774 3	显著&合理
2021[1]	146	292	0.027 6	0.565 9	0.843	显著&合理

1. 2021年度数据统计时间为2021-01-01至2021-08-24。
2. Q>0.3且Si>0.5，认为聚类显著且合理。

二、智能芯片技术创新重要主体识别

笔者分别对2018—2021年聚类中Freq（频次）值、Centrality（中心性）值进行测度，选取数值前三位的专利权人（表2）。

三、智能芯片聚类及重要创新主体特征分析

1. 在应用层，企业聚焦云端、通信和终端设备领域的AI芯片技术研发

通过聚类可以得出，AI芯片技术研发主要分为三个方向：一是数据中心部署的云端（cloud platform），二是数据运输的通道（cable information），三是面向消费者重点部署的终端设备（terminal device）。

一方面，在云端AI芯片领域，市场份额仍被NVIDIA等传统芯片巨头所占据，而市场需求却更多地来自微软、阿里巴巴、腾讯、华为等互联网巨头。为了避免受到传统芯片巨头的长期掣肘，中国互联网巨头聚焦云端（cloud platform）和数据通道（cable information）的自主创新。其中，云端AI芯片技术研发的重要创新主体有苏州浪潮智能科技有限公司（研发实力&关键媒介&合作核心）、华为科技（研发实力）、腾讯科技（研发实力）、南京理工大学（重要媒介）；通信AI芯片技术研发的重要创新主体有华为科技（研发实力）、阿里巴巴（研发实力&关键媒介&合作核心）、电子科技大学（研发实力&关键媒介&合作核心）、吉林大学（关键媒介&合作核心）。由此可见，华为科技在AI芯片研发领域更注重企业内在探索，一定程度上忽略了与外部研发机构和企业的技术合作。阿里巴巴、腾讯等互联网巨头凭借其长期积累的数据资源，拥有“主场作战”的优势，更容易成为云端AI芯片巨头。

表 2　2018—2021 年 AI 芯片研发聚类及重要创新主体

聚类编号	Si 值	标签(TFIDF)	Freq 值(专利权人)	Centrallity 值(专利权人)	Degree 值(专利权人)
18-0	0.738	terminal device(终端设备)	45(浙江大学) 37(天津大学)	0.03[中国矿业大学(北京)] 0.02(北京百度网通科技) 0.01(浙江大学)	25(中兴通讯) 21(北京百度网通科技) 21(华为科技)
18-1	0.706	control unit 控制装置(单元)	40(西安电子科技大学) 32(京东方科技集团股份有限公司) 30(电子科技大学)	0.03(大唐移动通信设备有限公司) 0.02(迈普通信技术股份有限公司) 0.01(电子科技大学)	34(中北大学) 27(迈普通信技术股份有限公司) 24(武汉大学)
18-2	0.807	amplifier 放大器	41(北京航天航空大学) 30(吉林大学) 27(南京邮电大学)	0.01[中国电力科学研究院;国家电网公司(中)] 0.01(天津津航技术物理研究所) 0.01(国防科技大学)	20(中国电力科学研究院:国家电网公司) 17(天津津航技术物理研究所) 15(国防科技大学)
19-0	0.825	cable information 电缆通信	71(华为科技) 69(阿里巴巴集团) 57(电子科技大学)	0.01(阿里巴巴集团) 0.01(电子科技大学) 0.01(吉林大学)	34(阿里巴巴集团) 28(吉林大学) 26(电子科技大学)
19-1	0.856	cloud platform 云平台	104(苏州浪潮智能科技有限公司) 78(华为科技) 60(腾讯科技)	0.01(苏州浪潮智能科技有限公司) 0.01(南京理工大学) 0.01(京东方科技集团股份有限公司)	34(苏洲浪潮智能科技有限公司) 34(南京理工大学) 36(长安大学)
20-0	0.674	geiger muller counter 盖革-穆勒计数器	31(北京字节跳动科技有限公司) 31(贵州电网有限责任公司) 29(武汉大学)	0.02(内蒙古工业大学) 0.02(长光卫星技术有限公司) 0.02(上海联影医疗科技股份有限公司)	13(上海联影医疗科技股份有限公司) 12(长光卫星技术有限公司) 11(西安万像电子科技有限公司)

（续表）

聚类编号	Si 值	标签(TFIDF)	Freq 值(专利权人)	Centrallity 值(专利权人)	Degree 值(专利权人)
20-1	0.669	electrical device 电气元件	45(杭州电子科技大学) 23(同济大学) 22(南京邮电大学)	0.04(盛科网络(苏州)有限公司) 0.04(原相科技股份有限公司) 0.02(同济大学)	15(中国科学院西安光学精密机械研究所) 14(原相科技股份有限公司) 11(山东浪潮通软信息科技有限公司)
20-2	0.672	field-programmable gate array 现场可编程门阵列	57(北京百度网通科技) 33(北京理工大学) 23(北京达佳互联信息技术有限公司)	0.02(浙江大华技术股份有限公司) 0.02(郑州安图生物工程股份有限公司) 0.02(京微齐力科技有限公司)	15(郑州安图生物工程股份有限公司) 14(京微齐力科技有限公司)
20-3	0.814	communication module 通信转换单元	41(南京理工大学) 35(北京工业大学) 35(重庆邮电大学)	0.03(南京工程学院) 0.02(平安科技) 0.02(西安微电子技术研究所)	15(南京工程学院) 15(平安科技) 11(江苏荣泽信息科技股份有限公司)
21-0	0.859	function measuring 功能测量	12(重庆邮电大学) 11(北京航天航空大学) 11(国防科技大学)	0.2(国防科技大学) 0.09(明峰医疗系统股份有限公司) 0.08(上海商汤智能科技有限公司)	15(国防科技大学) 14(上海商汤智能科技有限公司) 13(明峰医疗系统股份有限公司)
21-1	0.736	drug-drug interactions classification 药物相互作用分类	17(腾讯科技) 12(电子科技大学) 11(武汉大学)	0.09(南京大学) 0.07(河北工业大学) 0.05(电子科技大学)	11(河北工业大学) 10(南京大学) 10(江苏大学)
21-2	0.868	main steam prossure 主汽压力控制指汽轮机控制系统的一种功能	10(中国建设银行) 9(北京大学) 8(浙江工业大学)	0.09(西安交通大学) 0.09(杭州支付宝信息技术有限公司) 0.07(哈尔滨工业大学)	11(哈尔滨工业大学) 10(杭州支付宝信息技术有限公司) 10(清华大学深圳研究生院)

另一方面，通过聚类发现，在 AI 芯片研发面向消费者重点部署的终端设备(terminal device)中，健康医疗(drug-drug interactions classification)成为 2021 年的新热点。微软、百度、华为是 AI 芯片终端设备的重要创新主体。谷歌不仅开发云端 AI 芯片，同时将其应用到物联网等智能设备终端。百度以收购或注资形式，在图像、语音和无人驾驶领域全面铺开。智能医疗则让腾讯找到了 AI 芯片应用的突破口。2020 年新冠疫情的暴发，加速了智能医疗的落地。其中智能医疗的重要创新主体包括腾讯 ICT 巨头、上海联影医疗科技股份有限公司、明峰医疗系统股份有限公司等专精企业，以及电子科技大学、南京大学、河北工业大学等高校。

2. 在技术层，企业聚焦 AI 芯片制造工艺水平的提升

在 AI 芯片大规模应用于云端和终端设备的同时，各类创新主体也在追逐云端 AI 芯片、嵌入式 AI 芯片和应用型 AI 芯片的电气元件(electrical device)、控制装置(control unit)、放大器(amplifier)等制造工艺提升。其中，云端 AI 芯片的重要创新主体有百度、字节跳动。百度在 2018—2020 年 3 年内完成 2 款云端 AI 芯片研发和量产，而字节跳动则于 2021 年开始自主研发云端 AI 芯片和 Arm 服务器芯片。嵌入式 AI 芯片的重要创新主体有自主研发 AI 视觉芯片龙头企业京东方科技集团股份有限公司、面向新一代云数据中心的 AI 网卡芯片企业迈普通信技术股份有限公司、主导图像处理集成电路设计的西安万像电子科技有限公司、掌握通信芯片核心技术的盛科网络有限公司和聚焦底层传感器的商汤智能科技有限公司与原相科技股份有限公司。应用型 AI 芯片的创新主体有聚焦医疗专用芯片研发设计的明峰医疗系统股份有限公司与联影医疗科技股份有限公司、边缘人工智能芯片全球领导者地平线形成战略联盟和共同研发面向车路协同应用芯片的大唐移动通信设备有限公司。

3. 在基础层，企业逐步成为 AI 芯片基础研发的重要力量

通过聚类分析可以发现，AI 芯片研究不只局限于从事基础性研究的高校、研究院所，众多面向 AI 应用端产品/服务企业或 ICT、互联网巨头也积极参与其中。也正是行业巨头企业的积极参与，拉近了 AI 基础层与应用层技术创新的距离。例如，微软、百度等互联网巨头凭借其数据、云端、算法的资源和技术优势，为 AI 芯片设计和训练提供先发优势。与此同时，单一领域的初创型 AI 企业也凭借其在某一领域的精准数据和优化算法，提供面向应用终端的人脸识别服务、图像识别服务等。通过对 AI 芯片企业的核心业务进行整理分析，发现大部分企业通过自主创新、投资、并购等方式，聚焦创新链上多个领域的技术创新。

新冠疫情影响不退，商业地产如何创新破局

| 李　薇　邵鲁宁

商业见证着城市的发展，随着经济发展、消费水平提升，商业地产成为城市经济发展的良好载体。21 世纪以来，互联网的发展带来线上消费的盛行，互联网行业成为分割商业地产一部分“蛋糕”的新竞争者。在与互联网消费的竞争中，商业体以其深耕于“人、货、场”的经营模式，为商户提供良好的经营场所、引流方式，为消费者提供恰当、舒适的消费场域，开辟出了新的发展路径。

然而，自 2020 年新冠疫情暴发，疫情的反复成为一种常态。在疫情防控越加严格和频繁的情况下，商业体失去了原有“人、货、场”中引以为傲的“场”的优势。无法为消费者带来购物场域对品牌商户的经营维系产生了巨大障碍。作为实体消费的载体，商业地产在疫情防控影响、线上消费的多面夹击下，面临着如何继续承载消费达成的新挑战。反观 2022 年 4 月上海疫情暴发后，各个楼宇里诞生的无数“团长”为这一挑战带来了一些新的方向。

商业体作为实现消费者“氛围消费”和品牌商户“经营渠道”的桥梁，如何在 VUCA[volatility（易变性），uncertainty（不确定性），complexity（复杂性），ambiguity（模糊性）]环境中，为品牌商户创造更好的营商环境，实现“反脆弱”的自救破局，成为了当下商业地产亟须解决的问题。

一、用户消费行为模型的阶段演进

随着互联网技术的传播、经济的发展，传统消费的方式及模型都发生了各种各样的变化。用户消费行为模式进入第三阶段，即互联网 3.0 时代，SICAS（Sense—互相感知，Interest & Interactive—产生兴趣 & 形成互动，Connect & Communicate—建立链接 & 互动沟通，Action—促成行动，Share—扩散分享）和 ISMAS（Interest—产生兴趣，Search—主动搜索，Mouth—参考口碑，Action—促成行动，Share—扩散分享）。对于商家而言，在消费空间、消费形式和业态设计优化中，聚焦的重心逐步从对消费者心理变化的研究到对消费者行为的新规律

的研究。如何在更为精准的渠道集中发力来获取更多的消费者行为数据，根据消费行为数据判断产品优化调整的方向，以更高效的迭代来应对快速变化的市场环境，是壮大消费新业态的关键问题之一。

二、社区团购引起的数字化消费雏形

以上海新冠疫情下出现的“社区团购”为例，这种自发、点状的社群营销方式在突发情况下以密集式、社群式的方式呈现，解决了消费者基本的消费需求，是一种自发的线上消费形式。然而自发、点状的“商户团购”仍然存在着一些安全性、商品品质的困扰并且消费者无法判断商品来源。

新冠疫情下社区团购的运行说明商业地产近几年在社群营销、精准营销方面的初探有了可行性雏形，为商业地产数字化进程的加速打开了新局面、树立了信心。因为商业体拥有较全面的商户群，未来商业体的数字化应该更加紧密结合消费者的消费行为数据，将商户信息集成化、平台化、可视化。可以预见，在未来新的突发情况面前，拥有强大商户资源和供应货源链条的商业体，能够迅速匹配符合消费者习惯的商户品牌，使得社区团购体系化、标准化。对于消费者而言，承载众多商户的各大商业体将继续成为可靠、可信、有更多选择的消费空间。同时以数字化赋能商户，做到提前或者尽快符合疫情防控的新要求，减少疫情对于商户业绩的影响。

三、以数字化为依托的轻型消费模式

实体商业仍是消费最重要的载体之一，商业地产通过为品牌租户提供经营场所、整合各零售品牌优势、集成零售品牌线上、线下互通并持续发挥重要角色作用。面对新冠疫情此起彼伏的新常态，商业地产的数字化创新成为大众消费市场恢复和扩容的重要手段和源泉。通过更为综合化、体系化的数据平台集成各商业地产、零售品牌已有或未开发的数据源，结合实际消费数据在平台中的应用，将以上数据实现在经营体中的共享，从而实现成本产出更少、迭代更快捷、反应更迅速的“三轻”消费模式，而这一模式同样能够提供商业地产经营体、零售品牌商家、消费者三者的共生价值，从而形成新消费模式的闭环赋能，其优势体现在如下三个方面。

1. 投入轻

对于商业体而言，利用集成的数据平台，能够节约其自身进行系统开发的时间及成本投入，并能够通过集成数据，利用各家数据的分析特征赋能现有的商户，解决各商业体品牌同质化、线上线下引流困难的问题。

2. 转变轻

对于品牌商户而言，随着新冠疫情不断暴发，实体店租金压力与品牌影响力仍然是两大难题。通过数字化为依托的轻型消费模型，品牌商户可以缓解其在实体店经营方面的压力，在一些还未实现全面数字化的商业地产公司仍有可以生存续租的可能性，并且通过线下实体店对品牌力的打造真正意义上实现线上吸引客户、线下注重体验，并且能够更加精准地提供产品迭代的可能性，对于整体品牌升级更加快捷轻便，能够使零售快速适应及应对市场环境、外界经济变化带来的影响。

3. 选择轻

对于终端消费者而言，通过商家对于消费习惯的解读，更加智能化地识别出个体消费需求，在个人转变最小的情况下，实现消费定制化的需求，从而在消费决策过程中，降低试错成本。众所周知，经济形势带来的消费降级同样也是影响消费者决策的重要因素之一，而更为智能精准的消费定制方案及触达方式，能够在有效降低消费试错成本同时，保证消费品质，从而保证消费者在消费过程中的活力。

四、商业地产由物业提供者向物业服务者转型

商业之所以成为城市发展的见证者，是因为实体商业承载了千万中小商户经营利润实现、个体消费者消费实现的重要任务。在传统模式下，商业体的优势在于其多样化的消费场景，通过提升客流带动商户与消费者达成消费。

消费环境、外部变化不断冲击着依托商业空间实现商户经营目标的商业体重要优势。因此，商业地产的数字化转型是重要的一步。数字化消费模型使得商业地产用数据、平台、信息化的方式为商户持续赋能，切换经营达成场景，由物业供给方向物业服务方转型。而服务能够菜单化、流程化、标准化、高效率地帮助商户达成经营目标。对于消费者而言，数字化消费模型能够更快速地帮助消费者实现个人消费需求。

新冠疫情反复的可能性依然存在，商业体仍需承担零售实体商业作为消费业态最重要的角色，而数字化轻型消费模型一方面利用科学技术方式、以数字化转型为大背景，高效、系统地突破商户、消费者之间消费需求触达的壁垒，使得消费过程实现在商户端成本降低开始，在消费者消费达成中实现，从而以消费业态升级带动经济整体的发展。

闻“DAO”:浅谈区块链去中心化自治组织

| 宋燕飞

2022年1月国务院发布的《“十四五”数字经济发展规划》明确指出,瞄准量子信息、人工智能、区块链等战略性前瞻性领域,加快推动数字产业化。其中区块链作为一项新兴技术。一方面,能够推动数字经济下的数据要素流通,有效地解决数据要素流通的数据确权和数据共享、共治的问题;另一方面,区块链能够提高“新基建”中网络安全能力,提升数据的保密性和完整性。

随着区块链技术纳入“新基建”范围,区块链技术及其思维在推进企业技术创新和产业变革中的重要作用不可低估。区块链与其他技术融合创新,能够催生新的平台,推动产业数字化深度转型升级,从而进一步推动“新基建”下的新型价值体系形成,推动资产数字化,促进法定数字货币发展。同时,区块链有助于打造社会治理新模式,确保数字化政府建设的数据安全共享共用共治,提升数字化治理水平。区块链可以解决开放创新体系中可能存在的诸如创新合作间的信任问题、创新专利所属权问题、创新成果的分配问题等。

一、什么是 DAO

DAO——Decentralized Autonomous Organization,是基于区块链核心思想所衍生出来的一种组织形式,是一种去中心化的自治组织形式,其本质是区块链技术应用的一种形式。如果说区块链是一种技术,那么 DAO 就是基于这种技术所形成的具象化的组织形式,是区块链技术下的生产关系变革和组织方式创新的产物。DAO 在技术上,带给我们一种全新的思维,如当下诸多的区块链领域项目——公链、去中心化交易所、智能合约分布式存储等,都是一个个具体的 DAO 系统。

DAO 没有中央政府,并且是自治的。这意味着它是民主化的,而不是等级制的。DAO 中的每个参与者都可以发布提议并通过投票来作决策。在投票的过程中,加密货币可以用来代表其关键价值,在指定的投票结束时获得最高数额的投票的提议者获胜。所有的投票都由软件自动计算和执行,而不依赖人工干预。因此,这完全消除了计票管理不善或投票被篡改的可能性,从而提高了决策的透明度和完全可见性。DAO 中的参与者之间不再需要花费额外的成本去建立相互信任,这意味着 DAO 可以超越任何物理限制、由彼此不认识的人组成,并确保各方都在为项目本身的利益而付出。

二、DAO 有哪些优势

区别于传统组织中的金字塔层级结构,DAO 的运转由代码设置,并由运行该软件的计算机网络强制执行,没有中心,没有中介。传统组织的决策核心机构集中在“大脑”,权力集中在统治者手中,只要把“大脑”去掉,组织就会走向“死亡”。而 DAO 摆脱了这种传统的由上而下的中心化组织形式,让每个成员的想法和提议都有机会得到组织的考虑,塑造组织的未来。所有参与者都基于事先设定的规则及组织的投票体系决定是否加入,可以有效减少组织内成员的分歧和摩擦。DAO 的所有规则和每笔交易都会被记录在区块链上,保证信息公开透明、可溯源(图 1,图 2)。DAO 的优势主要体现在以下三个方面。

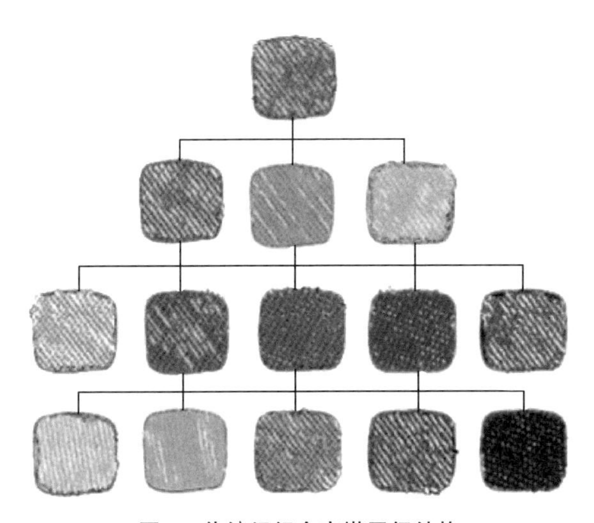

图 1　传统组织金字塔层级结构

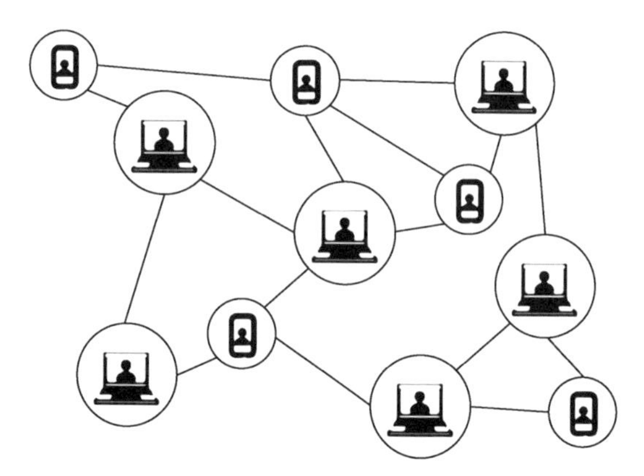

图 2　去中心化的自治组织结构

(1) 高效。绝大多数 DAO 的规则和政策在运行之初就已经设置完成。一旦规则建立,DAO 的运行便不再需要去管理。

(2) 透明。DAO 中所有发生的事件和操作都会被记录在区块链上,可以被所有人查看。在任何组织内,政策和规则决定哪些事情能做以及哪些事情不能做。在 DAO 中,它会通过代码确保规则适用于每个人。组织内已建立和存在的一套规则无法被篡改,除非投票人群体同意这么做。

(3) 平等。DAO 决策制定去中心化,没有领导者或管理层,所以成员们可以直接、快速地对某个重要决策作出选择。DAO 提供了一种解决方案,可以通过遵守一套标准规则,让每个参与者都可以在同等条件下工作,而不用考虑所在的地理位置。从本质上来说,创建 DAO 的主要原因之一是为组织的成立和运营提供平等的体系。

三、目前存在的问题

对于颠覆性的新鲜事物,人们多少会存在争议,DAO 也不例外。很多人简单地认为 DAO 的运行原理是组织决策方式靠少数服从多数,认为这种决策方式极不靠谱。这种片面和浅显的理解导致 DAO 的发展范围受到一定的限制,人们对这样的组织形式还存在诸多疑虑——去中心化的自治组织真的能够存在和正常运行吗? DAO 组织在创新生态中将会有何应用呢? 目前,DAO 的发展问题主要体现为以下三个方面。

(1) 决策有效性问题。虽然 DAO 旨在改进现有的层次结构,但它还远未完善。最常被质疑的问题是，传统金融机构对大众作出重大金融决策的可靠性和有效性的不信任。

（2）监管待完善的问题。DAO大多不受监管，往往分布在不同的司法管辖区，这使得解决潜在的法律问题极其复杂，甚至完全不可能。由于与DAO运作相关的官方法律还未制定，因此这类组织的法律地位是不清晰的。智能合约代码看上去有助于保护个人，但还并没有得到法律上的正式认可。因此DAO的无边界性质，虽然被认为在组织业务运营上更有效率，但这也被看作目前的一种缺陷。

（3）安全性的问题。区块链作为时代颠覆性的核心技术，目前仍面临诸多安全问题。例如区块链最大的众筹项目The DAO，其智能合约代码因存在重大缺陷而遭受攻击，致使300多万以太币资产被分离出The DAO资产池。一旦DAO启动并运行，除了通过成员投票达成共识外，无法再通过任何其他方式更改。也就是说，没有特殊的权限可以修改DAO的规则。修复存在缺陷的智能合约，就可能造成不允许发生的变更，造成去中心的理念冲突，从而可能给恶意行动者以可乘之机。

四、结语

伴随后疫情时代数字社会的深入推进，各个领域都在探索去中心化的协作方式。传统的创新生态系统通常是中心化+发散性的，是围绕着一个创新主体展开的可持续性的开放式协作创新。但区块链为产业创新生态系统提供了一个新的方向和视角，通过DAO这种组织结构，可以探索一种帮助企业建立更有效、相互信任和有序合作的创新生态系统的形式。

国外新能源汽车动力电池梯级利用与再生利用的实践初探

| 薛奕曦　刘逸雲

作为影响新能源汽车可持续性的重要依托，新能源汽车动力电池本身的物理、化学特点决定其梯次利用和再利用的作用不容忽视。

一、整体利用情况

1. 动力电池梯级利用多由汽车企业组织实施

从全球范围看，锂动力电池还未到大规模报废期。因此，梯级利用总体还处于示范性应用阶段。现有项目大多由汽车企业主导、联合电池企业及回收企业实施，少数企业已经率先实现了商业化突破。

日产汽车与住友于 2010 年合资成立的 4R Energy 能源公司是目前商业上最成功的锂电池梯级利用企业之一。4R Energy 对日产聆风汽车的废弃电池实施梯级利用，开发了标称功率为 12 kW～96 kW 的系列家用和商用储能产品。奔驰公司与回收公司合作实施的 Lünen 项目于 2017 年投运，是全球最大的梯次利用项目，该项目将 1 000 辆 Smart 的退役电池进行梯次利用，形成了 13 MWh 的电网服务储能设施，退役电池的有效梯级利用率达到 90%以上。

此外，博世、宝马和瓦滕福公司于 2015 年利用宝马纯电动汽车退役的电池在柏林建造了 2 MW/2 MWh 的大型光伏电站储能系统；丰田将凯美瑞的废旧电池用于黄石国家公园设施储能供电；通用公司与 ABB 合作将退役的雪佛兰电池梯级利用于家庭和小型商用备用电源，并用于可再生能源发电的削峰填谷等。

2. 再生利用企业多为有色冶金企业转型而来

欧美和日本的消费电池、家电电子等的回收利用取得了良性的发展，为动力电池的再生利用打下了良好基础。从动力再生利用的实施主体上看，大多由专业的金属冶炼回收企业或材料企业转型而来。比利时的优美科、美国的 Retriev Technologies、法国的 Recupyl、日本的住友金属矿山等是全球较为知名的锂电池再生企业。

优美科是全球最大的金属回收和锂电池材料企业。其金属回收从传统冶金业务转型而来,目前每年处理各类废料 35 万吨,共回收有价金属 17 种。优美科在全球已经拥有多家电池拆解回收工厂。2011 年,优美科在比利时霍博肯总部的报废锂电池冶炼处理厂(年处理电池量 7 000 吨)和在德国的废旧动力电池处理厂先后投产;2012 年,位于美国的报废动力电池拆解处理厂投产;同年优美科与丰田公司签署协议,对其汽车动力电池进行回收。

Retriev Technologies 公司发源于 1984 年成立的 Toxco 公司,主要从事各种类型的电池回收。Toxco 公司在 1993 年就开始商业化电池回收,其锂电池回收已有 20 多年的历史,锂电池累计回收量超过 1.1 万吨。Retriev Technologies 公司对特斯拉 Roadster 电动汽车的动力电池组回收证明了自己的工艺水平,其可回收 60%的电池组材料。

住友金属矿山是全球最大的高镍三元锂电池(NCA)材料企业,同时也是日本领先的有色金属资源和冶炼企业。基于原有的铜、镍冶炼工艺,住友金属矿山也在大力发展电池回收。2011 年,住友金属矿山与丰田达成合作,主要回收镍氢电池,可回收电池组中 50%的镍,建立了 1 万辆混动车电池的回收线。2017 年 7 月,住友金属矿山宣布其成为日本第一家成功从锂电池回收镍和铜的企业。

二、重点企业分析

1. 宝马

(1) 追踪型电池升级服务

在废旧电池的再利用方面,宝马的做法是建立旧电池储存场,回收旧电池作为储能装置为工厂和当地发电供电。未来宝马废旧汽车电池都将被回收到储存农场,宝马“i 系”电动车的电池保质期过后,电池就会进入储存场,为周边地区的电网供电。

(2) 深化业务伙伴合作

在海外,宝马与优美科以及正在瑞典建造电池工厂的 Northvolt 共同创建了汽车电池回收企业,目标是设计并商业化一个“封闭的生命周期循环”,让汽车电池作为存储产品拥有第二次生命。其完成构建了“废弃物物流”,即将已失去经济活动价值的原使用物品进行回收、检测、处理,并将其送到专门的处理中心,包括报废汽车的处理等。

在中国,宝马计划建立完善的经销商高压动力电池回收管理流程。这一流程由经销商回收高压电池开始，物流供应商将这些电池运送到有相关资质的企业进行评估。根据这些电池的不同状态，鉴定决定是否可作电力储存继续使用，或者安装在沈阳工厂的叉车上继续使用，或者由专业公司进行拆解后由原材料公司对金属原材料再利用。针对动力电池回收过程中可能出现的问题，华晨宝马搭建了电池码溯源管理系统，所有国产和进口电动车的电池信息都传送到这个专门的溯源平台，从生产直至报废回收的全生命周期对电池进行追踪，并实现与国家平台的对接。

对于动力电池的运输，宝马选择与中远海运空运这样的专业机构合作，避免不当运输产生的二次污染。而在废弃动力电池回收方面，宝马正与华友循环合作，该企业是工业和信息化部首批新能源汽车废旧动力电池综合利用合规企业之一，也是工业和信息化部绿色制造示范企业，其采用先进技术高比例回收贵重金属，以减轻对矿产资源的开采压力。

2. 丰田

(1) 建立回收网络

日本本土是丰田最大的废旧电池处理中心，其电池回收网络的发力点在经销商网络。首先发布每辆混合动力车辆的应急处理策略；其次通过零售网络对废旧电池进行回收，通过"以旧换新"方式从经销商处回收旧电池。

(2) 对回收电池进行评估

对达到使用寿命需要退役的电池，丰田建立了完善的电池收集网络，电池回收中心对收集到的退役电池进行特性诊断，然后分为三类进行处理。

其一是进入维修体系：对电池进行充放电试验和相关信息的读取，如果电池整体状况良好，只是个别单体到达使用寿命，则更换这些单体后重新组装电池包，可以作为置换电池重新应用于普锐斯汽车上。

其二是梯次利用：通过检测，如果回收电池还剩余规定容量，则可以进行梯次利用，应用于分布式储能电池系统，用来平抑、稳定风能、太阳能等间歇式可再生能量发电的输出功率；或者应用于微电网，实施削峰填谷，减轻用电负荷供需矛盾。

其三是拆解：对于完全丧失再利用价值的电池，则对电池进行拆解和化学处理，完全回收废弃电池中的镍、钴等金属原料，并用于生产新的电池，以此实现良性的循环利用。

3. 电池的拆解处理

2011 年，丰田在日本与住友金属合作，实现镍的多次利用，能够回收电池组中50%的镍。丰田化学工程和住友金属矿山为此配置了每年可回收相当于1万辆混合动力车电池用量的专用生产线。2012年,本田与日本重化学工业公司合作配置了类似的生产线,这条生产线可以回收超过80%的稀土金属,用于制造新镍氢电池。在欧洲,丰田同时保持着与法国的SNAM公司、比利时的优美科集团的合作关系,由后两者分别对镍氢电池和锂电池进行回收。

4. 梯次利用

在镍氢电池回收后的梯次利用方面,丰田也做了一些尝试。2015年,丰田将凯美瑞混合动力车的废旧电池用于黄石国家公园设施储能供电,重新设计了储能电池管理系统,208个凯美瑞电池可存储85 kW·h电能,将电池的使用寿命延长了两倍。

公司女性董事的制度安排:基于 ESG 的思考

| 徐　涛　尤建新

联合国可持续发展目标(Sustainable Development Goals, SDGs)自发布以来为政府、企业、非营利组织提供了全球公认的可持续发展的共同话语体系。在企业层面,作为推动 SDGs 目标实现的市场工具,环境、社会、治理(Environment、Social、Governance, ESG)正在成为资本市场兴起的重要投资理念和企业行动指南。在 ESG 的诸多关注话题中,保障女性参与企业决策权利,增加女性在董事会占比日益受到关注。

一、女性董事缺位或成为企业 ESG 评级短板

提升女性在企业的地位,特别是女性董事的占比,已经成为 ESG 的核心理念之一。然而,从全球资本市场来看,女性董事面临缺位短板。德勤在 2022 年发布的《董事会中的女性》报告基于对 2021 年全球 10 493 家上市公司董事成员的分析,发现女性的占比仅为 19.7%。尤其是亚洲地区整体偏低,中国内地和中国香港女性董事占比分别为 13.1%以及 13.9%。根据南开大学中国公司治理研究院发布的《2021 年中国上市公司女性董事专题报告》,我国董事会中的女性董事人数仅为 1.39 人/家。

据不完全统计,在全球 600 多家 ESG 评级机构中,涉及女性董事的性别平等及企业多元化均被列为衡量企业在 ESG 方面的表现的关键指标。从 ESG 的"社会"维度来看,女性董事或企业高层管理人员比例过低一定程度上反映了企业内部或存在不利于女性就业、职业发展的职场生态,从而降低女性进入高级管理层或加入董事会的可能性。从 ESG 的"治理"维度来看,女性董事比重过小往往意味着公司仍欠缺培养女性领导力、支持女性职业发展的系统性措施,缺少女性董事的上升通道。因此,从 ESG 评价的指标体系以及从全球资本市场中女性董事占比的实际情况来看,女性董事的缺位或成为企业 ESG 评级短板。

二、多国推动立法与规制明确女性董事比重

由于女性董事在ESG评价中重要作用,以及现有比例过低的问题,在社会广泛呼吁下,已有多个国家通过立法或规制要求公司董事会中设定女性代表人数的配额。采用立法形式明确女性董事比重是目前世界各国主要采用的增加女性董事的举措。欧洲国家较早颁布了相关法案,本文选取挪威、西班牙和法国三个国家的女性董事立法进行讨论和比较,如表1所示。

表1 挪威、西班牙、法国女性董事立法比较

	挪威	西班牙	法国
法案名称	《挪威公共有限公司法案》	《男女有效平等法》	《科佩—齐默尔曼法》
颁布时间	2005年	2007年	2011年
执行期	2008年1月前	2015年	2015年
目标	董事会由两名或三名董事组成,则两种性别均须有代表,如董事人数超过9名,则每个性别的代表比例均须达到40%	任何一个性别都不应该占成员总数的60%以上或40%以下	女性比例要在6年内即到2017年时逐步增至40%
实施范围	上市公司	上市公司和非上市公司	规模为500名员工以上的公司
处罚或激励	公司有可能因为不合规而被关闭	政府在向董事会满足性别平衡要求的公司授予公共合同时具有优先权	比例不符合规定,董事任命会被判定为无效

资料来源:作者根据相关法规整理。

从表1中可以看出,法国、挪威、西班牙在女性董事的相关立法中各有异同。首先,从立法目标来看,三个国家均要求每个性别的占比不应低于40%。从实施范围来看,西班牙针对国家范围内的所有公司提出女性董事的占比要求,法国将公司员工规模作为评判标准,而挪威则只针对上市公司作出要求。值得注意的是,区别于法国和挪威,西班牙对女性董事比例达到法律要求的公司采用的是激励性政策,而前者对未达到要求的公司制定了严格的惩罚举措。从实施效果来看,法国和挪威在执行期内均达到了相应立法所规定的目标。西班牙则始终

没有达到《男女有效平等法》中所要求的比例。

除了采用立法形式明确女性董事的比重，一些国家和地区的金融监管机构或证券交易所通过发布相关规定，例如上市规则、公司治理守则、信息披露规则等，要求上市公司董事会中的女性董事达到一定比重，包括美国、英国、日本、新加坡、中国香港等。美国、英国、中国香港的女性董事监管政策比较情况如表 2 所示。2021 年 8 月，美国证券交易委员会批准了纳斯达克关于董事会多元化和信息披露的强制性上市规则，要求在纳斯达克上市的公司拥有至少两名多元化董事，两人中应包括一名女性。2022 年 1 月，香港联合交易所修订并发布的《企业管治守则》正式生效，要求董事会成员性别单一的公司于 2024 年 12 月 31 日前委任一名其他性别的董事。英国金融监管机构金融行为监管局在 2022 年 4 月颁布的《公司董事会和执行管理层的多样性和包容性》文件中要求英国上市公司的董事会中应有至少 40%的成员为女性。区别于美国、英国和中国香港的明确监管规则，日本和新加坡在公司治理层面对女性的监管相对宽松，既没有对女性董事的比例作出明确的限定，也未对没有遵守规则的公司提出相应的惩罚性举措。

表 2　美国、英国、中国香港的女性董事监管政策比较

	美国	英国	中国香港
发布机构	纳斯达克交易所	金融行为监管局	香港联合交易所
发布时间	2018 年	2022 年	2022 年
监管要求	纳斯达克上市的公司拥有至少两名多元化董事，两人中应包括一名女性	上市公司的董事会中应有至少 40% 的成员为女性	要求董事会成员性别单一的公司不迟于 2024 年 12 月 31 日前委任一名其他性别的董事
强制性规定	不遵守的上市公司可能面临退市等严重后果	未遵守须在年度报告中向股东解释原因	限期委任异性董事，不符合要求的公司可能面临退市后果

资料来源：作者根据相关政策文件整理。

三、弥补女性董事缺位，亟待补齐规制短板

在 ESG 理念下，保障女性参与企业决策权利，增大女性在董事会中的占比成为新时期的重点话题。全球多个国家通过制定法律和规制来明确女性董事比

重。从各主要国家实践经验来看,我国亟待完善相关规制,弥补女性董事缺位的短板。相关规制与政策的制定与完善需要进一步关注以下三个方面:

第一,充分保障女性权利。我国《妇女权益保障法》自实施以来,妇女权益保障工作取得了显著成效。新时期背景下,保障女性进一步参与管理和决策成为女性权利保障的新话题。2021年9月颁布的《中国妇女发展纲要(2021—2030年)》中也提出企业董事会、监事会成员及管理层中的女性比例要逐步提高。相较于欧美等国通过立法明确女性在董事会中比重,我国目前仍然缺少相关法律保障。在后续的立法或相关法案的修订中,应当进一步关注和保障女性参与管理与决策权利,继续加强对女性公平接受教育权利与能力提升权利的关注。相关立法与规制对女性权利的保障,将有助于推动企业培养和提升女性管理与领导能力,为女性董事队伍的稳步发展提供制度保障。

第二,持续改善职场生态。随着知识经济时代的来临,越来越多的女性参与商业活动,女性企业家的领导能力受到广泛认可,在现代企业管理中发挥着不可替代的作用。然而,长期以来所形成的无意识性别偏见仍然影响着女性在职场的发展前景。一些企业在招聘女性员工或选拔女性管理人员过程中提出更高的要求或者限制条件,对女性职业发展形成诸多显性和隐形屏障,严重影响职场生态健康发展。因此,相关政策与规制的制定需要进一步关注职场生态的改善。在社会层面和企业层面进行广泛和持续的呼吁和宣传,逐步转变观念,解放思想,进而消除对待女性的错误观念和偏见,打破女性晋升过程中的障碍。健康的职场生态将有助于引导企业、社会以才选人,为女性营造公平友好的职业发展机会和融洽的工作环境,提高女性进入管理层和董事会的可能性。

第三,有效规制主体行为。目前,已有不少国家通过发布或修订上市规则、公司治理守则、信息披露规则等方式明确女性在董事会中的比重。相较于各国实践,我国针对董事会性别多元化的监管规则有待进一步细化。例如,针对上市公司分阶段设定女性进入董事会和管理层的比重目标,要求上市公司强制披露相关信息,以制度工具规制市场行为。需要强调的是,设立女性董事席位不应只是对上市公司的要求,应当成为更多企业组建董事会的普遍共识。针对非上市公司,可以通过引导行业协会、企业完善内部机制,通过自律性管理规制企业行为,保障女性进董事会和管理层。对于企业而言,设立女性董事席位不仅是履行相关监管要求,更是体现了推动性别平等和保障女性权益的企业社会责任。

参考文献

[1] ISMAIL A M, LATIFF I H M. Board diversity and corporate sustainability practices: evidence on environmental, social and governance (ESG) reporting[J]. International Journal of Financial Research, 2019, 10(3): 31-50.

[2] KONIGSBURG D. Women in the boardroom, a global perspective, 7th edition[R]. London: Deloitte, 2022.

[3] 李维安,等. 2021 年中国上市公司女性董事专题报告[R]. 天津:南开大学中国公司治理研究院,2022.

[4] 何伟,等. 中国 ESG 发展白皮书 2021[R]. 深圳:中国资本市场研究院,2022.

[5] 刘亚玫,张永英,杨玉静,等. 论习近平总书记关于新时代妇女发展和妇女工作重要论述的科学内涵[J]. 妇女研究论丛,2018,(5):9-20.

[6] LIM E. Proportion of female directors proportion of female directors to male directors in Singapore, Malaysia, India and Hong Kong[M]. Cambridge: Cambridge University Press, 2020.

[7] 邵剑兵,周启微. 玻璃天花板引发的企业之殇——基于 A 股上市独角兽企业及其对照企业的 PSM 研究[J]. 管理工程学报,2021,35(4):93-106.

我国数据资源开发利用的政策历程*

| 郭梦珂　马军杰

我国数据资源的开发利用是伴随着国民经济信息化起步而发展起来的，至今已有近三十年的历史，依据不同政策侧重点可划分出我国数据资源开发利用的四个阶段，不同阶段关于数据资源开发利用的目标也在动态中变化：从最开始的“建设中国‘信息高速国道’”到“发挥信息资源开发利用在信息化建设中的重要作用”，再到“全面推广大数据应用”，最后到如今的“加快培育数据要素市场”（图1）。

一、1993—2003年：政府信息化基础设施铺设阶段

1993年，以国家“三金”工程（“金桥”工程、“金卡”工程、“金关”工程）为标志，我国国民经济信息化建设正式起步，1999年国家“政府上网工程”正式启动，2003年我国电子政务建设工作重点建设“两网一站四库十二金”工程，其中“四库”为人口、法人、空间地理和自然资源、宏观经济四个基础数据库建设，标志着各省市政务信息资源产生和采集阶段的建设全面铺开。十年间，三个重磅工程的实施为政府信息化网络奠定了基础，构建了政务信息化的基础框架，实现了重要部门的政府信息上网，为后续数据资源开发利用铺设了相对完善的基础设施，打通了政府数据最初的汇聚渠道。

二、2004—2014年：政务信息资源价值发现阶段

2004年，中共中央办公厅、国务院办公厅发布《关于加强信息资源开发利用工作的若干意见》，启动了我国信息资源开发利用工作，提出“加强政务信息资源的开发利用、鼓励信息资源的公益性开发利用和服务”。这也构成了我国公共数据开发利用最早的架构雏形。此后，国务院各部门，如工业和信息化部、交通运

* 本文为上海市人民政府决策咨询研究项目“公共数据资源市场化配置法律制度研究”（项目编号：2021-Z-B06）的阶段性研究成果。

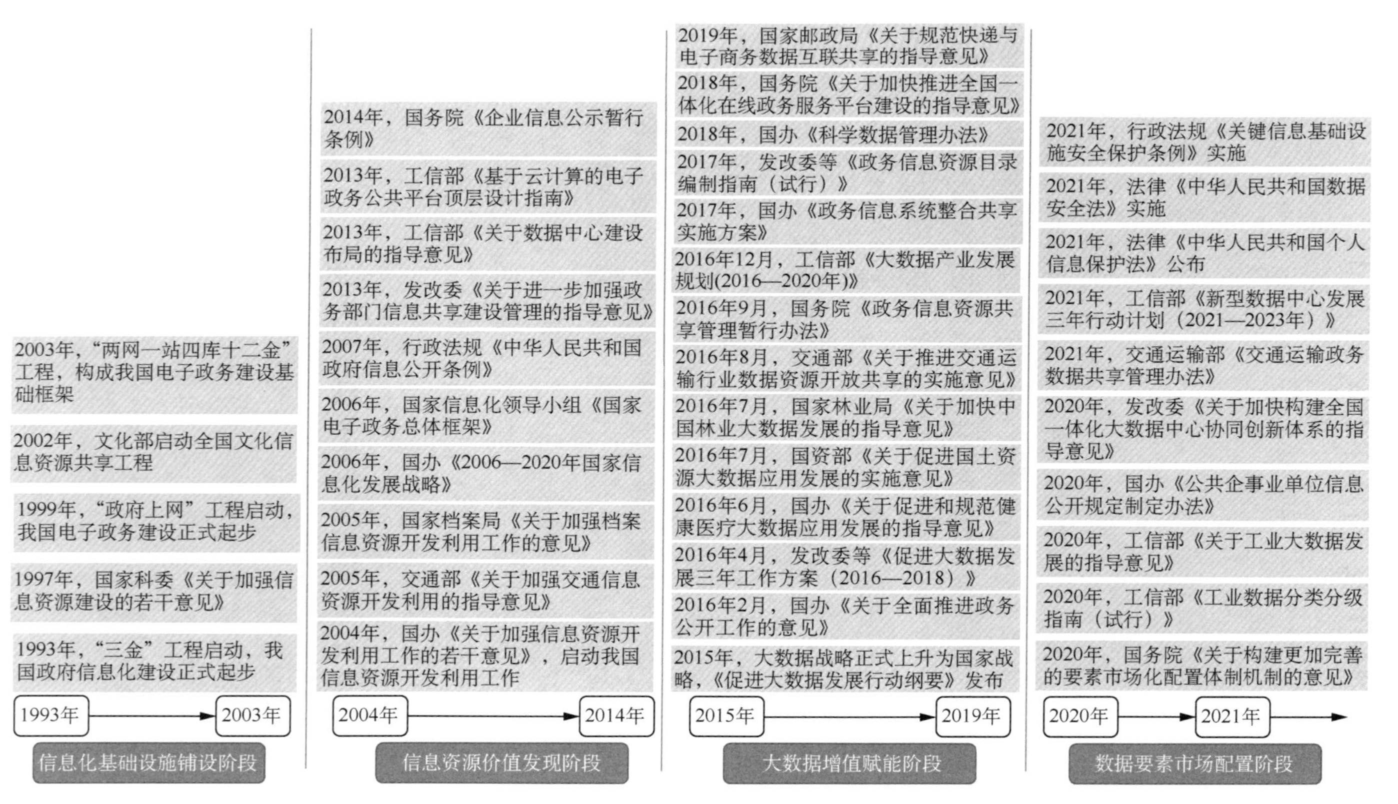

图 1　国家层面关于数据资源开发利用的政策历程

输部、国家档案局、水利部等纷纷出台部门相关信息资源的开发利用指导意见。在此阶段,国家信息公开条例和企业信息公示条例也同步出台,对应 2004 年国办文件的指导精神。

三、2015—2019 年:大数据赋能行业应用阶段

2015 年,大数据战略正式上升为我国国家战略,国务院发布《促进大数据发展行动纲要》,指出大数据成为推动经济转型发展的新动力,也提到了两方面数据:一是大力推动政府部门数据共享,二是推动公共数据资源开放。此后,国家一方面大力推动政务公开工作,并在 2018 年提出加快建设全国一体化在线政务服务平台,形成全国政务服务"一张网";另一方面中央各部门纷纷发布大数据应用的指导意见,指导相关部门数据资源开放共享。在该阶段,从上到下,自内向外地实现数据资源的汇聚集中。

四、2020 年—至今:数据要素市场化配置阶段

2020 年,中共中央、国务院发布《关于构建更加完善的要素市场化配置体制机制的意见》,将数据正式列为五大生产要素之一,数据要素市场化框架初步形成。意见提出"推进政府数据开放共享,公共数据开放和数据资源有效流动,提升社会数据资源价值",并着重强调在培育数据要素市场中对于数据安全的保护。此后,《个人信息保护法》公布、《数据安全法》实施,各类信息基础设施的建设也在有序推动中。在数据资源的开发利用过程中,开始渐渐重视对于数据安全的保护,并强调开发利用方式的多样性。

五、主要特征

我国数据资源开发利用历程呈现"鸣枪晚、赛道广、后劲足"的态势,此外还有四个显著特点:

(1) 数据资源的价值越来越被重视。

(2) 数据资源开发利用的方式越来越多样,从汇聚上网,到开放共享,到分级分类编目,再到授权运营、交易流通。

(3) 数据资源开发利用的范围越来越广,从政府信息公开,到公共数据开放共享,再到挖掘社会数据资源价值。

(4) 从法律层级和法律内容上来看,越来越强调对于数据安全的保护。

分享经济信任:内涵、构成与特征

| 敦　帅

分享经济又称共享经济,是指将个人、集体或企业的闲置资源,包括商品、服务、知识和技能等,通过互联网构建的平台,实现不同主体之间使用权的分享,进而获得收益的经济模式。作为新一轮科技革命和产业变革下的新业态和新模式,分享经济是推动经济发展的新动能,是推进供给侧结构性改革的新方式,是促进大众创业万众创新的新手段,是落实“互联网+”与数字化战略的新途径,开创了经济发展的新常态。然而,分享经济是基于陌生人之间使用权在线交易的新业态和新模式,具有典型的点对点经济特征,陌生人之间的信任成为影响分享经济发展的关键问题。信任被认为是分享经济中的“货币”,分享经济高质量发展的基础与核心在于参与主体之间信任关系的构建、传递与保障。信任与分享紧密相关,没有信任就没有分享。

一、分享经济信任的内涵

分享经济信任是指,因为分享经济本身的风险和不确定性,消费者对参与分享经济行为结果的良好认知、期望和判断。从不同维度看,分享经济信任可以划分为能力信任、正直信任和友善信任三个维度。

能力信任是指消费者相信卖方有能力提供安全、便捷和有价值的交易,即具有交易的技能,如消费者相信卖方提供的产品或服务信息详细全面、消费交易方式安全可靠等。在分享经济中的能力信任则是指,消费者相信分享经济企业具备与传统经济企业一样的能力,相信企业或平台能够提供丰富多样的产品和服务信息,能够提供高安全、高效率的交易方式等。

正直信任是指消费者相信网站在提供交互活动中有道德的准则和专业化的标准,即会在交互活动中遵守规则,履行承诺,如相信卖方提供的商品或服务信息与实际相符,相信卖方会很好地保护消费者的隐私信息等。在分享经济视阈下的正直信任是指,消费者相信分享经济企业或平台具备道德准则和专业化标准,相信企业或平台在开展交易的交互活动中会遵守规则,履行承诺,能够以公平的方式对待消费者,能够给消费者带来公平感,能够更好地保护消费者的隐私等。

友善信任是指消费者相信卖方会以消费者利益为导向,而不是完全以经济利益为导向,会关心并帮助消费者,如企业客服人员服务热情周到、App 操作界面友好等。分享经济领域的友善信任是指消费者相信分享经济企业或平台会以消费者利益为导向,企业会关注消费者认为非常重要的事情,会不辞辛苦、尽心尽力地帮助消费者解决问题,会为消费者提供较好的售后保障服务等。

二、分享经济信任的构成

基于分享经济不同的参与主体,可以将分享经济信任划分为不同类型,详见图 1。从需求侧视角看,分享经济信任包括对平台、对个体和对产品(或服务)的信任,即需求侧对分享平台的信任、需求侧对供给侧的信任和需求侧对产品(或服务)的信任。从供给侧视角看,分享经济信任仅包括对平台和个体的信任,即供给侧对分享经济平台的信任和供给侧对需求侧的信任。同时,分享经济作为一个新兴的复杂系统,其良好有序的运作离不开政府和第三方组织的支持和认证。从政府视角看,分享经济信任还包括政府对分享经济稳定运作提供的制度信任。从第三方视角看,分享经济信任同样包括第三方对分享经济良好运作提供的契约信任。此外,从过程视角看,在分享经济中,如果消费者在初次接触分享经济的过程中,平台和供方提供了良好的服务,消费者会对分享经济模式产生初始信任,并选择使用共享的闲置资源,如果消费者在使用分享经济的过程中体验良好,则会对分享经济产生持续信任。

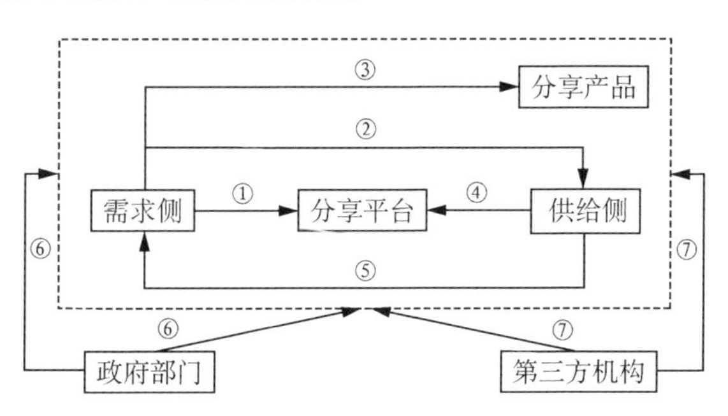

图 1　分享经济信任的构成

以分享经济网约车领域为例，首先，消费者通过分享经济网约车企业构建的分享平台发布自己的出行需求，消费者选择分享平台会受到经济、技术、安全、声誉等多方面的影响；其次，依托分享平台使消费者与供给方精准匹配，并通过交互考察供给方的个人信誉和能力等确定供方人选；再次，消费者会根据供方提供的产品(或服务)价格、质量、有用性和便利性等因素确定使用的闲置资源。在这样的过程中，如果消费者在与分享平台和供方的交互中能够得到良好的服务，出行需求得以个性化、便利化地满足，消费者会对分享经济模式产生初始信任并选择使用共享的闲置资源，如果在进一步的消费体验过程中，其体验良好，则会对分享经济模式产生持续信任，并在以后继续选择使用分享经济。在分享经济核心参与主体之外，政府会通过制定相关政策法规对分享经济模式进行监管和治理，为消费者参与分享经济提供制度保障以增强其对分享经济的制度信任；第三方组织则会通过为分享经济模式提供技术和认证支持，为消费者参与分享经济提供技术和安全保障以增强其对分享经济的契约信任。

三、分享经济信任的特征

与传统 C2C 和 B2C 的电子商务模式不同，分享经济在交易主体、方式、内容和对象方面都具有其独特特征，其信任机制对传统电子商务的信任提出了新的更高的挑战，分享经济中的信任构建比传统电子商务信任构建更加复杂、要求更高。分享经济信任的独特特征详见表 1。

表 1　分享经济信任的独特特征

维度	分享经济	分享经济信任
交易主体	多为陌生、业余、非专业的个体	构成更多元、更复杂、更易造成风险
交易方式	线上交互，网实联动	供需双方都存在风险
交易内容	非标准化的闲置资源	不确定性更高，风险因素更多
交易对象	使用权	对多元主体信任要求更高

从交易主体看，一方面，在分享经济模式中，供给方、分享平台与需求方构成了核心参与主体，其中供给方与需求方多为互不相识的陌生个体，且不同主体间的交易多为一次性交易；另一方面，分享经济核心参与主体间的信任构成多样，包括供方与平台、需方的信任，需方与平台、供方和分享标的信任。此外，分享经

济中产品和服务的供给主体多为业余和非专业的个体,且以兼职的零工经济模式为主,不同供给主体的个体素质参差不齐,信任的风险性更高。如在分享经济共享住宿领域,房东多为拥有多个房间或房屋的个体或家庭,房客多为临时到房东所在地出差或旅游的个体,房东房客通过分享平台在线交互进行匹配后,达成住宿交易,但房客需要承担安全性、经济性、便捷性等风险,房东需要承担财产、物品损失等风险,这些风险都需要健全的信任机制进行消解,从而推动分享经济交易的顺利开展。

从交易方式看,在分享经济模式下,线上方面,需求侧在分享平台上发布自己的需求,供给侧在分享平台上分享自己拥有的闲置资源,分享平台利用双边市场借助现代信息技术精准匹配供需,需求侧与供给侧通过线上交互完成交易;线下方面,供需双方通过线下实际接触,完成线下交易,供给侧通过为需求侧分享闲置资源获得收益,需求侧通过共享供给侧的闲置资源满足自己个性化需求。由此可见,分享经济下供需双方不仅有线上互动,而且需要线下实际接触和交流,交互性更强。同时由于供需双方都是陌生人,均面临着信任风险。如在分享经济网约车领域,乘客因要搭乘陌生人的车而面临着人身、财产安全风险,司机因要搭载陌生人而面临产品物理安全风险等,2018 年一度引发全民关注的郑州空姐搭乘滴滴顺风车遇害案就是分享经济网约车领域信任缺失导致的人身安全风险事件。

从交易内容看,分享经济视阈下共享的标的物不是传统工厂生产的商品和实体企业提供的服务,而是非专业个体或组织提供的非标准化的闲置资源,包括物品、知识、技能、空间、时间等,且分享经济中并不涉及产品所有权的转移,而是产品使用权的临时让渡,因此影响交易运作的因素更多,不确定性更高,对信任的层次提出了更高要求。如在分享经济在线短租领域,闲置房屋多是房东按照自己的意愿装修的房屋或者是未修正的简单的家庭空闲房间,因此在用电、用水等方面并未达到传统酒店的统一化、安全化标准,容易出现安全风险;此外,陌生租客入住房屋后出于一次性使用而非购买的原因会过度消费或故意损坏房屋设施,导致房东面临物理安全风险。这就需要分享经济构建更高层面的信任机制,确保供需双方在闲置资源分享过程中建立更高层次信任关系,以规避和消解各自需要承担的风险。

从交易对象看,与传统电子商务中交易对象主要是有形产品不同,分享经济中共享的闲置资源不仅包括有形的产品如房屋、汽车、礼服、充电宝等,而且更多地涉及无形的服务如时间、知识、经验、技能、创意等。对无形服务而言，其生产和消费同时进行，需方和平台实现无法对服务质量进行预期，且平台企业无法对服务过程进行有效监管，因此交易更加复杂，不确定性和交易风险更高，对多元参与主体间的信任提出了更高要求。如在分享经济知识技能共享的威客模式中，威客凭借自身的知识、技能等为提问者提供个性化智力解决方案，以帮助提问者解决其面临的具体问题。但在此过程中，业余威客的方案可能无法很好契合提问者的问题，或者临时加价、故意拖延时间等而导致提问者面临更多风险；而提问者可能会故意以方案不合适为由拒绝支付报酬从而导致威客利益受损。此外，威客模式的知识技能共享还会引发知识产权纠纷和税收风险等问题。因此，需要更高层次的信任机制进行保障。

“五型经济”生态系统：赋能企业发展的新基座

| 陈　强

2022年7月15日，在《中共中央 国务院关于支持浦东新区高水平改革开放打造社会主义现代化建设引领区的意见》发布一周年之际，上海发布《关于促进‘五型经济’发展的若干意见》（以下简称《意见》），明确了创新型经济、服务型经济、总部型经济、开放型经济、流量型经济的发展方向。《意见》中提到“加快形成服务经济为主、创新内核高能、总部高度集聚、流量高频汇聚、深度融入全国全球的‘五型经济’生态系统”。自2020年10月“五型经济”概念提出，并写入2021年和2022年政府工作报告以来，“‘五型经济’生态系统”的提法还是首次出现，颇具新意。

我们应该认识到，科技和产业竞争已经超越技术、产品及服务的层面，逐步演变为系统与系统之间，生态与生态之间的竞争。从这个角度去理解，“五型经济”生态系统也是对这一趋势的响应。“五型经济”并非五种不同类型经济形态的简单组合，而是由五种经济形态构成的完整生态，为企业发展提供了新的可能性，可以成为赋能企业发展的新基座，具体体现为五个方面的功能。

第一，强劲的创新动力引擎。在“五型经济”中，创新型经济最为重要，强调的是“策源力”。上海肩负国家重大使命，要在基础前沿领域催生源源不断的原创性成果，要在关键核心技术领域破解更多的“卡脖子”技术难题，要铸就一些能够形成战略制衡能力的“杀手锏”。这就需要加快战略性科技基础设施建设，并着力提升其综合性能和运行效率，推动一批具有较高产出效率的研发机构快速成长，为企业发展提供高质量科技保障。

第二，创新链—产业链—资金链—服务链—治理链的高效互动。服务型经济突出的是“辐射力”。一要推动主体之间的思想碰撞、信息共享和能力互补，不断探索服务型经济新模式。其中涉及跨体系、跨领域和跨区域的协调和合作，需要破解一系列的体制和机制问题；二要培育有助于企业发展的各种功能性资源，包括技术转移、融资服务、上市咨询、专利服务、营销策划、管理培训等，进而推动形成具有较高成熟度的专业服务体系。

第三，较高的创新要素浓度。总部型经济的关键在于“聚合力”，促进跨国公司总部、高水平研发机构、专业化人才等高等级创新要素的快速集聚。上海要发挥在长三角一体化发展中的龙头带动作用，打造若干个具有全球竞争力的世界级创新产业集群。关键在于吸引和集聚头部机构、高端人才、先进技术、风险资本等高等级创新要素，同时夯实集群发展的知识和能力基础，提升长三角区域创新协同的有效性和效率，增强多点技术突破、集群式发展的体系化能力。

第四，链接国内外要素、产能、市场、平台、规则的能力。开放型经济的重点是“链接力”。上海处于对外开放和对内开放两个扇面的交汇点，对内开放主要是破除思想藩篱和制度壁垒，推动长三角一体化发展，增强区域整体的科技和产业竞争力。对外开放的重心是在新形势下推进制度型开放，为企业运筹全球资源、接轨国际市场提供支撑条件。

第五，支撑区域高质量创新和可持续发展的高能级社会传输网络。流量型经济考验的是“承载力”，需要超前布局，“软硬兼施”，在加快城市中心、“五个新城”、重点产业区域，以及长三角主要城市之间快速通勤体系建设的同时，构建由数据中心、存储系统、算力和算法中心、传输通道、加密技术等组成的增强型信息网络体系。实现人才流、技术流、资金流、货物流、数据流的“风云际会”，为企业降本增效开辟新的空间。

构建“五型经济”生态系统，为赋能企业的技术创新、要素配置、市场拓展、对外合作、成本控制及管理提升提供了一种新的思路。在当前形势下，这样的改革探索尤为可贵。

区块链技术应用于企业创新生态系统风险防控的探索

| 宋燕飞

随着技术的进步和产业的发展，企业间的技术创新协同活动不断丰富和复杂化。从创新合作到创新成果商业化过程中，企业创新生态系统可持续发展过程中始终存在着不同类型的风险。源于数字货币领域的区块链技术有潜力成为应对未来企业创新生态系统中风险挑战的重要技术之一。区块链作为一种分布式共享数据库技术，其核心功能就是不依靠中心或者第三方机构，保障数据真实可信，打破信任壁垒，从而极大降低业务开展需要的信任成本，促进成员协作和技术创新的高效开展。智能化时代，区块链技术以其去中心化、防篡改、可追溯、多共享性和高安全可信等特征在创新协作、共建信任等方面日益发挥出卓越的功能与作用。

一、风险识别

在创新生态系统中，企业间创新合作在资源共享、信任、协作创新等方面面临风险，区块链技术可提供风险有效识别和防控解决方案。企业创新生态系统与自然生态系统类似，提倡成员的多样性。通常情况下，创新生态系统由不同地域、不同文化、不同经济制度、不同国家的企业构成，不同企业的技术、资源要素会受到其所在社会经济、政治环境的制约，相互各异的企业在融合过程中必然会发生冲突，增加了创新生态系统的内部风险。

企业创新生态系统中的风险主要有如下四种。

1. 道德风险

企业创新生态系统是由相互协作的创新主体以实现合作共赢为目的共同构成的联合体。系统内成员所处地位和利益目标不同，使得他们在追逐自身利益的行为选择中可能由于信息不对称导致合作组织间契约不完备。当出现合同范围之外或利益争夺的冲突时，可能出现为自身利益损坏系统整体利益或者其他利益相关者利益的情况。信息不对称、契约不完备以及环境不确定都增加了企业创新生态系统内成员间的信任障碍，进而导致机会主义道德风险。

2. 锁定和依赖风险

“锁定”是指创新生态系统内成员利用合作优势和关联效应产生的累积效果，沿着一贯的创新发展轨迹，最终形成锁定。同时，系统内成员间协作程度不断加强，专用互补性资产提高，导致其很难再投入其他领域进行更优的资源配置。随着系统内企业间合作的不断深入，专业化分工使企业创新生态系统形成的技术体系、政策和文化积淀等具有路径依赖性，容易出现经验和习惯选择一贯的发展路径，形成路径依赖，最终可能造成创新活力不足，或者导致成员企业的相关技术和创新产品需要在系统中得到兼容和配套才能够有效推广到市场中。

3. 资源流失风险

创新生态系统中的成员间协作必然涉及资产的共同投入。其中以人才、知识和专利为主的无形资产，对企业创新发展具有重要影响，企业间协作也是建立在相互拥有的无形资产形成互补的基础上。但创新合作过程中可能会存在成员企业以技术共享等理由，通过非法或不道德的手段获取其他企业的无形资产，这种行为容易导致企业技术和知识产权等无形资产流失的风险。

4. 不确定性风险

外部环境的复杂性和不确定性会使企业创新生态系统产生一定的风险。例如当市场竞争形式发展变化，创新产品不断更新、消费者需求变化，都对企业创新生态系统应对复杂环境带来了挑战。另外，政策和法律环境发生变化也会影响企业创新生态系统的可持续发展态势。

二、特征匹配

随着技术创新竞争越来越激烈，企业间通过创新合作进行技术突破的方式越来越普遍。从创新生态系统的角度来看，企业间的创新协作关系并非完全平衡和可持续，进行创新协作的企业间利益分配和创新成果共享过程中往往容易出现竞争和不公平信任危机。因此，对企业创新生态系统中可能存在的风险进行识别和防控具有重要作用。

区块链技术从诞生至今短短十余年时间，受到全社会和各行业的追捧，发展和应用场景得以迅速扩展。区块链技术的分布式、透明性、公平性以及公开性与企业创新生态系统开放、平等、共享、互联等特性相吻合，也能够较好地对应企业创新生态系统中潜在风险的防控，因此其在企业技术创新过程中风险防控的应用将进一步维护企业创新生态系统稳定性和可持续性、提升企业创新竞争生态位能级(图 1)。

图 1　区块链技术与企业创新生态系统的特征

三、区块链技术应用于系统风险识别和防控的展望

随着区块链技术的不断发展，区块链融入其他行业还没有形成普适的方法和路径，各行业领域都在不断探索和创新各自适合的应用模式。应对企业间创新协作过程中存在的不确定性因素和潜在风险，可以尝试通过构建基于区块链的风险识别和防控模型，引入区块链技术进行有效识别、规避和防控。区块链能够为去中心化点对点系统的实现和维护提供完备性，去中心化的点对点系统能够改变现有的需要有中间商参与的行业和行为，进一步为提高创新效率创造可能性。

如果说上一代推动和提升企业创新生态系统能级是构建科技创新平台和配备成熟的科技创新服务中介，那么下一代企业创新生态系统优化路径是构建基于区块链的企业创新生态系统平台，进一步提升企业创新生态系统能级，为未来企业创新发展提供新思路。

参考文献

[1] 杜均. 区块链+：从全球 50 个案例看区块链的应用与未来[M]. 北京：机械工业出版社，2018.

[2] 张运生，郑航. 高科技企业创新生态系统风险评价研究[J]. 科技管理研究，2009，29(7)：7-10.

[3] 丹尼尔·德雷舍. 区块链基础知识 25 讲[M]. 马丹，王扶桑，张初阳，译. 北京：人民邮电出版社，2018.

智能计算产业技术创新联合体运行机制分析

| 杨林星

2021年7月15日，在中国集成电路设计创新联盟的指导下，由清华大学集成电路学院、中兴微电子、安谋科技、TCL集团工研院、全志科技、瑞芯微电子、长安汽车研究院、前海七剑等多家企业和机构共同发起的智能计算产业技术创新联合体（Open NPU Innovation Alliance，ONIA）正式成立。ONIA是由发起单位联合国内外智能计算相关产业链的企业、高校和科研院所、事业单位与其他组织所组建的跨行业、非营利性、开发的创新联合体。

ONIA以安谋科技（中国）有限公司为理事长单位，以其他发起单位为理事单位，两者共同组成理事会。同时，允许其他单位申请成为战略委员单位、委员单位、社区会员单位等，分别享有不同程度的权力。以契约和资源为纽带聚集各成员单位的科技研发力量，充分发挥各自优势的同时，形成资源互补的研发实体。ONIA的任务着力聚集智能计算产业生态中的各成员力量，联合开展智能计算产业研究及其标准研究，协作创新智能计算产业技术创新模式机制，推进产业技术应用研发、试点示范和广泛合作，加快形成具有影响力的合作平台。ONIA公布的《智能计算产业技术创新联合体章程》明确指出，联合体具体主要开展下述工作：①开展智能计算体系架构合作，统一ISA需求分析，汇总行业信息，通过分析不同的开放智能计算应用场景梳理出行业关键需求，输出技术架构，面向特定领域的智能计算指令集；②开展智能计算体系架构标准规范前期研究及技术标准推进；促进在技术标准中达成一致意见，并将研究成果输出到中国及国际的技术标准组织形成标准，促进行业技术与标准的融合发展；③开展智能计算体系架构的市场推广工作相关活动，促进ONIA在市场拓展和品牌推广中形成合力，通过共同市场营销活动推广智能计算体系架构的价值，提升业界关注度，促进行业市场空间的发展；④开展智能计算体系架构产学研交流与合作，通过建立不同项目工作组，打造技术与产品生态，促进ONIA与国内外相关组织及机构进行产业合作。

联合体的运行机制是指智能计算产业技术创新联合体从组建意愿产生开始到利益分配结束过程中所涉及的各环节的运行原理、相关规则和作用方式等。在良好的政策、法规环境作用下，企业、高校、科研机构和其他机构为获得自身收益，产生组建动机，并通过信息获取、权衡利弊，选定联盟伙伴，优势互补、风险共担，建立创新联合体。尽快建立健全创新联合体运行机制、规章制度和协同契约等是提高研发动力、学习速率和运行效率的重要前提，同时也是保证联合体利益分配客观、公正，提高各参与主体合作积极性，以实现创新联合体协同创新可持续的重要基础。

智能计算产业技术创新联合体运行机制主要包括：政府引导机制、动力机制、伙伴选择机制、协同机制、知识转移机制和利益分配机制等，其整体运行框架如图 1 所示。

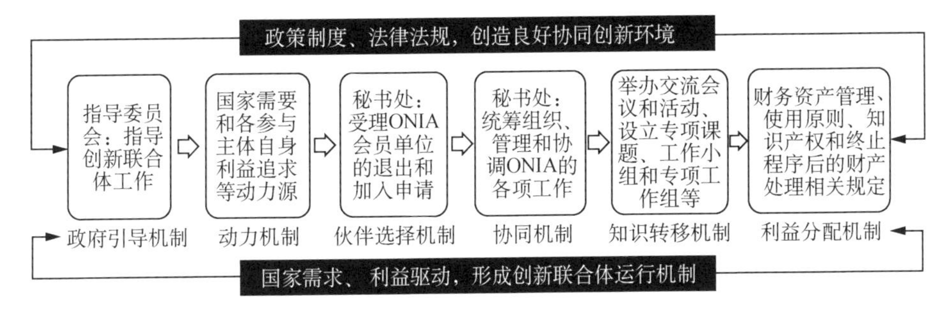

图 1　智能计算产业技术创新联合体整体运行框架

智能计算产业技术创新联合体的政府引导机制主要由指导委员会成员中国集成电路设计创新联盟主导，围绕国家重大需要，统筹兼顾，形成对创新联合体运行决策的有效引导；其动力机制则由各参与主体基于自身利益追求结合国家在智能计算领域的技术创新需要形成；伙伴选择机制主要体现在成员单位的进入退出机制中，通常由秘书处受理其加入或退出申请；协同机制同样主要围绕秘书处形成，由其负责组织、管理和协调 ONIA 的各项工作；知识转移机制则通过学术交流会议，举办活动，构建工作小组等形式展开；最后 ONIA 章程中对于联合体财务资产管理、使用原则、知识产权和终止程序后的财产处理都作了明确的规定，形成了有效的利益分配机制。

面向未来，应该加强联合体内部体制机制创新，明确企业技术创新主体地位和创新联合体主导地位，并加强高校、科研院所的合作创新意识和创新能力。首先,进一步深化经济体制改革。企业作为创新联合体的主体,在当前市场经济体制中需要具备独立的经营自主权,将技术创新作为应对市场竞争的重要手段,从自身长远利益出发,自主自发地进行产学研协同创新活动。其次,加强科技体制改革。围绕市场需要和学术追求,建立高效的科技管理体制和运作机制,让高校和科研院所具备自我发展的能力和为经济建设服务的自发动力,在其内部形成良好的激励机制,激发科研人员创新活力,不断取得创新成果,积极寻求研发成果转化,这也是创新联合体的重要前提。

同时,应该进一步充分发挥政府组织协调、提供外部支撑的引导作用。政策法规作为创新联合体动力机制的外部动因,对于运行机制的其他机制具有协调监督作用。首先,政府应完善相关政策法规,并监督实施,不仅能营造良好的激励环境,还能营造积极进行科技创新的社会氛围,如出台相关人才待遇政策和利益分配、税收信贷等相关法规等手段。其次,政府可以通过设立创新联合体,协同创新协调办公室负责协调各方利益、化解矛盾,协同项目管理,制订具体监督措施,并实施绩效评估。

强化公众参与,助力未来产业

| 揭永琴　刘　笑

“前瞻谋划未来产业”是我国“十四五”规划的重要内容之一,也是新一轮科技革命和产业变革抢占发展先机的关键。世界主要科技强国之间的竞争最终要归结于颠覆式创新技术支撑下的未来产业之争,未来产业已成为衡量一个国家科技创新和综合实力的重要标志。目前各界对未来产业的概念尚未达成共识,但普遍认为未来产业是以满足人类和社会未来发展需求为目标,通过颠覆式创新科技或前瞻性创新科技等手段影响全球未来经济社会变迁的关键新兴产业。由此可见,不断拓展人类生存和发展新边界,满足人类和社会发展的新需求,创造新型载体是未来产业的主要特征,这意味着公众角色在未来产业发展中发挥着不容忽视的作用。新公共管理理论认为,政府通过促进公众需求表达、参与调查、评估反馈等多种方式参与管理,不仅可以增强管理的有效性,而且可以培养社会治理的坚实基础。随着公众受教育水平的提升,以及主体意识的觉醒,社会公众在未来产业发展中的重要作用逐渐受到关注,主要发达国家在未来产业培育过程中主要从三个方面推动公众积极参与。

一、加强先导性普及,提高公众接受度

未来产业是面向未来技术和市场发展需求的高科技潜力产业,具有不确定性高、风险高等特征,不容易被公众接受和认可,只有加强先导性普及,夯实早期市场培育基础,才能提高公众的接受度,进而推动未来产业的可持续发展。为此,美国在发展未来产业过程中注重引导公众早期认知。例如,在氢能领域,公众对氢能的开发、存储、运输和安全性等方面缺乏了解,直接影响了新能源的推广与应用,也使其缺乏一定的市场基础,为此,美国通过举办氢能巡回展览、开展社区氢能项目等多种方式加强对氢能源的社会公共宣传,同时面向学校、社区等不同群体公众,设置差异化的教育资源包,结合公众特点定期进行针对性科普,从而精准提升全民对新能源的接受度。在量子领域,为了进一步增强公众对量

子信息科技领域的理解，拓展量子科技的受众范围，培育未来量子的民用基础，从而有利于深化公众在量子科技领域的作用，美国国家科学基金会（NSF）与国家量子协调办公室（National Quantum Coordination Office，NQCO）共同确定了科普过程中量子信息科技的 9 个关键核心概念及其准确定义，帮助公众建立对量子信息领域的正确理解，提高公众对其接受度。

二、培养新型劳动力，释放创新潜力

新一轮科技革命和产业变革对新型劳动力提出了更高的要求。通过高等教育体系所获得的围绕单一学科纵深形成的知识结构，难以满足未来产业发展所需的多学科复合知识结构需求。因此，面向公众加强未来产业的复合型知识体系构建，不仅可以进一步激发公众对新兴产业的兴趣，而且可以充分挖掘公众的创新潜力。一是充分发挥互联网学习平台的力量。例如，美国鼓励量子社区团队开发经过审查和开放访问的网络学习资源库，为公众提供获取量子课程、游戏与模拟试验的多样化专业知识平台，让感兴趣的公众在丰富多样的平台学习中扩大知识面，激发公众从事未来量子科学和工程的兴趣。二是发挥专业力量扩充知识体系。例如，为帮助公众更好地理解量子新技术以及新技术带来的一系列生态、经济、社会等新问题，德国联邦政府以专业培训的方式定期邀请相关量子物理学专业教授讲授量子最新发展趋势，并从理论与实践相结合的角度以更直观的方式、更有趣的教学工具为公众讲授量子应用，不断扩充公众的知识体系。

三、鼓励公众参与治理，提高创新扩散速度

未来产业尚处于发展初期，具有高度不确定性。因此，构建多元化治理主体模式是未来产业的应有之义，必须要形成社会治理的全新局面。例如，为了应对第四次科技革命带来的新兴产业治理挑战，英国邀请公众共同参与治理，发挥公众才智，提高创新扩散速度。一是在起草法律时兼顾利益相关者，并清楚阐明如何在立法中考虑公众意见。针对具有深远影响的技术领域以及存在复杂伦理或道德的情况，监管委员会需要充分提高公众对创新监管的参与度，邀请更多的公众参与塑造政府对监管框架的思考。例如，在线粒体替代治疗公众对话中，邀请值得信赖的公众通过参与研讨会、公众调查、公开会议等多种方式发表观点，最终形成了社会普遍支持的方案，得以在监管框架下开展线粒体替代疗法。二是

邀请公众共同监管技术创新。由决策者、监管机构以及公众共同组建技术监管团体，构建平等的对话体系，形成超越技术领域、面向公众的咨询方式。例如，英国工业战略挑战基金资助了五个城市的无人机公共用途分析，其目的是实现火灾、交通事故的快速响应等社会目标，然而无人机在监管方面存在噪声、隐私、安全等社会问题，因此由政府、民航局以及公众共同组成监管团体共同评估社会需求，确定无人机部署的影响因素，并探讨应对未来交通挑战的监管框架。

发达国家积极推动公众参与未来产业，不仅可以灵敏地感知公众的期望变化和需求偏好，而且有利于释放公众的创新潜力，这对我国培育未来产业过程中积极发挥公众作用具有借鉴和参考：一是加强科技传播，提高公众对前沿技术与未来产业的认知水平。科技传播与科技创新具有同等重要的作用，只有以提高公民科学素养为导向，积极做好宣传与传播，才能进一步营造良好的创新氛围。二是加快构建面向社会的新型劳动力培育体系，为未来产业发展输送人才，充分挖掘公众的创新潜力。因此，新时代不仅要充分借助互联网、元宇宙等先进手段构建学习平台，而且要充分发挥教师、科学家等专业力量加强公众复合型知识素养的引导，为未来产业培育一支视野广阔的新型劳动力队伍。三是将公众纳入创新治理体系，增强新兴技术及新兴产业治理的有效性与灵活性。除了政府、大学、企业等治理主体之外，还需将多方利益相关者诸如公众纳入创新治理范围中，考虑各方利益攸关者的意见，进一步畅通治理者与创新者之间的交流渠道，吸纳多方意见共同推动创新治理措施的贯彻落实。

参考文献

[1] 沈华，王晓明，潘教峰. 我国发展未来产业的机遇、挑战与对策建议[J]. 中国科学院院刊，2021，36(5)：565-572.

[2] 张云翔，顾丽梅. 公共价值管理中的公众角色研究[J]. 浙江学刊，2018(5)：61-68.

分享经济的信任构建机制

| 敦　帅

作为新一轮科技革命和产业变革下的新业态和新模式，分享经济是推动经济发展的新动能，是推进供给侧结构性改革的新方式，是促进大众创业、万众创新的新手段，是落实“互联网＋”与数字化战略的新途径，开创了经济发展的新常态。然而，分享经济作为基于陌生人之间使用权在线交易的新型商业模式，具有典型的“点对点”经济特征，陌生人之间的信任成为影响消费者参与分享经济及分享经济发展的关键问题。信任被认为是分享经济中的“货币”，分享经济高质量发展的前提与核心在于信任关系的构建，没有信任就没有分享，信任与分享紧密相关。

一、分享经济信任构建的影响因素

基于分享经济的多元参与主体和基本商业模式，消费者视角下的分享经济信任受到平台因素、供方因素、产品因素和个人特质四方面的影响。具体而言，平台因素方面，消费者对分享经济的信任主要受经济因素、技术因素、交互因素、安全因素和声誉因素等的影响；供方因素方面，消费者对分享经济的信任主要受个人信誉、交互过程、熟悉程度和个人能力等的影响；产品因素方面，消费者对分享经济的信任主要受产品价格、产品质量、产品有用性和产品便利性等的影响；个人特质方面，消费者对分享经济的信任主要受消费者年龄、教育程度、个人经历和个人感知等的影响。此外，政府和第三方的结构性保障会对平台整体因素产生影响，从而进一步影响消费者对分享经济的信任；而消费者的个人特质会对消费者整体的信任倾向产生重要影响，从而对消费者的行为决策产生影响。如图 1 所示。

二、分享经济信任构建的逻辑结构

消费者视角下的分享经济信任构建机制具有复杂性、系统性和动态性，分享经济信任的构建需要从平台信任、供方信任、产品信任和个人特质四方面进行整体、全面的系统规划(图 1)。

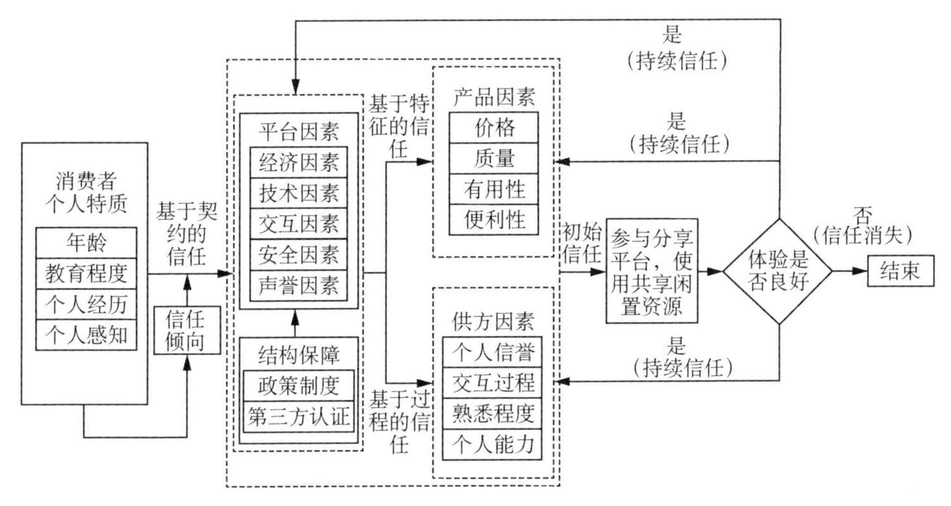

图 1　消费者视角下分享经济的信任构建过程

1. 从平台信任方面看

需要打造价格低廉、安全可靠、广有口碑、快捷高效和交互通畅的分享平台,推动并提升消费者对分享平台的信任,从而增进消费者对分享经济的信任。一是充分发挥分享经济闲置分享、两权分离和使用权交易的特征,集聚大量分散、闲置的产品,有效降低传统市场上商品所有权交易的价格,为消费者提供价格低廉的产品,促进消费者对分享平台的信任。二是分享平台要制定相关规章制度如加强供方和产品资格审查、接入保险、制定奖惩措施等提升内部安全性、可靠性;同时相关政府部门要推出针对分享经济的政策制度,为分享平台的良好运转提供政策保障和制度背书,适宜性、针对性的政策制度举措可以进一步提升分享经济外部环境的安全性和可靠性。三是分享平台要通过打造同时对接供需双方的双边市场,一方面为消费者提供专业化、定制化、便捷化、安全化的产品和服务,满足消费者个性化需求,另一方面为供给方提供资格审查、产品认证、技术指导、业务培训和咨询对接等服务,开创信息对称、资源共享、多方共赢的新型商业模式,从而提升分享平台在消费者中的声誉。四是要进一步发挥分享经济的平台属性,不仅要发挥分享平台的"互联网+"优势,而且要汇聚和整合外部第三方组织的现代信息技术,为分享平台和供需双方提供技术支持和保障,消除信息不对称，提升分享经济的易用性和便利性，从而提高消费者对分享平台的信任。五是充分发挥分享经济双边市场、网实联动的特征，消费者不但可以通过与分享平台的交互发布自己个性化的需求，并寻求个性化的解决方案，实现网上交易，而且可以通过与分享平台的交互完成与供方的匹配，并满足自己的个性化需求，实现线下体验；同时消费者与分享平台的良好交互可以为消费者提供技术支持、安全保障、双向评价、售后反馈和持续关注等，从而提升消费者对分享平台的信任。

2. 从供方信任方面看

供给方需要提升自身信誉、交互强度、熟悉程度和个人能力，增进消费者对供方的信任，从而提升消费者对分享经济的信任。一方面，闲置资源供给方要通过提供良好的产品和服务，满足消费者的个性化、多样化需求，并且在为消费者服务的过程中接入必要的安全机制、交互机制、评价机制和反馈机制等，以获取消费者的好感和认可，从而提升自身信誉，提升消费者的信任。另一方面，闲置资源供给方要依托分享平台，加强与消费者的交互，不仅要通过良好的交互了解消费者的个性化、多样化需求，而且要通过交互过程向消费者展示产品和服务的良好特质，向消费者展示自身诸如形象、职业、品质和经历等特质，从而赢得消费者的信任。同时，闲置资源供给方要充分利用分享平台双边市场和“互联网＋”特征，结合血缘、地缘、社群、契约和制度等关系，如通过血缘、地缘关系进行信任传递，通过社群活动增加供需双方的接触，通过契约和制度提升信任背书，增进与消费者熟悉程度，从而增进消费者对供方的信任。此外，闲置资源供给方借助分享平台通过职业培训、资质认证和资格审查等进一步提升自身能力，如分享经济网约车司机通过分享平台职业培训提高自身驾驶安全意识，分享经济在线短租房东通过资质认证提升自身在线服务水平，分享经济知识共享威客通过提供智力方案提升娴熟度等，以增强消费者对其的信任。

3. 从产品信任方面看

分享平台和供给方需要提供价格实惠、质量上乘、可靠有用、便利快捷的产品和服务，增强消费者对产品的信任，从而增强消费者对分享经济的信任。一是进一步发挥分享经济闲置分享和使用权交易的特征与本质，集聚更多更广泛的闲置资源，一方面发挥闲置资源存量经济的特性以近乎零成本投入降低产品和服务价格，另一方面发挥分享经济使用权交易的特性进一步降低所有权交易带来的维护成本，从而为消费者提供合适、低价的产品和服务，满足其需求，获取其信任。二是进一步加强分享平台对共享产品的内部认证，同时接入政府相关部门和第三方组织加强对共享产品的外部审查，如对网约车车辆年限、性能、保险等的认证，对在线短租房屋的水电、取暖、门锁等的审查，为消费者提供高质量的产品和服务，提升消费者对共享产品的信任。三是进一步提供个性满足的定制化产品服务，依托良好、健全的交互机制充分了解消费者多元化、个性化需求，为消费者提供量身打造的定制化、个性化产品和服务，如定制化的出行方案、个性化的房间装修和专业化的技能培训等，通过提升产品和服务质量，提升消费者对共享产品的信任。四是进一步运用分享平台和第三方组织的"互联网＋"信息技术，打破传统经济下的供需失衡、流通低效和信息不对称，为消费者提供匹配精准、流通高效、及时便捷和可视化、预定式、交互性的产品和服务，通过提升产品和服务的便利性，提升消费者对共享产品的信任。

4. 从个人特质方面看

在广大的分享经济消费群体中，要做到因人而异，针对不同类型的消费者采取不同措施培育消费者信任，从而增强消费者对分享经济的信任。一是相比于老年消费者，年轻消费者更容易接受分享经济新模式，也更容易对分享经济产生信任。二是相比于低学历消费者，高学历消费者学习能力相对较强，对新生事物比较敏锐，在好奇心和学习欲的驱动下更愿意接触和尝试新事物，因而更愿意接受分享经济新业态，更容易对分享经济产生信任。三是在网络购物环境中，消费者的个人经历、意图、态度等会影响消费者的信任倾向，在分享经济中，消费者初次参与分享经济的良好经历会驱使其对分享经济产生信任。四是在分享经济视阈下，消费者感知互动性和感知相似性会驱使其对分享经济产生信任，而感知风险则会抑制消费者对分享经济产生信任，因此提升消费者感知分享经济的良好属性可以显著影响消费者对分享经济的信任。鉴于此，分享经济下分享平台与供给方首先要先针对年轻消费者和高学历消费者进行个性化宣传并提供良好产品和服务，增强其对分享经济的良好感知，从而推动其对分享经济产生初始信任，然后依托血缘、地缘、社群、契约和制度等关系将信任关系向老年消费者和低学历消费者转移，将信任机制进行推广扩散，最后通过制度、保险等系列保障措施，促使消费者对分享经济产生持续信任。

新能源汽车企业齐发力，共创良好生态

| 宋燕飞

作为战略性新兴产业，经过"十城千车"示范推广和各级财政补贴，新能源汽车历经十余年的发展，其年销量从2012年的约1.3万辆，发展至2021年的352.1万辆，涨幅超过270倍。截至目前，中国已成为全球最大的新能源汽车市场，产销量连续7年位居全球首位，具有较大的市场发展潜力。

一、新能源汽车市场现状

根据中国汽车工业协会数据，2020年中国新能源汽车销量136.7万辆，对应新能源汽车渗透率5.4%；2021年中国新能源汽车销量352.1万辆，对应新能源汽车渗透率13.4%；2022年上半年中国新能源汽车累计销量达209.4万辆，累计同比增长109.4%。2022年下半年中国新能源汽车销量有望进一步增长，为中国新能源汽车发展掀开新篇章。

作为国家重要的支柱产业，汽车产业的电动化发展已经从"示范应用"发展到"市场应用"。2020年，国务院办公厅印发《新能源汽车产业发展规划(2021—2035年)》提出，"以深化供给侧结构性改革为主线，坚持电动化、网联化、智能化发展方向，深入实施发展新能源汽车国家战略以融合创新为重点，突破关键核心技术，提升产业基础能力，构建新型产业生态，完善基础设施体系，优化产业发展环境，推动我国新能源汽车产业高质量可持续发展，加快建设汽车强国"；到2025年，新能源汽车新车销售量达到汽车新车销售总量的20%左右。

近年来全球新能源汽车销量增长迅速，新能源汽车市场欣欣向荣，作为全球三大主要新能源汽车消费市场之一的中国新能源汽车市场已实现从"政策驱动"向"产品驱动"切换，中国市场上电动汽车可选车型丰富，新款车型层出不穷，高中低端车型密集发布，消费者选择余地大，诸多产品颇具吸引力，同时新能源汽车相关补贴等政策作用逐步弱化。

以"蔚来、小鹏、理想"为代表的造车新势力介入汽车行业可谓来势汹汹，让传统汽车在位企业甚至龙头企业压力丛生，汽车产品“电动化、智能化、网联化”对传统汽车产品的“颠覆”，为汽车行业的发展带来突破性创新变革，引领一众新能源创新企业甚至互联网企业试图复制在传统零售业的成功，通过商业模式上的创新，一举颠覆传统汽车产业。

二、新形势下新能源汽车企业发展困境

2022年以来，中国新能源汽车市场波折不断，市场对于新能源汽车销量缺乏信心，受国内多地新冠疫情散发、川渝地区限电等各方面影响，新能源汽车产销承压。

从供应市场来看：一方面，上海市、吉林省和四川省是中国汽车工业重镇，各方面影响造成特斯拉、上汽集团、一汽集团等众多车企停产断供，由于汽车产业链环环相扣，供应链缺失影响范围扩大至全国汽车工业。另一方面，中国目前新能源汽车企业发展势头迅猛，国内外车企间竞争激烈，企业创新生态系统有待进一步优化。

从消费市场来看，影响新能源汽车产品推广的因素主要有两方面：一方面，新能源汽车相关补贴退坡。2022年起新能源汽车补贴标准继续降低，比2021年下滑30%，纯电动乘用车(续航里程超过400千米)补贴标准减少5 400元，插电混动乘用车补贴标准减少2 000元。另一方面，新能源汽车普遍涨价。特斯拉在2021年末涨价三次，2022年初又涨价三次；比亚迪在2022年初宣布涨价1 000～7 000元不等，不久后又涨价3 000～6 000元不等。

从企业创新生态上来看，对比传统汽车企业转型发展新能源汽车产品，以及新势力车企强势介入新能源汽车市场，其创新生态系统中各方面的表现有较大差别，究其原因是不同类型的企业在创新产品商业化过程中所拥有的互补性资产不同。

对传统在位企业而言，需要能够借助并强化其本身具备的制造性资源、分销渠道、服务网络、互补性技术等方面的互补性资产，帮助其有效构建企业创业创新生态系统，并在创新产品推广过程中迅速获得竞争优势。但相比于创业企业在创新技术上的突破和积累，传统汽车企业生态位“势”能较弱，在未来市场竞争中的优势略显不足。

对创新企业而言，突破性创新所需要的互补性资产需要通过合同、战略合作等方式来获取，进而从创新优势中获利。因此，如何聚焦资源、加强创新是其企

业创新生态系统亟须优化的方面。

三、企业创新生态系统优化策略

1. 传统汽车在位企业

（1）强化互补性资产优势

传统汽车在位企业发展新能源汽车产品过程中需进一步注重传统汽车相关互补性资产优势的有效传承、产业相关政策间的协同、推广政策的持续性以及积极引导社会资本进入其企业创新生态系统、刺激私人消费市场竞争环境的完善。

中国新能源汽车近年来发展势头迅猛，得益于我国十几年来持续的新能源汽车相关政策扶持。新能源汽车市场蓬勃发展，新能源汽车产销均表现良好。随着后续市场的不断完善，中央和地方层面的相关扶持政策会持续降温，给予新能源汽车市场充分的自主性，让新能源汽车企业能够在市场竞争中有序发展。

传统汽车在位企业应该充分利用其自身互补性资产的资源优势，在未来新能源汽车创新产品不断升级过程中，围绕企业创新发展定位强化关键互补性资产优势，并通过互补性资产开展一系列互补性活动以提高经营效率，进行有效整合，最终形成持续的竞争优势，保持其企业生态位的较高能级，在市场竞争中保持较高水平，以最大限度获得创新创造的利润。因此，传统汽车在位企业必须要立足于互补性资产带来的生态位优势，大力培育和强化关键互补性资产，以获取在系统创新发展中持续获利的能力。

（2）加大研发投入、提高企业创新能力

技术创新能力对于提升企业创新生态系统能级具有关键性作用。传统汽车在位企业向新能源汽车领域发展过程中，要合理安排战略布局，迅速占领未来新能源汽车市场，提升企业能级。目前，与新能源汽车新势力创业企业相比，传统汽车在位企业在创新技术方面处于劣势，可能会在“势”要素方面影响其企业创新生态系统的后续发展动力。因此，可以通过推动与创业企业合作引进先进技术或共同开发相关技术和产品等方式，提升企业创新能力。另外，传统汽车在位企业需重视利用相关创新技术领域的人才资源、提升技术研发投入、提高企业创新能力，增强其企业创新生态系统的竞争力和影响力。

2. 新势力创新创业企业

（1）加强创新协作

在新能源汽车创新产品市场推广过程中，除了创新技术本身外，还需要考虑相关的制造、分销、服务等方面的互补性资产保障能力。在相关互补性资产获取方面,新势力车企可以选择与竞争对手进行资源整合。与有竞争力的合作伙伴及供应商建立战略合作关系,可以维持自身技术领先地位和竞争优势。在国内新能源汽车领域市场竞争日益激烈的情况下,企业不仅要注重产品的创新技术水平,还要注重通过战略合作的方式,与竞争对手之间形成合作供应的状态,通过强强联合,实现资源的有效利用和整合。

(2) 通过产学研合作聚集资源

创业企业通常具有独特的突破性创新技术进入创新产品竞争市场。但创新技术的不断提升需要集聚各方资源。通过建立校企联合项目构建产学研创新合作关系,能够帮助创业企业聚集各自优势资源,进行重点方向和关键技术的攻关和研究。高校所具备的学科基础研究优势,能够助力创业企业进一步提升高端技术创新能力和产业化推广水平。同时,高校的产学研合作项目也能够为企业培养和输送大量的专业技术人才。

(3) 搭建金融资本对接平台

金融资本作为引导资源配置的重要驱动力,在培育和发展创新企业、推动创新产品商业化过程中起着核心支持作用。新能源汽车是未来汽车产业发展的主要方向和趋势,随着政策、技术、基础设施、法律法规、市场需求等因素的不断完善,我国汽车产业迎来了一个新的快速发展机遇期,新能源汽车创新产品的商业化离不开金融支持。目前新能源汽车企业,特别是新势力车企融资机会较多,并且很多细分领域正在吸引行业企业和资本的关注,把握机会搭建金融资本对接平台,能够帮助新能源汽车创业企业获得创新获利的更多互补资源。

四、结语

一大批企业正在经历深刻的变革和调整,企业如何实现持续增长和获得竞争优势一直是企业界以及学术界关注的重要论题。无论是传统企业还是新兴企业,都需要通过新的战略变革和调整来适应当前复杂多变的环境,创新和创业已经成为当前企业战略管理的重要议题背景。企业应当结合行业环境和自身能力现状,以一种持续创业的发展理念来应对多样化的顾客需求,优化企业创新生态系统,不断提升价值创造能力,在市场竞争中永葆活力,获取持续竞争优势,实现基业常青。

数字学术创业:内涵特征、表现形式与研究展望

| 陈旭琪　蔡三发

在以知识为基础的现代社会中,高等教育从未如此紧密地与其所在社会的发展联系在一起,涵盖经济、社会和生态结构。高校不仅承担教学和研究任务,还承担着第三使命:社会参与职能。该使命要求大学以学术方式积极影响社会事务、服务国家重大战略需求、推动学术共同体范式创新、促进产业变革,推动高校向创业型大学转变。作为知识生产者和传播机构,创业型大学发挥着重要作用。1980 年美国《拜杜法案》的实施、2021 年中国《科技进步法》的颁布,都使得学术创业逐渐成为高校展现其第三使命的重要方式。学术创业(Academic Entrepreneurship),狭义上是指在学术部门工作的研究人员利用其创造的研究成果成立新公司的行为,广义上是指科研院校或科研人员从事的任何具有潜在商业利益的技术或知识转让。

当前,数字化浪潮席卷全球,势不可挡。习近平总书记指出:“世界百年变局和世纪疫情交织叠加,国际社会迫切需要携起手来,顺应信息化、数字化、网络化、智能化发展趋势,抓住机遇,应对挑战。”数字技术引领的第四次工业革命是人类发展史上一次新的飞跃,为企业家、创新人员提供了更加丰富多彩的机会。然而,现有研究在很大程度上忽略了数字技术在学术创业过程中的潜力。因此,探究数字技术如何影响学术创业,兼具一定的学术价值与时代意义。

一、数字学术创业内涵特征

Rippa 和 Secundo 提出了数字学术创业这一概念,将数字学术创业定义为充分运用新兴数字技术(人工智能、大数据、社交媒体、商业分析、3D 打印和云网络技术等)的学术创业活动,如通过数字媒体平台寻找学术创业机会、培育学术人员创业能力等。由于数字技术的开放性,学术创业的特征也会因此有所转变。Nambisan 在其对数字创业的研究中,指出数字创业具有创业结果和过程间界限模糊、创业机构的预定义减少两大特征。结合学者们对数字创业的相关探索,考

虑学术创业的特有情境,本文认为数字学术创业具有如下两大特征。

特征一是价值创造和民主化进程的加速。数字学术创业能够通过新的数字技术扩大数字产品和服务的潜在用户,吸引包容更多的内部利益相关者(校友、大学员工和学生)和外部利益相关者(政府、行业和社区),以更集体的方式追求创业精神。社交媒体、MOOC 等技术使获得高质量创业经验的途径民主化,并培养了更多的学术创业者和广泛的学术创业潜力。价值创造正是通过共同协作的利益相关者产生的,其中不同的内部和外部利益相关者将他们的资产、能力和专门知识带到一起,以支持学术创业的发展。学术创业动机也从大学研究商业化产生的纯经济价值转变为更多大学利益相关者参与而产生的社会和民主价值。

特征二是更加灵活的数字学术创业过程。随着数字化,创业过程也变得不那么受限,主要体现在时间结构和空间结构两方面。时间结构方面,3D 打印、数字制造等技术能够使产品理念和商业模式在重复的实验和实施周期中快速形成、制定、修改和重新开展学术创业计划。空间结构方面,社交媒体、慕课等数字技术允许学术界相关人员不拘泥于地点等相关因素,及时学习所需创业课程、提升创业能力素质。同时,也能够让世界各范围内的学术人员高效沟通,让大学研究人员能够识别和利用新的创业机会,寻找合适的学术创业伙伴或商业孵化伙伴,从他们的研究原型转向市场机会,更加灵活地推动数字学术创业进程。

二、数字学术创业表现形式

数字学术创业的表现形式主要依托数字技术的三个元素:数字人工制品、数字平台和数字基础设施,剖析数字技术的三个元素能引申出数字学术创业的新兴创业表现形式,如数字创业教育、数字衍生产品和数字校友创业等。

数字人工制品被定义为数字组件、应用程序或媒体内容,它们是新产品(或服务)的一部分,并为最终用户提供特定功能或价值。数字人工制品能为企业家创造更多机会。数字人工制品通常用于支持学术创业的启动阶段,如识别学术创业机会和分析学术创业可能性。

数字平台指的是共同服务和架构的共享集合,其中包含补充产品,包括数字工件。数字平台通常是基于软件的系统(如谷歌浏览器、Facebook 等),能够促进学术企业家和其他利益相关者之间的合作与共享。学术企业家可以通过社交媒体与更多潜在客户分享他们的产品或服务,并找到合适的合作伙伴和平台,进一步提高创业成功的可能性。

数字基础设施被定义为提供通信、协作和计算能力以支持创新和创业的数字技术工具和系统。数字基础设施为学术创业过程注入了一定程度的流动性或可变性,允许它们以非线性方式在时间和空间上展开。因此,吸引了更多的参与者,也提供了更多的学术创业机会。

综合上述描述,数字人工制品、数字平台和数字基础设施为新兴形式的创业提供了肥沃的土壤。依托这三个元素,数字创业教育、数字衍生产品和数字校友创业等新兴创业形式开始涌现。

三、数字学术创业研究展望

尽管学者们对学术创业已展开了较多研究,但关于数字学术创业的研究还相对较少。未来,数字学术创业研究可从以下四个方面进一步展开:第一,引入数字化相关理论,如技术可供性理论,深入探讨数字化对学术创业的影响;第二,数字学术创业纳入了更多的利益相关者,可开展利益相关者识别及作用机制的相关研究;第三,数字学术创业生态系统的构建研究,以及相应的风险识别和规避机制设计;第四,数字学术创业对区域创新水平和经济存在影响,可针对同一国家不同区域、发达国家及发展中国家的数字学术创业水平展开对比研究。

参考文献

[1] WELLS P J. UNESCO'S introduction: the role of higher education institutions today [R]. Barcelona: Global University Network for Innovation, 2017.

[2] LAREDO P. Revisiting the third mission of universities: toward a renewed categorization of university activities[J]. Higher Education Policy, 2007, 20(4): 441-456.

[3] 刘益春."强师计划"的大学使命与政府责任[J].教育研究,2022,43(4):147-151.

[4] ETZKOWITZ H. Entrepreneurial scientists and entrepreneurial universities in American academic science[J]. Minerva, 1983, 21(2): 198-233.

[5] JAIN S, GEORGE G, MALTARICH M. Academics or entrepreneurs? Investigating role identity modification of university scientists involved in commercialization activity [J]. Research Policy, 2009, 38(6): 922-935.

[6] RAMASWAMY V, OZCAN K. What is co-creation? An interactional creation

framework and its implications for value creation[J]. Journal of business research, 2018 (84): 196-205.

[7] RIPPA P, SECUNDO G. Digital academic entrepreneurship: the potential of digital technologies on academic entrepreneurship[J]. Technological Forecasting and Social Change, 2019(146): 900-911.

[8] NAMBISAN S. Digital entrepreneurship: toward a digital technology perspective of entrepreneurship[J]. Entrepreneurship Theory and Practice, 2017, 41(6): 1029-1055.

[9] RIES E. The lean startup: how today's entrepreneurs use continuous innovation to create radically successful businesses[M]. Sydney: Currency Press, 2011.

[10] EKBIA H R. Digital artifacts as quasi-objects: qualification, mediation, and materiality [J]. Journal of the American Society for Information Science and Technology, 2009, 60 (12): 2554-2566.

[11] PORTER M E, HEPPELMANN J E. How smart, connected products are transforming competition[J]. Harvard business review, 2014, 92(11): 64-88.

[12] PARKER G, VAN ALSTYNE M, CHOUDARY S P. Platform revolution: how networked markets are transforming the economy and how to make them work for you [M]. New York: WW Norton&Company, 2016.

数字责任:数字时代数字化转型是一种责任

| 刘永冬　任声策

第四次工业革命和产业变革正如火如荼演进,数字技术已全面融入人类经济、政治、文化、社会等各领域和全过程,数字时代已经到来。但是,全面的数字时代还需要各领域的广泛的数字化转型,这个过程必然困难重重,仅从成本收益的经济角度看待数字化转型很难调动各类主体数字化转型的动力。我们认为,在数字时代,政府、市场、社会等主体更需要从数字责任的角度看待数字化转型,加速数字化转型过程,迎接更加全面的数字时代。

一、数字责任的内涵

梳理以往研究发现,数字责任的相关研究建立在社会责任理论之上,形成了两种观点:一种观点认为企业数字责任(Corporate Digital Responsibility, CDR)是企业社会责任机制的一部分,是企业在数字化时代、数字社会的责任,目前还处于自愿层面。另一种观点认为 CDR 是一个独立的机制,应该重叠和超越企业社会责任(Corporate Social Responsibility, CSR)。一方面,数字责任扩大了企业社会责任的职责范围,用来解决数字工具和企业运营环境的影响;另一方面,考虑到数字化带来的机遇和挑战,企业数字责任进一步延伸了企业社会责任的竞争优势。针对这两种观点,首先,两者都是自愿的商业实践方法,并且超越了监管和强制性法律的最低标准;其次,两者都为企业提供了市场和经济的竞争优势。但是,如果 CDR 按照企业社会责任的方式发展,而不是政府强制执行的法律,那么它可能会失败,就像企业社会责任在环境和气候保护领域未能成为一种有效机制一样。

但目前有关数字责任的研究仅从社会责任这个单一视角来解读,忽视了数字责任所处的时代背景是多重理论因素综合作用的结果。其次,学者们大多基于技术和组织视角解读数字责任,缺乏技术革新与组织变革引起的企业数字化转型视角下的数字责任的剖析。从企业数字化转型角度,迫切需要数字责任来精准规范企业实践行为。一方面,数字化不仅仅是技术创新的线性发展,而且是数字化技术的一次重大颠覆性飞跃。另一方面,企业数字化转型的起点是应用数字资源来创造差异化价值的组织战略,它远远超越了早期的信息化,传统的早期信息化是改进业务流程的工具,而数字化转型包括数字化战略的范围、规模和速度,以及商业价值创造和获取的来源。因此,企业数字化转型是一个复杂的实现过程,需要更多的细节,对企业社会责任之外的道德行为提出了新的具体挑战(表1)。

表1　企业数字责任概念定义

定义	与CSR的关系	参考文献
企业数字责任是关于认识到那些推动技术进步的组织,以及那些利用技术参与并为公民提供服务的组织,有责任采用一种从根本上引导我们走向积极未来的方式,一种跨越技术对社会影响广度的企业社会责任战略	子集	Joynson
企业数字责任关于保护人们对于数据的权利(符合规定),关于确保信任得到维护,因为他们看到产品和服务节省了他们的个人时间,帮助他们处理健康和老龄化问题,并保护他们免受同样的技术不被接受或具有威胁性的使用	超越	Price
企业数字责任是指企业在数字社会中的责任	子集	Herden
企业数字责任是一种自愿承诺,由履行企业合理化者代表社区利益角色的组织,通过协作指导解决对社会、经济和生态影响,告知"良好的"数字企业行动和数字可持续性(即数据和算法)	超越	Elliott
企业数字责任是在数字技术和数据的创建和操作方面指导组织运作的一套共享的价值观和规范	子集	Lobschat
企业数字责任的定义:企业数字责任是企业责任的延伸,它考虑到了数字化带来的道德机遇和挑战	超越	Herden
企业数字责任定义为与数字化转型相关的企业的既定实践、政策和治理结构。CDR必须围绕负责任的数字实践、执法机制、可持续增长和发展,以及促进整个数字生态系统的信任	超越	Joanna

资料来源:根据相关文献整理。

根据社会责任理论、利益相关者理论、负责任创新理论以及企业数字化转型的视角,可对数字责任作如下定义:企业数字责任是在数字化时代的背景下,技术创新的过程中,各个利益相关者需要履行的数字责任,包含数字资源合理利用、数字生态系统构建、数字健康、数字成本、数字公平、数字安全和数字监督等问题，它推动企业数字化转型并应对数字化转型过程中的机遇和挑战。

二、数字责任视角的数字化转型

1. 企业数字化转型产生企业数字责任

现有研究认为，企业数字化转型产生了一系列企业数字责任。数字化为企业商业模式和公众行为方式创造了新的机会，从而给我们的生活带来了深刻的变化，数字世界已经成为现实，许多个人和企业都接受了数字化转型。然而，与任何大规模颠覆一样，企业数字化转型的过程既包含机遇，也包含威胁。其中，数字化转型潜在的负面后果包括自动化和机器人导致的失业，或数据泄露和网络攻击的危险等。因此，数字化转型带来了新的社会问题和更高的责任，尤其是对企业，这些新的责任被称为“企业数字责任”。

2. 企业数字责任倒逼企业数字化转型

但是，企业数字化转型不仅是数字责任的前因还是数字责任的后果。具体表现在两个层面：在道德层面上，迫使企业履行数字责任义务的一种机制是通过利益相关者施加社会压力。当企业不进行数字转型时，则阻碍社会数字化的发展，影响包含个体、企业、社会和政府的数字生态系统的构建进程，从而产生了社会问题和责任。在经济层面上，CDR 可能成为企业的一个差异化因素，使企业能够获得并保持利益相关者的信任，提高竞争优势，此时 CDR 是推动企业数字化转型并完善数字化转型过程中的机遇，企业应迫切制定和实施 CDR 战略，不仅防止潜在的负面后果，而且还应利用数字技术的优势促进共同利益的提高。因此，企业无论在数字化转型前还是数字化转型后，CDR 都将促进数字化的进程。

3. 企业数字责任推动企业数字化转型

(1) 经济。CDR 是一种企业社会绩效类型。一方面，企业的 CDR 文化能够提高客户满意度、信任度和忠诚度，提高竞争优势和企业声誉，增强企业的品牌资产和市场竞争定位，企业需要利用数字资源更新商业模式来确保 CDR 规范，增加利润。如在电力行业，加拿大的布鲁斯电力公司在使用 Predix 工业互联网数字平台后，核电设备运营效率大幅上升，设备稳定性得到提高，平均发电价格下降 30%；在航空业，通用电气航空集团运用人工智能技术对发动机数据进行实时分析，避免发动机出现突发性故障；在光伏行业，保利协鑫在生产光伏电池原料多晶硅片时,利用大数据和人工智能分析得到最优参数,进而对生产线进行优化,使良品率提高了一个百分点,使每年的成本降低了1亿元人民币。另一方面,更多的平台企业使用人工智能(Artificial Intelligence, AI)来提供服务和解决问题,这大大降低了劳动力需求,提高了服务的效率。但企业肩负着监控自我学习的AI工具的责任,并对任何不当行为负责。这对企业开发AI提出更为严格的挑战,促使企业在人工智能开发中不仅要提高AI系统的准确率和效率,还必须确保人工智能系统公平、不受歧视地对待所有人。

(2) 生活。企业在满足用户需求的过程中加速自身的数字化进程,推动数字化转型。随着用户逐渐习惯数字产品和服务,他们对技术适应其日常需求和行为的期望可能会增加。用户期望的增加和技术的进展将改变人类与技术交互的方式。如在无人配送火热发展中,具有客户优势的美团、阿里、京东这些国内互联网巨头加大了在无人车、无人机配送等领域技术创新的投入力度。为了抗击新冠疫情,商汤科技着手研发"数字哨兵"系统,推出整合"红外非接触测温+身份认证+健康码识别验证+疫苗接种查询+电子证照查询"的"五合一"便捷通行系统,并为了方便公众生活进行了多次迭代。

迎接全面数字时代的到来,需要政府、市场、社会各主体积极推进数字化转型。但仅从经济角度进行数字化转型决策是不够的,各类主体在数字时代需要树立数字责任意识,更要从数字责任视角推动数字化转型,如此才能更快地迎来真正的数字时代。

参考文献

[1] JOYNSON C. Corporate digital responsibility: principles to guide progress[EB/OL]. [2022-09-12]. https://atos.net/en/blog/corporate-digital-responsibility-principles-guide-progress.

[2] PRICE R. Closing the digital divide through corporate digital responsibility[EB/OL]. [2022-09-12]. https://atos.net/en/blog/closing-the-digital-divide-through-corporate-digital-responsibility.

[3] HERDEN C J, ALLIU E, CAKICI A, et al. "Corporate digital responsibility"[J]. Sustainability Management Forum | NachhaltigkeitsManagementForum, 2021, 29: 13-29.

[4] ELLIOTT K, PRICE R, SHAW P, et al. Towards an equitable digital society: artificial

intelligence (AI) and corporate digital responsibility (CDR)[J]. Society, 2021, 58(3): 179-188.

[5] LOBSCHAT L, MUELLER B, EGGERS F, et al. Corporate digital responsibility[J]. Journal of Business Research, 2021, 122: 875-888.

[6] VAN DER MERWE J, AL ACHKAR Z. Data responsibility, corporate social responsibility, and corporate digital responsibility[J/OL]. Data & Policy, 2022, 4: e12 [2022-09-12]. https://doi.org/10.1017/dap.2022.2.

中国人工智能政府策动行为分析

丨丁佳豪　赵程程

中国的人工智能在改革开放之后才逐渐步入正轨，尽管起步较晚，但得益于"互联网＋"战略奠定的坚实基础，发展速度非常快。2015 年 5 月，《中国制造 2025》的出台吹响了"工业 4.0"的号角，而 AI 便是柔性化生产中不可或缺的核心技术。2016 年 5 月，为了明确未来三年智能产业的发展重点，《"互联网＋"人工智能三年行动实施方案》描绘了"十三五"期间中国 AI 技术的发展蓝图。2017 年是中国 AI 技术发展的"元年"，同年 7 月国务院发布了首个中国人工智能国家战略《新一代人工智能发展规划》（以下简称《规划》），紧接着工业和信息化部《促进新一代人工智能产业发展三年行动计划（2018—2020 年）》对《规划》相关任务进行了细化和落实。在这一过程中，政府担负起划定方向的任务，根据产业发展的不同特点，制定有针对性的系统发展策略，着力激发科创企业在关键共性技术攻坚克难上的突击手作用。在国家战略的明确引导下，AI 项目的实施以市场化方式推进，致力于发挥不同科技创新单元体的异质性效能（图 1）。

透过近年来中国在人工智能领域发布的若干战略规划，发现中国人工智能政府策动聚焦以下四点。

一、加强高校人工智能专业建设，着力培养复合型人工智能人才

人才是人工智能创新发展的关键要素。专业技术人才和跨界复合型后备人才不充足，会极大限制 AI 技术向实体经济领域的溢出辐射。中国 AI 顶级人才数量不及美国。据清华大学 AMiner 数据库统计，2022 年度 AI 领域最具全球影响力的 2 000 名学者中，中国学者总数不及美国学者总数的 20％。另外，20 位 AI 细分领域榜首人才中，美国"手握"13 人，中国仅有 2 人。

《规划》指出，要坚持培养和引进相结合，打造世界 AI 人才高地。在此过程中，高校不仅要重视贯通人工智能基础层、技术层与应用层等的纵向复合型人才培养，更要加强产学研合作，培养掌握"人工智能＋"经济、哲学、法律等的横向复

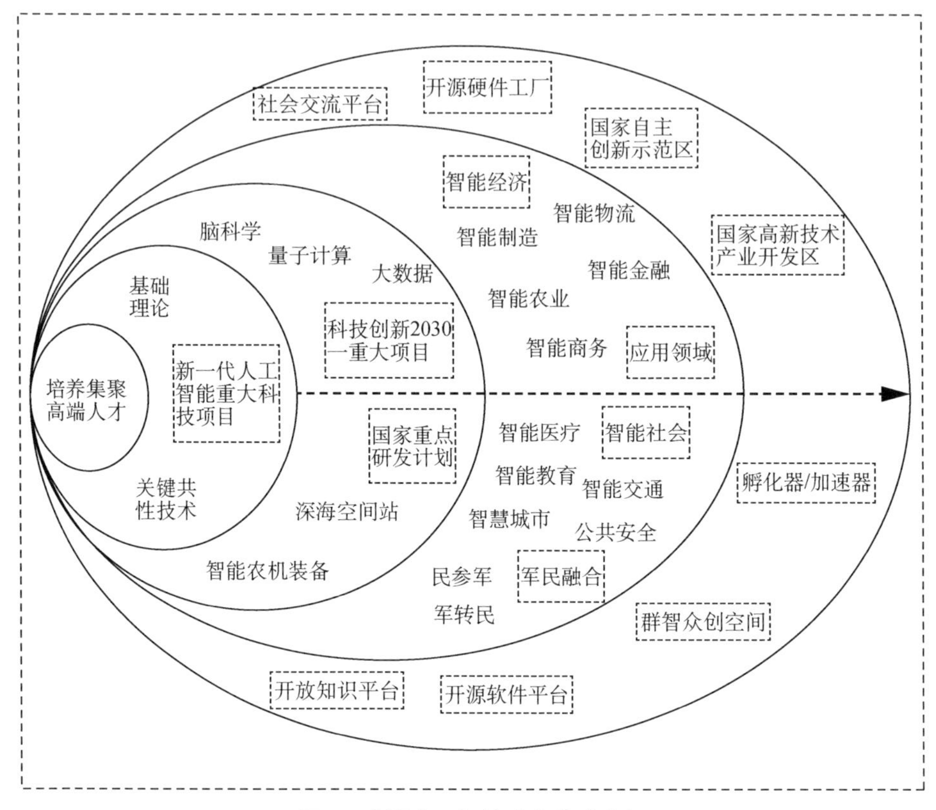

图 1　中国人工智能政府策动路径

合型人才。至于海外高端人才的吸引,则要采取项目合作、交流访问等各种柔性方式,加强与全球顶尖 AI 企业和研究所的互动,同时开辟专门渠道,在 AI 芯片等关键核心技术领域聚天下英才而用之。

二、构建本土创新联合体,追求"从 0 到 1"的原始创新

中国 AI 产业发展主要遵循李开复提出的"做最好的创新":"中国首先应把大部分精力集中在 AI 应用技术开发,迅速占据市场;其次通过全球化体系,从半导体制造技术领先企业购买到 AI 芯片,弥补不足。"然而,这种模式有利有弊。的确,从短期看,中国 AI 技术在应用领域迅猛扩张,甚至在某些领域超越美国。然而,另一方面却导致中国企业对外国企业产生严重的供应链依赖性。这种长期的依赖性,很可能致使中国企业产生研发"偏好",不愿意从事 AI 基础层的技术创新。此外,在美方发动贸易战之前,中国 AI 芯片制造巨头不仅在技术装备上严重依赖海外厂

商，甚至在代工服务上也很少给国内机会。而正是这些 ICT 巨头“舍近求远”的行为，导致中国本土产业链没有形成“暴露问题、界定问题、协同解决问题”的联合体。伴随着时间的推移，这种缺失导致了中国 AI 基础层的“长期跟跑”。

《规划》以提高人工智能创新策源能力为目标，建立了包括量子计算、脑科学在内的“1＋N”人工智能项目群，部署了一系列国家级人工智能开放创新平台，力图提升中国 AI 技术的原始创新能力。2021 年“十四五”规划中“企业创新联合体”“揭榜挂帅机制”等政策路径的提出更是在现有产学研创新协同攻关模式的基础上进行了优化，能够从本质上实现提出问题和解决问题的高效匹配。

三、布局人工智能发展先导区，全方位开拓应用场景

应用场景的开拓有助于实现 AI 技术的快速迭代。纵观《规划》的应用场景布局，可谓遍地开花。一是重构产业链，催生智能经济形态，进一步释放 AI 场景应用；二是提升智能化社会治理水平，将越来越多的创新成果转化为改善民生的现实能量；三是通过“军转民”和“民参军”的方式拓展 AI 领域军民融合的广度和深度。就地方而言，长江经济带、环渤海经济圈和粤港澳大湾区是中国 AI 技术发展的三大主力军。2021 年 2 月 19 日，工信部提出在上海、深圳、济南—青岛三大先导区的基础上支持北京、天津、杭州、广州、成都五地成立国家人工智能创新应用先导区。这八个先导区均具备较好的区域创新禀赋，将创新科技成果就地落地转化成新生产力，铸就各自的极化优势，未来还要通过建立高强度、高频度、高速度的创新资源流动、集聚、共享通道，发挥辐射与策源作用，最终形成更为紧密的 AI 创新生态系统（表 1）。

表 1　八大人工智能先导区发展定位

所属经济圈	先导区	发展定位
长江经济带	上海（浦东新区）	依托活跃的资本环境和政策的大力支持，上海全方位开拓人工智能应用场景，截至 2020 年 12 月已涌现出三批人工智能试点应用场景，内容涵盖 AI＋医疗、AI＋金融等
	杭州	结合已有的城市大脑建设，打造数据使用规则的首创地和城市数字治理方案的输出地，因地制宜探索人工智能城市治理模式
	成都	立足“一带一路”倡议枢纽的区位优势，为中小型企业的发展创造机会

（续表）

所属经济圈	先导区	发展定位
环渤海经济圈	北京	聚焦“科技冬奥”，依托丰富的科教资源和雄厚的企业实力，着力打造超大型智慧城市建设的先行区
	天津（滨海新区）	围绕京津冀协同发展战略，释放中国（天津）自由贸易试验区的政策红利，将人工智能技术赋能智慧港建设
	济南—青岛	以制造业转型升级为轴心，大力拓展“智能＋”应用场景，推进智能工厂、数字化车间建设
粤港澳大湾区	广州	深入贯彻粤港澳大湾区发展要求，着力发展智能软件和设备，优化智能网联汽车产业生态布局，加快创建国家车联网先导区
	深圳	充分发挥深圳市 ICT 基础雄厚的优势，壮大芯片、无人机、机器人等优势产业，搭建人工智能算力平台

四、加速人工智能军事场景开拓，力图实现军队智能化

在战略层面，中国已将 AI 技术视为推动“科技兴军”的重要抓手，并力争在 2035 年完成军队智能化，到 2049 年建成“世界一流军队”。目前，中国正在探索以知识中心战、广域聚能战、节点消灭战为代表的智能化模式，抢滩布局包括“脑机融合”装备在内的自适应控制的武器系统，希望在未来联合作战的“制脑权”争夺中占得先机。在基础研究方面，军工企业、军事研究所是“AI＋军事”的重要创新主体。其中，国防科技国家创新研究所（National Innovation Institute of Defense Science and Technology，NIDT）已经组建并正在迅速壮大两个研究机构——无人系统研究中心（Unmanned System Research Center，USRC）和人工智能研究中心（Artificial Intelligence Research Center，AIRC），专注于人工智能和相关技术的军事用途。在技术应用方面，自从 2016 年 AlphaGo 的胜利展示了 AI 技术在决策推理和作战指挥方面的巨大潜力，中国高度重视 AI 技术的推进。

五、软硬结合治理，构建具有广泛共识的人工智能治理体系

在“政策红利＋生态闭环”的双轮驱动下，中国人工智能呈现几何级渗透扩散。与行业应用的燎原之势相比，中国 AI 技术标准的迭代速率略显缓慢，治理

赤字亟待缓解。智能推荐算法构筑"信息茧房"窄化个体认知,大数据算法滥用消费者画像导致"千人千价",人脸识别技术非法使用滋生隐私之殇,自动驾驶汽车肇事频发陷入归责不能困境。人工智能技术导致的诸多伦理失范问题,亟须政府形成法律规则和技术标准相结合的"软硬法混合治理"体系。

当前中国的 AI 技术治理已初步形成三条不同的路径。第一条由国家网信办主导,重点在于监管算法规则和规范 AI 技术的信息传播。例如,2021 年 8 月发布的《互联网信息服务算法推荐管理规定》直接规定了算法推荐要充分发挥算法服务的正能量传播作用。第二条由中国信通院主导,专注于创造衡量和测试人工智能系统的工具,以推动建设可信人工智能系统。例如,2021 年 7 月,中国信通院就与京东的一个研究实验室合作发布了中国第一份关于"可信 AI"的白皮书。第三条路径是科技部对 AI 技术的治理,这也是其中最"软法"的一个。科技部侧重于制定道德准则,依靠公司和研究人员自我督促。例如,2021 年 9 月,科技部下属的人工智能专家委员会发布了《新一代人工智能道德规范》,特别关注将道德规范纳入 AI 技术开发的整个生命周期。

品牌的价值贡献

| 程敏倩　尤建新

高质量发展理念的贯彻落实使得中国企业的全球影响力进入新的历史阶段,中国品牌开始在国际市场施展拳脚,诸多品牌挺进全球品牌价值排行榜单。品牌为企业的价值链升级作出了突出贡献,提升品牌价值成为推动我国实现创新驱动发展和向制造强国转型升级的关键环节。

一、重新认识品牌

1950 年,美国广告大师大卫・奥格威(David Ogilvy)首次明确阐释了品牌的概念:它是一个包含名称、属性、包装、价格、声誉、广告风格等一系列元素在内的复杂象征。1955 年,Gardner 和 Levy 从社会和心理学的角度提出了情感性品牌和品牌个性思想,由此开始了品牌研究的进程。20 世纪 80 年代,品牌开始成为企业营销和战略管理领域的重点关注内容,并越来越成为企业运营的主导力量之一。对品牌的理解主要从两个角度进行切入:对消费者而言,品牌可以协助其确认产品或服务的特色和可能带来的利益;从企业角度出发,品牌则是一项隐形的财富,是企业在收并购时增加企业资产的一个有力工具。综合来看,品牌是企业基于营销目的创造的一个能够代表企业形象和个性的符号系统,消费者基于对这个系统的认知会产生对品牌的联想和判断,进而形成对企业的价值认同或与企业的情感链接。

随着品牌理论研究进入不同发展阶段,品牌内涵也在不断发展,必须重新认识。首先,在古典品牌理论阶段,学者们主要从品牌的名称、设计等方面对品牌内涵进行深入研究,并从品牌塑造的角度提出了诸多具有战略意义的品牌理论,此时对品牌的认识还停留于表面阶段;在之后的现代品牌理论阶段,品牌开始被赋予资产属性,成为企业无形资产的重要组成部分,品牌也开始上升为公司战略和管理中的重大新兴领域。当今,品牌关系理论的提出使得品牌逻辑开始发生了巨大转变——由企业单方面的创造和传播转变为以价值观为驱动,开始关注人的情感需求和与客户的价值共创。品牌逐渐从一个为了区别于其他同类商品所特拟的符号，演变为一个对企业自身信用和产品品质的背书，最终发展为一个集个性、情感、价值取向等于一体的差异化标志。与之相应，随着品牌“以价值观为驱动”的特性愈发明显，企业开始不再局限于产品自身的功能性价值，而是聚焦人的内在需求进行品牌建设，以谋求与消费者的共鸣。企业的一部分竞争也逐渐过渡到品牌领域，优秀品牌形象的建设成为抢占市场份额的重要途径。

二、品牌价值

人们对品牌价值的认知也经历了一个发展的过程。品牌价值最初被定义为超越产品使用价值的一种附加价值，能够给产品或服务带来额外收益。自品牌被赋予资产属性之后就形成了品牌资产的概念，因而认识品牌价值必须将其与品牌资产联系起来，这两个概念是不可分割的：品牌资产是从企业财会角度对品牌进行的一种静态描述，而品牌价值则是从经济学角度说明品牌资产的本源。从企业品牌资产的角度来说，品牌价值可以理解为企业的一项资产价值，它和品牌的净值、财务状况等都是相关的。虽然不会直接体现在企业的资产负债表上，但此时品牌资产的商品内核是一个是连接于品牌、品名、符号的资产与负债的集合，能够通过影响消费者对产品或服务的联想而使品牌价值在商品载体上得以充分释放。

必须认识到，企业如果一味只从自身视角出发追求品牌资产在价值上的外拓，就容易造成品牌内涵的混乱和价值稀释。经济全球化为市场注入源源不断的活力，也为现代企业探索全新的发展路径提供了可能。多渠道交互链路的打通瞬间拉近了企业与消费者的距离，消费者开始以共创者的身份参与企业价值创造过程。由此，从消费者视角理解品牌价值的内涵成为一个重要方面。美国学者 Kevin Keller 于 1993 年提出 CBBE 模型，认为品牌价值是消费者对品牌产生的一种有别于其他品牌的认知，这种认知差异性引起的独特消费者偏好是品牌价值的根源。反映在数值上，品牌价值可以被视为消费者购买有品牌产品和无品牌产品时支付的差额。这种认知差异源于品牌在品质、地位、奖赏、自我表达和感受五个方面对消费者的价值需求的满足——即品牌开始跳出产品功能的局限，能够通过达成与消费者的共鸣建立情感上的连接，从而丰富消费者对品牌的感触并形成独特认知。这与著名的马斯洛需求理论也是一致的：当物质生活得以满足后，人们会更加关注情感、归属、尊重以及自我实现的需求，成功与消费者建立连接的品牌在某种程度上正是消费者在这些维度上的追求和自我认知的映射。

此外,随着企业价值观的内涵及外延对企业可持续发展能力的作用愈发显著,企业品牌成为可持续发展力的重要表征之一,它在伦理维度上的价值也逐渐被挖掘和重视。品牌价值开始跳脱出经济性要求,而关注企业的协调运作、持续成长和在更大范围的商业生态中的适应和协同能力,最终会渗透着企业愿景和价值取向,在社会文化认可中承担更为深广的责任。

三、品牌价值的贡献机理

品牌对企业而言是一种无形资产,可以作为企业在兼并收购等商业活动中向投资者或股东提供的一项资产依据,并且品牌价值以企业的商品或服务为载体,是对产品质量的有效认证。基于企业的视角,品牌价值的创造过程是与消费者建立情感联系的过程,有助于忠诚的消费者群体的形成。同时,品牌还充当着表达价值观和伦理趋向的符号,渗透着深远的社会责任。无论从哪个维度来看,品牌价值都对企业的价值体现及其发展有着积极贡献。

关于品牌价值的贡献机理,根据信号理论,企业对品牌的塑造可以被视为一个向外部释放信号的过程,品牌塑造得越成功,品牌价值就越高,这个信号向外界传递的关于企业的利好信息也就越多,在一定程度上能够降低内外部信息不对称的程度而展现企业优势。这种信号传递的方向主要是:消费者和投资者。对于消费者而言,品牌价值是产品本身及其品牌内涵与消费者需求匹配程度的一种体现,高品牌价值释放的信号会无形中降低消费者的搜索和选择成本,并造就一种长期的选择关系。企业价值是其未来收入现金流的贴现值,因此提高企业价值的关键就在于提高企业未来的收入。稳定和忠诚的消费群体是企业长期经营的重要保障,且这类群体会对品牌溢价具有较高的包容性,使企业能够以更高价格在同质化产品中脱颖而出,从而增加企业未来的现金流,提升企业价值。另外,在整个市场中,消费者往往对成功品牌保有天生的好感和信任,这无疑会降低新品牌的进入壁垒,使公司易于实现以品牌为核心的产品扩张,获得竞争优势。对于投资者而言,高品牌价值能够向投资者释放企业高收益、低风险的信号,进而提高投资者对企业未来收益的预期和投资信心,从而抬高企业股价,提升企业价值。

综合来看,品牌活动影响企业价值的机理可被表示为一种遵循"企业营销—

顾客反应—产品市场—资本市场”的链式反应：企业通过营销手段进行品牌塑造活动，包括广告、公益活动等，这些活动会通过影响消费者心理来影响其消费行为，进而影响企业在产品市场中的绩效表现，最终这些利好信号被资本市场中的投资者所捕获，并对企业价值进行评估进而进行投资。

四、结语

优质的品牌不仅是企业的一项无形资产，还能通过与消费者建立情感连接造就忠诚的选择关系，从而给企业带来直接和长久的经济效益。基于社会责任的视角，品牌还体现了一个企业社会责任的觉悟水平，并由此显现了企业的价值观。当前，我国仍有很多企业缺乏对品牌价值的有效认知和塑造品牌附加值的有力手段。清楚认识品牌的价值贡献对于转变经营理念、科学评估品牌价值、建立有效的品牌价值链升级战略、树立延续性品牌价值主张具有重要意义，也是推动中国制造向中国创造、中国速度向中国质量、中国产品向中国品牌转变的基础性环节和关键性举措。品牌强国的主体是企业，中国企业责无旁贷。

破解数据质量安全问题 构建数据溯源体系是关键*

| 徐 涛 荀 伟 尤建新 毛人杰

当前，数据在跨企业、行业和区域间的流通进一步增加。在流通效率增加的同时，数据在采集、存储、加工、分析和使用的过程中都面临着严重威胁，保障数据质量安全已成为数据要素市场培育必须坚守的底线和数字经济高质量发展亟待突破的瓶颈。

一、数据质量安全问题制约数字经济高质量发展

数据是数字经济的关键生产要素，数据质量安全问题面临诸多挑战，尤其是数据滥用、盗取、泄露等数据质量安全问题成为制约数字经济高质量发展的重要因素。中国互联网络信息中心发布的报告显示，截至 2021 年 12 月，有 22.1% 的网民遭遇个人信息泄露。一些论坛社群、电商平台仍有涉及个人信息的“灰色”数据交易，严重影响个人隐私和经济权益，尤其是个人隐私泄露导致的网络电信诈骗等已成为严重影响公共财产安全的社会问题。此外，随着数字化转型、政府开放数据的推进以及数据交易市场的建设，数据进一步在企业、行业和地区间流通，海量数据在不同主体、应用系统之间共享融合，其流转方式呈现出多样性、复杂性的特点，且由此所产生的数据易篡改、易盗用、易泄漏等问题，严重影响了数据的可信性度，影响数据价值，降低了不同主体参与数据要素市场建设的意愿，制约数字经济发展。

二、构建数据溯源体系是破解问题的关键

数据溯源作为追踪和记录数据全生命周期内衍生过程的主要工具，成为保

---

* 本文为国家社科基金重大项目“新技术变革下质量提升策略与质量强国建设路径研究”（项目编号:21ZDA024）子课题的阶段性研究成果。

证数据的真实性、可靠性和安全性，实现全流程监管的有效方式。数据溯源体系构建也成为破解数据质量安全和推动数字经济高质量发展的关键。

1. 构建数据溯源体系有助于提升数据的可信度

利用标注方式记录原始数据相关信息以及数据在加工过程中的描述信息，用以描述从源系统抽取数据开始，经过数据转换，到最终数据加载的整个过程，从而了解数据的原始面貌以及流转、加工过程，增加数据的可信度。数据可信度的增加将进一步提升数据的应用能力，尤其是在政府开放数据领域、数据交易环节，数据溯源体系的构建将进一步推动开放数据质量和数据要素市场建设。

2. 构建数据溯源体系有助于加强数据隐私保护

近年来，区块链、隐私计算等数据安全技术被广泛引入数据溯源体系。数据溯源以其对数据的全过程追溯，并与不同技术相结合，通过监测针对数据的异常行为，提高风险感知能力，主动发现数据泄露或滥用行为，以解决不同场景的隐私保护需求。例如，针对网络浏览过程中的隐私保护，基于区块链的数据追溯使用户能很好地追踪泄露其隐私的网站并诉诸法律，从而有效提升对隐私数据的保护程度。

3. 构建数据溯源体系有助于规避数据质量风险

面向数据全流程的数据溯源体系建设将有助于呈现数据的来源、流向和使用等信息，通过对数据及其历史行为的追溯，还原数据流转路径，实现对数据质量风险的快速定位，从而在一定程度上避免数据交易的易泄露、易篡改等问题，提升数据的质量水平。例如，在数据交易过程中，数据溯源体系的构建还能够有效规避数据提供方卖出的数据被无限次盗卖、市场价值不断损减的风险，进一步吸引数据利益相关方参与数据价值的挖掘创造，从而吸引相关主体通过数据交易市场完成交易。

三、数据溯源体系构建的关键要点

构建数据溯源体系，亟待补短板、强弱项、提能力，健全数据溯源法律规制和标准体系，保障数据溯源体系的基础设施建设，提升数据追溯体系的协同治理能力。

1. 完善规制，健全数据溯源法律规制和标准体系

完善的法律规制和标准体系是数据溯源体系构建的制度基础。欧盟在数据领域的立法中处于领先地位，在《欧洲数据战略》的指引下，《通用数据保护条例》

《非个人数据自由流动条例》《开放数据指令》以及《数据法案》等一揽子法律构成欧洲数据市场建设的顶层设计。针对数据溯源，欧盟颁布的《开放数据元数据方案》中就提出要描述数据的溯源信息以提高数据的可信度。我国数据领域立法起步较晚，2021年9月和11月《数据安全法》《个人信息保护法》先后实施，但相关法律的监管细则和标准体系尚不完善，在数据溯源领域的规制仍然有待进一步研究。同时，应加快构建数据溯源标准体系，建立覆盖数据全生命周期的溯源标准体系和管理制度，同时推动试点，在实践中不断优化调整。

2. 加大投入，保障数据溯源体系的基础设施建设

强化配套基础设施建设是数据溯源体系构建的重要资源保障。数据溯源体系与信息、网络、科技等方面的基础设施建设密切相关。目前，我国加大了对数据中心、超算中心、物联网等数据基础设施的投入力度，持续优化空间和产业布局。未来政府与企业在继续强化基础设施支撑的同时，应进一步创新探索跨部门、跨地域、跨系统的数字共享技术、数据采集技术、数据安全技术等，夯实数据追溯体系的技术支撑。同时，数据溯源体系构建需要持续加大对人才的支持和培养力度，专业数据管理人员的配备是保证数据质量安全可追溯体系健康运转不可或缺的部分。英国2013年发布的《把握数据带来的机遇：英国数据能力战略》指出，要推动研究与产业合作，通过对高校、研究机构的资金扶持等形式来支持高校培养满足当前和未来数据分析需求的人才。

3. 拓展合作，提升数据追溯体系的协同治理能力

数据追溯体系的协同治理能力是保证数据追溯体系有效运转的重要支撑。建立数据追溯体系更需运用系统思维，需要政府、企业、行业协会的多元参与和协同共治。发达国家在数据协同治理方面有着较成熟的实践经验，例如美国的网络安全监管工作要求政府部门与各企事业组织、社会公众之间拓展合作。目前，数据要素市场上仍然存在协调性不足导致的数据孤岛现象，需要各主体在厘清责任、明确分工的基础上进行协调和配合。从我国数据溯源体系协同能力建设来看，政府应强化数据追溯体系协同治理的顶层设计。企业作为追溯体系的重要主体，加强与监管部门的沟通，充分发挥其技术优势，完善内部数据质量安全治理体系，建立多主体联动监管机制，同时，充分发挥行业组织在可追溯体系建设中重要的协同和推进作用。通过建立多主体联动监管机制，加强深度合作，提升数据追溯体系的协同治理能力。

参考文献

[1] HU R, YAN Z, DING W, et al. A survey on data provenance in IoT[J]. World Wide Web, 2020, 23(2): 1441-1463.

[2] 徐涛,刘虎沉.构建高质量政府数据开放平台[N].解放日报.2021-07-20(14).

[3] FENG G, HE J, XU W. An approach for tracking privacy disclosure[C]. Seoul: Sixth International Conference on Networked Computing & Advanced Information Management, 2010.

[4] 徐涛,尤建新,曾彩霞,等.企业数据资产化实践探索与理论模型构建[J].外国经济与管理,2022,44(6):3-17.

[5] 王晓庆,孙战伟,吴军红,等.基于数据要素流通视角的数据溯源研究进展[J].数据分析与知识发现,2022,6(1):43-54.

[6] 李欲晓,谢永江.世界各国网络安全战略分析与启示[J].网络与信息安全学报,2016,2(1):1-5.

俄乌冲突引发新一轮人工智能技术国际竞争与合作

| 赵程程　丁佳豪

人工智能不仅是一种引领未来的新兴技术，也是世界主要国家提升国家竞争力及维护国家安全的重要战略。因此，世界主要国家纷纷从战略布局、资金投入、技术研发、领域应用等方面入手提升人工智能全球竞争能力。2022年年初，俄乌冲突猛然爆发，更是掀起新一轮全球政治博弈和大国军事竞备，重构人工智能技术国际竞争与合作，非常值得我们关注和提前应对，从而确保我国人工智能从技术到产业多方面处于世界领先地位，规避重大风险隐患。

一、俄乌冲突预示未来战争的智能化形态

俄乌冲突是一场存在技术代差的战争，以人工智能技术为核心的各种对垒工具在此次冲突大显身手①。为谋求新一轮军备支出，美国军工复合体大肆渲染对俄罗斯的恐惧，怂恿世界各国走上军备竞赛道路，强化人工智能领域的押注式投资。美国国防部2023财年预算草案在原有"人工智能和数据加速计划"的基础上申请建立新的首席数字和人工智能办公室，并投入5亿美元供其开展人工智能技术研发，力图强化美军的一体化联合全域作战能力。人工智能技术向军事领域广泛渗透，加速现代战争形态向智能化演进，与之对应的制胜机理也将随之发生嬗变。传统战争主要依靠暴力手段使敌方屈服于己方意志，而"AI+战争"的平战界限会更加模糊。参战方可能采取不宣而战的方式发起融合经济战、网络战、舆论战等多种样式的混合战争，使对手疲于应对。当前，中美人工智能技术供应链、创新链深度融合，这是美西方不敢同我国"撕破脸"的基础，却也是可能攻击我国的"重力一拳"。

---

① 如美国援助乌克兰的"弹簧刀"无人机，既可用来识别和杀死单个士兵，也可攻击在车里或前线指挥部坐镇指挥的高级将领，大大提高了乌方打击俄罗斯的能力。

因此，必须重新审视中西融合度，一方面，强化中国创新主体在全球AI技术创新网络中的位势水平，使美国等西方国家对我国依存度大于我国对其依存度；另一方面，在涉及AI核心关键领域，必须做好应对同美脱钩的准备。

二、俄乌冲突升级“重击”以世贸规则为基础的知识产权规则体系

人工智能技术标准具有“协商一致”的属性，然而在俄乌冲突下，美西方强化国家力量在国际标准化活动中对私人企业的引导作用，巩固以西方价值观为基础的标准合作伙伴关系，如美国—欧盟贸易和技术委员会（Trade and Technology Council，TTC）①，甚至取消对俄最惠国待遇，严重践踏世贸规则。俄罗斯拒付“不友好国家”企业专利费的做法，直接否定了世贸组织知识产权领域的国民待遇原则。目前俄与美西方阵营的专利之争尚为临时制裁措施，若演化为长效机制，将动摇以世贸规则为支柱的知识产权国际规则体系，阻碍人工智能标准必要专利的跨国使用和国际共同研发。由于中西方价值观上的差异，未来中国的人工智能企业在走向全球市场的过程中，不仅会受到所谓国家安全方面的审查，也必将受到越来越多意识形态方面的审查。目前，美国微软、谷歌等跨国企业人工智能技术标准领域已经积累了丰富的经验，并在着手制定相关行业规则，一旦其技术发展能够很好地融合伦理法律要求，并因此发展出大多数国家可以接受的技术路线，那么美国将很容易赢得道德制高点和未来发展的话语权，以及遏制他国发展的筹码。反观我国蓬勃发展的人工智能创业企业，由于发展时间短，对国际规则普遍不熟悉，应对他国的“伦理规范审查”准备不足。这俨然成为我国人工智能高质量发展的重大风险点。

三、俄乌冲突加速美国对中国AI技术打压的速度和力度

尽管俄乌冲突是当前世界动荡的焦点，美国政府仍不断渲染中国是“首要威胁”，甚至将美俄之间的东西方对立由欧洲延伸到亚洲。美国试图以三方安全联盟（Australia-UK-US，AUKUS）及四方安全机制（Quadrilateral Security Dialogue，QUAD）为主干，向“印太”地区持续输入技术资源，建立一个致力于人工智能数据共享、研发协调、能力建设和人才交流的合作伙伴网络。其主要目的

① 美国—欧盟贸易和技术委员会是发展跨大西洋经贸及技术关系的重要对话机制，旨在通过深化美欧产业链合作，制定技术和行业标准，以及协调科技监管政策等方式，进一步强化西方在全球贸易、经济和技术等方面的领导地位。

在于:将多强国笼络到美国的霸权羽翼之下,提升其在全球人工智能技术创新网络中的中心位势,进而制定新兴技术开发的国际规则、规范和标准,遏制中国的迅猛发展。然而,毕竟中国是全球 STEM 人才重要输出国,所以当前美国对中国采取“有条件的 AI 研发合作和商业贸易”,以防止“广泛的技术脱钩只会导致美国大学和企业失去稀缺的 AI 和 STEM 人才”。基于此,中国可以避其锋芒,推动国内机构与美国中小企业多方位交流合作。这些企业往往被政府监管机构所忽视,尚处于创新链的末端,对投融资的需求比较迫切。中国可以以“农村包围城市”的方式,层层推进。

四、俄乌冲突削弱欧盟对美国的战略互信

长期以来,立足于人工智能全球合作伙伴关系(Global Partnership on AI, GPAI)框架,美欧在人工智能技术标准领域已然形成了稳定的战略合作伙伴关系。此次俄乌冲突,欧盟一直被美国带着节奏,亦步亦趋地对俄罗斯进行一轮又一轮的制裁,极大损害了自身利益。随着美国将主要战略目光投向“印太”,欧盟对美欧同盟体系的信任大大削弱,迫不得已加速了战略自主的步伐,反映出中欧人工智能治理合作有进一步拓展空间。值得注意的是,目前欧洲国家在人工智能治理领域对中国怀有敌意主要有两方面原因:一是认为中国个人数据权利保护意识薄弱,中国国家管控模式导致技术损害人权和安全;二是中国打破了欧美在 AI 技术标准领域的垄断地位。基于此,为深化中欧人工智能技术标准合作,我国一方面需要在国际上做好增信释疑的宣传工作,表明中国高度重视权利保护的态度,纠正“数字威权主义论”对中国的不实指责,强调美国大量监听和获取数据才是欧洲数据保护的最大威胁;另一方面可以与欧洲形成区域性治理机制,针对数字基础设施、数据保护、人工智能等问题展开广泛的对话,形成原则性治理共识。

五、全球人工智能技术竞争格局短期内不会出现对立阵营

应对中国快速成为人工智能大国,美国渲染“中俄一家”的认知,强迫各国站队,企图构建“民主对抗威权”的两极格局。然而,俄乌冲突表明,美国挑动分裂对立,制造集团对抗的妄想并不能如愿。究其原因,一方面,中美人工智能博弈一直是美国在对外推行自己的意识形态,中国一直坚持不对外输出意识形态,强调各国应该根据国情选择自己的人工智能发展道路;另一方面,美国在俄乌冲突

中的表现，使其“保卫盟国”的意愿和能力备受质疑。广大亚非拉国家，甚至美国的部分盟友，已经看穿美国挑动冲突而又让他人火中取栗的真实面貌，努力与其保持距离。即便是俄乌冲突爆发后表现积极的日本，一个始终存在的重大战略关切就是“绝不同时与中俄为敌”。这些国家将同中国一道，推动全球人工智能技术竞争格局朝多极化方向发展。俄乌冲突同样也表明，第二次世界大战以来以联合国为中心的世界体系面临解体风险，意味着未来联合国可能无法以有效的方式约束成员国遵守国际人工智能原则。这对于我国在全球人工智能技术治理领域的战略布局有很大警示意义，有必要提出新的价值理念，打消世界各国对中国崛起的疑虑，吸引他们加入乃至共同建设更为开放包容的国际人工智能新秩序。

从全球专利布局看医疗器械产业创新热点*

| 李　昕

一、全球医疗器械专利技术发展现状及布局

随着社会老龄化进程的明显加速和科技水平的不断进步，人们自我保健意识日益增强，医疗器械产业快速发展，市场需求巨大。根据中国医疗器械行业协会的数据，全球医疗器械市场销售额从 2001 年的 1 870 亿美元增长至 2020 年的 4 920 亿美元，预计未来三年的年复合增长率为 6%，到 2024 年市场规模将达到 5 850 亿美元。技术创新是推动医疗器械产业发展的根本动力，专利是体现产业创新力的一项重要表征。笔者根据 Innography 专利数据库检索统计，截至 2022 年 9 月 30 日，全球医疗器械领域专利数据共计 6 374 954 件，申请记录 5 147 835 件，专利家族 3 240 520 个。

1. 专利技术整体发展趋势

全球医疗器械专利技术发展经历了四个阶段。第一阶段：20 世纪 60 年代之前为技术积累期，专利年申请量增长率低。第二阶段：20 世纪 60 年代至 90 年代为缓慢增长阶段，专利年申请量接近 5 万件。第三阶段：20 世纪 90 年代至 2010 年为高速发展阶段，专利年申请量快速增加，2010 年年申请量达到 15 万余件。第四阶段：2010 年至今，再次进入高速发展阶段，且增速加快，2020 年申请量接近 40 万件（图 1）。

2. 专利技术区域分布分析

专利区域分布可以从技术创新的目标区域与来源区域两个角度展开。技术创新目标区域分布是对受理局专利进行统计分析，获取各国家（地区）专利量，从而了解申请人在各国家（地区）的布局情况。技术创新来源区域分布则通过申请

---

* 本文为国家社会科学基金重大项目“新形势下进一步完善国家科技治理体系研究”（项目编号：21ZDA018）的阶段性研究成果。

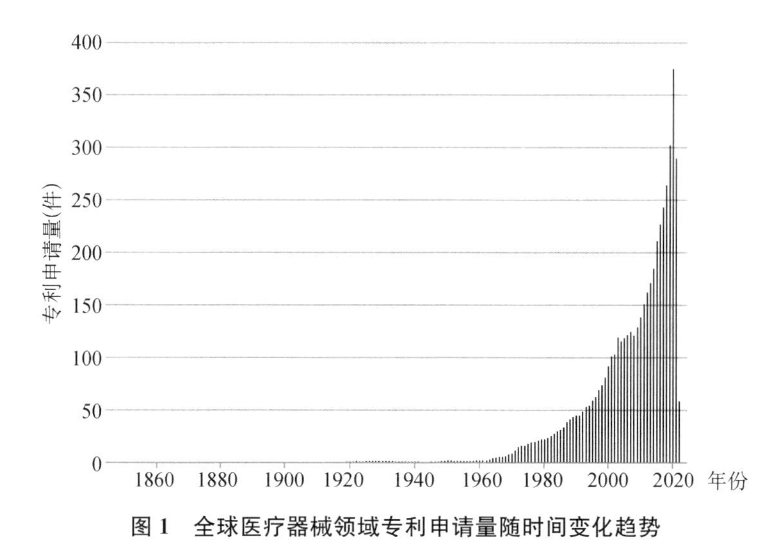

图 1 全球医疗器械领域专利申请量随时间变化趋势

人地址对专利进行统计分析,从而获得各国家(地区)的专利产出情况。

(1) 目标区域

医疗器械领域技术创新目标区域集中,IP5 世界五大专利局(中国国家知识产权局 CNIPA、美国专利商标局 USPTO、欧洲专利局 EPO、日本特许厅 JPO 和韩国知识产权局 KIPO)以及 PCT 专利量之和在全球专利总量中的占比超过 75%。统计全部专利类型(包括发明专利与实用新型专利),目前中国(大陆地区)专利申请量占全球总量的 30.8%,已超越美国、日本、欧洲成为全球最大的技术创新目标区域。美国与日本为全球第二、第三大技术创新目标区域,全球占比分别为 15.4%与 12.4%。德国、韩国、澳大利亚、加拿大均属于第四梯队,医疗器械领域的专利量不到日本的一半[图 2(a)]。这表明以中国为代表的新兴医药市场快速发展,政策红利让行业竞争者更加重视中国市场,积极进行专利布局。

由于各国实用新型专利制度存在差异,因此除去实用新型专利仅统计发明专利,美国的发明专利申请量仍然排名第一,约占全球 20.9%,中国与日本的发明专利申请量分别为全球第二、第三,分别占 14.1%与 10.9%,德国、韩国、澳大利亚、加拿大发明专利虽仍属于第四梯队,但全球占比变化不大[图 2(b)]。以上数据差异显示中国医疗器械专利储备在中低端器械领域集中度较高,在高端器械方面与国外技术存在较大差距。以中国为代表的新兴市场是全球最具潜力的医疗器械市场,产品普及需求与升级换代需求并存,而美国、日本、欧洲等发达国家(地区)的医疗器械产业发展时间早,对医疗器械产品的技术水平和质量要求较高,市场需求以产品的升级换代为主。

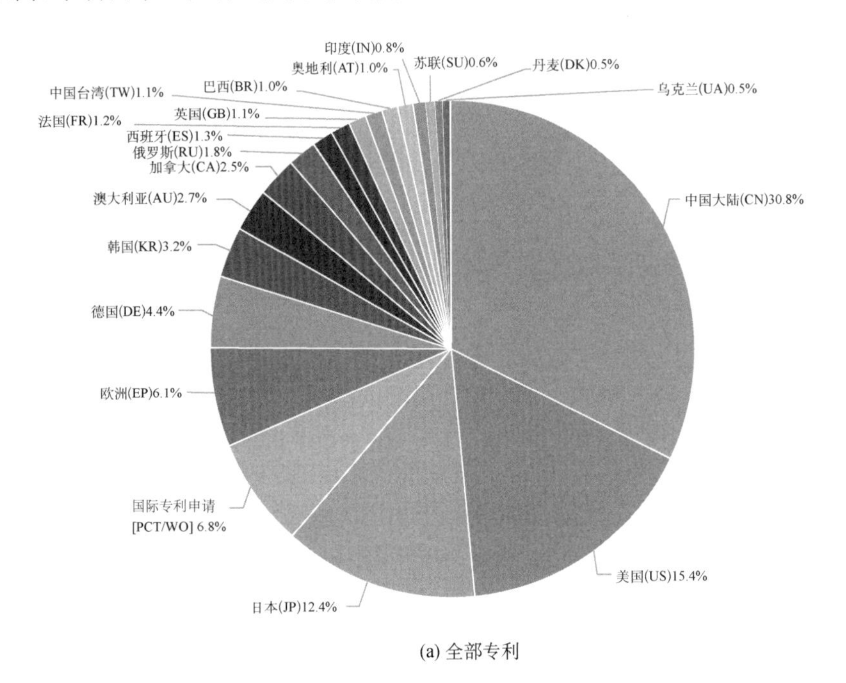

(a) 全部专利

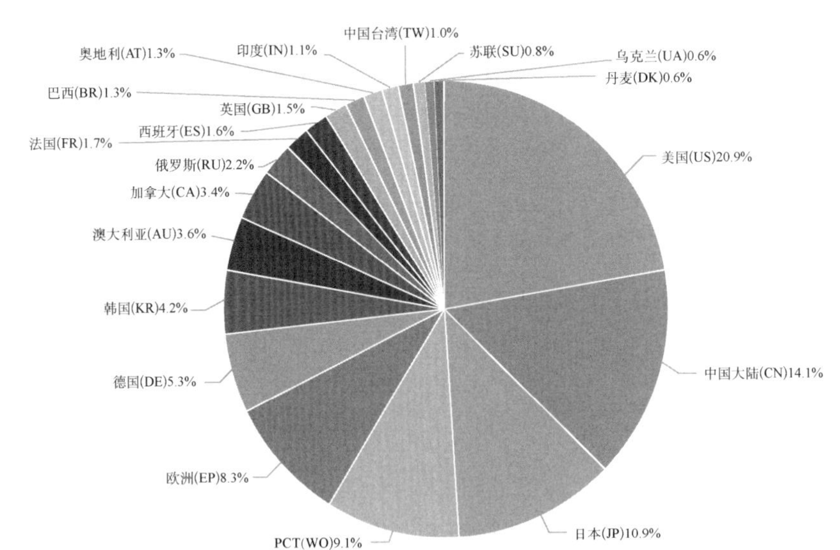

(b) 除去实用新型专利

图 2 全球医疗器械专利主要的申请国家和地区

（2）来源区域

美国拥有众多国际知名药企和医疗器械企业，为全球最大的技术来源国，占30％。若以全部专利类型（发明与实用新型）计量，中国（大陆地区）仅次于美国，为全球第二大技术来源区域，占26％，日本为第三大技术来源国，占15％，德国、韩国、英国、法国处于第四梯队[图3(a)]。除去实用新型专利的产出，美国仍占据世界第一，全球占比略增至37％，日本跃居世界技术产出第二，占比不变，中国（大陆地区）的技术产出跌至第三，占比也下降至12％，德国、英国、法国等欧洲国家产出量全球排名与占比较为稳定，其技术产出总量占比超过了中国（大陆地区）[图3(b)]。这表明美国、日本、欧洲仍是全球医疗器械技术创新策源三大高地，是中国企业争夺全球医疗器械市场的强劲对手。

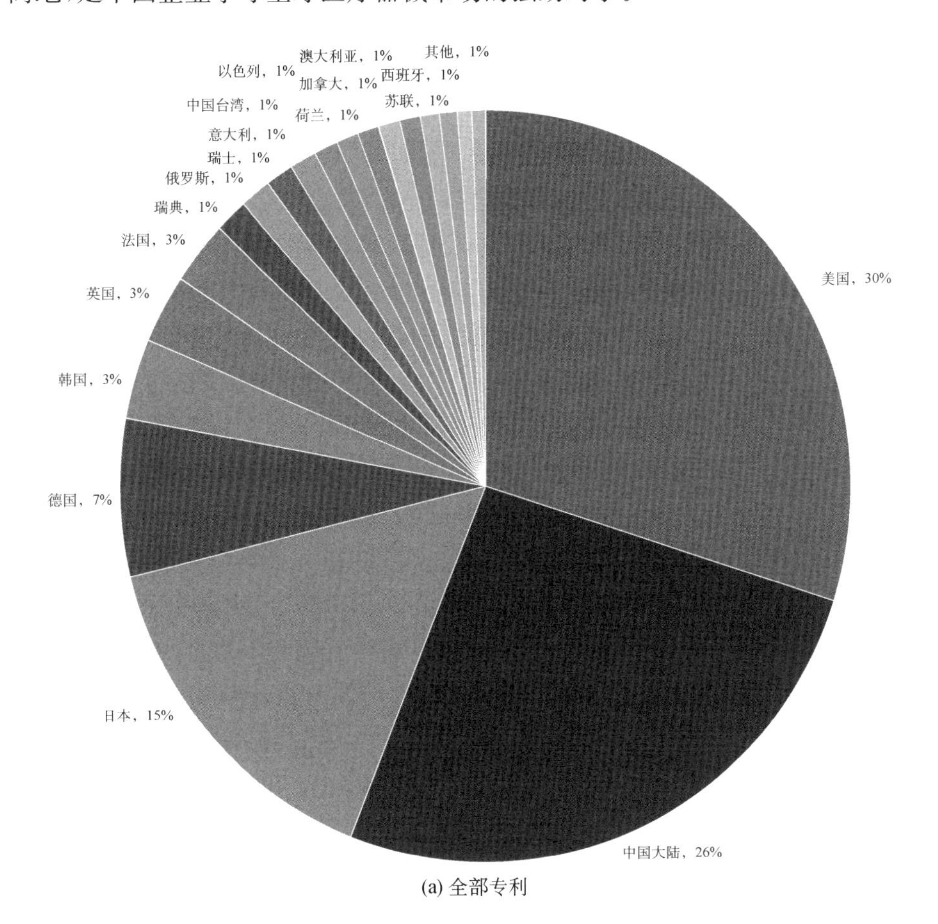

(a) 全部专利

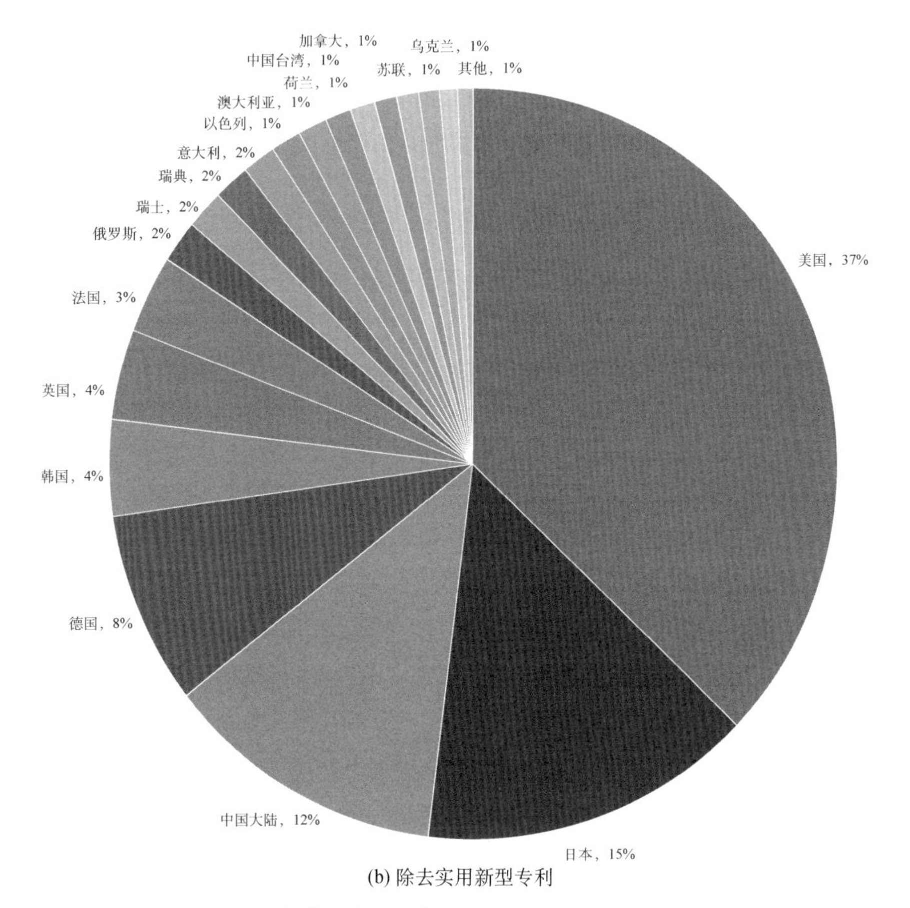

(b) 除去实用新型专利

图 3　全球医疗器械专利发明人分布国家和地区

3. 专利技术类型分析

将专利按国际专利分类号(IPC 号)分类(图 4)，A61B(诊断/外科/鉴定)领域专利量在全球及我国均位列第一，占各类申请总量的比例分别为 39％、28％，可见国内外在该领域的研发活动都十分活跃，其中 A61B5/00(用于诊断的测量)与 A61B17/00(外科手术器械)的申请量最多。A61F(植入器械等)、A61M(介入器械等)在全球、我国的专利申请量也都处于前三，说明介入、植入等治疗类器械是研究的热点方向。专利申请量越多的技术领域，其市场竞争热度也越高。

4. 重要的专利权利人分析

从专利申请机构来看，全球医疗器械专利申请量排名前 20 的研发机构均为国际公司，且 70％为美国企业，其余为欧洲与日本企业。从整体专利法律状态来看，国际

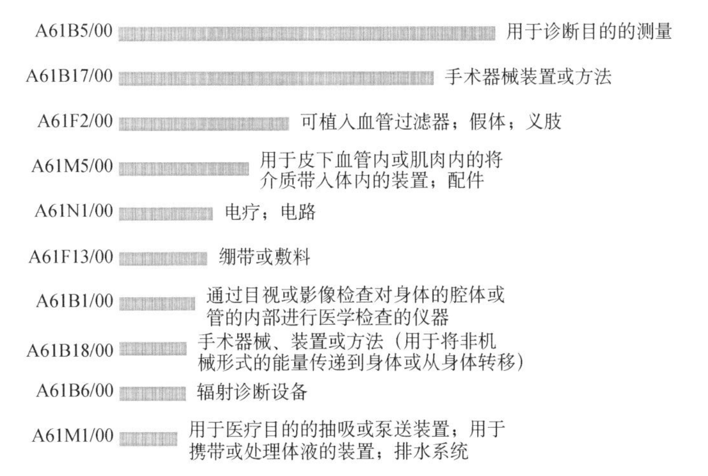

图 4　全球医疗器械专利数量排名前十的技术类型

医疗器械强企处于有效与审中状态的专利较多，共计 5 万余件，失效专利 3 万余件，统计未来 20 年间到期专利件数，总体每年到期专利数波动不大，虽然在截至 2034 年的 14 年间，每年到期专利数量呈缓慢上升趋势，但目前已处在审中或其他未定状态专利数量有 2 万余件，专利储备较多，因此近 20 年内美国、欧洲、日本重要企业在医疗器械领域的专利保护效力比较稳固，不会出现明显的“专利断崖”现象(图 5)。

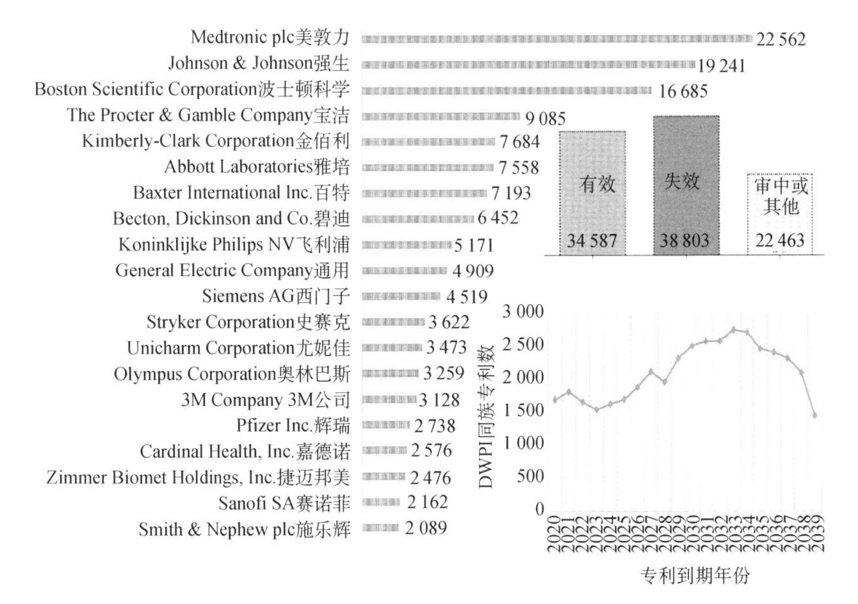

图 5　全球排名前二十的医疗器械专利权利人

统计以上全球前二十的专利权人申请专利的德温特手工代码，其主要的技术领域如表 1 所示。根据专利具体总数排名，头部企业专利布局领域主要为：计算机软件、外科、仪器设备、聚合物与医用敷料（总数从高到低排列）。从专利排名来看，前三名分别为美敦力、强生、波士顿科学，这三家公司掌握外科器械、电疗仪器设备、植入式医疗装置关键技术。飞利浦、西门子、通用、奥林巴斯虽然专利数量不及前三，但研发投入较高，销售额也排名靠前（表 2），在 X 线机、CT、超声、MRI 等影像诊断领域的关键技术方面形成壁垒，包括成像系统、信息处理系统等。雅培、碧迪、嘉德诺在体外诊断及心脏领域具有优势核心技术，史赛克、捷迈邦美、施乐辉等在骨科医疗器械领域独占鳌头，这几家虽然专利数量排名靠后，但仍然是各自专科领域的全球领导者，全球市场份额占比较大。与中国的医疗器械分类不同，美国、日本等国将女性用品（卫生巾、卫生棉）按Ⅰ类医疗器械管理，宝洁、尤妮佳等日用品跨国公司在医用敷料、聚合物材料等领域布局了大量专利。

表 1　排名前二十专利权人主要布局的技术领域

德温特手工代码	技术领域	细分技术	专利数量
T01-G06A	计算机软件	编译代码（计算机逻辑模拟）	9 114
T01-S03		受保护的软件产品	5 036
P31-A01	外科	外科工具和器具	7 018
P31-A05		诊断仪器	6 065
S05-D	仪器设备	电子诊断	2 780
S05-B03		机械或电子外科手术设备	2 627
S05-Y03		植入式医疗装置	2 255
S05-B		激光、红外线或紫外线手术设备；声波或超声手术设备；手术监测设备；内窥镜；遥控和自动/机器人外科手术系统	1 913
S05-D01A		电气诊断——生物电流的测量和记录系统	1 646
A12-V03D	聚合物	聚合物应用夹板、缝合线（医疗或手术器械和设备）	3 829
A12-V02		假体	3 142
A12-V03A		敷料；绷带；卫生巾；尿布	2 972

(续表)

德温特手工代码	技术领域	细分技术	专利数量
F04-E04	医用敷料	外科和医疗用织物产品	4 728
F04-C01		纺织物应用(内衣;婴儿亚麻布;手帕;基础服装和紧身衣)	2 400
F04-C01A		婴儿亚麻布/纸尿裤/婴儿训练裤	1 783

表 2　全球排名全列医疗器械企业研发投入与销售额情况

	专利排名	研发投入排名(2020年,百万)	销售额排名(2020年，百万)
Medtronic plc美敦力	22 562	$2 331	$28 913
Johnson & Johnson强生	19 241	$2 028	$25 963
Boston Scientific Corporation波士顿科学	16 685	$1 174	$10 735
The Procter & Gamble Company宝洁	9 085	-	-
Kimberly-Clark Corporation金佰利	7 684	-	-
Abbott Laboratories雅培	7 558	$1 200	$19 953
Baxter International Inc.百特	7 193	$595	$7 850
Becton, Dickinson and Co.碧迪	6 452	-	$17 290
Koninklijke Philips NV 飞利浦	5 171	$2 109	$21 298
General Electric Company 通用	4 909	$1 000	$19 942
Siemens AG 西门子	4 519	$1 502	$16 198
Stryker Corporation 史赛克	3 622	$971	$14 844
Unicharm Corporation 尤妮佳	3 473	-	-
Olympus Corporation 奥林巴斯	3 259	$550	$5 889
3M Company 3M公司	3 128	-	$6 641
Pfizer Inc.辉瑞	2 738	-	-
Cardinal Health, Inc.嘉德诺	2 576	-	$15 544
Zimmer Biomet Holdings, Inc.捷迈邦美	2 476	$449	$7 982
Sanofi SA 赛诺菲	2 162	-	-
Smith & Nephew plc 施乐辉	2 089	$292	$5 138

二、医疗器械技术领域创新发展的聚焦点

笔者进一步以地形图方式显示全球前二十企业的专利中可识别的常见技术主题及其关键词,制作全球医疗器械领域的核心专利全景图(Patent Landscape)(图 6)。图中山峰的海拔高度代表特定主题文献的密度大小,将包含通用概念词(主题)的记录分到一个组中,并显示不同记录之间的相对关系。内容相似的记录在专利地图上形成“高峰”,等高线表明了相关文献的密度,峰顶越高表示包含的文献越多,峰谷越低表示包含的文献越少。峰间位置越接近,则所含内容的相关性就越强,反之则越弱。每个山峰都有一个深黑色的小标签,表示该区域的

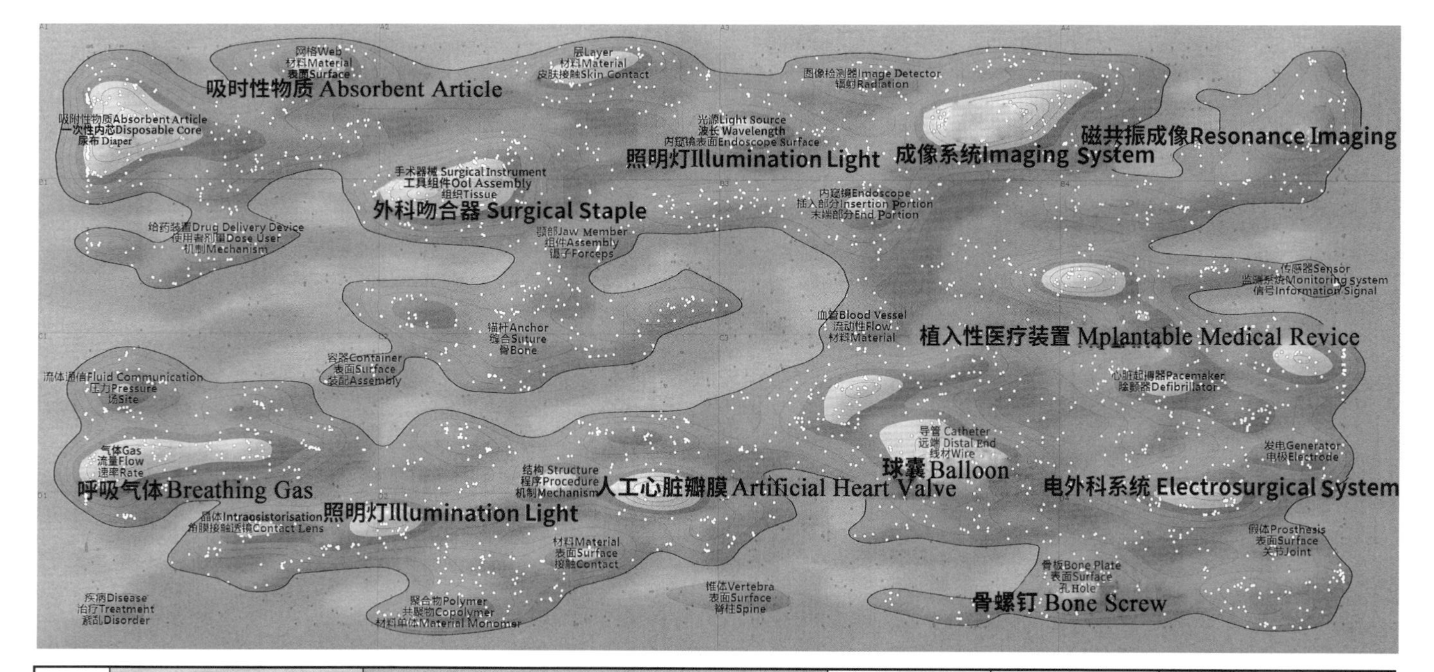

核心专利领域	高端医疗影像设备			植介入医疗装置					外科		医用敷料		呼吸	骨科	可穿戴给药
	成像系统	照明灯	磁共振成像	植入性医疗器械	电外科系统	球囊	人工心脏瓣膜	眼科透镜	外科吻合器	手术器械	尿布	吸附性物质	呼吸机	骨螺钉	给药装置
技术关键词	区域 时间 程序 图像检测器 辐射	光源 波长 内窥镜表面 插入部分 末端部分	信号 场域	心脏起搏器 除颤器 传感器 监测系统 信号	发电 电极	导管 远端 线材 血管 流动性材料	结构 程序 机制 材料	晶体 角膜接触透镜 聚合物 共聚物 材料单体	工具组件 组织	腭部 锚杆 缝合 镊子	吸附性物质 一次性内芯	网格 材料 表面 棉条	气体 流量 速率 流体通信 压力	骨板 表面 孔 假体 关节	使用者剂量 机制

图 6　医疗器械技术创新七大聚焦领域

关键词。山峰之间的距离说明这些区域中记录之间的关系，聚集在一起的高峰内容类似，由一个灰色的大标签表示。全球排名前列企业的专利布局能够代表技术创新的未来趋势，对头部企业核心专利全景图进行分析，可以帮助我们确定医疗器械技术发展的聚焦点。根据核心专利全景图，笔者总结出医疗器械技术创新发展应聚焦的七大领域及相关的核心技术。

第一，高端影像诊断设备。核心技术领域包括成像系统、照明灯、磁共振等高端影像、放射治疗大型医疗设备的关键零部件，以及与计算机逻辑模拟相关的软件。第二，植介入式医疗装置。核心技术领域包括心脏起搏器/除颤器、电外科系统、球囊导管、支架、人工心脏瓣膜、眼科透镜等植介入物的构造与材料，信号传感与检测系统等。第三，外科。核心技术领域包括外科缝合设备、外科闭合器、电子外科产品、疝气治疗产品。第四，医用敷料。核心技术领域为吸附性物质材料与表面构造等。第五，呼吸。核心技术领域主要为呼吸机构造与系统机制等。第六，骨科。核心技术领域包括创伤植入类骨科螺钉、与脊柱相关的植入物、关节植入物等。第七，可穿戴给药。核心技术领域包括糖尿病、心脑血管等慢性疾病的给药装置。

三、结语

从整体来看，医疗器械企业发展前景看似乐观，然而医疗成本难以为继，当前全球政府都力求降低医疗成本，尤其是在医院这一医疗体系中成本最高的部分。政府希望在医疗器械上减少支出，同时想看到医院在取得更好的治疗效果方面提供更大的价值，很多采购的决定权已从医疗机构向经济决策者转移，加上有新竞争力量参与，预示了行业未来的格局可能将发生改变。2020 年，《国家卫生健康委办公厅关于印发第一批国家高值医用耗材重点治理清单的通知》，将血管支架、导丝、耳内假体等 18 类耗材列入第一批国家高值医用耗材重点治理清单。首轮带量采购结果效果显著，以冠脉支架为例，价格从均价 1.3 万元左右下降至 700 元左右。与 2019 年相比，相同企业的相同产品平均降价 93%，国内产品平均降价 92%，进口产品平均降价 95%。当今的医疗器械企业要保持领先地位就要提供超越设备的价值，切实解决医疗问题，而非仅仅有所贡献，如果未能在不断演变的价值链中确立自身地位，则将面临进退两难的境地和商品化的风险。

从专利全球布局情况来看，我国的医疗器械在技术规模上已经具有明显优势，但在高端医疗器械领域的专利储备还远远不够，技术竞争力相对较弱，开拓国际市场的能力明显不足。从市场竞争格局来看，以植介入器械为例，国产心血管类器械的市场占有率为 12%，国产高端医疗影像设备的占有率低于 10%，国产骨科、眼科类器械的占有率不到 5%，均存在较大的国产化替代空间。国内医疗器械企业应加强在以上分析得出的七大领域进行专利布局，围绕七大领域的核心技术开展技术攻关，以技术创新作为关键制胜法宝，在政策助推作用下早日实现逆袭突围。

元宇宙在游戏领域的商业模式畅想

| 胡 雯 刘 笑

伴随第四次工业革命的快速发展，新一代信息技术的应用领域日益宽广，万物互联和全球互联趋势进一步增强，线上线下交互融合愈加紧密，推动数字经济蓬勃发展。自上网终端从个人台式电脑、笔记本电脑过渡到智能手机以来，移动互联网发展即将迎来用户红利瓶颈，而 VR/AR 技术和设备的日趋成熟，正在推动互联网向元宇宙时代演进，为数字经济发展注入新动能。

"元宇宙"（Metaverse）的提法最早出现于文学作品《雪崩》（*Snow Crash*）中，该作品描述了基于虚拟现实互联网的未来发展形态。此后，元宇宙的文学形象在科幻小说和科幻电影中得到进一步丰富，并衍生出多种形态。然而，文学和影视作品中的元宇宙概念始终停留在想象阶段，游戏产品则使其真正脱胎于有形，其中大型多人在线角色扮演游戏（Massively Multiplayer Online Role-playing Game，MMORPG）的出现具有里程碑意义。MMORPG 是由大量玩家（通常为数百万人）共同进行的在线游戏，围绕定义的游戏目标或鼓励自由的游戏风格，让参与者能在高开放度的虚拟世界中做自己喜欢的事情。Linden 实验室于 2003 年 6 月推出的 Second Life 是 MMORPG 的典型代表，能够让用户控制游戏世界的几乎所有方面，使其在不受物理世界限制的条件下实现活跃创造和自我表达。由此可见，未来游戏领域所呈现的元宇宙形态需要满足以下基本条件：一是虚拟世界对现实世界构成同态关系，其中"化身"与人类个体之间的映射最为重要，只有形成足够规模的映射才能促使元宇宙中社会网络和虚拟社群的形成；二是虚拟世界必须具备有效的沉浸感，无论是充分模拟现实世界，还是脱胎于现实存在的世外桃源，都应具有足够的时间黏性，这就有赖于 VR/AR、脑机接口、人工智能等技术的进一步发展；三是在虚拟世界中建立经济系统，使用户创造的数字资产能够在虚拟世界中流通，并且该系统与现实世界的经济系统之间存在双向互动关系，即货币能够在两个系统间实现自由兑换；四是"化身"对虚拟世界的基本对象具有开发权限，能够进行高自由度的创造，不受限于开发者的有限资源。

区块链、人工智能、VR/AR、脑机接口等新一代信息技术的发展为元宇宙的形成提供了技术基础，伴随互联网向元宇宙形态的发展，传统企业不得不在虚拟现实边界虚化的背景下谋求发展和转型，这一趋势带来的重要变化在于，价值体系和价值循环的复杂程度急剧增高，加速了价值链的迭代升级，产品架构将发生远超以往的剧烈变化，因而要求企业商业模式做出相应改变，这种改变能够直观地反映元宇宙时代对企业成长逻辑和价值创造的影响。

一、从用户价值主张维度来看

元宇宙带来了两方面的变化：一是用户价值主张由功利性（utilitarian）向享乐性（hedonistic）让渡。价值主张源于通过价格、成本或效率优势创造的功利性价值，主要包括功能价值和经济价值，元宇宙背景下，虚拟世界中的数字产品可以以零边际成本进行复制，并通过网络外部性以指数方式被创造出来，越多用户加入就能创造更多价值，因此数字产品的价值是在使用中被定义的，而不是在交易中。进一步，数字产品在使用中体现的价值主要取决于通过卓越用户体验所产生的情感价值，以及通过与其他利益相关者互动所产生的社会价值，此类价值显然不同于功利性价值，更具享乐性价值特点。二是理解用户多重身份下的价值主张。如果元宇宙中的虚拟世界对现实世界形成足够精细的刻画，那么几乎所有人类个体都将成为用户，现实身份和虚拟化身的一对一或一对多组合将成为讨论用户价值主张的基本单元，并以虚拟化身的价值主张为主。这将带来两个重要挑战：①如何考察虚拟世界中“化身”的价值主张，因其可能与现实世界人类个体的价值主张存在明显区别，且更具个性化特点。②如何协调虚拟化身和现实身份之间的价值主张关系，这一考虑势必要纳入更广泛的社会视角，使针对用户价值的考量扩展至与用户相关的利益群体。因此，元宇宙商业模式需要考虑如何同时捕获虚拟世界和现实世界的多元价值流。此外，如何设计用户、社会以及其他利益相关群体之间有关价值的协作机制也是重要问题。

二、从价值共创过程来看

由于元宇宙中用户参与内容创新的程度比以往更深，因而在授权和融入两个维度上带来新的变化：一是用户授权下沉。一方面，为了更大限度地激发用户创新，企业往往需要充分向用户授权，以使用户能够在更基本的单元上进行自我创造,能够创造真正的新对象,在创造中增加价值、增进创新,而不是满足于产品功能组合。例如,以 Second Life 和 Minecraft 为代表的高自由度沙盒游戏就能够允许用户对虚拟世界中的基本对象(设施、环境、规则等)进行改造和创新,而不仅限于在已有道具的基础上进行组合或升级。另一方面,普通用户能够更加积极地参与到内容生产中去,而不仅限于领域内的专家或高级用户,使生产者与消费者之间的边界变得更加模糊,普通用户逐渐获得比以往更多的话语权,这种权利在虚拟社群范围内尤其明显。二是虚拟社群融入。在价值共创过程的动态迭代中,虚拟社群将成为用户融入的基本单元,用户在其中分享知识、交流情感,并受到情境影响产生差异化的融入水平。因此,促进用户更快、更好地融入合适的虚拟社群成为价值共创过程不断迭代的重要前提。通常来说,由内在兴趣驱动的用户参与价值共创能够表现出高且持久的参与度,如果一个虚拟社群的凝聚力高、内部情感交流活跃,就容易使用户获得更好的融入感,进而促进用户进行内容创作或产生交易行为,甚至能在虚拟社群内部形成自我治理的规范机制。同时,不同类型的虚拟社群将形成多元价值流,虚拟世界的整体社会网络结构也将对虚拟社群的融入产生差异化影响,进而影响价值共创的结果。

三、从价值传递渠道来看

元宇宙背景下企业的价值传递渠道将在多重价值循环结构中得到重塑,其核心是促进数字资产在价值网络中的生产、流动、增值和形态转换。具体来说,元宇宙中围绕数字资产的价值传递渠道有以下三方面的变化:一是数字资产的生产和流动。从当前 MMORPG 的价值传递渠道来看,大部分游戏平台仅实现了现实世界向虚拟世界的单向货币兑换,此类实践形成了较为丰富的虚拟世界内部价值循环,以“皮肤”和游戏道具为代表的数字资产成为企业价值传递和获取的重要渠道,用户间数字资产交易的进一步繁荣将促进虚拟世界数字市场的产生和成熟,使企业价值传递渠道得到拓展。而在双向货币兑换和用户授权下沉的背景下,用户在虚拟世界中的创造性将得到更好的激发,真正实现“所有组织和个人都是生产者”的理念构想,并造就一批虚拟企业家(virtual entrepreneur),这种发展方式与互联网繁荣的早期阶段有很多相似之处。二是数字资产的价值增值。尽管目前大部分 MMORPG 没有实现双向货币兑换,虚拟世界内部价值循环也能够通过数字资产增值路径对现实世界内部价值循环产生影响。例如,游戏“主播”“代练”和“陪玩”等现实世界职业,就是通过在虚拟世界中的数字资产增值(虚拟角色升级、道具获取等)实现了现实世界中的价值传递。显然,这种影响在双向货币兑换条件下将得到显著增强,尤其是平台型组织将成为重要桥梁。在平台结构下,用户价值创造过程与企业价值获取过程间的线性关系被打破,不同价值链之间相互作用形成功能互补的价值系统,企业通过整合这些互补性价值活动以实现自身的价值传递和获取。三是数字资产的形态转换。以 Second Life 为例,用户的虚拟化身可以在虚拟世界的戴尔工厂中定制属于自己的戴尔计算机,并继续在线购买现实世界中的戴尔计算机;企业通过在虚拟世界中举办服装设计竞赛,将优胜作品在现实世界中生产出来销售,实现由虚拟世界向现实世界的“出口”。本质上来说,这是一种数字资产由虚拟形态向物理形态转换的过程,也是企业在虚拟现实间价值循环中进行价值传递的途径之一。

参考文献

[1] 方凌智,沈煌南. 技术和文明的变迁——元宇宙的概念研究[J]. 产业经济评论,2022(1):5-19.

[2] PAPAGIANNIDIS S, BOURLAKIS M, LI F. Making real money in virtual worlds: MMORPGs and emerging business opportunities, challenges and ethical implications in metaverses[J]. Technological Forecasting and Social Change, 2008,75(5):610-622.

[3] 王永军. “元宇宙”联通虚拟与现实[N]. 中国民航报,2021-11-3(5).

[4] TÄUSCHER K, LAUDIEN S M. Understanding platform business models: a mixed methods study of marketplaces[J]. European Management Journal, 2018, 36(3): 319-329.

[5] REMANE G, HANELT A, NICKERSON R C, et al. Discovering digital business models in traditional industries[J]. Journal of Business Strategy, 2017, 38(2): 41-51.

[6] RINTAMÄKI T, SAARIJÄRVI H. An integrative framework for managing customer value propositions[J]. Journal of Business Research, 2021, 134: 754-764.

[7] BRODIE R J, HOLLEBEEK L D, JURI B, et al. Customer engagement: conceptual domain, fundamental propositions, and implications for research[J]. Journal of Service Research, 2011, 14(3): 252-271.

[8] FÜLLER J. Refining virtual co-creation from a consumer perspective[J]. California Management Review, 2010, 52(2): 98-122.

[9] 刘国亮,冯立超,刘佳. 企业价值创造与获取研究——基于价值网络[J]. 学习与探索,2016(12):124-127.

参与、主导与合作：中国国际标准化活动研究*

| 杨溢涵　鲍悦华

新一轮科技革命的加速推进带来前所未有的战略机遇和激烈角逐，标准对技术创新与产业竞争的影响逐渐凸显，成为大国博弈的手段和焦点。参与国际标准化活动一方面可以推动国内实践与标准、本国利益与要求的国际标准化，在国际竞争中不断提升技术水平，争取技术主导权；另一方面也是一种开展国际科技合作的有效方式，能够充分融入全球创新网络，扩大科技外交的"朋友圈"，争取国际话语权。本文对主要国家国际标准化战略、中国参与国际标准化活动现状与问题展开初步研究，并提出相应对策建议。

一、主要国家的国际标准化战略

美国已形成不断演进的国际标准化战略，2000 年发布第一版《美国国家标准战略》以来，每隔五年根据国际形势对战略进行调整，但其国际标准化内容的主体保持相对稳定，始终把通过国际标准化反映本国需求、原则和设想，推动以美国为主导的国际标准化发展作为战略目标。

欧盟同样从 20 世纪末开始高度重视标准化的作用，2022 年发布的《欧盟标准化战略》，首次将标准化上升到欧盟战略层面，一方面高度"以欧洲为中心"完善欧洲标准化治理体系，削弱域外国家在欧洲及国际标准中的影响力；另一方面强调欧洲在全球关键技术标准方面的领导地位，并面向未来预见标准化需求和培养下一代专家。

基于经济衰退的国内环境和通过标准化突破贸易壁垒的需求，日本于 2006 年发布并 4 次修订了国际标准综合战略，促使日本形成了举国体制。为了突破政府主导型体制下民间标准化工作低水平的问题，日本于 2014 年发布了

* 本文为国家社会科学基金重大项目"新形势下进一步完善国家科技治理体系研究"（项目编号：21ZDA018）的阶段性研究成果。

“标准化官民战略”，促进官产学研紧密联系，加速企业抢占国际标准高地。

美国、欧洲、日本等发达国家的国际标准化战略具有以下四点共同特征：一是时代性和挑战性强，根本战略目标都是以技术标准为武器占领国际经济竞争的制高点、确保国家的经济利益。二是通过建立区域标准化联盟提高本国标准国际化效率，扩大本国在国际竞争格局中的权力。三是将新兴技术领域作为战略重点领域超前布局，使标准创新与技术创新协同发展，注重未来标准化人才的培养。四是强调标准的市场适应性，不同的标准由不同部门主导制定，鼓励民间标准化组织参与到国际标准化进程中。

二、中国参与国际标准化活动的现状与主要形式

1. 现状

中国的国际标准化工作起步较晚，标准化战略仍处于探索建设的过程中。2018 年修订的《中华人民共和国标准化法》首次提出了国家要积极推动参与国际标准化活动。2020 年颁布的《国家创新驱动发展战略纲要》将标准化上升到战略层面，并明确指出“支持我国企业、联盟和社团参与或主导国际标准研制，推动我国优势技术与标准成为国际标准”。同年实施的《国家标准化发展纲要》是中国首个支撑社会和经济改革的国家标准化战略，系统提出标准化工作在标准供给侧改革、标准化全域发展、国际标准化工作及标准化发展模式方面的“四个转变”，为中国未来 15 年标准化发展指明路径。

2. 主要形式

（1）直接参与国际标准制定

为了争取关键领域的话语权，推动中国标准成为国际标准，中国在 ITU 和 ISO 的部分国际标准制定工作中采取“先发制人”参与模式。在 5G、物联网和智慧城市等领域，中国都通过这种模式引领标准化进程，特别是 ISO 中智慧城市标准的制定最初就是由中国提议的，从成立智慧城市研究小组至今，中国一直在 ISO 智慧城市相关机构中担任着牵头者角色。

近年来，我国参与的国际标准制定数量不断增加，牵头编写了许多新兴技术领域的基础性、总体性和战略性标准，包括参考体系结构、路线图、通用规范和术语等，使得我国在这些领域取得了标准主导地位。据国际标准化组织（International Organization for Standardization，ISO）统计，2000 年以前中国仅制定了 13 项国际标准，2001—2015 年中国制定的国际标准增长到了 182 项，随着经济和技术

实力的进一步提升,我国2015—2020年主持的国际标准数量超过了800项。但我国主导制定的ISO、IEC国际标准仅占其标准总数的1.8%,而少数发达国家制定的国际标准占标准总数的95%左右,说明高新技术标准化领域的实质性工作大多仍由发达国家主导,这确保了其高新技术产品总是处于引领位置,为其技术推向世界市场奠定了基础。

(2) 深度参与国际标准组织管理

目前中国主要依靠在委员会领导职务、标准提案和工作项目等方面的数量优势来影响国际标准组织的决策。但评估一个国家在国际标准制定组织中的影响力和地位还需要考虑到其他因素,例如贡献的质量、全球认可的正当程序、来自其他工作组成员的广泛支持等。

在任职情况上,《中国标准化发展年度报告2020》显示,截至2020年,中国已承担国际标准化组织(ISO)和国际电工委员会(International Electrotechnical Commission, IEC)技术机构主席、副主席75个,秘书处75个。根据美中贸易全国委员会2020年发布的报告,中国承担ISO和IEC的技术委员会或分委会秘书处的数量在2011—2020年间分别增加了73%和67%。

根据ISO对6个常任理事国的数据统计,德国和美国在国际标准化组织中占据多数席位,在抢占标准制定制高点方面优势明显,中国、法国、英国、日本旗鼓相当,但与德国、美国差距较大,具体如图1所示。

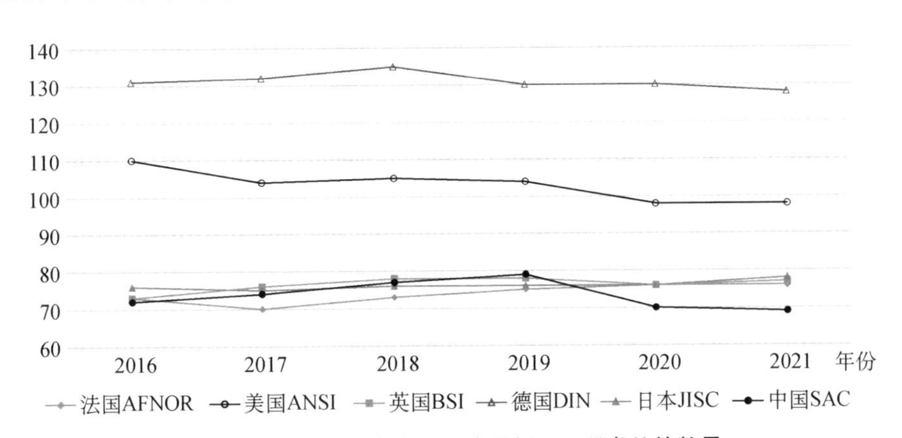

图1 2016—2021年主要国家承担ISO秘书处的数量

中国在不同国际标准组织中的表现存在差异,尽管在ISO增长缓慢,在ITU中的影响力却不断扩大。自2012年以来,我国加入ITU的人数增加了

6 倍，目前的参与度仅次于美国。ITU 专门制定国际标准的组织有 2 个，分别是 ITU-T（制定电信标准）和 ITU-R（制定无线电通信标准），我国在 ITU-T 中担任主席、副主席和报告员的份额均占比最大，而在 ITU-R 中的表现逊色于美国。

在提案情况上，中国在 ITU-T 中的提案数量占比较大，近十年来呈上升趋势，从 2012 年的 448 个迅速增长到 2021 年的 1 055 个，2021 年已经超过 ITU-T 总提案数量的一半，远远领先其他国家，成为国际标准提案最活跃的国家之一。美国的提案数一直在 10%左右徘徊，2021 年提案数量仅 250 个左右（图 2）。虽然中国形成了明显的数量优势，但提案的质量仍需提高，部分提案既不能解决实际问题也缺乏技术含量，真正对国际标准产生的影响较为有限。

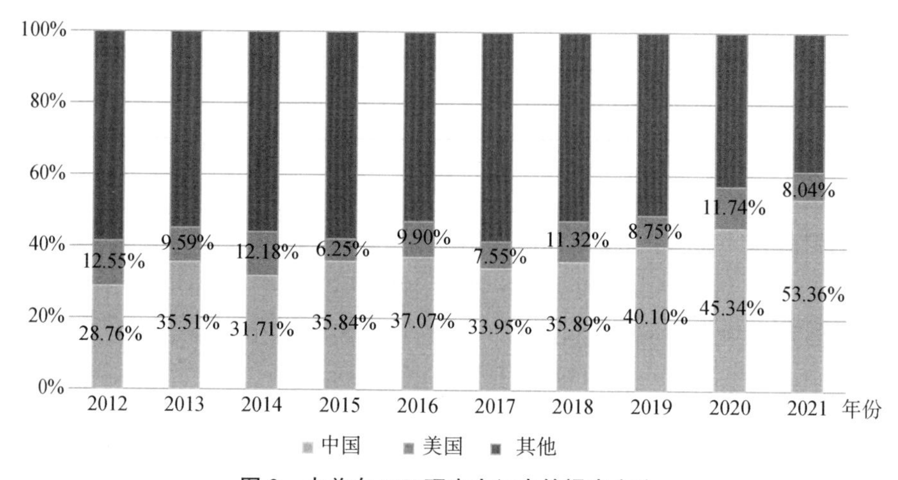

图 2　中美在 ITU 研究小组中的提案占比

来源：CIRA，2022。

总体而言，在参与国际标准化组织的整体趋势上，中国的参与度有所提高，成员数量和领导地位增加，提案数量持续增长，但传统的既得利益相关方仍然占据着绝大多数标准制定组织中的领导职位，拥有更大的话语权，限制着中国影响力的扩大。

（3）开展标准领域的国际合作

国际标准化双多边合作是开辟和扩展区域市场、输出本国标准价值观的重要方式之一，更有可能获得国际组织的支持和认可。中国在《国家标准化发展纲要》中明确提出要积极推进与“一带一路”国家在标准领域的对接合作，加强金砖国家、亚太经合组织等标准化对话，深化区域标准化合作。

在双多边交流方面,中日韩、中德、中欧、中英、金砖、中国南亚等标准化合作机制持续深化,多次召开双多边合作线上会议。积极参与太平洋地区标准大会(PASC),亚太经合组织标准分委会(APEC/SCSC)等区域标准化组织活动,参加世界贸易组织(WTO)、自贸区谈判有关标准协调工作。组织各区域标准化研究中心,对欧洲标准组织(CEN/CENELEC)、太平洋地区标准大会(PASC)、泛美标准组织(COPANT)3 个区域标准组织,以及日本、美国、德国等 10 个重点国家的 17 份标准化战略进行研究,汲取国际标准化工作成功实践经验,推动标准化国际合作。

在"一带一路"建设方面,推动中国标准在海外多国建立示范区,不断完善"一带一路"共建国家标准信息平台,形成涵盖 45 个"一带一路"国家、5 个国际和区域标准化组织的标准题录数据库。积极推进与"一带一路"共建国家开展标准信息交换,目前标准委已与西班牙、俄罗斯、新加坡等 8 个国家和地区的标准化机构开展标准信息交换。

三、中国国际标准化活动存在问题

当前中国在国际标准化活动中存在的问题主要包括以下三个方面。

(1) 国际标准化针对性战略缺位。主要科技发达国家均把标准国际化放在整个标准化战略中最突出、最重要的位置,我国目前战略重心未向国际化倾斜,尚未形成明确的国际标准化战略。

(2) 国际标准组织参与质量有待提高。中国国际标准组织在参与度、承担领导职务、提案数量方面都呈现良好的发展势头,但在国际标准竞争中被胜利采标的比率较低,提案的认可度也仍有较大上升空间。

(3) 技术标准化研究人才匮乏。具有较高理论修养和业务能力的标准化人员不足,特别是缺乏熟悉国际标准组织工作语言并能代表国家参与国际标准制定的高素质复合型人才。

四、对策建议

(1) 加快布局参与国际标准化活动的顶层设计。将国际标准化提升到核心战略层面,高度重视基础创新领域和"卡脖子"关键技术领域的国际标准化活动,将国际标准化工作与基础研发紧密结合,力争获得更多在关键技术领域的国际标准话语权和主动权。

（2）提高国际标准化组织的参与质量。加强关键领域的技术标准前瞻性研究和布局，密切跟踪国际技术进步趋势和方向，瞄准人工智能、数字技术、绿色低碳等战略必争领域，以科技创新软实力提升夯实技术标准竞争基础。

（3）培养标准化领域复合型人才。加快培育熟悉国际规则、专业能力强、外语水平高的复合型人才。鼓励将标准化教育纳入高等教育课程，学习国外在标准化教育方面的做法，开展标准化专题和研究人员培训，培养下一代标准化专家，在新兴技术领域打造国际标准化专业人才队伍。

（4）持续推进国际标准化合作。深化与多个国家达成的标准化合作机制，发挥"一带一路"、中国—东盟自贸区、区域全面经济伙伴关系等区域合作平台的作用，将在我国已经形成成熟示范效应的先进技术标准推广到更多的国家和地区，提升我国先进技术的吸引力，夯实我国在国际标准制定中的地位。

参考文献

[1] 王音，单嘉祺，高璐. 美国国际标准化战略的演进及对我国的启示[J]. 质量探索，2021，18(3)：9-14.

[2] 王�旭，景晓晖，夏凡. 欧盟标准化战略对我国的影响及相关政策建议[J]. 标准科学，2022(7)：6-9.

[3] 许柏，杜东博，刘晶，等. 日本标准化战略发展历程与最新进展[J]. 标准科学，2018(10)：6-10.

[4] 孙敬水. 发达国家标准化战略及其对我国的启示[J]. 科研管理，2005(1)：1-8.

[5] 程琳，李尚达，宋鹏飞，等. 中国国际标准化现状及发展形势分析[J]. 中国铸造装备与技术，2021，56(5)：79-82.

[6] CIRA. A new "great game?": China's role in international standards for emerging technologies[R]. Washington, D. C.: Center for Intelligence Research and Analysis, 2022.

[7] 张豪. 重构加速 竞争加剧 格局分化 需求激增[N]. 中国质量报，2020-12-25(3).

制造业发展困境及其数字化转型价值的探索

| 宋燕飞

数字化是指利用信息通信技术，将物理世界中的“信息”转化为数字信号和编码，形成可存储、可识别、可计算的数据。随着数字技术的快速发展，数字化全方位融入经济社会的发展过程中，为社会及产业带来了一系列变化，正在成为重组全球要素资源、重塑全球经济结构、改变全球竞争格局的关键力量。一方面，传统制造业正面临产业结构失衡、潜在劳动力不足、核心技术匮乏等问题；另一方面，国际形势的动荡形成了中低端制造业由我国向东南亚国家转移、高端制造业向发达国家回流等严峻局势。基于此，如何利用数字技术的发展提升我国制造业能级，利用信息技术推动传统制造业数字化转型、提供新的价值创造机会已成为打破目前制造业发展困局的突破点。

一、国内外制造业数字化转型相关政策

制造业数字化转型的侧重点一般在于整体战略和技术应用，目的是提升效率和创新服务能力等。当前世界主要经济体均对数字化转型展现出野心，随着时间推移，制造业数字化转型目标的提出越发详细和具体，未来制造业数字化转型将是全球性的重要议题。

1. 国外主要政策

以美国、德国、日本等为代表的工业大国强调国家自身技术发展和数字建设的重要性，对制造业数字化转型也提出了更高要求；欧盟、东盟则更倾向于强调数字合作和技术共享(表1)。

表1　国外制造业数字化转型相关政策

2012年2月	美国	《美国先进制造业国家战略计划》	发展包括先进技术平台、先进制造工艺及设计与数据基础设施等先进数字化制造技术

（续表）

2018 年	德国	《德国高科技战略 2025》	到 2025 年将研发投资成本扩大到 GDP 的 3.5%，并将数字化转型作为科技创新发展战略的核心
2020 年	日本	“数字新政”	加强“后 5G”时代信息通信基础设施投入；实现信息和通信技术（Information and Communications Technology，ICT）在学校的普及应用；提高中小企业信息化水平；为 ICT 领域提供研发支持
2020 年 8 月	韩国	《基于数字的产业创新发展战略》	计划通过数字创新跃升为世界四大产业强国之一，并计划开展：产业价值链智能化优先实现数据与人工智能应用的成功案例；民间主导推进体系等 4 个实施战略和 9 个具体推进任务
2021 年 1 月	东盟	《东盟数字总体规划 2025》	指引东盟 2021—2025 年的数字合作，将东盟建设成一个由安全和变革性的数字服务、技术和生态系统所驱动的领先数字社区和经济体
2021 年 3 月	欧盟	《2030 数字化指南：实现数字十年的欧洲路径》	围绕企业数字化、数字化教育与人才建设等四个方面的具体目标，指出到 2030 年，75%的欧盟企业应使用云计算服务、大数据和人工智能
2022 年 6 月	欧盟	《2022 年战略预见报告：新地缘政治环境中的绿色化和数字化双转型》	指出加速向绿色化和数字化双转型

2. 国内主要政策

2015 年提出的《中国制造 2025》为我国制造业数字化转型奠定了基调：以补短板、育龙头，促新技术和制造业融合创新为主调，引导制造业向服务型制造业转型。经过 2018 年和 2021 年的两次制度跃迁，我国智能制造完成初步建立框架体系、构建基础共性层、加强关键技术层，从产业上下游层面扩展到智慧供应链，更好地适应了产业应用趋势变更（表 2）。

表 2　国内主要城市数字化转型相关政策

城市	时间	政策	内容
北京	2019 年 4 月	《北京市加快应用场景建设推进首都高质量发展的工作方案》	成立全市加快应用场景建设统筹联席会议,市区联动、部门协同,推进应用场景建设
	2020 年 6 月	《北京市加快新场景建设培育数字经济新生态行动方案》	明确未来一段时期北京市场景建设的主要思路:面向大城市治理和高质量发展需求;以数字化赋能经济发展和培育优化新经济生态
	2020 年 9 月	《北京市促进数字经济创新发展行动纲要(2020—2022 年)》《北京市关于打造数字贸易试验区的实施方案》	促进数字经济、数字贸易发展的相关政策,致力于将北京打造成为全国数字经济发展的先导区和示范区
深圳	2018 年 11 月	《深圳市人民政府印发关于进一步加快发展战略性新兴产业实施方案的通知》《深圳市人民政府关于印发战略性新兴产业发展专项资金扶持政策的通知》	将数字经济产业列为七大战略性新兴产业之一
	2020 年 6 月	《深圳市数字经济产业创新发展实施方案(征求意见稿)》	将努力建成全国领先、全球一流的数字经济产业创新发展引领城市
	2020 年 7 月	《关于加快推进新型基础设施建设的实施意见(2020—2025 年)》	将加快"研发＋生产＋供应链"的数字化转型,构建"生产服务＋商业模式＋金融服务"跨界协同的数字生态,支持线上线下融合、"宅经济"、非接触式消费等新消费模式发展,加快培育"智慧＋"等新业态
上海	2010 年 8 月	《上海推进云计算产业发展行动方案(2010—2012 年)》	将上海打造成亚太地区的云计算中心,并为全国提供优质的云计算基础设施服务
	2017 年 1 月	《上海市关于促进云计算创新发展培育信息产业新业态的实施意见》	将云计算定位信息产业发展核心,重点聚焦行业骨干企业,围绕基础设施、产品、市场、安全等 8 个重点方向,加大资金扶持、优化发展环境、培育人才队伍等

（续表）

上海	2017 年 1 月	《上海市工业互联网创新发展应用三年行动计划（2017—2019 年）》	到 2019 年，上海工业互联网发展生态体系初步形成，全市基于互联互通的智能制造能力、基于数据驱动的创新发展能力，以及基于组织创新的资源动态配置能力实现总体提升，力争成为国家级工业互联网创新示范城市
	2018 年 7 月	《上海市工业互联网产业创新工程实施方案》	明确未来三年上海工业互联网发展的路线图
	2018 年 11 月	《上海市推进企业上云行动计划（2018—2020 年）》	提出到 2020 年实现企业全流程上云支持能力，新增 10 万家上云企业
	2019 年 7 月	《上海市数字贸易发展行动方案（2019—2021 年）》	率先提出打造上海“数字贸易国际枢纽港”，建设数字贸易创新创业、交易促进和合作共享中心的总体思路
	2020 年 5 月	《上海市推进新型基础设施建设行动方案（2020—2022 年）》	提出到 2022 年底，推动上海新型基础设施建设规模和创新能级迈向国际一流水平
	2020 年 6 月	《推动工业互联网创新升级　实施“工赋上海”三年行动计划（2020—2022 年）》	深入规划和支持各行业加速数字化升级，计划到 2022 年，工业互联网核心产业规模实现从 800 亿元提升至 1 500 亿元的目标，成为全国工业互联网资源配置、创新策源、产业引领和开放合作的高地

二、目前制造业发展的主要困境

1. 潜在劳动力不足

在当前互联网飞速发展的阶段，就业市场活跃度高，就业选择多，制造业就业市场被严重分流。近年来中国制造业潜在劳动力市场适龄人口数量持续减少，行业潜在劳动力不足，制造业企业亟须转型以缓解未来劳动力不足的窘境。

2. 制造业的转移与回流

制造业转移具有向成本更低的国家或地区转移、从技术相对低端的行业逐步渗透至相对高端的行业的特点。近年来我国中低端制造业向东南亚等地迁移的苗头已经显现，国内制造业亟须降低成本以挽留相对低端的制造业。同时，发达国家纷纷出台政策引导制造业回流并转型升级。例如美国，2010 年奥巴马政府《美国制造业促进法案》、2018 年特朗普政府《美国先进制造业领导力战略》、2022 年拜登政府《通胀削减法案》等一系列相关政策的出台都提振了美国“制造业回归”，在技术、供应链等方面发力，确保美国在先进制造业占据领导地位。面向产业向成本更低的国家转移和向发达国家回流的双重夹击，亟须通过降本增效、提升制造水平优化制造业产业创新生态。

3. 核心技术匮乏

科技是第一生产力。当前我国已经步入工业化后期，制造业是带动经济高质量发展的关键。在电子信息、汽车、航空、装备制造业等我国制造业高质量发展的重点领域中，部分关键核心材料、部件和设备工艺仍存在对发达国家依赖程度高的窘境。制造业大而不强、全而不优，核心技术还未完全掌握在自己手中，对我国制造业价值链能级提升进程具有一定的制约作用，制造业创新能力有待进一步升级。

三、制造业数字化转型的价值体现

制造业数字化转型主要是指信息技术覆盖制造业设计、生产、管理、销售及服务各个环节，并基于数据分析和挖掘在缩短研发周期、增加采购实时性、提高生产效率与产品质量、降低能耗、及时响应客户需求等方面赋能。制造业数字化转型的核心是其系统性的变革，促使全流程数字化，从根本上推动其价值体系的优化和创新。

制造业数字化转型的价值主要体现在以下三个方面。

1. 价值重构

数字化转型机制以价值为导向，围绕价值效益提升的目标，提升价值创造和价值传递能力，优化价值获取方式、创新价值体系构建，推动其价值体系优化、创新和重构。

2. 能力升级

数字化促进信息协同性提升、适应环境快速变化，赋能企业加速创新转型，改造提升传统产销能力。例如，通过数字化提升信息的及时性、供应商的可管理性、销售目标的可预测性、采购时间节点的可控性等方面，进而达成企业采销平衡。

3. 数据赋能

数据是未来数字经济发展过程中的关键生产要素，其核心是作为信息沟通的媒介。通过数字化转型可有效提升制造业数据集成水平、提高制造资源综合配置效率。同时,通过数字化转型可推动数据资源共享和赋能,提升生态系统合作和系统创新能力,提高资源利用的综合效率。

四、启示

在当前数字经济飞速发展的时代,各行各业都在进行数字化转型,而以改造优化工业制造领域为核心的制造业,数字化转型成为当前各地区重要发展的方向。从制造流程的各个环节和工业制造全过程的视角来看,制造业数字化转型不能是企业管理层单方面的决策,而应是各个环节各个要素的全员参与全面把控。目前工业互联网平台涌现,但实际应用程度不足。对制造企业而言,企业是数字化的主体,数字化只是帮助企业解决痛点问题的工具和手段,具体如何进行数字化转型需要结合企业实际需求循序渐进,才能够真正在数字经济发展时代打破发展困境、完成能级跃迁。

年度研究报告

环高校知识经济圈调查报告 2022

| 常旭华课题组

过去 20 多年里，得益于高校的人才输出和技术溢出效应，环高校知识经济圈取得了非常瞩目的成就。由于地理位置邻近，环高校区域产业/行业分布与高校学科布局往往能实现较好的联动发展，典型案例如“环同济知识经济圈”，自 20 世纪 90 年代一批建筑、城市规划、设计类企业自发集聚，到杨浦区政府、同济大学主动谋划，有组织地开展产业规划和布局，形成了以大设计、环保、企业为特色的产业集群。2021 年同济大学四平路校区产值已达 563 亿元。

本报告以中国科研实力排名位居前列的 87 所高校为研究对象(大部分高校属于原来的“985 工程”“211 工程”及“双一流”建设高校)，选取高校周边的“科学研究和技术服务业”企业为对象，基于企业总体规模、注册资本、新增企业数量、企业存续时间四个指标，分析环高校知识经济圈的发展状况。

本报告首先分析了我国东北、华北、华东、华南、中部、西南、西北 7 个主要区域的环高校知识经济圈发展情况；在此基础上，选择北京—上海、广州—武汉、成都—西安三对城市进行城市对比较分析；最后，选择上海 10 所知名高校的环高校知识经济圈开展案例研究。

报告主要研究结论如下：

(1) 我国华东、华北、华南、华中、西南、西北、东北区域的环高校知识经济圈在过去 20 年均取得了快速发展，“科学研究和技术服务业”注册企业数量、在营企业数量显著增长。

(2) 我国环高校知识经济圈企业以成立时间小于 5 年、注册资本低于 100 万元的初创小企业为主，占比超过 50%，但占比呈现下滑趋势；成立时间超过 20 年或注册资本超过 1 000 万元的企业约占 10%左右；企业类型以私营为主，国有及集体所有制企业占比持续下滑。

(3) “上海—北京”“西安—成都”城市对有显著差异，北京环高校经济圈企业规模是上海的 2 倍多；西安在企业数量规模和注册资本上超过成都，相比较而言,“广州—武汉”城市对的表现较为接近,广州略优。

(4) 过去 20 年,上海 10 所知名高校的环高校经济圈取得了飞速发展。复旦大学、同济大学、上海交通大学等高校尽管受制于空间资源制约,但相比于其他区域,“科学研究和技术服务业”企业密度仍有较大增长空间;环高校区域企业平均注册资本稳定维持在一定水平,鲜有增长。

(5) 特别须注意的是,上海地区环高校知识经济圈内的企业在专利申请和授权指标上显著低于上海全市科技型企业的平均水平。

需说明的是,本报告所指的环高校知识经济圈是一个地理概念。环高校企业数据均来自课题组“链科创”数据库,是以高校地理边界的建筑物作为若干中心点(如以图书馆、教学楼、行政大楼等标志点为中心),以 1 公里为半径划定的 3.14 平方公里内的企业名录。数据采集时间截至 2022 年 3 月。本报告所选择的企业行业类型均为“科学研究和技术服务业”。

锐科创——2022 年科创板上市公司科创力排行榜

| 任声策　胡尚文　等

一、排行榜企业范围

截至 2022 年 8 月底，科创板上市申请企业 819 家，注册企业 480 家。纳入本次排行榜分析的企业为科创板已上市公司中披露 2021 年年度报告的企业，截至 2022 年 6 月 30 日，共计 396 家。其中，新一代信息技术领域企业 119 家，高端装备领域企业 100 家，生物医药领域企业 91 家，新材料领域企业 50 家，节能环保领域企业 19 家，新能源领域企业 17 家。上述企业多集中在东部和南部沿海省份，企业数量前五的省份分别为：江苏省 75 家，广东省 62 家，上海市 60 家，北京市 50 家，浙江省 33 家。

在已公布 2021 年年度报告的 396 家科创板上市企业中，总体来看，科创板上市企业多集中在东部和南部沿海省份，东北地区科创板上市企业数量较少，地区上市企业总数少于 10 家，西北、西南地区上市企业较 2020 年有所增多，不过总数仍少于 20 家，详细分布如表 1 所示。从城市分布来看，中西部地区科创板企业在省内分布较为集中，呈现出"强省会"的特征，尤其是四川省和湖北省的科创板上市企业注册地大多为省会所在地，陕西省、湖南省、安徽省科创板上市企业注册地半数以上在省会。东部和南部沿海地区科创板上市企业在省域内分布较为广泛，向省会集中的趋势不明显，部分地级市科创板上市企业在省内遥遥领先；苏州、深圳、杭州科创板上市企业达到或超过 20 家，仅次于上海市和北京市。

表 1　科创板上市企业地域分布

省份分布	城市分布				
安徽省 15 家	合肥 13 家	蚌埠 1 家	芜湖 1 家		
北京市 50 家					
福建省 8 家	福州 3 家	厦门 3 家	龙岩 2 家		

（续表）

省份分布	城市分布				
广东省 62 家	深圳 29 家	广州 13 家	东莞 7 家	佛山 4 家	珠海 3 家
	梅州 2 家	惠州 2 家	清远 1 家	江门 1 家	
贵州省 2 家	贵阳 2 家				
海南省 1 家	海口 1 家				
河南省 4 家	安阳 1 家	鹤壁 1 家	洛阳 1 家	南阳 1 家	
黑龙江省 1 家	哈尔滨 1 家				
湖北省 8 家	武汉 7 家	宜昌 1 家			
湖南省 12 家	长沙 8 家	株洲 3 家	益阳 1 家		
吉林省 2 家	长春 2 家				
江苏省 75 家	苏州 41 家	无锡 9 家	南京 7 家	常州 4 家	南通 4 家
	泰州 4 家	镇江 3 家	连云港 2 家	扬州 1 家	
江西省 5 家	赣州 2 家	南昌 1 家	宜春 1 家	上饶 1 家	
辽宁省 6 家	大连 3 家	沈阳 2 家	锦州 1 家		
山东省 18 家	济南 6 家	青岛 5 家	淄博 3 家	烟台 1 家	威海 1 家
	济宁 1 家	德州 1 家			
陕西省 10 家	西安 8 家	宝鸡 1 家	洛阳 1 家		
上海市 60 家					
四川省 14 家	成都 13 家	内江 1 家			
天津市 4 家					
新疆维吾尔自治区 1 家	石河子 1 家				
浙江省 33 家	杭州 22 家	湖州 3 家	宁波 3 家	嘉兴 3 家	台州 2 家
境外 5 家					

二、指标构成与数据来源

1．评价指标

科创板上市公司科创力评价指标主要根据科创板文件《科创属性评价指

引》,结合对企业科技创新能力的研究,本着简化有效目标原则,本报告从创新投入、创新资源、创新产出、创新效果等主要维度选择了 13 项指标。这 13 项指标分别为:已授权的发明专利数量、已授权的五大局发明专利数量(不含中国)、已授权的实用新型专利数量、已授权的外观设计专利数量、已登记的软件著作权数量、过去一年间公开发明专利申请数量、研发人员数量、研发人员占比、研发人员平均薪酬、研发投入、所获得的重要科技奖项、“专精特新”与“单项冠军”评定情况。根据重要程度,课题组经讨论确定赋予各项子指标 5~15 分值,总计分数为 100 分。

2. 评价方法

(1) 数据来源

报告以权威公开数据作为评价计算基准。在 13 个指标中,除已授权的发明专利数量、已授权的五大局发明专利数量(不含中国)、已授权的实用新型专利数量、已授权的外观设计专利数量、已登记的软件著作权数量、过去一年间公开发明专利申请数量来自智慧芽专利数据库之外,其他各项指标的原始数据均来自上市企业在上海证券交易所官网披露的 2021 年年度报告。

(2) 分行业排行与总体综合评价

本报告充分考虑科创板重点支持领域在技术创新上存在的差异,分析计算各科创板上市公司的科创力,之后按行业排行。因此,本报告聚焦新一代信息技术领域、高端装备领域、新材料领域、新能源领域、节能环保领域、生物医药领域等行业。除行业排行外,本报告针对不同行业采用了一致的评价标准,根据行业内企业科创力指标的数值和分布,综合评价行业间的科创力水平差异。

三、2022 年锐科创优势企业——主要行业前 10 位

2022 年锐科创排行榜排名依据科创板六大行业开展,反映的是被研究企业在所属领域的科创力和内驱力的得分和排名,不同行业的分数具有可比性。以下是各行业中科创力排名前 10 位的企业。表格还列出了相应企业在 2021 年科创板上市企业中科创力和内驱力排行的名次,由于 2022 年锐科创排行榜所选取的指标和排行方式与 2021 年科创板上市企业科创力排行榜不同,因此列出的数据仅供参考。部分企业由于未参与 2021 年科创板上市企业科创力排行榜,或在 2021 年科创板上市企业科创力排行榜中所属行业领域与 2022 年锐科创排行榜不同,故未列出其在 2021 年排行榜中的排行数据。以下是六大行业锐科创优势

企业，即科创力排行前10位企业名单。2022年锐科创完整排行榜即将发布(表2至表7)。

表2　新一代信息技术领域科创力前10位

证券代码	证券简称	注册地	2022年科创力总分	2022年科创力排行	2021年科创力排行	2022年内驱力总分	2022年内驱力排行	2021年内驱力排行
688981	中芯国际	境外	52.37	1	1	34.44	8	1
688256	寒武纪-U	北京	50.36	2	2	47.43	1	5
688111	金山办公	北京	49.38	3	3	38.88	4	3
688561	奇安信-U	北京	44.90	4	6	39.65	3	2
688220	翱捷科技-U	上海	42.51	5	/	39.66	2	/
688036	传音控股	广东	40.37	6	5	35.19	7	4
688777	中控技术	浙江	37.98	7	7	23.65	23	9
688099	晶晨股份	上海	37.38	8	/	36.59	5	/
688521	芯原股份-U	上海	36.19	9	5	35.72	6	4
688023	安恒信息	浙江	34.04	10	22	27.04	12	19

表3　高端装备领域科创力前10位

证券代码	证券简称	注册地	2022年科创力总分	2022年科创力排行	2021年科创力排行	2022年内驱力总分	2022年内驱力排行	2021年内驱力排行
688187	时代电气	湖南	63.19	1	/	36.28	1	/
688097	博众精工	江苏	37.81	2	/	22.96	3	/
688009	中国通号	北京	35.39	3	1	20.36	7	2
688425	铁建重工	湖南	35.38	4	/	22.27	4	/
688015	交控科技	北京	26.76	5	26	16.17	15	28
689009	九号公司-WD	境外	26.24	6	3	21.36	5	5
688676	金盘科技	海南	26.19	7	/	23.58	2	/
688169	石头科技	北京	24.47	8	4	21.22	6	3
688499	利元亨	广东	24.43	9	/	17.80	11	/
688001	华兴源创	江苏	23.62	10	8	20.22	8	11

表 4　生物医药领域科创力前 10 位

证券代码	证券简称	注册地	2022 年科创力总分	2022 年科创力排行	2021 年科创力排行	2022 年内驱力总分	2022 年内驱力排行	2021 年内驱力排行
688235	百济神州-U	境外	50.06	1	/	49.63	1	/
688180	君实生物-U	上海	38.82	2	1	38.62	2	2
688062	迈威生物-U	上海	33.37	3	/	33.13	3	/
688277	天智航-U	北京	29.27	4	28	23.00	8	24
688192	迪哲医药-U	江苏	29.07	5	/	28.94	4	/
688197	首药控股-U	北京	28.66	6	/	28.47	5	/
688266	泽璟制药-U	江苏	28.61	7	3	28.27	6	5
688139	海尔生物	山东	25.33	8	35	14.60	21	9
688202	美迪西	上海	24.51	9	5	24.38	7	1
688177	百奥泰	广东	22.78	10	8	22.56	9	6

表 5　新材料领域科创力前 10 位

证券代码	证券简称	注册地	2022 年科创力总分	2022 年科创力排行	2021 年科创力排行	2022 年内驱力总分	2022 年内驱力排行	2021 年内驱力排行
688122	西部超导	陕西	23.59	1	5	12.22	5	6
688234	天岳先进	山东	18.99	2	/	10.12	11	/
688102	斯瑞新材	陕西	18.92	3	/	12.71	3	/
688126	沪硅产业-U	上海	16.06	4	1	13.06	1	1
688378	奥来德	吉林	16.04	5	8	12.74	2	15
688190	云路股份	山东	15.23	6	/	9.94	12	/
688690	纳微科技	江苏	14.54	7	/	12.37	4	/
688456	有研粉材	北京	13.91	8	30	6.65	40	31
688150	莱特光电	陕西	13.80	9	/	8.82	15	/
688020	方邦股份	广东	13.58	10	12	10.76	7	13

表 6　节能环保领域科创力前 10 位

证券代码	证券简称	注册地	2022 年科创力总分	2022 年科创力排行	2021 年科创力排行	2022 年内驱力总分	2022 年内驱力排行	2021 年内驱力排行
688737	中自科技	四川	14.92	1	/	9.58	3	/
688335	复洁环保	上海	14.67	2	7	12.41	1	5
688087	英科再生	山东	13.19	3	/	8.00	5	/
688057	金达莱	江西	12.08	4	1	9.73	2	1
688565	力源科技	浙江	11.78	5	/	9.49	4	/
688309	*ST 恒誉	山东	10.95	6	12	7.70	7	12
688101	三达膜	陕西	10.09	7	2	7.93	6	2
688350	富淼科技	江苏	9.91	8	4	7.50	10	4
688501	青达环保	山东	9.85	9	/	6.27	14	/
688659	元琛科技	安徽	9.09	10	/	5.56	19	/

表 7　新能源领域科创力前 10 位

证券代码	证券简称	注册地	2022 年科创力总分	2022 年科创力排行	2021 年科创力排行	2022 年内驱力总分	2022 年内驱力排行	2021 年内驱力排行
688599	天合光能	江苏	34.68	1	2	25.10	3	2
688819	天能股份	浙江	32.54	2	1	27.63	1	1
688223	晶科能源	江西	31.82	3	/	26.51	2	/
688772	珠海冠宇	广东	31.78	4	/	21.55	5	/
688660	电气风电	上海	27.17	5	/	23.71	4	/
688567	孚能科技	江西	19.98	6	3	19.35	6	3
688339	亿华通-U	北京	18.03	7	4	13.24	8	5
688063	派能科技	上海	15.91	8	7	13.36	7	6
688005	容百科技	浙江	14.45	9	/	12.07	10	/
688390	固德威	江苏	13.68	10	8	12.84	9	8

[本报告由同济大学上海市产业创新生态系统研究中心、同济大学上海国际知识产权学院创新与竞争研究中心锐科创课题组(主要成员:任声策、胡尚文、蔡静远、操友根、杜梅、贾雯璐、李博年、谢瑷卿、刘永冬、郭明昊、钱鑫溢、李克鹏等)编制,受到智慧芽、上海浦东科技金融服务联合会(上海科技金融教育基地)等的支持。]

锐科创 2022——科创板上市公司科创力排行榜

2022 年“锐科创”排行榜以发布了 2021 年年度报告的 396 家科创板上市企业为样本，依据《科创属性评价指引》等相关政策文件，从创新投入、创新资源、创新产出、创新效果等主要维度选择了 13 项指标对入选企业的科创力和内驱力进行评价，并从优势企业、地区、行业等方面对企业进行了分别的排序，形成了 2022 年“锐科创”排行榜。

2022 年“锐科创”排行榜科创力评价选取的 13 项指标分别为：已授权的发明专利数量、已授权的世界五大知识产权局发明专利数量（不含中国）、已授权的实用新型专利数量、已授权的外观设计专利数量、已登记的软件著作权数量、过去一年间公开发明专利申请数量、研发人员数量、研发人员占比、研发人员平均薪酬、研发投入、研发投入占营业收入的百分比、所获得的重要科技奖项、“专精特新”与“单项冠军”评定情况。其中研发人员数量、研发人员占比、研发人员平均薪酬、研发投入、研发投入占营业收入的百分比五项指标用于评价企业的内驱力。这 13 项指标从科创成果和科创内在驱动能力两个方面反映了企业的综合科创水平。

参评的 396 家科创板上市企业在六大行业分布依次为：新一代信息技术领域企业 119 家，高端装备领域企业 100 家，生物医药领域企业 91 家，新材料领域企业 50 家，节能环保领域企业 19 家，新能源领域企业 17 家。区域上多集中在东部和南部沿海省份，企业数量前五的省份分别为：江苏省（75 家），广东省（62 家），上海市（60 家），北京市（50 家），浙江省（33 家），其次是山东省（18 家），安徽省（15 家），四川省（14 家），湖南省（12 家），陕西省（10 家）等。

在评价结果方面，“锐科创”排行榜分为优势企业篇、行业篇、地域篇、综合篇等部分，整体企业分布呈现优势企业少、一般企业多的金字塔形态，优势企业的科创力和内驱力情况总体能代表其所在行业的科创力和内驱力情况。新能源、新一代信息技术领域科创力和内驱力综合整体较强，在锐科创总榜优势企业中新一代信息技术领域企业的科创力更为突出。高端装备、节能环保等领域部分 2021 年新上市企业的科创力较为突出。长三角、长三角 G60 科创走廊等重点区域呈现出科创优势企业集中分布、重点领域企业互相补充的特征，反映了区域较强的创新特征。

从六大行业前10位入榜企业看，新一代信息技术行业（共119）以北京、上海、浙江为主；高端装备行业（共100）以湖南、北京、江苏为主；生物医药行业（共91）以上海、北京、江苏为主；新材料行业（共50）以陕西、山东、上海为主；节能环保行业（共19）以山东、长三角为主；新能源行业（共17）以浙江、江西、上海为主，比较分散。

从科创板上市企业数量多于10家的10个省份看：江苏省75家，前100名14个，信息技术（6）、生物医药（4）、高端装备（3）、新能源（1）；广东省62家，前100名18个，信息技术（10）、高端装备（4）、生物医药（3）、新能源（1）；上海市60家，前100名21个，信息技术（14）、生物医药（5）、高端装备（1）、新能源（1）；北京市50家，前100名16个，信息技术（8）、高端装备（4）、生物医药（3）、新能源（1）；浙江省33家，前100名7个，信息技术（6）、新能源（1）、高端装备、生物医药；山东省18家，前100名6个，信息技术（2）、生物医药（2）、高端装备、新材料、节能环保；安徽省15家，前100名2个，信息技术（1）、高端装备（1）、新材料；四川省14家，前100名2个，信息技术（1）、生物医药（1）、高端装备、新材料；湖南省12家，前100名3个，高端装备（2）、信息技术（1）、新材料；陕西省10家，前100名3个，新材料（3）、高端装备。

长三角G60科创走廊城市中共有143家参评企业，占总参评企业的36.1%；其中有48家新一代信息技术领域参评企业，占领域内企业的40.3%；有31家生物医药领域参评企业，占领域内企业的34.1%；有37家高端装备领域参评企业，占领域内企业的37%；有14家新材料领域参评企业，占领域内企业的28%；有7家节能环保领域参评企业，占领域内企业的36.8%；有6家新能源术领域参评企业，占领域内企业的35.3%。长三角G60科创走廊的9个城市中，科创板上市企业的科创力水平较高，反映在总榜优势的前50家企业中，有23家位于长三角G60科创走廊沿线城市。在领域分布方面，上海在新一代信息技术领域和生物医药领域有较为明显的优势，苏州、杭州和合肥在高端装备领域形成了较好的产业集中。

随着科创板上市企业增多，科创力排行榜反映了各地科创实力和产业特色，虽然说长三角、广东省和北京市等优势地区在新一代信息技术、生物医药和高端装备等领域优势明显，其他省份也在新材料、节能环保等领域体现出特色优势。因此，各地区应坚持紧紧围绕本地科创和产业优势培育高成长科创企业。

育科创 2022——城市高成长科创企业培育生态指数

随着社会经济不断发展，有的城市涌现出一批高成长科创企业，而有的城市却少有这样的科创企业。这样的现象引领我们发问：什么样的环境有利于高成长科创型企业的发展？对此，育科创 2022——城市高成长科创企业培育生态指数旨在通过对我国主要城市高成长科创企业培育生态展开评价，从而尝试回答何种环境利于推进高成长科创企业产生与发展之问。

育科创城市高成长科创企业培育生态指数继续沿用 2020—2021 年反复研讨设计的指标体系，含 8 个一级指标，并在 8 个一级指标下细化 26 个二级指标。以我国 56 个主要城市为样本采集数据，并通过主成分分析法对数据结果进行评价，计算得出城市高成长科创企业培育生态水平指数综合得分。

育科创 2022 根据各城市得分进行排名并展开分析后，主要得到以下结果：首先，总体上看，我国高成长科创企业培育生态最好的 A 类城市为北京、上海、深圳 3 市，A-类城市为广州、杭州、苏州、重庆、成都 5 市，共同构成了我国城市高成长科创企业生态的领跑城市。领跑城市中苏州、深圳超越了自己所在省份的省会城市，而在整个培育生态城市群中，直辖市与省会城市领跑地位明显。其次，京津冀区域整体培育生态较优，珠三角地区头部城市培育生态更为领先。高培育生态的城市呈现出聚集分布的态势，带动作用显著。长三角地区受新冠疫情影响，整体发展势头不及 2021 年，除上海、杭州、苏州外，其余地区综合得分多出现一定幅度的下降。西南云贵川地区具备较强潜力，西南“双雄”重庆成都双双跃入 A-类生态培育城市，分数和排名均有较大幅度上升。最后，从整体来看，培育生态环境与去年相比变动较小，呈现出稳中趋同的差异格局。

根据主成分分析结果及城市得分排名情况，可以提出如下建议：首先，合理利用自身区位优势，进一步推动区域一体化协同建设，领跑城市要发挥区域培育生态的带动作用，促进区域中城市群培育环境的稳健发展；其次，把握好人力资本、经济基础和制度环境三个关键指标，加快推进人才引进政策的完善和落实，保障人才自我发展、自我成长的空间，构建科学的科创制度体系，营造舒适的人才就业、创业环境；最后，要重视地区创业文化的培育，鼓励大学生、研究生等群体积极创业，夯实坚固稳定的市场基础、创新基础，促进金融资本有序、平稳流动，提升市场主体创业绩效，多角度、多方向打造良好的科创企业培育生态。